ザクセン封建地代
償却史研究

*

松尾展成

大学教育出版

ザクセン封建地代償却史研究

目　次

第1章　ザクセンにおける封建地代償却の法規定とその実施 …………… 1
第1節　初めに　1
第2節　封建地代償却の法規定とその実施　6
　　　(1) 地代償却諸法　6
　　　(2) 地代償却諸法の実施　17
第3節　地代銀行に関する法規定とその実施　23
第4節　補論　27
　　　(1) 全国委員会委員と特別委員　28
　　　(2) 当面の時期における3騎士領の所有者　31
　　　(3) 償却協定記載集落の位置関係　34
　　　(4) 償却義務者の協定一連番号，姓名と不動産　38
　　　(5) 協定記載の諸義務の表示方式　47
　　　(6) 協定記載の賦役の内容と分類　49
　　　(7) 償却一時金の概算方式と鋳貨制度変更前後における償却一時金の換算方式
　　　　　　　　　　　　　　　　　　　　　　　　　　　　　　　　　　　　51
　　　(8) 諸貨幣貢租の略号　53
　　　(9) 「グーツヘル」　53
　　　(10)「封建地代」　54

第2章　騎士領リンバッハ（西ザクセン）における封建地代の償却 …… 56
第1節　パウル・ザイデルによる封建地代償却協定の翻刻　56
　　　(1) 封建地代償却前史　56
　　　(2) 第1の封建地代償却協定　64
　　　(3) 第2の地代償却協定　68
　　　(4) 第3の地代償却協定　70
第2節　全国委員会文書第1659号　72
　　　(1) 義務者全員の姓名と不動産　72
　　　(2) 義務者各人の賦役と償却地代額　77
　　　(3) 特別委員会による字句の修正　83
　　　(4) 全国委員会による承認　84
　　　(5) 賦役償却一時金の合計額　86

第3節　全国委員会文書第1660号　*88*
　　(1)　義務者全員の姓名と不動産　*88*
　　(2)　義務者各人の義務と償却地代・一時金額　*91*
　　(3)　賦役・現物貢租償却一時金の合計額　*93*
第4節　全国委員会文書第8173号　*95*
　　(1)　義務者全員の姓名と不動産　*95*
　　(2)　各人の保有移転貢租償却地代額・償却一時金額　*96*
　　(3)　保有移転貢租償却一時金の合計額　*97*
第5節　全国委員会文書第902号　*99*
　　(1)　賦役償却協定　*99*
　　(2)　償却一時金合計額　*102*
第6節　全国委員会文書第1163号　*106*
　　(1)　賦役償却協定　*106*
　　(2)　償却一時金合計額　*115*
第7節　全国委員会文書第6470号　*122*
　　(1)　保有移転貢租償却協定　*122*
　　(2)　償却一時金合計額　*124*
第8節　全国委員会文書第6834号　*136*
　　(1)　放牧権償却協定と償却一時金合計額　*136*
第9節　全国委員会文書第10677号　*139*
　　(1)　貨幣貢租償却協定　*139*
　　(2)　償却一時金合計額　*141*
第10節　償却一時金の種目別・集落別合計額と償却の進行過程　*156*
　　(1)　償却一時金の種目別・協定別合計額　*156*
　　(2)　地代償却の進行過程　*159*
　　(3)　償却一時金の集落別・種目別合計額　*160*

第3章　騎士領プルシェンシュタイン（南ザクセン）における封建地代の償却　*166*

第1節　全国委員会文書第1852号　*166*
　　(1)　貢租償却協定　*166*

　　　　(2) 償却一時金合計額　*169*
第2節　全国委員会文書第1853号　*174*
　　　　(1) 賦役・貢租償却協定と償却一時金合計額　*174*
第3節　全国委員会文書第1892号　*176*
　　　　(1) 賦役・貢租償却協定　*176*
　　　　(2) 償却一時金合計額　*179*
第4節　全国委員会文書第2023号　*186*
　　　　(1) 賦役・貢租償却協定　*186*
　　　　(2) 償却一時金合計額　*188*
第5節　全国委員会文書第2024号　*192*
　　　　(1) 賦役・貢租償却協定　*192*
　　　　(2) 償却一時金合計額　*195*
第6節　全国委員会文書第2025号　*200*
　　　　(1) 賦役償却協定　*200*
　　　　(2) 償却一時金合計額　*209*
第7節　全国委員会文書第2026号　*222*
　　　　(1) 賦役・貢租償却協定と償却一時金合計額　*222*
第8節　全国委員会文書第2027号　*225*
　　　　(1) 賦役償却協定　*225*
　　　　(2) 償却一時金合計額　*229*
第9節　全国委員会文書第3700号　*235*
　　　　(1) 賦役・貢租償却協定　*235*
　　　　(2) 償却一時金合計額　*242*
第10節　全国委員会文書第4601号　*250*
　　　　(1) 貢租償却協定と償却一時金合計額　*250*
第11節　全国委員会文書第5777号　*253*
　　　　(1) 賦役・貢租償却協定　*253*
　　　　(2) 償却一時金合計額　*254*
第12節　全国委員会文書第5778号　*256*
　　　　(1) 賦役償却協定と償却一時金合計額　*256*
第13節　全国委員会文書第6308号　*259*

目　次　v

　　　(1)　賦役・放牧権・貢租償却協定　*259*
　　　(2)　償却一時金合計額　*261*
　第14節　全国委員会文書第6476号　*268*
　　　(1)　放牧権償却協定　*268*
　　　(2)　償却一時金合計額　*269*
　第15節　全国委員会文書第6827号　*271*
　　　(1)　賦役・貢租償却協定と償却一時金合計額　*271*
　第16節　全国委員会文書第15558号　*275*
　　　(1)　貢租償却協定と償却一時金合計額　*275*
　第17節　全国委員会文書第16103号　*276*
　　　(1)　［抵当］認可料償却協定　*276*
　　　(2)　償却一時金合計額　*284*
　第18節　償却一時金の種目別・集落別合計額と償却の進行過程　*286*
　　　(1)　償却一時金の種目別・協定別合計額　*286*
　　　(2)　地代償却の進行過程　*291*
　　　(3)　償却一時金の集落別・種目別合計額　*292*

第4章　騎士領ヴィーデローダ（北ザクセン）における封建地代の償却
　　　　 ·· *300*
　第1節　全国委員会文書第1020号　*300*
　　　(1)　共同地分割・放牧権償却協定と償却一時金合計額　*300*
　第2節　全国委員会文書第1389号　*309*
　　　(1)　賦役・貢租・放牧権償却協定　*309*
　　　(2)　償却一時金合計額　*315*
　第3節　全国委員会文書第8137号　*323*
　　　(1)　保有移転貢租償却協定　*323*
　　　(2)　償却一時金合計額　*325*
　第4節　償却一時金の種目別合計額と償却の進行過程　*328*
　　　(1)　償却一時金の種目別・協定別合計額　*328*
　　　(2)　地代償却の進行過程　*330*
　　　(3)　償却一時金の集落別・種目別合計額　*331*

第５章　全国委員会文書の問題点 ………………………………… *334*
第１節　関係３騎士領における封建地代の償却過程と種目別構成　*334*
第２節　騎士領ヴィーデローダに関する全国委員会文書を巡って　*339*
第３節　全国委員会文書の問題点　*347*

史料 ……………………………………………………………………… *351*

引用法令 ………………………………………………………………… *354*

引用文献 ………………………………………………………………… *357*

関連術語一覧 …………………………………………………………… *360*

あとがき ………………………………………………………………… *363*

Inhaltverzeichnis ……………………………………………………… *367*

ザクセン封建地代償却史研究

第1章　ザクセンにおける封建地代償却の法規定とその実施

第1節　初　め　に

　産業革命によって経済的に躍進したイギリスは，19世紀には世界に対して圧倒的な影響力を持つようになった．ヨーロッパ大陸諸国でも，一方ではイギリスからの圧迫が強烈となり，他方では資本主義への胎動が国内で始まった．そのような状況の中で，ザクセンを含むドイツも，封建制から資本主義に移行する過程に入った．その特徴は第1に機械制大工業の興隆であり，第2に封建制の衰退であった．第1の局面の前提となる第2の局面は，とりわけ営業の自由と農民解放に表現されていた．そのうち，封建的諸強制・諸義務から商工業を解放するべき，営業の自由は，各邦独自の政策を出発点としながらも，1871年のドイツ帝国営業法によって帝国全域で，それなりに実現した．他方で，封建的諸強制・諸義務から農業と土地制度を解放するべき農民解放は，各邦独自の政策に終始委ねられ，ドイツ連盟ないし北ドイツ連邦・ドイツ帝国の関連法規は制定されなかった．したがって，ドイツにおける農民解放の実証的調査はまず各邦の段階において検討されねばならない．

　こうした事情の下で私は，ザクセン農民解放を可能な限り実証的に分析しようとしてきた．ここで，ザクセンを歴史的に概観しておく．11世紀末にヴェティーン家のマイセン辺境伯領がエルベ川・ザーレ川流域に形成された．この国家はその後，ドイツ人の移住・開墾の過程で勢力を拡大させたが，15世紀末に，西方中心のエルンスト系領邦国家と東方中心のアルベルト系領邦国家に分裂した．当初は前者が選帝侯国であり，後者は公国であったけれども，アルベルト系国家は1547年にエルンスト系国家から選帝侯位を奪い，エルンスト系国家を公国に降格させた．アルベルト系のザクセン選帝侯国は，それの上位にあった神聖

ローマ帝国がナポレオンによって打倒された直後の 1806 年に，ザクセン王国に昇格し，ナポレオンを盟主とするライン連盟に加盟した．ザクセン王国はナポレオン没落後のヴィーン会議（1815 年）によって領土の大半を失い，ドイツ連盟に加わった．ザクセン王国は 1866 年の普墺戦争での敗北以来，プロイセン王国を盟主とする北ドイツ連邦の一邦となり，1871 年の普仏戦争以後はドイツ帝国の一邦となった．ザクセン王国は 1918 年のヴァイマル革命によってドイツ帝国およびその構成諸国とともに倒壊した[1]．このように錯綜した歴史の中で，ザクセン＝ヴェッティーン家アルベルト系国家の領域は幾度も変化した．本書はザクセンの領域を 1815 年以後のザクセン王国のそれに限定する．

このように限定した，ザクセン王国の領域は，その歴史的由来から見て，相異なる 2 部分から構成されていた．第 1 は，古くからヴェッティーン家アルベルト系国家の領土であった地域である．ここは，ほぼエルベ川以西にあり，「本領地域」と称されていた．第 2 は，1635 年にザクセン選帝侯国に編入されたエルベ川以東地域，（ザクセン領）オーバーラウジッツ地方である[2]．この 2 地域は，土地制度においても大きく異なっていた．エルベ川以西の荘園領主制と以東の農場領主制という，近世ドイツ土地制度史上周知の二元的構成の観点から見ると，ザクセン王国「本領地域」を東端とする「中部ドイツ」は，荘園領主制の地域に，そして，その一亜種である「中部ドイツ荘園制」の地域に属していた．それに対して，オーバーラウジッツ地方では農場領主制が支配的であった．そのために，1815 年以後のザクセン王国，本書のザクセンは，ヴェッティーン家アルベルト系国家への帰属期間について長短あり，土地制度でも類型を異にする，2 地域を包含していた．

私は，「中部ドイツ荘園制」の解体過程を，その中心地域であるザクセン「本領地域」について実証的に解明するための第一歩として，『ザクセン農民解放史研究序論』（1990 年）を取りまとめ，封建地代の償却に関して先行業績が明らかにした具体的・数量的事実を提示した．それによれば，相当の留保がなお必要である[3]としても，村史段階での地代償却研究の成果は乏しい．また，1 郡（当時の郡は 15）の償却地代委託額統計（①とする）が刊行されており，ザクセン全体に関する償却件数統計（②とする）と償却地代委託額統計（③とする）も，公表されている．①においては，賦役など種目別に確定されうる委託地代が，全体の 5 割強にとどまるので，封建地代の種目別構成も種目別償却進行過程も明ら

かにされえない．ザクセン「本領地域」の農民解放を初めて本格的に検討したライナー・グロース[4]は，②と③の統計数値に依拠して，農民解放（彼の用語法では市民的土地改革）を論じている．しかし，②と③の統計は，「本領地域」とオーバーラウジッツ地方を包含した，王国全体の統計である，などの重大な欠陥を伴っている（本章第2節末尾と第3節末尾を参照）．そのために，ザクセン「本領地域」の封建地代償却＝農民解放は，②と③の統計数値だけに依拠して，叙述されるべきではない，と私は考える．

　ザクセン「本領地域」における封建地代償却についての研究史上の欠落を補い，具体的・数量的事実を明らかにするためには，基本史料が調査されねばならない．ところで，封建地代の償却に関するザクセン最初の重要法律は，「ザクセン改革」の一環としての1832年償却・共同地分割法（以下では32年償却法と略記）である．同改革の一環としての31年11月の内閣諸省設置令第4条C-18-8は，「グーツヘル的＝農民的諸関係の調整，特に償却事務の指導」を内務省の管轄と定めた[5]．そして，32年償却法は償却・共同地分割全国委員会（以下では全国委員会と略記）を創設し，償却・共同地分割に関するすべての協定を承認し，発効させる権限を，全国委員会に賦与した（次節を参照）．全国委員会の権限として，2年後には耕地整理も加わった[6]．32年償却法を補完・修正する法令は，次節に記すように，しばしば公布された．こうして，償却，共同地分割と耕地整理を実施する協定が，次々に締結されていった．それぞれの協定は同文のものが最低2冊作成され，全国委員会は，それらの協定の承認に際して，各協定の1冊ずつを引き抜いて，同委員会文書室に収蔵した．こうして成立した文書群が，全国委員会文書であり，この全国委員会文書の中の償却協定が私見では，償却に関する基本史料である．

　ところが，全国委員会は1876年に，ザクセン全体を管轄する権限を保持したまま，内務省本省から分離されて，中級内務官庁たるドレースデン県庁の1部局とされ，それが1917年にドレースデン県庁全国耕地整理部に改組された．この改組によって，償却を管轄する官庁がザクセンで消滅した．さらに，耕地整理事業は1937年のライヒ土地囲い込み法によって全ドイツで統一的に規制されることになった[7]．以上の経緯から，全国委員会文書はザクセン州立中央文書館の内務省文書に含まれていないのである．

　全国委員会文書群は，ようやく1960年代になって，国立ドレースデン文書館[8]

で整理された[9]．この文書群は膨大で，同文書館によれば，全体で16,788件に達する．しかし，これは未だ殆ど分析されていない[10]．

　しかも，全国委員会文書中の償却協定はザクセンにおける封建地代償却の基本史料であるけれども，その1編だけを取れば，R. グロースが指摘したように，「地域史研究のための重要史料」にすぎないのであって，「ザクセンの市民的土地改革の全般的研究にとっては適当なものではない[11]」．そこで私は，「本領地域」のいくつかの騎士領を選び出して，その騎士領と所属集落との間の封建地代償却協定すべてを検討する，という方法を取りたい．その場合，騎士領所属集落には，村落共同体（「ザクセン改革」以後は農村自治体）ばかりでなく，旧体制下で騎士領に所属した騎士領所属都市（「ザクセン改革」以後には，従来の領邦君主直属都市・管区所属都市とともに都市自治体となった）も含ませねばならない．

　ザクセン「本領地域」において荘園領主権の大部分を把持していたのは，騎士領であり，その総数は700を超える[12]．その中で私は，19世紀における二つの農村民衆運動高揚期，すなわち，1830-33年の「九月騒乱」期と1848-49年の三月革命期に民衆運動が展開して，農村住民（騎士領所属都市の住民を含む）が請願書を提出した，と確認される騎士領を取り上げたい．このような騎士領として私は，少なくとも西部のリンバッハ（農村工業地帯），南部のプルシェンシュタイン（農村工業地帯）と北部のヴィーデローダ（農業地帯）を検出した．これら3騎士領所属集落から「九月騒乱」期と三月革命期に提出された請願書，および，同地の農村民衆運動と直接関連する同時代パンフレットを，訳出・整理したものが拙著，『ザクセン農民解放運動史研究』（2001年）である．この成果を背景として本書第2-第4章は，全国委員会文書の中で，これら3騎士領に関連する封建地代償却協定すべての調査を試みる．

　これらの封建地代償却協定を検討するに先立って，本章第2節は，償却についてのザクセン王国諸法令の主要内容を概観し，その実施過程を官庁資料に基づいて確認する．第3節は，償却事業を促進した委託地代銀行（以下では地代銀行と略記）に係わる諸法令の主要内容を概括し，その実施過程を見ておく．そして，第4節は，本書全体，あるいは，第2-第4章の中の1章全体，に共通する事項について，予め補足しようとするものである．

　なお，私のかつての著作が本書に引用される場合，その文言は現在の私の理解に従って変更されている．

1) ザクセン王国史について，差し当たり，松尾 1990, pp. 1-5, を参照．1990年のドイツ民主共和国の崩壊（ドイツ連邦共和国によるドイツ再統一）以後のザクセン州は，第二次大戦敗戦直後およびドイツ再統一後の領域変動の影響を受けて，本書のザクセンよりも面積がやや広くなっている．2000年には連邦共和国が面積357と人口82,260を持つのに対して，ザクセン州のそれは面積18と人口4,426であり，その比率はいずれも5％である．Jahrbuch-D 2002, S. 46 より計算．なお，本注と次注において，面積の単位は千平方キロメートル，人口の単位は千人であり，百分率を含めて，すべて四捨五入値である．Vgl. Groß 2001, S. 304.――ドイツ第二帝政成立から第一次大戦敗戦までのドイツには，ザクセン王国の他に，ザクセンを冠する地域がいくつかあった．まず，プロイセン王国ザクセン州である．旧ザクセン王国の領土の過半は，1815年のヴィーン会議によってプロイセン王国に割譲された．プロイセン王国ザクセン州は，この新領土を中心にして編成された州である．ここはドイツ再統一以後にはザクセン・アンハルト州の主要部となっている．次に，君主が本書のザクセン王国と同根であるヴェッティーン家エルンスト系諸国家は，テューリンゲンを主たる領土としたが，16世紀から分裂・統合を繰り返しつつ，国名にはザクセンを冠していた．第二帝政期にはザクセン・ヴァイマル・アイゼナハ大公国（あるいはザクセン大公国）と，ザクセン・アルテンブルク，ザクセン・コーブルク・ゴータ，および，ザクセン・マイニンゲン，の3公国であった．この地域はドイツ再統一以後テューリンゲン州の主要部となっている．1910年の面積は，帝国合計の541（100％）に対してザクセン王国15（3％），プロイセン王国ザクセン州25（5％），エルンスト系ザクセン4公国合計9（2％），関連して，プロイセン王国349（65％）であった．同年の人口は帝国合計の64,926（100％）に対してザクセン王国4,807（7％），プロイセン王国ザクセン州3,089（5％），エルンスト系ザクセン4公国合計1,169（2％），関連して，プロイセン王国40,165（62％），であった．Jahrbuch-D 1912, S. 1 より計算．松尾 2002（この論文は現在では全面的に書き改められるべきである），p. 2, 注2を参照．

2) 1910年にザクセン王国を構成した5県の面積と人口を見ると，ドレースデン，ライプツィヒ，ケムニッツ，ツヴィカウの4県が，合計して，面積12.5，人口4,363であり，バウツェン県が面積2.4，人口444であった．Jahrbuch-S 1912, S. 17 より計算．前者の4県（面積は王国全体の84％，人口は91％）がかつての「本領地域」に，後者のバウツェン県（面積は16％，人口は9％）がオーバーラウジッツ地方にほぼ相当する．

3) ザクセン「本領地域」の旧体制下の都市，すなわち，「ザクセン改革」以前の都市は，荘園＝裁判領主権の観点から見て，領邦君主直属都市，管区所属都市と騎士領所属都市（これを私は従来，封臣所属都市と訳していた）の3類型にほぼ分類された．当該都市の裁判権を，第1類型にあっては市参事会が，第2類型では領邦君主の管区が，第3類型では騎士領が把持していた．松尾 1993－1994；シュミット 1995, 補論3を参照．したがって，騎士領所属都市とその市民は，騎士領に対して封建地代を義務づけられていたために，それを償却せねばならなかった．前掲拙著はこの事態を十分には考慮しておらず，騎士領所属都市における償却の事実を散発的に提示しているにすぎない．――なお，前掲書第2章第1節の原型である，松尾 1978, pp. 148-162 はバウツェン県（オーバーラウジッツ地方）における償却の個別事例も含む．

4) Groß 1968.

5) GS 1831, S. 327.
6) 1834年耕地整理法第7条. GS 1834, S. 143. Vgl. Groß 1968, S. 14.
7) Groß 1968, S. 132-133. さらに, 松尾 1990, p. 268 を参照.
8) この文書館は, 王国時代にザクセン王立文書館, 両大戦間期にザクセン邦立中央文書館と呼ばれていた文書館の, ドイツ民主共和国時代における名称である. これを私は以下では原則としてドイツ再統一後の名称, ザクセン州立中央文書館と呼ぶことにする.
9) Groß 1968, S. 132-133. さらに, 松尾 1990, p. 268 を参照.
10) その中の3編の償却協定はR. グロースによってきわめて簡潔に報告された. すなわち, 1835年に締結され, 36年に承認された, ツィーシェン (Zschieschen) 村の賦役と現物貢租に関する協定, カインスドルフ (Cainsdorf) 村の賦役と貢租に関する協定 (1836年締結, 41年承認), 騎士領ムッチェン (Mutzschen) の羊放牧権に関する協定 (1845年締結・承認) である. Groß 1967, S. 10-13; Groß 1968, S. 130-132; Groß 2001, S. 207-208. さらに, 松尾 1990, pp. 101-102, 119-120, 191-192 を参照.
11) Groß 1968, S. 14.
12) 松尾 1990, pp. 209-210 を参照.

第2節 封建地代償却の法規定とその実施

(1) 地代償却諸法

　フランス皇帝ナポレオンがロシア遠征に失敗して, ヨーロッパ大陸における覇権を1814年に失うと, フランスその他のヨーロッパ大陸諸国と同じように, ザクセン王国でも反動的政治体制が復活した. この反動体制をフランスの民衆は1830年の七月革命によって打破した. 七月革命に触発された大衆運動は, ザクセンではまず同年9月初めに商業都市ライプツィヒで勃発した. 民衆の騒擾は間もなく首都ドレースデンと工業都市ケムニッツでも発生し, 多くの中小都市と広範な農村地域の民衆運動がそれに続いた. これらの民衆運動はザクセン「九月騒乱」と総称されている. 31年になると, 主要都市の大衆騒擾は鎮圧されたけれども, 中小都市・農村住民の請願活動は以後も数年間, 継続した[1]. そして, 主要都市の「九月騒乱」が一応収束した直後の30年9月中旬に発足した新政権は, 体制改革に着手した. 「ザクセン改革[2]」と呼ばれる改革の中で, 1831年の憲法, 1832年の都市自治体法と償却法が特に重要である. 憲法と都市自治体法はそれぞれの分野におけるザクセン最初の法律であったが, 32年償却法も, 封建地代

の償却に関する，ザクセン最初の包括的法律であった．

　またもや保守化した政府に対して，フランスの民衆は1848年二月革命に蜂起し，その影響の下にドイツでも三月革命が勃発した．こうしてフランクフルトにドイツ国民議会が成立し，ザクセンでも邦議会が48年12月に初めて民主的に選挙された．ドイツ国民議会は「ドイツ国民の基本権」を48年12月に発布した．それを受けて，ザクセン邦議会は「ドイツ国民の基本権」発布令を49年3月に採択した．しかし，三月革命は他のドイツ諸邦と同じようにザクセンでも短期間で挫折[3]し，「ドイツ国民の基本権」諸規定は全面的に実施されるには至らなかった[4]．

　以上のような政治的潮流の中で公布された，ザクセンの農民解放関連法規定を，「本領地域」の騎士領における封建地代の償却に限定して，概観してみる（以下において通貨単位は1840年までは旧制度通貨，41年からは新制度通貨である）．

　ザクセンでは従来，封建地代の廃止には権利者・義務者双方の自由な合意が必要とされていた[5]から，それの実現は極めて困難であった．事態を大きく変化させたものが，32年償却法である[6]．

　32年償却法は主として以下の内容を含む（地代銀行・委託地代に関する部分は次節に譲る．また，本節で要約されず，償却協定で引用された，本法その他の法令の条文は，その箇所で紹介する）．

　同法によれば，「償却とは，権利者への補償と引き替えに，ある権利関係を廃止することである」（第20条[7]）．1833年初からは，本法に規定される権利の償却あるいは共同地の分割に必要とされるものは，「自由な合意ではなく，一方の当事者だけの提議」である（第1条[8]）．「償却は，両当事者の合意に，あるいは，両当事者中の一方だけの提議に，基づいてのみ開始される」（第23条）．「償却の提議は両当事者に，すなわち，権利者にも義務者にも，許される．いずれの場合にも，提議された者は，第63-第64条…[など]の定める例外を除いて，償却を受け入れねばならない」（第24条[9]）．以下では，一方の当事者だけによる提議を一方的提議と呼び，一方的提議に基づく償却を，強制的償却と呼ぶことにする．一方的提議に対する他方の当事者の拒否権を否認した32年償却法は，封建地代の償却を従来よりも遙かに容易にした．もちろん，この法律は一切の封建地代の償却を，いわんや，それの即時廃止を，規定したのではなく，提議に基づ

く償却のみを容認したのである．

　領民の子弟に対する世襲裁判領主（＝グーツヘル）の優先雇用権，領民の騎士（＝グーツヘル）居館警備義務，および，狭義の，すなわち，契約，合法的慣習あるいは判決に基づく，奉公人奉公強制は，「償却を必要としない」（第53条[10]）．すなわち，それらは無償で廃止された．

　償却の対象は，(1) 賦役その他の給付と (2) 地役権である．法的償却手段は，賦役その他の給付の場合には，(a) 一時金の支払あるいは (b) 年貨幣地代の引受であり，地役権の場合には，上記の (a) と (b) に加えて，(c) 土地の割譲と (d) 一定量の木材の年々の提供，である（第29条）．すべての場合に義務者［だけ］が上記の法的償却手段を選択しうる（第30条[11]）．ただし，償却を提議された権利者は，償却によって必要となった，新しい設備を購入するために，一時金の支払を要求できる（第33条B[12]）．

　償却によって引き受けられるべき地代は，償却に関する審議に際して調査された，償却されるべき給付あるいは地役権の年価値である（第36条前段）．償却一時金は，償却されるべき給付あるいは地役権について調査された年貨幣価値の25倍額である（第35条）．償却の審議の際になされた決定に従って，償却されるべき給付あるいは地役権が停止される時点で，一時金が支払われるべきである（第34条）．地代支払開始の時点も同様である（第36条後段）．償却協定において義務者が貨幣地代支払を引き受ける場合，権利者は地代銀行証券の受取か，義務者からの地代の直接徴収か，を選択できる（第37条[13]）．

　権利者に対する地代支払の時期は毎年4回，3月，6月，9月と12月の月末である（第39条）．地代銀行あるいは権利者に支払われるべき償却地代は，義務的土地と義務者のその他の財産とに対する土地負担であり，競売によっては消滅せず，それが課された土地とともに，［新しい土地］取得者に移る（第45条）．償却地代に対する，この物権は一時金の支払によって消滅する．一時金の支払は地代の全部についても，一部についても可能である（第46条）．償却地代を課された土地を義務者は分割できる．権利者はそれを阻みえない（第47条[14]）．

　本法に従って償却されうるものは，第1に，賦役と，土地あるいは一定の人に恒常的に課される給付である（第51条）．これには，管区と国王御領地への賦役その他の給付も含まれる．本法によって償却されないものは，土地からの定額貨幣貢租，などである（本書が対象としない，国家，共同体［後に自治体］な

どへの諸負担を除く）（第52条[15]）．

　償却は，本法が償却を規定する権利関係の全部についても，その一部のみについても提議されうる（第56条）．義務者は，一人であっても，複数であっても，償却を提議できる（第57条）．小屋住農に課された賦役その他の給付の償却は，彼の同意の下でのみ可能である（第63条）．「土地非所有者，すなわち，借家人と隠居者」に課される諸給付の償却は，義務者によってのみ提議されうる（第64条[16]）．

　賦役は，その労働を従来の経営方式に従って果たすために，権利者が支出せねばならない費用に従って，評価される（第68条）．賦役給付の際に義務者が権利者から得ていた反対給付は，償却地代算出の際に控除される（第69条[17]）．賦役は3種に区分される．第1種の賦役は，日数あるいは時間数が定まっているものである．その価値は，自分の用具と奉公人に，あるいは，借り入れた用具と賃労働者に，代替したために権利者に生じる費用を，専門家が計算した後，その $\frac{2}{3}$ とされるべきである．第2種の賦役は，時間に限定されずに，一定の範囲で果たされるべきものである．その価値は，権利者が自分の用具と奉公人あるいは賃労働者とを用いて，それを果たさせる場合に生じる費用によって決められる．第3種の賦役は，給付の時間も方式も確定されていないものである．このような賦役はまず確定賦役に転換される．すなわち，賦役登録簿，あるいは，両当事者の申告に基づいて算出された，最近6年間の平均が，確定賦役と見なされる．次いで，これが第1種の賦役と同じ方式で償却される（第70－第74条[18]）．

　耕地から直接に徴収される，現物十分の一税の償却の際には，償却に先立つ12年間の平均量が計算される．食肉十分の一税の年間量が確定していない場合には，現在飼養されている家畜頭数から，専門家がそれを計算する．各生産物の価格は両当事者の合意による．合意が成立しない場合には，第1に，聖マルティン祭における最近10年間の現地価格による．第2に，近くの市場都市の価格に依拠する時には，そこまでの輸送費が差し引かれる．袋入り十分の一税とその他の穀物貢租においては，算定価格から5%が差し引かれる（第91－第97条[19]）．

　第1の償却対象の中で，保有移転貢租は一定の例外規定に服した．すなわち，それは一方的提議ではなく，両当事者の合意に基づいてのみ提議されえた（第90条）．保有移転貢租は義務者あるいは権利者の変更のさまざまな場合に徴収された．本法は，例えば，義務者の相続を百年に3回と定めた．それらの場合の数

の合計は，百年に8回を超えてはならなかった．保有移転貢租の額が義務的土地の価格に従う場合には，専門家がその地価を決定し，その額の80%を基礎として，百年間の償却地代が計算され，それの1%が年地代となる（第83-第87条[20]）．

本法に従って償却されうる権限の第2のものは，以下の地役権である．すなわち，(a) 耕地，採草地，共同採草地，池，林地その他の放牧地で行使される放牧権のすべて，(b) 立木を伐採し，敷き藁を取り，落ちた枝を集め，切り株を開墾し，樹脂をもぎ取る，林地利用権，(c) 林地その他の土地で，草・葦・芝を取る権限，(d) 他人の土地で，建築用の砂・粘土を掘り，取る権限，(e) 他人の岩石層を利用する権限である（第101条[21]）．複数の権利者あるいは義務者に係わる，ある地役権全体の償却が行われる場合，償却の提議も，償却事務における供述も，多数決によって決定される（第109条）．共同の地役権に服する土地の複数所有者の票数は，その土地の大きさに比例して計算される（第110条[22]）．償却される放牧権の合法的範囲は，契約，世襲台帳，判決，および，時効による所有に基づいて確定される（第120条）．他人の土地への放牧権は疑問の余地なく存在するけれども，家畜数が契約・判決・時効によって決定できない場合には，最近12年間の家畜数の平均が，放牧家畜数とされる（第122条）．地役権の補償額は，義務者が提議した場合には，権利者がこの権限を合法的に利用して受け取ることができ，その廃止の後に失う利益に従って，決定される．権利者が提議した場合には，義務者は，上記の方式による補償額か，あるいは，償却による土地の自由から彼が見込みうる利益に従って決定される補償額か，を選択できる（第127-第128条）．義務者が複数である場合には，各人の負担する補償額は，第110条の規定する比率に従う（第131条[23]）．

王国全体の償却・共同地分割事業を統括するために，32年償却法は全国委員会を創設した．その構成員は主任と法律関係参事官2人，経済関係参事官2人である（第218条[24]）．

全国委員会は特別委員会委員を選定し，その課題を指定し，その処置を指導・監督し，特別委員会で生じた係争点を判定する（第219-第220条）．全国委員会は，特別委員会ばかりでなく，すべての下級裁判所に対しても命令権を持つ（第222条）．すべての中級・下級官庁は，全国委員会と特別委員会が要求すれば，関連文書類を伝達しなければならない（第230条[25]）．

特別委員会を必要とする整理事務［償却と共同地分割，後には耕地整理も］はすべて，全国委員会に提議されるべきである．当事者たち自身が自由な一致によって作成した協定も，全国委員会に提出されるべきである（第239条[26]）．
　協定草案が関係者に提示され，それに対する異議が解決されると，直ちに草案は，審議に関する文書とともに全国委員会に提出されるべきである（第254条）．全国委員会が協定草案を審査した（第255条）後に，草案は清書され，関係者によって署名される．草案は審査と承認のために，再び全国委員会に提出される（第260条）．全国委員会の承認によって初めて［当該の］協定は法的効力を獲得し，その実施が可能となる．協定は，関係者が希望するだけの部数で，作成されるべきであり，その中の1編は全国委員会の文書室にとどまる［保管される］（第261条[27]）．
　特別委員会は個々の整理事務について全国委員会によって任命される．それを構成するのは，法律専門家1人（裁判所書記あるいは裁判官）と経済専門家1人（特に，土地を所有する農業者，あるいは，大規模借地を管理する農業者）とである（第207条[28]）．償却関係者は特別委員の候補者を全国委員会に提案できる（第208条[29]）．特別委員会は要務を現地で直接に諸当事者と審議すべきである（第210条）．関係者は，審議の基礎となる権利関係を確定する際には，自ら出席しなければならない（第227条[30]）．
　償却事務の費用は権利者と義務者によって折半して負担される．地役権の関係者が複数であれば，（彼らの負担額は）持ち分に比例する（第274条）．全国委員会の費用はすべて国庫から支出されるべきである（第278条[31]）．

　32年償却法発布後間もなく，32年建築賦役評価令が制定され，建築賦役に関する32年償却法の評価方式を著しく簡素化した[32]．
　33年農業奉公期間廃止法も32年償却法を補完した．農村の子弟は，手工業の修業に先立って，農業で4年間奉公せねばならない，との義務はこれによって廃棄されたのである[33]．
　封建地代償却に関する，第2の重要法律は46年償却法補充法である．この法令は第1に，保有移転貢租の強制的償却を承認した（第1条[34]）．第2に，グーツヘル・裁判領主は土地所有権の変更，抵当権の設定，負債の償還などの際に，さまざまな名称の貢租を要求していたが，このような貢租が今や償却可能となっ

た（第10条）．この種の貢租の償却一時金額の確定の際には，例えば，抵当権設定が百年に3回と想定された（第11条[35]）．第3に，32年償却法に従って償却可能な諸給付の今後の獲得が禁止された（第17条[36]）．

ザクセンにおける三月革命の成果としての49年「ドイツ国民の基本権」公布令は，農民解放に関して以下の規定を含んでいた．(1) すべての領民・従属民関係の永久廃止（第34条）．(2) (a) 領主裁判権および荘園領主警察と，これらの権利に由来する権能，免除および貢租との無償廃止，(b) グーツヘル的・保護領主的関係から生じる人身的貢租および給付の無償廃止（第35条）．(3) 土地に賦課される貢租・給付すべて，特に十分の一税，の償却，および，償却されえない貢租・給付の新たな賦課の禁止（第36条）．(4) 他人の土地での狩猟権，狩猟目的のための賦役その他の給付，の無償廃止，および，契約に基づくことが確証される狩猟権のみの償却（第37条[37]）．

三月革命挫折後に実施された改革は次のとおりである．

まず，1850年償却法補充法は保有移転貢租に係わった．第1に，その償却一時金額が縮小された．百年に領主側の所有変更が2回，領民側では譲渡2回および相続2回，と計算される．すべての場合が加算されるが，合計は百年に5回を超えてはならない（第2条）．第2に，保有移転貢租支払義務は，その償却が提議されなかった場合，1853年末に消滅する（第6条[38]）．

次に，51年償却法補充法は，第1に，すべての領民・従属民関係と，グーツヘル的・保護領主的関係に由来する人身的貢租・給付（第1条），および，領主裁判権・領主警察権に由来する権能，免除と貢租（第2条）を，無償で廃棄した．それらの権利は例えば以下のものである．①グーツヘルに対する土地非所有者の賦役・貢租一切と，その代替物としての貨幣貢租．②領民の死亡の際に遺産の一部あるいはその代替物を要求する，グーツヘルの権利．③土地分割あるいは家屋建設に反対する，グーツヘルの権利，あるいは，その許可に対する給付（第4条[39]）．このようにして廃止される権限に対して，権利者は国庫から補償される[40]．それは，48年末までの10年間の当該給付平均額の15倍である．ただし，補償金の全国合計額が50万NTを超過した場合には，補償額は比例的に切り下げられる（第8条[41]）．

第2に，貨幣貢租の強制的償却が初めて承認された．すなわち，土地に課され，私人・団体・国庫に給付される貢租・給付一切が，原則として償却可能と

なった（第10条[42]）．以前の生の給付・負担の代わりに土地に課されている貨幣貢租については，契約あるいは法律によって明確に定められていない限り，それについての契約は有効である．このような，生の給付・負担が，ある法律によって後に無償で廃止されたとしても，である（第13条[43]）．貨幣貢租は，それが無償で，あるいは，国家補償によって，廃止されていない限り，権利者もしくは義務者の一方的提議に基づいて償却されうる（第16条[44]）．償却諸法の公布以前に，かつての生の給付あるいは現物負担の代わりに既に生じていた貨幣貢租も，第16条の貨幣貢租と同等と見なされる（第14条C）．貨幣貢租の償却は，20倍額の一時金支払によるか，地代銀行への25倍額の委託によるか，あるいは，両者の併用による．しかも，義務者だけがこれら3方式のいずれかを決定できる．権利者と義務者のいずれが償却を提議しても，そうである（第17条[45]）．

　第3に，一方的提議によって償却されうる土地負担・地役権はすべて，償却地代と貨幣貢租を例外として，54年初に廃止され，54年初の所有者とその相続人がその土地を譲渡しない限りにおいて，彼らの個人的義務としてのみ存続する．このような土地負担あるいは地役権に対して，補償を請求すべき者は，53年末までに全国委員会に償却を提議せねばならない（第23条）．提議されなかった負担・地役権は，全国委員会の証明書に基づいて土地・抵当権台帳から抹消される（第24条）．上記の個人的義務も1884年初に［最終的に］消滅する（第25条[46]）．

　49年「ドイツ国民の基本権」公布令は，上述のように，他人の土地での狩猟権の中で契約によって確証されない権利と，狩猟目的のための賦役・給付とを無償で廃止した．しかし，他人の土地での狩猟権に関しては，58年狩猟権法が，59年4月初めまでに返還を提議した旧権利者に対して，かつての狩猟権を返還した（第1条[47]）．旧権利者は狩猟権の返還を，義務的土地の所在する下級行政官庁に提議すべきである（第3条1，第6条[48]）．返還提議の8週間以内に旧義務者がその狩猟権の償却を提議すると，償却が可能となる．そのとき旧権利者に支払われる償却一時金は，狩猟権のある土地，1「地租単位[49]」について1NGであり，その中の6NPを国庫が負担する（第2-第4条A[50]）．狩猟権の返還を旧権利者が提議しない場合，あるいは，旧義務者が提議する（第3条2）場合，その償却は，32年［償却］法の定める償却官庁［全国委員会］の管轄となる（第4条B[51]）．他人の土地での狩猟権を新たに獲得することはできない（第18条）．

14

狩猟目的のための賦役その他の給付の無償廃止は従来どおりである．しかし，それらは，既に土地負担として貨幣貢租に転化されている場合には，他の貨幣貢租と同じように償却されるべきである（第19条[52]）．

この58年狩猟権法をもってザクセンの償却立法は完結した．

1) 「九月騒乱」期のザクセン農村民衆運動について，差し当たり，松尾 2001, pp. 36-43 を参照．
2) 「ザクセン改革」について，差し当たり，シュミット 1995, pp. 4-18, 119-120 を参照．
3) 三月革命期のザクセン農村民衆運動について，差し当たり，松尾 2001, pp. 156-164 を参照．
4) Groß 1968, S. 115-120.「ザクセンにおいて償却立法の領域は，1848年に開始された作業が反動期に完成させられた，数少ない領域の一つであった．…1849年春の法律草案がその後の2年間に，殆ど変更されないで公布された．「ドイツ国民の基本権」との関連が省略されただけであった」．Groß 1968, S. 119.──私見はこの評価といくらか異なる．本節後段参照．
5) Judeich 1863, S. 59 (この書物の記述は事項別には詳細であるけれども，時系列的でなく，典拠とされた法令がしばしば明記されていない); Groß 1968, S. 77.
6) 1807／11年のプロイセンを先頭に，ドイツのいくつかの邦では農民解放関係法令が既に公布されていた．この事情から，R. グロースは次のように述べている．ザクセンの32年償却法は先行諸邦の関連規定を十分に考慮して，制定された．例えば，封建地代の廃止のために定められたのは，償却（貨幣地代の引受あるいは一時金の支払）であり，プロイセンにおけるような土地割譲ではなかった．Groß 1968, S. 103, 144; Groß 2001, S. 206. それに対して，ザクセンの地代銀行は，一時金による封建地代償却を目的として国家が創設した，ドイツで最初の信用機関であり，設立直後の1832年から56年にかけてドイツの多くの邦で模倣された．もちろん，信用機関の名称はさまざまであった．Groß 1968, S. 144-145; Groß 2001, S. 208. Vgl. Judeich 1863, S. 226-227.
7) GS 1832, S. 171. Vgl. Groß 1968, S. 104.「既得権の廃止は，それが国家の福祉にとって緊急に要求されるとしても，権利者が補償を要求する限り，無償で行なわれてはならない」，というのがザクセンにおける土地負担解消の原則であった．Judeich 1863, S. 60. 緊急に望ましい，封建的諸負担の廃止に対して，無償廃止ではなく，償却のみが適切である，と私的所有権不可侵の原則から見なされた（＝政府は見なした）．Groß 1968, S. 104. そのために，「償却が実現するまでは，義務者は賦役その他の義務を精確かつ無条件に給付し続け，法的に根拠のある地役権，特に放牧権の行使を困難ならしめない」ことが「期待され」た（32年償却法前文）．GS 1832, S. 166. Vgl. Groß 1968, S. 104. この「期待」は，言うまでもなく，農村住民に対する政府の要求であった．
8) GS 1832, S. 167. Vgl. Groß 1968, S. 104.
9) 以上，GS 1832, S. 172. Vgl. Groß 1968, S. 104.──以下では，法令集と参考文献のページ数は，可能なかぎり，まとめて引用する．そのために，参考文献の当該ページは引用条文の一部のみについて記述している場合がある．
10) GS 1832, S. 180-181. Vgl. Judeich 1863, S. 60; Groß 1968, S. 105.
11) GS 1832, S. 173. Vgl. Judeich 1863, S. 72; Groß 1968, S. 104.──以下では，法的償却手

段のうち (a) と (b) のみを紹介し，(c) と (d) には言及しない．ただし，本法は以下の規定を含む．騎士領所有者は償却あるいは共同地分割に際して農民地を取得できる．従来のように関係官庁へのそれの報告は必要でない．それは償却協定に規定され，全国委員会によって承認されるべきである（第19条．GS 1832, S. 171)．なお，[農民以外に対する]農民地取得の制限は1837年農民地取得法によって解除された．GS 1837, S. 67.

12) GS 1832, S. 174. Vgl. Groß 1968, S. 104-105.
13) 以上，GS 1832, S. 175. Vgl. Judeich 1863, S. 63, 72; Groß 1968, S. 104-105.
14) 以上，GS 1832, S. 176, 178. Vgl. Judeich 1863, S. 68-69, 76; Groß 1968, S. 105.
15) 以上，GS 1832, S. 180. Vgl. Groß 1968, S. 105.――なお，以下を付記する．(1) 本法に従って償却されうる給付を含む契約は，本法公布以後には締結されえない（第54条）．GS 1832, S. 181. Vgl. Groß 1968, S. 105. (2) 共同地から分割された地片，あるいは，償却の際に割譲された地片に対して，グーツヘルあるいは裁判領主は新しい貢租・給付を賦課すべきでない．ただし，新しい住宅がそこに建てられた場合には，その限りではない（第16条）．GS 1832, S. 170. (3) 世襲借地人は，世襲借地貢租の5%引き上げによって，世襲借地対象地を自由所有地に転換できる（第77条）．GS 1832, S. 188. Vgl. Judeich 1863, S. 67-68.
16) 以上，GS 1832, S. 182-184. Vgl. Groß 1968, S. 105.
17) 以上，GS 1832, S. 185. Vgl. Judeich 1863, S. 63; Groß 1968, S. 106.
18) 以上，GS 1832, S. 185-187. Vgl. Groß 1968, S. 106. なお，建築賦役についての規定（第76条）は省略する．
19) 以上，GS 1832, S. 193-195. Vgl. Judeich 1863, S. 64（袋入り十分の一税などにおける評価額からの5%の控除は，納入される穀物の品質が，従来粗悪であったからである）; Groß 1968, S. 106.
20) 以上，GS 1832, S. 190-193. Vgl. Judeich 1863, S. 64（32年法では保有移転貢租は「強制的償却から除外されていた」); Groß 1968, S. 106（保有移転貢租の償却は「一方的提議に基づいてのみなされえた」)，111（保有移転貢租は32年償却法によっては「事実上，償却されなかった．両当事者の合意が殆ど達成されなかったからである」).
21) GS 1832, S. 196. Vgl. Judeich 1863, S. 64; Groß 1968, S. 107.――以下では (a) の放牧権のみを取り扱う．
22) 以上，GS 1832, S. 198. Vgl. Groß 1968, S. 107（ここでは，票数の計算と補償額の負担は，村負担，あるいは，利用される村有地に対する共同体構成員の比率による，と記されている).
23) 以上，GS 1832, S. 200-202. Vgl. Judeich 1863, S. 64; Groß 1968, S. 107.
24) GS 1832, S. 223. Vgl. Groß 1968, S. 108. なお，同法第273条は以下の文言を含む．「後者[全国委員会]についての苦情は通常は内務省に…訴え出るべきである」(GS 1832, S. 235)．この規定は，全国委員会が（1876年までは）内務省の下部組織であることを示すであろう．1837年の『国勢便覧』は全国委員会を内務省の一部として記載している．SHB 1837, S. 358. 以後のSHBにおいても同様である．
25) 以上，GS 1832, S. 223-224. Vgl. Groß 1968, S. 109.

26) GS 1832, S. 227. Vgl. Groß 1968, S. 109.
27) 以上，GS 1832, S. 231-232. Vgl. Groß 1968, S. 108-109; 松尾 1990, pp. 265, 268.
28) GS 1832, S. 221. Vgl. Groß 1968, S. 108.──51年償却法補充法第31条は，事情によっては特別委員として1人のみが任命される，と定めた。GS 1851, S. 137.
29) GS 1832, S. 221.──本書第3章第6節 (1)（注6）に引用した，騎士領プルシェンシュタインからの1849年2月の6村共同請願書で，特別委員は騎士領領主によって選ばれた，と領民が訴えていることは，この規定と関連するであろう。
30) 以上，GS 1832, S. 222, 225. Vgl. Groß 1968, S. 108.
31) 以上，GS 1832, S. 235-236. Vgl. Groß 1968, S. 109.
32) GS 1832, S. 277-280. Vgl. Judeich 1863, S. 63-64（調査された建築賦役地代額のうち，10%が控除された）; Groß 1968, S. 113.──この10%控除規定は32年償却法第76条の規定（GS 1832, S. 188）を引き継いでいる。
33) GS 1833, S. 65-66. Vgl. Judeich 1863, S. 60; Groß 1968, S. 113.
34) GS 1846, S. 70. Vgl. Groß 1968, S. 113.
35) 以上，GS 1846, S. 74. Vgl. Judeich 1863, S. 65; Groß 1968, S. 113.──第10条において具体的に例示されている貢租は，Theilschilling, großer Abzug, Quittirkreuzer, kleiner Abzug, Leihkauf, Confirmationsgeld, Siegelgeld, Gunstgeld, Gönnegeldである。ここに明示されていないけれども，本書第3章第17節の協定で問題になる Kaufschilling も，このような貢租であろう。
36) GS 1846, S. 75. Vgl. Judeich 1863, S. 7; Groß 1968, S. 113-114.
37) 以上，GS 1849, S. 37-38. Vgl. Judeich 1863, S. 77; Groß 1968, S. 116. さらに，高田 2007, p. 49の訳文を参照。
38) 以上，GS 1850, S. 258-259. Vgl. Judeich 1863, S. 64-65; Groß 1968, S. 120.
39) GS 1851, S. 129-130. Vgl. Judeich 1863, S. 62; Groß 1968, S. 120.──領主裁判権そのものは1855年下級官庁組織法第1条によって廃止された。すなわち，それは国家に移管された。そして，同法第29条は，あらゆる裁判権の国家移管とともに，領主裁判権服属領民の取り調べ費用負担義務は国庫によって引き受けられる，と規定した。これは領主裁判権のための貢租・給付の無償廃棄を意味していた。GS 1855, S. 144, 149. Vgl. Judeich 1863, S. 62-63; Groß 1968, S. 124.
40) 1851年国庫補償令によれば，この補償は全国委員会に対して（第1条），1852年1月末までに申請されるべきであった（第2条）。GS 1851, S. 388-389. Vgl. Judeich 1863, S. 63.
41) GS 1851, S. 131. Vgl. Judeich 1863, S. 63; Groß 1968, S. 120.──1852年補償額決定告示は，補償額が申告額の70%にまで切り下げられうる，と規定した。GS 1852, S. 31-32. Vgl. Judeich 1863, S. 63.
42) GS 1851, S. 131. Vgl. Judeich 1863, S. 65-66; Groß 1968, S. 120.
43) GS 1851, S. 132.
44) GS 1851, S. 133. Vgl. Judeich 1863, S. 66-67.

45) 以上，GS 1851, S. 133. Vgl. Judeich 1863, S. 67; Groß 1968, S. 120.
46) 以上，GS 1851, S. 135-136. Vgl. Judeich 1863, S. 65-66; Groß 1968, S. 120（1850年と51年の償却法「補充諸法によって封建的束縛の一切の残基の排除は，ザクセンでは償却の方式を通じて完成されえた」）．
47) GS 1858, S. 323. Vgl. Judeich 1863, S. 77.
48) GS 1858, S. 324-325.
49) ザクセンで1838-43年に実施された検地と土地査定に基づいて，1筆毎の「純益」が算定された．そして，43年地租法は1NTの「純益」を3「地租単位」と表現した．松尾 1990, p. 220; 松尾 2001, p. 18. なお，「本領地域」にある騎士領700-710の地租単位規模別分布（1847／48年と1877年）は，松尾 1990, p. 210, 第68-第69表を参照．
50) GS 1858, S. 323-324. Vgl. Judeich 1863, S. 77. ——したがって，狩猟権のある土地，1「地租単位」について義務者が4NPを負担せねばならないわけである．
51) GS 1858, S. 325.
52) 以上，GS 1858, S. 330. Vgl. Judeich 1863, S. 78.

(2) 地代償却諸法の実施

　封建地代償却に関する法規定の変遷は大略上記のとおりであった．それでは，これらの法規定はザクセン全体でどのように実施されたか．

　これについてR. グロースは次のように述べている．(1) 全国委員会は合計25,152件[1]の償却事項を処理した．これを償却種目の構成から見れば，現物貢租と貨幣貢租の件数が最も多く（彼が計算した百分率を丸めてみると，ともに償却件数全体の約27%），次が賦役（約15%）と保有移転貢租（約14%）であり，放牧権（約10%）と地役権（約6%）がそれに続いた．製粉強制権は0.5%に，ビール販売権は0.2%に達しなかった．したがって，ザクセンの荘園の自己経営は小さく，農民の賦役をそれほど必要としなかった[2]．(2) 償却の時間的順序に関しては，「…ザクセンの農民的土地所有はまず1846／47年までに，賦役と放牧権・家畜通行権[3]の形をとる，最も重圧的な桎梏から解放された．…農民層は1842年以後は貨幣・現物貢租の束縛からもますます解放された．1854／55年頃以後は，なお遅れていた整理事務が決済されたにすぎない．償却の終結は地代銀行の［受託］停止によって示される[4]」，と．

　R. グロースの以上の議論の基礎は，全国委員会に対する償却提議件数である．しかし，問題とすべきは，私見では提議件数ではなく，全国委員会による決済件数である．全国委員会の決済によって初めて，償却協定は発効したからである．

表1-2-1 年次別・種目別償却決済件数

①	②	③	④	⑤	⑥	⑦
1833	6	3				9 (0%)
1834	24	11			2	37 (0%)
1835	45	25			8	81 (0%)
1836	130	81			50	267 (1%)
1837	216	146			84	460 (2%)
1838	243	175			100	536 (2%)
1839	308	240			166	742 (3%)
1840	323	327			163	844 (3%)
1841	260	484			175	967 (4%)
1842	308	365			206	975 (4%)
1843	269	480			211	1,054 (4%)
1844	216	292			192	804 (3%)
1845	222	376			163	857 (3%)
1846	210	230	13		172	721 (3%)
1847	99	177	85		103	522 (2%)
1848	109	177	233		97	708 (3%)
1849–50	125	182	577		104	1,068 (4%)
1851	37	97	428	50	55	707 (3%)
1852–53	68	456	766	1,983	88	3,488 (14%)
1854	103	450	301	1,505	94	2,575 (10%)
1855	117	630	352	1,093	75	2,390 (9%)
1856	125	482	226	801	73	1,826 (7%)
1857	61	366	162	511	38	1,208 (5%)
1858–59	122	606	278	827	73	2,067 (8%)
1860	6	14	7	8	10	52 (0%)
1861	2	10	18	21	6	69 (0%)
1862–1917	3	42	13	12	43	139 (1%)
合計	3,757	6,924	3,459	6,811	2,551	25,173(100%)

　全国委員会の活動に関する統計数字として，1833年（同委員会の活動開始）から1917年（償却管轄官庁の消滅）までに，償却・共同地分割・耕地整理について全国委員会に提議され，同委員会が決済した，件数の年次別・種目別統計が公表されている．それによれば，決済件数（合計32,083件）で見ると，共同地分割が1,312件（決済件数合計の4%），耕地整理が5,598件（同17%）である

のに対して，償却は合計して25,173件（同78%）である．特に1875年までの期間を取ると，決済件数合計28,028の中での償却件数は合計25,153（決済件数合計の90%）に達する[5]．したがって，1875年までの全国委員会の決済件数は圧倒的に償却のそれであった．

　1917年までの決済件数のうち償却の決済件数のみを年次別・種目別に示したものが表1-2-1[6]である．同表最上段において，①は年である．1862年以後は，1種目10件を超える年はない，と考えられる[7]ので，1862–1917年の件数は一括されている．②–⑥は償却の対象種目を示す．すなわち，②は賦役，③は現物貢租，④は保有移転貢租，⑤は貨幣貢租，⑥は放牧権である．最後の⑦は償却決済件数合計であり，狩猟権，「その他の地役権」，製粉強制権，ビール販売権の件数も含む．⑦に付け加えた（　）は，決済数合計に占める，各年の比率であり，小数点第一位の四捨五入値である．

　この表の⑦に含まれる4種目，狩猟権，「その他の地役権」，製粉強制権とビール販売権の償却決済件数合計は，⑦−（②+③+④+⑤+⑥）として計算される．それは1,671件であって，償却決済件数合計の7%に過ぎない．したがって，それを除く93%（23,502件）は，②から⑥までの5種目である．すなわち，賦役（償却決済件数合計の15%），現物貢租（同28%），保有移転貢租（同14%），貨幣貢租（同27%），放牧権（同10%）である．

　表1-2-2は，上表から比率を計算したものである．最上段の記号は表1-2-1と同じである．各年各項目の数字は，その決済種目合計に占める当該年の比率を，（　）の数字は，上記比率の累積数字を示す．これらの百分率では，小数点以下第2位が四捨五入されている．

　表1-2-1と表1-2-2から見て取れるように，決済件数が最大であった年は，種目別に見ると，賦役では1840年，現物貢租では55年，放牧権では43年である．2年間の合計件数しか公表されていない場合があるので，保有移転貢租では1849–53年中の，貨幣貢租では52–54年中の，1年と推定される．狩猟権，「その他の地役権」，製粉強制とビール販売権を含めた償却決済件数合計でも，1852–54年中の1年と考えられる．また，比率の累積数字が50%を超えたのは，賦役で1843年，現物貢租で48年，保有移転貢租で1852–53年，貨幣貢租で54年，放牧権で44年であり，償却決済件数合計では52–53年であった．

表1-2-2　年次別・種目別償却決済件数の比率

	①	②	③	④	⑤	⑥	⑦
1833	0.2 (0.2)	0.0 (0.0)				0.0 (0.0)	
1834	0.6 (0.8)	0.2 (0.2)				0.1 (0.1)	0.1 (0.1)
1835	1.2 (2.0)	0.4 (0.6)				0.3 (0.4)	0.3 (0.4)
1836	3.5 (5.5)	1.2 (1.8)				2.0 (2.4)	1.1 (1.5)
1837	5.7 (11.2)	2.1 (3.9)				3.3 (5.7)	1.8 (3.3)
1838	6.5 (17.7)	2.5 (6.4)				3.9 (9.6)	2.1 (5.4)
1839	8.2 (25.9)	3.5 (9.9)				6.5 (16.1)	2.9 (8.3)
1840	8.6 (34.5)	4.7 (14.6)				6.4 (22.5)	3.4 (11.7)
1841	6.9 (41.4)	7.0 (21.6)				6.9 (29.4)	3.8 (15.5)
1842	8.2 (49.6)	5.3 (26.9)				8.1 (37.5)	3.9 (19.4)
1843	7.2 (56.8)	6.9 (33.8)				8.3 (45.8)	4.2 (23.6)
1844	5.7 (62.5)	4.2 (38.0)				7.5 (53.3)	3.2 (26.8)
1845	5.9 (68.4)	5.4 (43.4)				6.4 (59.7)	3.4 (30.2)
1846	5.6 (74.0)	3.3 (46.7)	0.4 (0.4)			6.7 (66.4)	2.9 (33.1)
1847	2.6 (76.6)	2.6 (49.3)	2.5 (2.9)			4.0 (70.4)	2.1 (35.2)
1848	2.9 (79.5)	2.6 (51.9)	6.7 (9.6)			3.8 (74.2)	2.8 (38.0)
1849-50	3.3 (82.8)	2.6 (54.5)	16.7 (26.3)			4.1 (78.3)	4.2 (42.2)
1851	1.0 (83.8)	1.4 (55.9)	12.4 (38.7)	0.7 (0.7)		2.2 (80.5)	2.8 (45.0)
1852-53	1.8 (85.6)	6.6 (62.5)	22.1 (60.8)	29.1 (29.8)		3.4 (83.9)	13.9 (58.9)
1854	2.7 (88.3)	6.5 (69.0)	8.7 (69.5)	22.1 (51.9)		3.7 (87.6)	10.2 (69.1)
1855	3.1 (91.4)	9.1 (78.1)	10.2 (79.7)	16.0 (67.9)		2.9 (90.5)	9.5 (78.6)
1856	3.3 (94.7)	7.0 (85.1)	6.5 (86.2)	11.8 (79.7)		2.9 (93.4)	7.3 (85.9)
1857	1.6 (96.3)	5.3 (90.4)	4.7 (90.9)	7.5 (87.2)		1.5 (94.9)	4.8 (90.7)
1858-59	3.2 (99.5)	8.8 (99.2)	8.0 (98.9)	12.1 (99.3)		2.9 (97.8)	8.2 (98.9)
1860	0.2 (99.7)	0.2 (99.4)	0.2 (99.1)	0.1 (99.4)		0.4 (98.2)	0.2 (99.1)
1861	0.1 (99.8)	0.1 (99.5)	0.5 (99.6)	0.3 (99.7)		0.2 (98.4)	0.3 (99.4)
1862-1917	0.1 (99.9)	0.6 (100.1)	0.4 (100.0)	0.2 (99.9)		1.7 (100.1)	0.6 (100.0)
合計	100 (100)	100 (100)	100 (100)	100 (100)		100 (100)	100 (100)

　ところで，公表された年次別・種目別償却提議・決済件数一覧表は，私見によれば，いくつもの問題点を含んでいる．まず，それは全国統計であって，「本領地域」とオーバーラウジッツが一括されている．次に，これらの数字は権利者と義務者を明示していない．第3の問題は，この表の「件数」の意味が必ずしも明確でないことである．①既述のように，全国委員会の決済総件数は3万2千

を超えるけれども，全国委員会文書はそれより遙かに小さく，全体で1万7千に達しない（いずれも，共同地分割・耕地整理を含む）．その理由の一つは，決済された協定の表題が，複数の償却種目，場合によっては，償却と共同地分割と耕地整理の二つないし三つ，に亘る場合に，それらの各種目で1件ずつの加算が行われて，上記の数字が算出されたからではなかろうか．そればかりではない．償却協定の表題に，ある償却種目が記されているけれども，本文では，表題に記されていない種目が償却対象となっている場合がある．表題に記されていない封建地代種目は，あの件数表ではどのように扱われたのであろうか．②封建地代の構成は私見では，全種目の償却一時金合計額に占める各種目の一時金合計額の比率によって，まず判断されるべきである．それに対して，「件数」を基準とする場合，ある種目の償却件数の大きさは，その種目の償却一時金額の大きさに比例する，と想定していることになる[8]．以上の問題点を無視して，R. グロースは封建地代の構成と地代償却の時間的経過をこの件数表に基づいて議論している．特に彼はその著書序論において，「ザクセン領オーバーラウジッツも考察されない[9]」と，自著の研究対象地域を限定していたにも拘わらず，である．第4に，これらの提議・決済件数が私的協定のすべて，とりわけ，51年償却法補充法以後の一時金による償却のすべてを数え上げているかどうか，に関しても疑問の余地がある．これについては，本書第5章第3節を参照されたい．

　そればかりではない．償却一時金額を問題にする場合には，狩猟権のそれも検討すべきであろう．償却の種目別構成を論じる際に，R. グロースは狩猟権に全く言及せず，1833-75年についての年次別・種目別提議・決済件数一覧表の中に狩猟権として1件だけを挙げている．1917年まで延長した一覧表で見ても，狩猟権は2件だけである[10]．

　58年狩猟権法は上記のように，他人の土地での狩猟権の償却を規定した．この法律に従って狩猟権の償却はA. ユーダイヒによれば60年4月までにほぼ完了した．申告された狩猟権は，5,832件であった．狩猟権の償却一時金として国王＝国庫が19万NT弱を，私的権利者が61万NT余を受領した．また，償却一時金として国庫が権利者に支払った補償額は，50万NT弱であった[11]．したがって，権利者全体が受け取った狩猟権償却一時金総額は，80万NT余となり，狩猟権義務者の支払額はこの総額の40％，すなわち，32万NT余となったであろう．しかも，この狩猟権法が，狩猟権の償却を提議すべき官庁と定めたのは，

通常の償却の場合と異なって，下級行政官庁であった[12]．そのために，狩猟権償却協定は全国委員会文書の中に殆ど含まれていないわけである．

1) この合計 25,152 件は，種目別償却提議件数の合計として，Groß 1968, S. 125 に表示されているけれども，期間が明示されていない．また，1833-59 年の種目別提議件数についての円グラフと棒グラフ（同書，S. 126-127），および，1833-75 年についての年次別・種目別提議・決済件数一覧表（同書，S. 129）には，合計数字が表示されていない．私の計算では，1833-59 年の償却提議は合計 25,080 件であり，1833-75 年の償却提議は 25,155 件，償却決済は 25,153 件である．松尾 1990, p. 267.
2) Groß 1968, S. 125-126. Vgl. Groß 2001, S. 206. さらに，松尾 1990, p. 263 を参照．なお，R. グロースはこの箇所で狩猟権に全く言及していない．
3) 他人の土地での家畜通行権（Triftgerechtigkeit, Uibertrift, Treibe）について 32 年償却法は次のように規定している．それが副次的地役権（Nebenservitut）として，償却される放牧権と結び付いている場合には，副次的地役権を課された土地の所有者は，それの償却を拒みえない（第 112 条．GS 1832, S. 198-199）．そして，放牧権の償却によって副次的地役権としての［家畜］通行権が廃止される時には，当該の土地所有者は権利者に補償せねばならない．まず，家畜の通行する土地が［家畜］通行期間に放牧権に服する，と想定した金額が，算定され，その金額の $\frac{2}{3}$ が［家畜］通行権廃止の補償額となる（第 129 条．GS 1832, S. 201）．
4) Groß 1968, S. 128. Vgl. 松尾 1990, p. 264．──ここで R. グロースは，償却の義務者を農民的土地所有・農民層だけと考えている．また，地代銀行への地代委託に関する箇所では，彼は，委託地代のすべてが「騎士領所有者に支払われた」，と記している．Groß 1968, S. 125-126, 141. すなわち，彼は，償却義務者を農民のみ，権利者を騎士領所有者のみ，と見なしているわけである．さらに，松尾 1990, pp. 263-264, 278-279 を参照．
5) 差し当たり，松尾 1990, pp. 266-267 を参照．ただし，比率は今回提示した．
6) 松尾 1990, pp. 266-267 の第 104 表より作成．
7) ただし，1865-75 年については，現物貢租 19 件，放牧権 28 件，「その他の地役権」14 件の決済がなされた．これらは 11 年間の決済合計件数であるが，その中の 1 年を取れば，それぞれ 10 件を超えない，と私は推定した．
8) 以上の問題点について，松尾 1990, pp. 272-277 を参照．
9) Groß 1968, S. 23.
10) 松尾 1990, pp. 266, 275. この件数は，58 年狩猟権法第 4 条 B に基づく償却の件数であろう．
11) Judeich 1863, S. 77-78. なお，以上の数字はザクセン王国全体のものであり，その中の「本領地域」分は不明である．
12) 三月革命期の農村民衆請願書・パンフレットは狩猟権を一重要論点としていた（松尾 2001, pp. 160, 218-220 を参照）．そして，59 年 4 月 1 日までに申告された狩猟権，5,832 件（A. ユーダイヒの記述として本文で言及した）のうち，償却提議件数は 5,692 件に達した．

第3節　地代銀行に関する法規定とその実施

　32年償却法は，既述のように，償却協定において義務者が貨幣地代の支払を引き受ける場合，権利者は地代銀行証券の受取か，義務者からの地代の直接徴収か，を選択できる，と規定した．権利者が地代銀行証券の受取を選択した場合には，義務者は償却地代を権利者にではなく，地代銀行に支払わねばならない．地代が地代銀行に委託され，地代銀行証券が作成されると，償却事務によって発生した，権利者の請求権は，そして，義務的土地の物権も，地代銀行に移る（第37条[1]）．

　32年償却法と同日に公布された地代銀行法は，国家が保証する地代銀行を設立した（第1条，第2条[2]）．地代銀行は1834年初に委託地代の受託を開始する（第22条[3]）．委託できる地代は，12AG あるいは，その倍数である（第6条）．償却地代のうち，12AGに達しないもの，および，12AGで割り切れない残額（地代端数）は，25倍額の一時金として権利者に直接に支払われるべきである（第7条[4]）．地代銀行は，償却地代を受託すると，その25倍額の地代銀行証券を権利者に交付する（第12条）．地代銀行証券は無記名証券である（第13条[5]）．発行される地代銀行証券は12AT12AG, 25AT, 50AT, 100AT, 500AT, 1,000AT の6種類である（第14条[6]）．義務者は委託地代を年4回，3月，6月，9月と12月の月末に各地の税務署に支払わねばならない（第5条[7]）．地代銀行は毎年，受託地代額の4％を義務者から受け取り，地代銀行証券額面の$3\frac{1}{3}$％を証券所有者に支払う（第17条[8]）．

　37年地代銀行法補充令は従来の規定のいくつかを変更した．第1に，地代銀行に委託されうる地代額が，年額4APの倍数額の地代に引き下げられた．地代銀行は，32年地代銀行法が定めた地代銀行証券6種類によっては，その受託額を支払えない場合には，一時金の残額を権利者に現金で支払うことになった（第18条）．第2に，「今後，そして，1842年末までは」，地代銀行に償却地代を委託する権利を，義務者にも認めた（第19条）．それに対して，権利者は，地代銀行証券を受け取るか，それとも，地代銀行から現金で一時金を受け取るか，を選択できた（第20条[9]）．第3に，地代銀行管理費は国庫が負担する（第2条）ことになり，地代銀行証券の計画的な償還が，くじ引きによって開始された（第

1条，第3条）．この償還計画に従って地代義務者は，地代銀行への地代支払開始から55年間で償還できる（第10条[10]）．55年間の支払期間以前にも義務者は，所定の金額を支払えば，委託地代を償還できる．その金額は，同補充令に規定された基準に従った控除額を，委託地代の25倍額から差し引いた金額である（第14条[11]）．

また，42年地代銀行法補充令は上記37年補充令第19条の期間規定を54年12月31日まで延長した[12]．さらに，50年地代銀行証券受領義務法第1条は，地代銀行に地代を委託する権利に関して，義務者を権利者と完全に同権とした[13]．

地代銀行の閉鎖は，まず，37年地代銀行法補充令第19条によって1842年12月末と定められた．次いで，その時期は，42年地代銀行法補充令によって45年12月末まで延長された．さらに，それは46年地代銀行閉鎖法第1条によって51年4月1日まで再延長された後，51年の地代銀行閉鎖令と償却法補充法第21条によって56年4月1日まで三たび延長された．しかし，地代銀行の最終的受託停止を定めたのは，55年地代銀行閉鎖法であった．すなわち，1856年3月末までに全国委員会に提議された償却について，償却地代・貨幣地代の受託が59年3月末に停止されることになったのである（第1条，第2条[14]）．なお，1840年に通貨制度改正法が公布され，翌41年から通貨制度が改革された．それに伴う地代銀行証券変更規定の紹介は省略する．

最初の委託地代の最初の支払は1834年6月末で，最後の地代のそれは59年12月末であったから，委託地代の支払完了は1889年復活祭に始まり，1914年ミヒャエル祭に終わることになる[15]．地代銀行はその閉鎖（受託停止）までに454,716件の委託地代を受託した．委託地代の総額は1,142,512NT余であり，その25倍の一時金額は28,562,821NT余であった．それに対して，総額27,861,975NTの地代証券が発行され，残りの700,846NT余は現金と既発行の地代証券で権利者に支払われた[16]．

ここで，地代銀行受託額の年次別統計を検討しておこう．表1-3-1は，1834-59年に地代銀行が受託した償却一時金を，ドイツ帝国期の貨幣単位，マルク（1M = 3NT）で示したものである[17]．最上段の①は年，②は年次別受託額，③は受託合計額に対する各年の比率，④は上記比率の累積数字を示す．私の計算による③と④は，小数点以下第2位を四捨五入している．

表1-3-1　地代銀行の年次別受託額

①	②	③	④
1834	11,023	0.0	0.0
1835	4,085	0.0	0.0
1836	427,659	0.5	0.5
1837	1,108,731	1.3	1.8
1838	2,234,137	2.6	4.4
1839	3,665,799	4.3	8.7
1840	4,888,989	5.7	14.4
1841	4,378,365	5.1	19.5
1842	4,213,232	4.9	24.4
1843	4,522,832	5.3	29.7
1844	3,550,403	4.1	33.8
1845	2,112,757	2.5	36.3
1846	1,999,802	2.3	38.6
1847	1,375,719	1.6	40.2
1848	892,416	1.0	41.2
1849	593,835	0.7	41.9
1850	913,893	1.1	43.0
1851	1,580,687	1.8	44.8
1852	4,082,656	4.8	49.6
1853	6,701,489	7.8	57.4
1854	8,197,711	9.6	67.0
1855	7,648,103	8.9	75.9
1856	6,729,124	7.9	83.8
1857	7,426,745	8.7	92.5
1858	3,965,752	4.6	97.1
1859	2,462,522	2.9	100.0
合計	85,688,466	100	100

　表1-3-1②の数字に基づいて，R. グロースは次のように書いている．「当初1834-37年に騎士領所有者は地代銀行の利用を躊躇していたが，農民もその償却地代を地代銀行に委託しうるようになった1837年以後に，決定的な変化が生じた．こうして，償却金の一大部分が1838-44年に地代銀行によって受託された．1845-51年における委託地代の急速な低落の原因は，1844／45年以後に償却協定が成立しなかったこと，1846-47年の経済恐慌と1848-49年のブル

ジョア民主主義革命の諸事件であった」．1852年以後，保有移転貢租，貨幣貢租および現物貢租の償却が可能となるとともに，地代銀行は最高の償却金額を受託した」．これらの委託地代はすべて「騎士領所有者に支払われた[18]」．

本表によれば，最高額の償却金が委託されたのは，1854年であり，55年，57年がそれに次ぐ．委託地代の累積額が総額の50%を超えたのは，1853年である．

上記のR.グロースの叙述には，前節に要約した，彼の記述と同じように，以下の問題点が指摘されうるであろう．第1に，「本領地域」からの受託額とオーバーラウジッツからのそれが区別されていない．第2に，権利者は騎士領所有者のみであり，義務者は農民のみである，と主張されている．つまり，権利者としての領邦君主，僧族・教会と農民が，また，義務者としての農民以外の階層，例えば，騎士領所有者が無視されている．さらに，R.グロースの挙げた数字は，償却地代一時金額そのものではなく，地代銀行への委託地代額であるから，後者のみによって封建地代償却の進行過程を説明することはできない[19]．

1) GS 1832, S. 175. Vgl. Judeich 1863, S. 74; Groß 1968, S. 140.
2) GS 1832, S. 267. Vgl. Judeich 1863, S. 72; Groß 1968, S. 140. 地代銀行は33年地代銀行一般令第1条によって大蔵省の監督の下に置かれた．GS 1834, S. 1. Vgl. Groß 1968, S. 140. 1837年の『国勢便覧』もそれを明示している．SHB 1837, S. 313.
3) GS 1832, S. 271. Vgl. Judeich 1863, S. 72; Groß 1968, S. 140.
4) 以上，GS 1832, S. 268. Vgl. Judeich 1863, S. 73.
5) 以上，GS 1832, S. 269. 荘園領主は，受領した地代証券から，利子を毎年受け取ることも，それを譲渡して，一時金を入手することもできた．Groß 1968, S. 140. ―― 地代銀行による償却一時金の支払（地代銀行証券の交付）によって，旧来の権利者と義務者の間のあらゆる関係は消滅した．Judeich 1863, S. 74.
6) GS 1832, S. 269. Vgl. Judeich 1863, S. 73; Groß 1968, S. 140（委託可能な地代の最低額の25倍額が，地代銀行証券の最少額とされた）．
7) GS 1832, S. 268. Vgl. Judeich 1863, S. 74.
8) GS 1832, S. 270. Vgl. Judeich 1863, S. 74; Groß 1968, S. 139.
9) 以上，GS 1837, S. 17-18. Vgl. Judeich 1863, S. 72-73; Groß 1968, S. 140.
10) 以上，GS 1837, S. 14-15. Vgl. Judeich 1863, S. 73; Groß 1968, S. 140, 143. ―― 第10条によって，委託地代の支払義務は55年間の支払の後に消滅することになったわけである．―― 地代銀行証券の償還計画は当初は未定であった．37年地代銀行法補充令は，義務者の支払額と証券所有者への支払額との差額 $\frac{2}{3}$% でもって地代銀行証券の計画的償還を開始した．Groß 1968, S. 139.

11) GS 1837, S. 16, 20-23. Vgl. Judeich 1863, S. 75.
12) GS 1842, S. 212. Vgl. Groß 1968, S. 140.
13) GS 1850, S. 8. Vgl. Judeich 1863, S. 73.
14) 以上，GS 1837, S. 17-18; GS 1842, S. 212; GS 1846, S. 78; GS 1851, S. 61, 135; GS 1855, S. 595-596. Vgl. Judeich 1863, S. 72.
15) Judeich 1863, S. 75; Groß 1968, S. 141.
16) Judeich 1863, S. 71-76. Vgl. Groß 1968, S. 139-144 (M単位で見ると，委託地代の総額は3,427,538M余であり，その一時金額は85,688,465M余であった．それに対して，総額83,585,925Mの地代銀行証券が発行され，残りの2,102,540M余は現金で支払われた．1913年末 (Groß 1968, S. 143; Groß 2001, S. 208) に，「地代銀行によって引き受けられた，最後の地代が満期となった」．このとき地代銀行に残っていた剰余金，現金649M余と有価証券2,555,664M余は，地代銀行の管理費その他の損失に対する事後的代償として国庫に納付された．なお，1901年4月に満期となった地代銀行証券の中で，3,675Mは償還されなかった（証券所有者が地代銀行に償還を請求しなかった）．この未償還証券が時効となった32年5月に，地代銀行は活動を停止した．ただし，A. ユーダイヒ (Judeich 1863, S. 76) と R. グロース (Groß 1968, S. 141) によれば，最後の委託地代の満期日は1914年末である．Vgl. Groß 2001, S. 208 (そこには，委託地代の総額は427,538M余であり，その一時金額は85,585,925Mであった，と記されている．しかし，この数字は誤記・誤植であり，Groß 1968, S. 141の数字が正しい）．
17) ②は Groß 1968, S. 141 より，同合計は私の計算である．松尾 1990, p. 280; Groß 2001, S. 208 を参照．
18) Groß 1968, S. 141-143. ただし，「1852年以後，保有移転貢租，貨幣貢租および現物貢租の償却が可能となるとともに，…」の記述は理解しがたい．51年償却法補充法が強制的償却を初めて承認したのは，前節で言及したように，貨幣貢租のみであったからである．
19) 松尾 1990, pp. 284-289 を参照．なお，本書が検討する3騎士領において，償却一時金額は委託地代額よりも大きかった．本書第2-第5章を参照．

第4節　補　　論

　本書全体に共通する事項について，ここで予め説明・補足しておきたい．ただし，(1) ②の(ⅰ)および (2) と (3) の①は第2章，(1) ②の(ⅱ)および (2) と (3) の②は第3章，(1) ②の(ⅲ)および (2) と (3) の③は第4章のみに関連する．また，本書全体に係わる用語，「グーツヘル」と「封建地代」に関する私の現在の見解も，ここに取りまとめておく．

(1) 全国委員会委員と特別委員

① 全国委員会委員

1832年に全国委員会が創設されると，その初代主任としてカル・ゴットリープ・フォン・ハルトマンが任命された[1]．ハルトマンは従来，上訴院顧問官であったが，1832年から36年まで全国委員会主任であった[2]．ハルトマンの後任として1836年に全国委員会主任となったのが，ユーリウス・ゴットロープ・フォン・ノスティッツ・ウント・イエンケンドルフ（Nostitz und Jänckendorf）である[3]．彼は1837-39年にも全国委員会主任であった[4]．次の『国政便覧』，SHBが刊行された1841年には，ハインリヒ・フェルディナント・ミュラーが全国委員会の主任であり，47年にもそうであった[5]．H. F. ミュラーは既に1832年に全国委員会の法律関係参事官に任命されていた[6]．彼は，全国委員会文書第6834号（本書第2章第8節）によれば，1848年9月にも委員会主任であった．SHBが1847年の次に刊行されたのは，1850年であるが，同年にはグスタフ・アードルフ・フリードリヒ・シュピッツナー（Spitzner）が全国委員会主任となっており，70年にもそうであった[7]．シュピッツナーは既に1832年に全国委員会の法律関係参事官に任命されていた[8]．70年の次にSHBが刊行されたのは，1873年である．しかし，全国委員会主任は空席となっている[9]．以下では全国委員会主任の氏名を姓のみで記す．特にJ. G. フォン・ノスティッツ・ウント・イエンケンドルフをノスティッツと略記する．

全国委員会主任以外の委員で，本書の償却協定で問題になるのは，主任任命以前に委員であったG. A. F. シュピッツナーとH. F. ミュラーを除けば，ハインリヒ・アウグスト・ブロッホマン（Blochmann）とカル・グスタフ・グレックナー（Glöckner）博士である．H. A. ブロッホマンは既に1832年に全国委員会の経済関係参事官に任命された[10]．彼は37-50年にも同じ官職にあった[11]．農業者の彼は1851年に没した[12]．また，K. G. グレックナーは1837-41年に全国委員会の法律関係参事官であった[13]．

② 特別委員

第2-第4章各節の償却協定に記された特別委員の姓名と居住地は，3騎士領別に列挙すれば，次のとおりである．

（i）西部ザクセンの騎士領リンバッハ

法律関係委員　ユーリウス・フォルクマン博士（ケミニッツ市）（第2-第6,

第 8 節)．第 7 節と第 9 節は不明．

　経済関係委員　グスタフ・モーリッツ・ペッチュ（ペーニヒ市）（第 2, 第 3, 第 5, 第 6, 第 8 節）；カルル・フリードリヒ・シュヴァーネベック（ロホリッツ市）（第 4 節）．第 7 節と第 9 節は不明．

　このうち，J. フォルクマンは 1837 年にクルムヘンナースドルフ村の領主裁判所長であった[14]．

　(ii)　南部ザクセンの騎士領プルシェンシュタイン

　法律関係委員　アマンドゥス・アウグスト・ヘフナー（Höffner）（ノッセン市）（第 1－第 9, 第 11－第 17 節．恐らく第 10 節の協定もそうであろう．ただし，第 2 節の協定の初期にはグスタフ・ブルジアン（Brusian）（フライベルク市）であり，第 15 節の後期と第 17 節の初期にはエルンスト・クレム（Klemm）（フライベルク市）であった．

　経済関係委員　カルル・ゴットリープ・トラウゴット・メルツァー（Meltzer）（ラウエンシュタイン市）（第 1－第 9, 第 11－第 15 節．第 17 節は 1857 年まで彼であったけれども，以後は空席である．第 10 節と第 16 節は不明．

　このうち，G. ブルジアンは 1837 年にレースニッツ村などの領主裁判所長であった[15]．彼は 1839 年から 1850 年まで，いくつかの領主裁判所長であった[16]．彼についての最後の記載は SHB の 1863 年で，弁護士，フライベルク鉱区委員会委員長代理となっている[17]．

　E. クレムは 1837 年にムルダ村などの領主裁判所長であった[18]．彼は 1839 年から 54 年まで，いくつかの領主裁判所長であった[19]．彼は 1857 年から 66 年まで，フライベルク鉱区委員会委員長代理となっている[20]．

　A. A. ヘフナーは 1841 年にグラウプツィッチ村の領主裁判所長であった[21]．彼は 1843 年から 1850 年まで，いくつかの領主裁判所長であった[22]．彼は 1863 年から 78 年までドレースデン弁護士会議議員であった[23]．——三月革命期の農民請願書はこの A. A. ヘフナーを名指しで，あるいは，事実上，名指しで，批判した．この批判については第 3 章第 6 節 (1)（注 6）を参照．

　(iii)　北部ザクセンの騎士領ヴィーデローダ

　法律関係委員　第 1 節では初めベンヤミン・エーレンフリート・ミールス（ライスニヒ市），後にアウグスト・ハインリヒ・ミュラー（グリマ市）とされている．第 2 節は上記 A. H. ミュラーで，第 3 節はムッチェン司法管区であった．

経済関係委員　エルンスト・アウグスト・フュルヒテゴット・バイアー (Beyer)（ハウスドルフ村）（第1，第2節）．

　このうち，B. E. ミールスは1837-39年にコミヒャウ村などの領主裁判所長であった[24]．

　A. H. ミュラーは1837-54年にアルテンハイン村などの領主裁判所長であった[25]．

　E. A. F. バイアーについては以下の事実が知られている．ハウスドルフ村には騎士領があり，その所有者は1819年から44年までG. F. ボンアッカーであった．したがって，上記バイアーは同村の騎士領所有者ではなかった．騎士領借地人として隣村に住んでいたバイアーは，1824年にハウスドルフ村の連畜賦役農地を購入した．そのために，彼はハウスドルフ村の農民となったのである[26]．

1) Teuthorn 1904, S. 51.
2) Groß 1968, S. 243.
3) Teuthorn 1904, S. 51.
4) SHB 1837, S. 358; SHB 1839, S. 262（ただし，フォンは付加されていない）．なお，彼は1836-44年の内務大臣エードゥアルト・フォン・ノスティッツ・ウント・イエンケンドルフ（シュミット1995, pp. 184, 223）とは別人である．
5) SHB 1841, S. 205; SHB 1847, S. 209.
6) Teuthorn 1904, S. 51.
7) SHB 1850, S. 210; SHB 1870, S. 435.
8) Teuthorn 1904, S. 51.
9) SHB 1873, S. 434.
10) Teuthorn 1904, S. 51.
11) SHB 1837, S. 358; SHB 1850, S. 210.
12) Groß 1968, S. 243. ブロッホマンは1849-50年にはラーデベルク市近郊の騎士領ヴァッハウの所有者になっていた．ザクセン州立中央文書館回答．
13) SHB 1837, S. 358; SHB 1841, S. 205.
14) SHB 1837, S. 178.
15) SHB 1837, S. 163.
16) SHB 1839, S. 93, 96, 105; SHB 1850, S. 82, 89.
17) SHB 1863, S. 115, 274.
18) SHB 1837, S. 169.
19) SHB 1839, S. 105, 108, 122, 123; SHB 1854, S. 105, 106, 113, 114.

20) SHB 1857, S. 201; SHB 1865/66, S. 267.
21) SHB 1841, S. 80.
22) SHB 1843, S. 84; SHB 1850, S. 79, 84, 85.
23) SHB 1863, S. 113, 115; SHB 1878, S. 50, 52.
24) SHB 1837, S. 171; SHB 1839, S. 93, 96, 97, 101, 104, 107, 114, 124.
25) SHB 1837, S. 89, 94; SHB 1854, S. 98, 100.
26) 州立ライプツィヒ文書館回答.

(2) 当面の時期における3騎士領の所有者

　当面の時期における3騎士領の所有者は次のとおりである．当該章では騎士領領主の姓名は原則として省略する．また，償却協定に彼らの姓名だけが記されている場合には，「…［騎士領領主］」と表現する．

　①騎士領リンバッハの所有者は，まず，1807－36年にフリードリヒ・レーベレヒト・ゼバスティアーン・フォン・ヴァルヴィッツ（Wallwitz）伯爵（1773年生まれ，1836年没）であり，次に，1836－45年には上記の子，ゲオルゲ（あるいは，ゲオルク）・フリードリヒ・フォン・ヴァルヴィッツ伯爵（1807年生まれ，1901年没）であった．さらに，1846－51年にはゲオルク・フリードリヒ・カルル・アウグスト・フォン・レーデン（Rhöden）男爵（1808年生まれ，1873年没）が，1851－61年にはカルル・オットー・フォン・ヴェルク（Welck）男爵（1818年生まれ，1902年没）が騎士領領主となった[1]．いずれも貴族である．

　なお，第2章では原則として騎士領リンバッハを当騎士領，騎士領リンバッハの所有者を当騎士領領主と略記する．

　②騎士領プルシェンシュタインの所有者はまず，カスパル・カルル・フィーリプ・ウッツ（Utz）・フォン・シェーンベルク（1804年生まれ，1864年没）であり，次いで，その子，ハンス・エーベルハルト・フォン・シェーンベルク（1839年生まれ，1883年没）であった[2]．前者は，エルツゲビルゲ県の騎士領領主から選出された終身上院議員であった[3]．後者は，エルツゲビルゲ県の土地所有者から選出された上院議員であった[4]．このフォン・シェーンベルク家（ただし，高位貴族フォン・シェーンブルク家ではない）はザクセンの有力な貴族家系であった．

　なお，第3章では原則として騎士領（あるいは世襲・自由地）プルシェンシュタイン（あるいはプルシェンシュタイン＝ザイダ）を当騎士領，騎士領（あるい

は世襲・自由地）プルシェンシュタイン（あるいはプルシェンシュタイン＝ザイダ）の所有者を当騎士領領主，そして，プルシェンシュタイン（あるいはプルシェンシュタイン＝ザイダ）の世襲台帳を当騎士領の世襲台帳と略記する．

このK. K. P. U. フォン・シェーンベルクには日本と微かな縁がある．

森鷗外は若き日に陸軍軍医として約4年間（1884-88年）ドイツに派遣され，最初の約1年半をザクセン（ザクセン最重要の商業都市で大学都市，ライプツィヒに約1年，首都ドレースデンに約半年）に滞在した．その時，鷗外は北ザクセンにおけるザクセン軍団秋期演習に参加し，第1夜を「マツヘルン」の城に宿泊した．当時のマッヘルン城主は，鷗外の『獨逸日記』に記された「パウル，スネットゲル」ではなく，現地を最初に調査した川上俊之氏によれば，パウルの父親エードゥアルト・シュネトガーであり，子パウルの相続は1903年であった（川上 1977年，p. 14）．その後もマッヘルンのシュネトガー家（貴族ではない）の家系調べを続行された故川上氏の調査結果に，私の補充調査の結果も加えて要約すると，次のようになる．このパウル・シュネトガー（1859-1953）は，森鷗外の宿泊から5年余り後の1890年に，貴族ヒルデガルト・フォン・ブクスホェーフデン（Buxhoevden, 1872-1944）と結婚した．この女性の名は『貴族系譜[5]』によれば，ヒルデガルト・エリーザベト・ヘンリエッテである．このブクスホェーフデンと上記 P. シュネトガーの娘アグネスがルードルフ・フォン・シェーンベルク（プルシェンシュタイン城）と結婚した．

アグネス・シュネトガーと結婚した，ルードルフ・フォン・シェーンベルクの名を持つ貴族としては，いずれもシュトゥットガルトに生まれた3人が確認される．1880年生まれのハンス・ルードルフ，1881年生まれのホルスト・ルードルフ，1884年生まれのカスパル・ルードルフである[6]．

アグネスの夫とされるルードルフは，ヴュルテンベルク州立シュトゥットガルト図書館によると，1884年に生まれたから，上記3人の中で最も若いカスパル・ルードルフである．そして，彼は陸軍少佐として1936年にプルシェンシュタイン城で没した．彼が結婚したのは，アグネス・イーダ・ヘンリエッテ・シュネトガーであり，時期は1920年5月で，場所は北部ザクセン・ヴルツェン市近郊のマッヘルン城であった．この夫婦の間に2人の娘がプルシェンシュタイン城で生まれた．1921年生まれのクリスタ・フリーデリーケ・フォン・シェーンベルクと，1924年生まれのマルガ・ジビュレ・フォン・シェーンベルクである．2

人の令嬢のその後は不明である[7]．

　［カスパル・］ルードルフ・フォン・シェーンベルク少尉は第一次大戦に際して 1914 年に中国・青島要塞で日本軍と戦って敗れ，丸亀に，次いで大分に，最後には習志野に収容された．彼は大戦終結後，解放され，20 年に帰国すると，その直後に結婚した．パウル・シュネトガーが軍事演習中の自分をマッヘルン城で歓待してくれた，と森鷗外は『獨逸日記』に記したのであったが，このパウルの娘が，K. R. v. シェーンベルク少尉の花嫁であった．そして，彼らの結婚式が執り行われたのも，マッヘルン城であったのである．鷗外が宿泊してから約 35 年後のことであった[8]．

　この K. ルードルフ（1936 年没）の祖父，ルードルフ・ウッツ（1813-60）の兄が，本書第 3 章で問題となる K. K. P. U. フォン・シェーンベルクである[9]．

　③騎士領ヴィーデローダの所有者はまず，市民クリスティアン・ゴットロープ・ミュラーであり，次いでゲオルク・ミュラーであった．──ヨハン・ゲオルク・ミュラーは貴族ルードルフ・フォン・ビューナウから 1764 年に当騎士領を購入し，これを子のクリスティアン・ゴットロープ・ミュラーが 1798 年に相続した．生没年不明の C. G. ミュラーは 1824 年と 30 年にザクセン身分制議会大委員会の審議に参加した．1837 年には彼は農民代表下院議員代理であった[10]．彼の子が生没年不明のゲオルク・ミュラーであり，1846 年あるいは 47 年に騎士領を相続した[11]．

　なお，第 4 章では原則として騎士領ヴィーデローダを当騎士領，騎士領ヴィーデローダの所有者を当騎士領領主，当騎士領領主としてのミュラー氏を「…［騎士領領主］」と略記する．第 4 章第 1 節の協定における「ミュラー氏」あるいは「ミュラーの土地」の「ミュラー」も同様である．この場合の「ミュラー」は騎士領領主を示すからである．

1) Seydel 1908, S. 403, 422, 449, 456. ただし，親子 2 人のヴァルヴィッツ伯爵の生没年は Gotha, Graf 1924, S. 612 による（ここでは，子の伯爵の名がゲオルクとなっている）．また，レーデン男爵の生没年は Gotha, Uradel 1915, S. 661-662 による（ここでは，名がアウグスト・カルル・フリードリヒ・ゲオルクとなっている）．
2) Gotha, Adel 1904, S. 751-752.
3) SHB 1837, S. 112; SHB 1854, S. 55. なお，1831 年憲法，および，61 年の改正選挙法に基づく，ザクセンの上院議員について，シュミット 1995, pp. 66-67, 75, 156, 159 を参照．父 K. K. P. U.

フォン・シェーンベルクについて，さらに松尾 2001, p. 174 を参照.
4) SHB 1878, S. 36.
5) Gotha, Freiherr 1934, S. 70
6) 松尾 2004, p. 23.
7) Gotha, Uradel 1941, S. 491.
8) 松尾 2006.
9) ザクセン州立ライプツィヒ文書館回答.
10) SHB 1837, S. 120. なお，1831 年憲法以前の時期における身分制議会騎士層（＝第二院）大委員会について，シュミット 1995, pp. 154-156 を参照. 1831 年の憲法と選挙法における農民代表下院議員とその代理については，シュミット 1995, pp. 157-158 を参照. 彼についてさらに，松尾 2001, p. 134 を参照.
11) ザクセン州立ライプツィヒ文書館回答. SHB 1845, S. 223 によれば，ゲオルク・ミュラーはケーニヒシュタイン要塞・陪席判事であった. 彼の名は第 4 章第 3 節の協定序文ではゲオルゲとされている.

(3) 償却協定記載集落の位置関係

　第 2-第 4 章の償却協定に記載された集落は，本書では，すべて現代表記の集落名をカタカナで表現するが，それらの集落（特別委員の居住地を含むけれども，大都市と村内の地区を除く）の位置関係を，Ehrenstein 1852（地図）と HOS（多くの場合に引用ページ数は省略）に依拠して，アルファベット順に簡単に示しておく．なお，第 3 章のケマースドルフ村とクラウスニッツ村は現代表記でも C で始まる．
　① 騎士領リンバッハ関係
(i) ブロインスドルフ村．リンバッハ村の北西に位置する．リンバッハ村とヴォルケンブルク村のほぼ中間にある．
(ii) ブルカースドルフ村．リンバッハ村のほぼ北に位置する．モースドルフ村とゲッパースドルフ村のほぼ中間にある．
(iii) ゲッパースドルフ村．リンバッハ村のほぼ北に位置する．ブルカースドルフ村よりはリンバッハ村に近い．
(iv) グリューナ村．リンバッハ村のほぼ南にある．
(v) ケンドラー村．リンバッハ村の南東に隣接している．
(vi) ケーテンスドルフ村．リンバッハ村の北東，ゲッパースドルフ村の東にある．
(vii) リンバッハ村．ザクセン最重要の工業都市ケムニッツ市のほぼ西にある．

(viii) 騎士領リンバッハ．リンバッハ村にある．
(ix) ミッテルフローナ村．リンバッハ村の北西に位置する．リンバッハ村とニーダーフローナ村とのほぼ中間にある．
(x) ミットヴァイダ市．ケムニッツ市の北にある．
(xi) モースドルフ村．リンバッハ村の北北東にある．ブルカースドルフ村よりはリンバッハ村から遠い．
(xii) ニーダーフローナ村．リンバッハ村の北西に位置し，リンバッハ村とペーニヒ市のほぼ中間にある．
(xiii) オーバーフローナ村．リンバッハ村の東隣にある．
(xiv) ペーニヒ市．リンバッハ村の北西にある．ロホリッツ市とリンバッハ村の中間よりリンバッハ村に近い．
(xv) プライセ村．リンバッハ村の南に位置する．リンバッハ村とグリューナ村とのほぼ中間にある．
(xvi) ライヒェンブラント村．リンバッハ村の南東に，グリューナ村の東にある．
(xvii) ロホリッツ市．リンバッハ村のほぼ北に，かなり離れている．
(xviii) ルースドルフ村．リンバッハ村の南西にある．
(xix) ヴォルケンブルク村．リンバッハ村の北西に，ニーダーフローナ村の西にある．

　なお，本騎士領とその所属集落の概観について，松尾 2001, pp. 30-33 を参照．

　② 騎士領プルシェンシュタイン関係
(i) ケマースヴァルデ村．ザイダ市の東方にある．
(ii) クラウスニッツ村．ザイダ市の北東にあり，同市とナッサウ村とのほぼ中間点である．
(iii) ディッタースバッハ村．ザイダ市の南南東にあり，ノイハウゼン村の西方にある．
(iv) デルンタール村．ザイダ市の北西にある．
(v) アインジーデル村．ドイチュ・アインジーデル村はザイダ市の南南東にあり，ボヘミアと国境を接する．
(vi) アイゼンツェッヘ村．ザイダ市の南にある．
(vii) フラウエンバッハ村．ザイダ市の南南東にあり，ノイハウゼン村とハイデル

バッハ村との中間点よりもノイハウゼン村に近い.

(viii) フラウエンシュタイン市. ザイダ市の北東にある.

(ix) フライベルク市. 重要な鉱業都市で, ザイダ市の北方にある.

(x) フリーデバッハ村. ザイダ市の北東にあり, 同市とクラウスニッツ村とのほぼ中間にある.

(xi) ハイデルバッハ村. ザイダ市の南南東にあり, ノイハウゼン村とドイッチュ・アインジーデル村とのほぼ中間点である.

(xii) ハイデルベルク村. ザイダ市の南南東にあり, ドイッチュ・アインジーデル村とハイデルバッハ村とのほぼ中間点である.

(xiii) ハイダースドルフ村. ザイダ市の南にあり, ザイダ市とアイゼンツェッヘ村とのほぼ中間点である.

(xiv) リヒテンベルク村. フライベルク市の南東にあり, フライベルク市とフラウエンシュタイン市とのほぼ中間点である. フライベルク市参事会所属村落の一つである.

(xv) マリーエンベルク市. ザイダ市の南西にある.

(xvi) ナッサウ村. ザイダ市の北東にある.

(xvii) ノイハウゼン村. ザイダ市の南南東にあり, 同市とドイッチュ・アインジーデル村とのほぼ中間点である.

(xviii) ニーダーザイフェンバッハ村. ザイフェン村のすぐ西方にある.

(xix) ノッセン市. マイセン市の南西に, そして, ドレースデン市の西方にある.

(xx) ピルスドルフ村. ザイダ市のすぐ北西にある.

(xxi) プルシェンシュタイン城＝騎士領. ノイハウゼン村の傍にある.

(xxii) ラウエンシュタイン市. アルテンベルク市の北北東にある.

(xxiii) ラウシェンバッハ村. ケマースヴァルデ村の南東にあるノイヴェルンスドルフ村の部分集落である (HOS, S. 307).

(xxiv) ザイダ市. フライベルク市の南にある.

(xxv) ザイフェン村. ハイデルバッハ村のすぐ西にある.

(xxvi) ウラースドルフ村. ザイダ市のすぐ南南西にある.

　なお, 本騎士領とその所属集落の概観について, 松尾 2001, pp. 22-30 を参照.

③ 騎士領ヴィーデローダ関係
(i) デーベルン村．騎士領ヴィーデローダの西にあり，マネヴィッツ村の東に隣接している．
(ii) グリマ市．ライプツィヒ市の南東に，また，ムッチェン市の西にある．——本書第4章第1節が対象とする1020号協定の承認から，半世紀近く経った1885年秋に，ザクセン軍団は秋期野外演習をグリマ市・ムッチェン市周辺で実施し，ザクセン国王は演習参加将校をグリマ市の猟銃会館ホテルの昼食会に招待した．森鷗外の『獨逸日記』によれば，ライプツィヒ大学医学部留学中の鷗外は軍医としてこの演習に参加し，グリマ市の国王主催昼食会に招待され，国王と挨拶した[1]．
(iii) ハウスドルフ村．コルディッツ市の南東に，また，ライスニヒ市の南西にある．
(iv) ラウジック市．ボルナ市の東に，コルディッツ市の西に，また，グリマ市の南南西にある．
(v) ライスニヒ市．デーベルン市の西に，また，ムッチェン市の南西にある．
(vi) リプティッツ村．ムッチェン市の東にあり，マネヴィッツ村の北に隣接している．
(vii) マーリス村．ミューゲルン市の北西にあり，また，リプティッツ村の東に隣接している．ミューゲルン市はオーシャッツ市の南西にある．
(viii) マネヴィッツ村．ムッチェン市の東にあり，リプティッツ村の南に隣接している．
(ix) ムッチェン市．グリマ市とオーシャッツ市のほぼ中間にある．——森鷗外は秋期軍事演習17日間中の5日をムッチェン市の「商賈」に宿泊した．その小間物商の壁面には，鷗外の記念銘板が2006年に取り付けられた[2]．
(x) ニーダーグラウシュヴィッツ村．ムッチェン市の南東にあり，マネヴィッツ村の南方に隣接している．
(xi) オーシャッツ市．ムッチェン市の北北東に当たる．マネヴィッツ村から北東にかなり離れている．
(xii) ポムリッツ村．ミューゲルン市の西にあり，また，ニーダーグラウシュヴィッツ村の東に隣接している．
(xiii) レックヴィッツ村．ムッチェン市の東にあり，また，リプティッツ村の北に

隣接している.

(xiv) シェルヴィッツ. シェルヴィッツはザクセンに存在しなかった（Vgl. HOS, S. 49*）. ザクセンにはノイシェルヴィッツがあった（HOS, S. 218）. これは, ライプツィヒ市の西方にあるグンドルフ村の部分集落であった（HOS, S. 209-210）.

(xv) ヴェルムスドルフ村. ムッチェン市の北東にあり, また, レックヴィッツ村の北に隣接している. ここにはザクセン国王の狩猟用城館フーベルトゥスブルクがあった.

(xvi) 騎士領ヴィーデローダ. リプティッツ村の南東にある. HOS, S. 244 によれば, これはリプティッツ村の部分集落である.

なお, 本騎士領とその所属集落の概観について, 松尾 2001, pp. 33-35 を参照.

1) 差し当たり, 武智 1998, pp. 39, 45；松尾 2005, p. 19 を参照.
2) 武智 1998, pp. 39, 47-48; 川上 2007, p. 9.

(4) 償却義務者の協定一連番号, 姓名と不動産

本書第2-第4章が検討する償却協定本文の1カ条は必ず, 償却義務者各人の封建地代とその償却地代あるいは償却一時金を協定の最重要事項として記載している（稀には義務者が団体であることもあるけれども, ここでは差し当たり考慮しない）. その条には, そして, しばしば序文にも, 償却義務者全員の協定一連番号, 姓名, 各人の不動産と火災 [保険] 台帳番号（以下では保険番号と略記）が記録されている. 本書では一連番号を [ ] で表示する. 本書第2章-第4章の各最終節と第2章第1節とを除く各節, の最初の表は原則として, それらの一連番号, 姓名と不動産を示している. 不動産の保険番号は特別の場合にのみ 〈 〉で表示した. 挿入された [ ] は, 私の補足である.

本書のこれらの諸表は多くの場合に協定序文を基礎に作成された. 序文では義務者の姓名が3格で, また, 女性のそれは女性形で記されている. 本書の諸表においては, 姓の3格は1格に, 女性形の姓は男性形に, 私に可能な限り変更した. 女性・未成年所有者についての後見人の姓名・居住地・不動産, 女性についての妻あるいは未亡人の付加語, および, 妻の旧姓は省略した. 共同所有不動

産における筆頭所有者以外の姓名も原則として省略した．既に償却協定で修正されている姓名にあっては，修正後の姓名のみを示した．

　各協定の一連番号，姓名と不動産の関係はしばしば，1対1対1である．1個の一連番号が1人の義務者と1個の不動産とを表示する，と想定すると，償却協定における一連番号の最後の数字は，義務者と義務的不動産との総数に等しい．第2章第2節で検討する協定では，それの一連番号の最後が241であるために，当の償却協定自身が義務者の総数を241人と記しており，その協定を翻刻したP. ザイデルも，そのように主張している．しかし，第2章第2節(2)によれば同協定には，複数の義務者が1個の一連番号の下に1個の不動産を所有する場合と，1人の義務者が複数の一連番号と不動産を持つ場合もあった．このように，一連番号と義務者と義務的不動産とが同数とならない場合が，散見される．そのような事例をいくつか挙げつつ，それらに対する私の想定も合わせて述べておく．

① 協定一連番号
(i) 1個の一連番号の下に1人の義務者が記されるが，彼の義務的不動産がa, b, cなどに区分されている場合．その中の主たる不動産は大抵，aに記載されている．私は，主たる不動産によって所有者の階層を区分することにする．
(ii) 1個の一連番号を持つ不動産が，複数の所有者を持つ場合．これらの共有者は，(A)「未亡人とその子供」と明記されている時もあれば，(B)共有者相互間の関係が全く記載されていない時もある．本書は彼ら共有者を，便宜上，1人の義務者と見なす．
(iii) 1個の一連番号が最初からa, b, cなどに区分されている場合．
(A) 各不動産の所有者が同一人であれば，所有者は当然1人である．これは上記(i)と同じと見なされる．
(B) それぞれの所有者が異なる時（このような事例は，償却協定提議の際に1人の義務者に帰属していた不動産が，それ以後，協定作成までの期間に分割されたために生じた，と考えられる），
(a) 各人の不動産が明記されていて，主たる不動産の所有者が判明すれば（その中のaがしばしば「主農場」と記載されている），主たる不動産の所有者1人のみを本書は便宜上，その一連番号の不動産の所有者と見なす．
(b) 各人の不動産の規模が同一と記載されている際には，「家屋付き」と記され

ている不動産，あるいは，保険番号が付記されている不動産の所有者1人のみを，上記（A）と同じように，便宜上，その一連番号の不動産の所有者と想定する．
(c) 各人の不動産の規模が明記されておらず，「主農場」も記載されていなければ，それら複数の所有者を便宜上，その一連番号の不動産の1人の所有者と考える．
(d) 不動産a，b，cなどがさらに共同所有者を持つ場合．上記（b）と同じと見なす．

　② 償却義務者
(i) 同一人が複数の一連番号を持つ場合．この義務者について本書は，協定における「同一人」との記載を無視し，便宜上，複数の義務者として数える．このような事例は第2章第4節の協定でも見られるけれども，P. ザイデルは一連番号の最後，63を義務者総数と主張している．「同一人」と記されていない，同村の同姓同名者も同様である．
(ii) 規模明白な不動産（フーフェ農地，家屋など．耕地片を含む）を団体（自治体・教区・学校区）が所有する場合．その場合には，当該団体をその不動産の1人の所有者と見なす．ただし，所有不動産の規模が明記されていない時には，別格（農村自治体，都市自治体，騎士領など）とする．
(iii) 義務者が，主たる不動産に加えて，耕地片などを付加的に所有する場合．この場合には，私は義務者の階層区分に際して，原則として，彼らの付加的不動産を無視した．

　ここで，償却義務者と農村住民諸階層との関連を考えてみる．騎士領所属都市・管区所属都市の市民と騎士領所有者とを差しあたり無視すると，償却義務者の圧倒的大部分は農村に居住していた．ザクセン本領地域は中部ドイツ荘園制の地域であったために，封建地代は原則として土地に賦課された．その結果として，償却協定は，償却されるべき地代が「土地」（Grund）に賦課される，と一般に記しており，償却義務者はしばしば「土地所有者」（Grundstücksbesitzer）と概括されている．償却協定における義務的「土地所有者」とはいかなるものか．
　第1に，ザクセン土地制度研究史において，F. J. ハウンもR. グロースも，

ザクセンの農村住民をフーフェ農，園地農，小屋住農と借家人に4区分し，その中で，借家人は居住用家屋を所有しない，と主張した[1]．F．リュトゲは農村住民を次のように階層区分した．I．完全権利農民：A．連畜所有農，馬所有農．1．完全農民，フーフェ農民；2．二分の一農民，半フーフェ農；3．四分の一農民．B．手［賦役］農（園地農）．II．完全権利でない［住民］：1．小屋住農；2．借家人[2]．三月革命期のザクセン農村における土地不足層と土地非所有層をR．ツァイゼは小屋住農と借家人としている[3]．K．ブラシュケは農村住民を（1）農民，（2）園地農と小屋住農，（3）広義の借家人（Inwohner）に3区分した．第3の階層は奉公人，手工業雇職人，下男・下女（Dienstbote）と狭義の借家人（Hausgenosse）であり，狭義の借家人は賃労働者と独立の手工業者であった[4]．V．ヴァイスの主張は次のとおりである．ザクセンの農村住民層（農村手工業者，学卒者と貴族を除く）は（1）完全農民，（2）部分フーフェ農と園地農（小規模農民），および（3）小屋住農（日雇労働者）・借家人である．第3の階層のうち，小屋住農は日雇労働者と森林・鉱山・運送労働者などであり，借家人は，借家に住む日雇労働者である．家族を持つ借家人はザクセンの農村に殆ど存在しなかったが，19世紀に増加した．家族を持つ，40歳の借家人は，同世代家族の中で，山岳地方（エルツゲビルゲ地方を指すであろう）の農村においてさえ，3%を超えなかった．多くの場合に借家人は家族形成における第1段階，過渡的段階であった．ザクセンでは，家族を持つ男性にとって，自分の家は常に，追求する価値のあるものであった[5]．

　以上の中で，フーフェ農は，しばしば馬賦役農，馬所有農と連畜賦役農とも記される階層である．また，本書第4章の協定では，単なる小屋住農は存在せず，旧家屋小屋住農，新家屋小屋住農と雌牛所有小屋住農が記録されている．彼らは小屋住農に一括できるであろう．また，第3章のいくつかの協定は，単なる家屋と小屋住農家屋とを区分しているけれども，私は両者を同一であり，その所有者を小屋住農と考える．そればかりではない．単なる小屋住農の他に，借家人家屋小屋住農なる階層が存在する．彼らは，時には借家人家屋の所有者として，時にはオーバーハウスの所有者としてのオーバーハウス小屋住農（第3章第8節の協定では，その部分所有者も記録されている），および，ウンターハウスの所有者としてのウンターハウス小屋住農（第3章第8節の協定では，その一部は耕地片を所有する）として，償却義務者となっている．ところが，借家人家屋小

屋住農なる階層に，上に掲げた諸文献は全く言及していない．さらに，協定には建築用地（Baustelle）所有者も記載されている．そこで私は一般的には，フーフェ農，園地農，小屋住農，借家人家屋小屋住農，耕地片所有者，建築用地所有者と採草地所有者を本書の償却協定の主たる義務者と見なすことにする．それ以外にも，水車屋，鍛冶屋，宿屋とガラス製造所所有者などが償却義務者となっていた．その場合，フーフェ農，園地農，小屋住農，借家人家屋小屋住農，建築用地所有者，水車屋，鍛冶屋，水車屋が耕地片などの，耕地片所有者が採草地などの，また，採草地所有者が池などの，副次的不動産を所有する，と記載されている場合，上記②(iii)で記したように，私はこれらの副次的不動産を義務者の階層区分に際して無視した．

なお，借家人家屋小屋住農について一言しておきたい．①三月革命期にクラウスニッツ村など10村請願書は彼らに言及している．②ハイダースドルフ村など6村請願書を提出したのも，彼ら Hausgenoßen Häußler であった[6]．私はこれを初めは，「借家人たる小屋住農」と訳していた[7]．後に私は10村請願書のそれを「間借人である小屋住農」，6村請願書のそれを「小屋住農である間借人」(「部屋を借りている間借人」と区別される）と改めた[8]．この訳語を私は本書ではさらに変更して，借家人家屋小屋住農としたわけである．──第3章第1節の償却協定第1条前段（2）と（6）で定められた，不確定賦役2種目の年地代分担金を見ると，小屋住農のそれは借家人家屋小屋住農のそれの2倍になっている．ところで，1830年「九月騒乱」期のディッタースバッハ村請願書は，angebaute Haußgenoßen なる文言を含み，私は最初これを，「耕作する間借人」と訳した[9]．その後，私はフリーデバッハ村，ハイダースドルフ村，ケマースヴァルデ村とクラウスニッツ村の請願書の同じ語句を，「[小屋を]建てた間借人」に改めた[10]．この訳語は松尾2001では，ディッタースバッハ村請願書に遡って，用いられた[11]．「九月騒乱」期の angebaute Haußgenoßen は，本書の償却協定および三月革命期請願書の借家人家屋小屋住農のそれとほぼ同じではなかろうか．

さらに，農村住民は，これまで述べてきた通常の住民諸階層のみではなかった．第3章では，世襲受封村長地所有者ないし世襲村長地所有者が，稀には上級村長が償却義務者となっている．F. J. ハウンは，村長職を世襲する世襲村長（Erbrichter）が，一般の農民よりも大きな世襲村長地（Erbrichtergut）を持

つ，とのみ述べている[12]．F. リュトゲによれば，中部ドイツのシュルツェ受封地（Schulzenlehen）は世襲村長地や受封村長地（Lehnsrichtergut）とも呼ばれた．そのような土地にはシュルツェ（村長）職が世襲的に付属しており，その土地は他の農民よりも大きかった．この土地は大抵は賦役を免除されていた．その義務である「封の騎馬」（Lehnspferde）は17世紀以降，僅かの貨幣貢租に転化された[13]．K. ブラシュケによれば，受封村長地（Lehnrichtergut）はエルツゲビルゲ地方にのみ少数だけ見られる．この土地の所有者は，受封村長（Lehnrichter）と呼ばれ，農民ではあるけれども，一般農民と異なって，荘園領主制的秩序に組み込まれていなかった．そして，騎士領所有者と同じように，領邦君主とその管区に直属した．世襲村長地を所有する世襲村長は，村長職と結び付いていた．しかし，国制上，農民地と騎士領の中間に位置する受封村長地は，ほとんど研究されていない[14]．ザクセン選帝侯国期に刊行された国制概説において，C. H. v. レーマーは次のように記している．非貴族的土地は自由地（Freygüter）と農民地である．自由地は租税を，少なくとも賦役を免除されている．自由地のうち第1の租税免除地は貴族の受封地（adliche Lehngüter）に近い．しかし，貴族の受封地と異なって，これは［ドレースデンの］上級封官庁ではなく，［領邦君主の］管区と下級裁判所で授封される．第2の賦役免除地は主として世襲村長受封地（Erbrichterlehne）とシュルツェ受封地であり，何らかの特権を持ち，世襲村長あるいは世襲シュルツェの職と結び付いている．これは管区と［下級］裁判所で授封される．このような世襲受封地（Erblehngüter）あるいは世襲村長役場地（Erbgerichte）はエルツゲビルゲ地方にしばしば見られる[15]．別の箇所で同じ著者は次のようにも叙述している．農民所有地の一種類として農民受封地（Bauerlehne）がある．それの主要なものは世襲シュルツェ地（Erbschulzengüter），世襲受封村長役場地（Erblehngerichte）などである．これらの受封地に課される義務は，村長（Landrichter あるいは Dorfrichter）もしくは村シュルツェ（Dorfschulze）の職務の執行である．世襲受封村長役場地は下級狩猟権，賦役の免除などと結び付いており，エルツゲビルゲ地方に多い．世襲受封村長役場地は領邦君主（多くの場合には管区）あるいは家産裁判所によって授封される．世襲受封村長（Erblehnrichter）は法律の遵守を監視するだけであって，裁判権を把持しない．世襲受封村長は村助役（Gerichtsschöppen）とともに村役場（Land- oder Dorfgerichte）を

構成する．世襲シュルツェ地と世襲受封村長役場地は一般的には男性だけが受封しうる．しかし，女性が受封しうる受封村長役場地とシュルツェ村長役場地（Schulzengerichte）も，時には存在する．このような村長役場地を女性あるいは未成年者が受封した場合には，副世襲受封村長（Vice-Erblehnrichter）あるいは副世襲シュルツェ（Vice-Erbschulze）が任命される[16]．──上記のように，F. J. ハウンは世襲村長地についてのみ言及しており，F. リュトゲとK. ブラシュケは世襲村長地と受封村長地を同一視している．両者の区別はC. H. v. レーマーにおいても判然としない．また，F. J. ハウンとK. ブラシュケは世襲村長地所有者を世襲村長とし，C. H. v. レーマーは世襲受封村長地所有者を世襲受封村長としている．しかし，第3章第1節の償却協定は世襲受封村長地の所有者と世襲村長地の所有者をともに世襲村長（Erbrichter）と記している．すなわち，世襲受封村長役場地と世襲村長地とを区別していない，と考えられる．また，土地所有者は大抵の場合にフーフェ農を指すけれども，同協定序文によれば，世襲村長は土地所有者に概括されている．──世襲受封村長地所有者ないし世襲村長地所有者の職務は，1838年農村自治体法（第3章第6節（1）（注2）参照）の村長によって廃止されたはずである．

③　義務的不動産

義務的不動産について序文は，これこれの不動産の「授封された所有者」と記載している．本書の諸表における不動産は，この文言から不動産だけを取り出したものである．不動産の前所有者の姓名，耕地片の土地台帳番号・取得時期，「免税」の付加語などの記載事項は省略した．

償却義務ある土地は既述のようにGrundと総称されるが，具体的にはさまざまに表現された．

(i) $\frac{1}{2}$のように明示されたフーフェは，$\frac{1}{2}$フーフェ農地と訳出した．フーフェ規模が明記されていないフーフェ農地は，単にフーフェ農地とした．償却義務者のGutは［農民］地と訳した．例えば，第2章第5節の協定一連番号59の不動産は序文でGutと表示されるが，その所有者は同協定第1条，第4条では農民とされている．特に，第4条（c）におけるそれの償却地代8AGが，同条冒頭に示された，年1台の馬車賦役のそれと同額であるから，上記一連番号59のGutの賦役は連畜賦役であり，その不動産はフーフェ農地であったろう．

(ⅱ) Garten, Gartengrundstück, -gut, -nahrung と Gärtnergut は，ともに園地と解した．
(ⅲ) Häuslerhaus と -nahrung は小屋住農家屋と訳した．
(ⅳ) Feld はきわめて多義的である．(A) いくつかの償却協定は一部の義務者の不動産として，Feld und Wiese の表現を用いている．この場合の Feld は，農用地の中で採草地と区別される耕地であろう．しかし，Feld und Wiese が，フーフェ農のフーフェ農地や園地農の園地と区別して償却協定に記載されている場合には，Feld は耕地1筆を示すのではなかろうか．(B) 第2章第2節と第3章第17節の協定は Feld を別の箇所で，「踊る土地」と表現している．これは，所有者変更の激しい小規模耕地1筆を意味するであろう．(C) 園地農，小屋住農なども，きわめてしばしば Feld を付加的に所有していた．(D) 第3章第8節の協定には，Feldwirthschaft なる文言がある．その語句を含む Haus- und Feldwirthschaft が，別の箇所で Haus- und Feldgrundstück と表現される場合もある．以上の (C) と (D) の Feld も小規模耕地を指すであろう．それに対して，(E) 第3章第9節の協定では，本文第3条で記された耕地片が，協定序文では $\frac{1}{20}$ フーフェないし $\frac{1}{3}$ フーフェと記載されたり，その協定本文追記に記された Gutsparzelle が，協定序文では耕地片，あるいは，$\frac{1}{24}$ フーフェと表現される事例もある（Parzelle, Trennstück などについても，ほぼ同様である）．以上から私は，付加的に所有される Feld を，一般的には耕地片と解したが，前後の事情から Feld を耕地と訳した場合も，もちろんある．例えば，Begüterter（普通名詞であるから，土地所有者と訳したけれども，土地所有農とすべきであったかもしれない）は，通常はフーフェ農を表し，僅かの場合には園地農を含む．したがって，Feldbegüterter における Feld は大体においてフーフェ農地の耕地を意味するであろう．
(ⅴ) 第3章第9節の協定の第1条で Zubehör と表現される不動産は，同協定序文ではしばしば耕地片と記される（それが全く記載されない場合もある）が，付属地と訳した．第3章第13節の協定については一連番号72-76に関しては序文も第7条も Zubehör と記している．同協定一連番号36についてだけは，序文は「採草地と耕地片（Feld）」，第7条は Zubehör と表記している．
(ⅵ) 第3章第13節では，さらに，以下の6種の不動産，すなわち，(A) Feldstück,

(B) Grundstück, (C) Grundstückswirthschaft, (D) ハイダースドルフ村の「いわゆる」Mühlfeld, (E) Parzelle と (F) Wirthschaft を, 私はすべて耕地片と訳した. 本協定序文は第2の当事者(Ⅱ)と第4の当事者(Ⅳ)を土地所有者, 小屋住農, 借家人家屋所有者と Wirthschaftsbesitzer の4階層に区分している. したがって, (Ⅱ)と(Ⅳ)の義務者全体から土地所有者, 小屋住農と借家人家屋所有者を除いた部分が, Wirthschaftsbesitzer であるはずである. こられに該当する階層の不動産は, (A) 序文一連番号 58b 所有の Feldstück, (B) 同 51b, 51c, 51d, 51e, 51f, 51g, 77 の Grundstück, (C) 同 16, 19, 22-26, 68 の Grundstückswirthschaft, (D) 同 13 の「いわゆる」Mühlfeld (これは, 保険番号 64 の $\frac{1}{2}$ フーフェ農地から分割された一部分であり, 分割後の主農場は一連番号 51a 〈64〉 である), (E) 一連番号 9b, 9d, 9h, 9i, 9k, 9l, 9m, 78 の Parzelle と (F) 同 15 の Wirthschaft である (同 9e, 9f, 9g, 9n の Trennstück も分離地片と訳したが, 恐らく耕地片であろう). これらの一部は第7条において別様に表現されている. すなわち, 協定序文 9b, 9d, 9h, 9i, 9k, 9l, 9m の Parzelle と同 51b, 51c, 51d, 51e, 51f, 51g の Grundstück は, 第7条の分離地片 (これには, 序文で隠居者家屋・耕地片と記されている同 9c が含まれる) であり, 序文 77 の Grundstück は第7条で Parzelle とされている. なお, これらの耕地片の不動産の一部に付記されている面積は省略した. ただし, 同協定序文 16 の Grundstückswirthschaft は, 第7条では「家屋・耕地片 (Grundstück)」と記され, また, 序文 78 の Parzelle は第7条では村有地と記されている.

(vii) 第4章第3節の Feldgrundstück, Feldstück と Stück Feld も耕地片と訳した.

このように, 私は Feld, Feld [grund] stück, Grundstück, Grundstückswirthschaft, Parzelle (これの別の表現である Avulso) と Wirthschaft を耕地片と解したけれども, 事態を正しく理解していないかもしれない. もちろん, Feld と Grundstück は今一つの意味を, 諸協定においても持つ. すなわち, 土地, の意味であり, その所有者は, 義務者 (土地所有農, 小屋住農, 借家人家屋所有者と耕地片所有者) である場合も, 権利者である場合もある.

このように, 1個の一連番号, 1人の義務者, 1個の義務的不動産, この三者は, しばしば1対1対1の関係にあるけれども, 常にそうであるとは限らない

わけである．すなわち，現実の義務者総数が協定一連番号の最後の数よりも小さい場合もあれば，大きい場合もある．義務的不動産の総数についても同様である．

そのために私は，1個の一連番号は1人の義務者と1個の義務的不動産を表現する，と便宜上，見なすことにする．このように想定すると，第1に，一連番号の最後の数字は義務者と義務的不動産の総数を示すことになる．第2に，義務者を階層に区分する際に，複数の義務的不動産所有者を1人の不動産所有者と見なしてしまう．第3に，別の一連番号を持つ同一人が複数の義務者として数え上げられる．いずれにせよ，本書が示した義務者と義務的不動産の総数は，現実の義務者と義務的不動産の総数と常に一致するわけではなく，多くの協定において一つの目安であるにすぎない．

1) Haun 1892, S. 4, 10, 12-13; Groß 1968, S. 28-30.
2) Lütge 1957, S. 45.
3) Zeise 1965, S. 26-27.
4) Blaschke 1967, S. 179, 183, 188.
5) Weiss 1993, S. 76-82, insbesondere S. 80.
6) 松尾 1988（2），p. 92; 松尾 1988（3），p. 123.
7) 松尾 1988（2），p. 98; 松尾 1988（3），p. 130.
8) 松尾 2001, pp. 184, 187.
9) 松尾 1980（1），pp. 176-177.
10) 松尾 1980（3），pp. 210-211 など．
11) 松尾 2001, pp. 50, 81, 82, 92-95, 97, 109, 114, 117 を参照．
12) Haun 1892, S. 14.
13) Lütge 1957, S. 41-42, 62.
14) Blaschke 1965, S. 259-260, 273.
15) Römer 1788, S. 303-304.
16) Römer 1792, S. 196-197.

(5) 協定記載の諸義務の表示方式

協定本文の1カ条は，各義務者について各人の義務の種類と数量，それの償却地代額ないし一時金額を記している．

①例外的には，その後にさらに，同じ義務が同じ単位で追記されている場合

がある．例えば，賦役何日，償却地代いくら，と記され，それに続けて，同上何日，償却地代いくら，のような文言である．このような記載の場合，本書は，同一義務の日数・数量の合計を各義務者の義務とし，償却地代額の合計を償却地代額とした．ただし，同じ一連番号の下の別個の不動産について，償却地代額が別々に表示されている場合には，それぞれを示した上で，両者合計も算出した．

②各義務者の償却地代・一時金を一覧表にまとめる場合，各義務者の最後の項に，その償却地代・一時金の合計額を記入した．地代のうち，地代銀行に委託される委託額は別記し，地代端数は省略した．

封建地代の一覧表においては，賦役は連畜賦役，手賦役，水車賦役に小区分し，狩猟賦役と「走り使い」賦役は手賦役に加えた．建築賦役は一般の農業賦役から区別しなかった．区分されていない賦役は，未区分賦役に一括した．現物貢租か貨幣貢租かを領主が事情によって決定する地代にあっては，これを貨幣貢租と見なした．貨幣貢租には賦役・現物貢租などの代納金を含ませた．貨幣貢租は恒常的貨幣貢租を指す．それに対して，所有者変更，抵当権設定のような，特定の機会に貨幣形態で徴収される貢租もあった．それが保有移転貢租（一般的に言えば非恒常的貨幣貢租）である．非恒常的貨幣貢租が保有移転貢租でない場合には，その旨を注記した．

③貨幣貢租の償却一時金額は年地代の 25 倍と想定して，││に表示した．本書が貨幣貢租について 51 年償却法の 20 倍額ではなく，25 倍の想定一時金額を示した理由は，次のとおりである．他の種目の封建地代，すなわち，賦役，現物貢租，非恒常的貨幣貢租と放牧権の償却一時金は，そして，それを地代銀行が受託した場合に権利者に交付する地代銀行証券と現金は，32 年法以来，償却地代の 25 倍額であり，地代銀行が受託しない地代端数についても，その 25 倍額が義務者から直接に支払われた．ところが，貨幣貢租の場合には 51 年法によれば，それが地代銀行に委託されると，同銀行は確かに 25 倍額の地代銀行証券を交付した．しかし，義務者が償却一時金を支払う場合には，それはそれぞれの金額の 20 倍額と規定されていた．したがって，貨幣地代の全額が，(i)一時金によって償還された場合と，(ii)地代銀行に委託された場合とを比較してみると，(i)の一時金額は(ii)の金額の 80%になる．この(i)の一時金額を他の種目の封建地代一時金額に加算して，一時金合計額とすると，一時金合計額に占める貨幣貢租額の割合が，低下するはずである．そこで，私は貨幣貢租の 25 倍額を償却一時金額

と想定したい．つまり，貨幣貢租の全額が地代銀行に委託された，と想定するわけである．そのために，現実に義務者が償却一時金として権利者に支払った金額と，地代銀行が交付した地代証券・現金との合計は，私の想定一時金額よりもやや小さくなるはずである．

　④同村の複数の義務者が同一の義務を課され，その償却地代が同一である場合，それらの義務者は，最も若い一連番号の下に，一括して表示した．

　⑤負担が1種類である義務者については，負担の合計額を表示しなかった．

　⑥償却一時金合計額に占める封建地代各種目の比率などは，特記しない限り，小数点以下第1位で四捨五入した数値である．その結果として，表中の各分類の比率の合計は必ずしも100%とはならない．

　⑦《T》は，ある償却協定が年地代額を記載しているけれども，その地代を償却する，後年の償却協定が確認されない地代の一時金額を表示する．

　⑧償却地代が地代銀行に委託される年次は，便宜上，償却協定の全国委員会承認年とする．銀行委託の期日は，本章第3節で述べたように，地代銀行法によって年2回と規定されていて，2回目の期日が過ぎた後に全国委員会が承認した委託地代は，翌年の1回目に回されたのであるが，本書は協定承認年と銀行委託年を，不正確ながら同一視した．

　⑨償却地代額が個人別にではなく，集落ないし団体別に一括されている場合も，稀にはある．

(6) 協定記載の賦役の内容と分類

　償却協定はさまざまな名称の賦役を記載している．

　①賦役は一般的には Fron, Fro(h)ntag, Fro(h)ndienst, Dienst あるいは Fron und Dienst と表現されるが，御館賦役 Hoftag, Hofetag と表現される賦役もある．しかし，後者の賦役は一般的には前者の賦役と同一と考えられる．その理由は次のとおりである．

(i) 第2章第1節 (2) で P. ザイデルが翻刻した，第1の償却協定第1条は償却の対象を冒頭で賦役と記すけれども，その中で一連番号138-155の義務は御館賦役および紡糸と表現されている．それに対して，同一協定第4条に関する第2章第2節の表2-2-2では，140-143 と 148-155 の義務は単なる賦役と紡糸である．同表においては，その他の義務者についても，しばしば義

務が御館賦役と記録されている.

(ii) 第2章第1節(3)の第2の償却協定第1条は一連番号1-55の賦役として「大鎌刈り取り」などを具体的に記述している．それらはすべて手賦役と解される．それに対して，同一協定に関する第2章第3節の表2-3-2は，55の賦役を御館賦役と表現している．

もちろん，御館賦役の中には特殊な賦役も存在する．それは，第2章第2節の表2-2-2において水車屋64に賦課される御館賦役（水車賦役と紡糸）である．

②各種賦役の中で，「大鎌刈り取り」は，ある場合には「パン穀物刈り取り」と列記され，ある場合には「刈り取り」と列記されている．そのために，「パン穀物刈り取り」は「刈り取り」と同じ賦役と見なされる．第2章第2節の表2-2-2における24と26の「パン穀物刈り取り」の償却地代（1日当たり）は237と238の「刈り取り」のそれ（1日当たり）と同額である．

③賦役の中で，PansetagとPensendienstの内容は明らかでない．Pansetageは，第2章第1節(2)の第1の償却協定第1条において20-63の賦役の一種としてまず記述され，同章第2節の表2-1-2の45と(3)(c)にもPanseないしPensendiensteとして再び記録されている．全国委員会が特別委員のために編纂した手引き書は，農耕のための手賦役の一種として，"Getreide aufzuladen, abzuladen und bansen"を挙げている[1]．これは，「穀物を積み込み，積み下ろし，納屋に積み重ねる」，の意味であろう．私は，上記のPansetagとPensendienstを納屋（Banse）賦役と解したい．それと関連させて，同章第6節の賦役償却協定第1条(3)における賦役，"in die Pansen langen"は，「納屋に渡す」賦役と考える．第2章第1節(1)(II)によれば，かつて園地農家屋が主農場所有者に対して果たす援助義務の一つとして，"das Getreidebansen besorgen"があったが，これを私は，「穀物納屋を管理する」賦役，と考える．bをpと書く書法は，第3章第5, 第9節の協定におけるWildprettransporteにも認められる．私はこれを猟獣肉運搬［賦役］と解する．もちろん，本書第4章第15節の協定などでは，納屋がScheuneと表現されている．

④賦役償却協定に含まれる「紡糸」は，xx Stück Garn zu spinnenとしばしば記されるから，手賦役である．

さらに，賦役は，上記のように，連畜賦役，手賦役，水車賦役と，連畜賦役

か手賦役かが不明の賦役に区分される．その中で連畜賦役と手賦役の分類を試みよう．協定記載賦役の中で，両者の区分が明確でないものとして，第1に，上記①の「賦役」と「御館賦役」がある．上記(i)で私は両者を，例外を除いて，同一と見なした．私はこの両者をさらに手賦役と想定する．第2章第2節の表2-2-2における「賦役」（1など，70など，76など，140など）の償却地代（1日当たり）と「御館賦役」（18，138など）の償却地代（1日当たり）は，同表の各所に記載されている，各種の手賦役のそれ（1日当たり）とほぼ同じである．156などの「賦役」は，日数が明記されていないけれども，それを含む償却地代合計は，少額である．ただし，61の「すべての御館賦役」（日数不明）は，2ATであり，かなり高額になっている．第2に，納屋賦役［一連番号45］も，内容が不明確であり，日数も記されていない．しかし，私はそれを数日の手賦役と推定する．この納屋賦役と紡糸を合計した償却地代が，12AGにすぎないためである．この12AGは，一連番号29などの手賦役・紡糸の償却地代（大鎌刈り取り2日，掻き寄せ2日と$\frac{1}{2}$巻の紡糸の地代は合計13AG）よりも少額である．

1) Instruction 1833, S. 54

(7) 償却一時金の概算方式と鋳貨制度変更前後における償却一時金の換算方式

各償却協定は義務者各人の償却年地代（稀には償却一時金）を記載している．本書第2-第4章はまず，それらの金額から集落別・種目別の償却一時金を算出し，次に，各騎士領に関する協定すべての集落別・種目別償却一時金を算出することを試みる．この結果として，各騎士領の償却一時金全体に占める各封建地代の集落別・種目別比率と償却の進行過程が確定されうるであろう．

ところが，正に封建地代の償却が実施されていた時期に，ザクセンの通貨制度が変更された．1763年の七年戦争敗北後ザクセンは，通貨制度に関してオーストリアの影響下にはいった．すなわち，計算単位は従来どおりターラーにしたままで，オーストリアを中心に普及していた20グルデン鋳貨率の制度に加わったのである．しかし，1840年ザクセン通貨制度改正法は1841年から通貨制度をプロイセン志向に変更した．ザクセンはプロイセンの14ターラー鋳貨率の制度を基本的に受け入れたわけである[1]．

41年以後もザクセン通貨の名称は，旧来のままに存続したけれども，かつての1AT = 24AG, 1AG = 12APの通貨単位は，1841年以後は1NT = 30NG, 1NG = 10NPに変更され，各通貨の金含有量は$2\frac{7}{9}$%減量した．この減価のために，旧貨1APは新貨1NPに，旧貨1AGは新貨1NG3NPに，旧貨1ATは新貨1NT0NG8NPになった．

　本書は簡略化して，1840年までの通貨を旧通貨，41年以後の通貨を新通貨と呼ぶ．そして，40年の新制度以前に締結された償却協定の通貨単位を，それぞれAT, AG, APと記し，それ以後についてはNT, NG, NPと記すことにする．

　新通貨の償却年地代から本書は以下のようにして償却一時金概算額を算出する．①ある償却協定における種目別・集落別償却地代合計額からNP額を切り捨てる．②NG額まで残った種目別地代額を，1832年償却法に従って25倍する．③その25倍額からNG額を切り捨てて，一時金とする．一時金による償還の場合には，NG額とNP額を切り捨てる．

　旧通貨の償却地代からは一時金概算値を以下の方法で計算・換算する．旧通貨単位の種目別・集落別償却地代額は，AP額を切り捨てた後，25倍し，こうして得られた一時金額を，旧通貨と新通貨の換算表である40年通貨制度改正法施行法施行令別表A[2)]を用いて，新通貨単位のそれに換算する．換算後に出てくるNP額とNG額は切り捨てる．ただし，個々の償却一時金額が上記別表Aに記載されていない場合，①一旦それを同表記載の金額に（例えば，20AT20AGを18AT + 2AT20AGに）分割し，それらをそれぞれの新制度通貨額に換算する．その際にNP額は切り捨てる．②換算されたNT額とNG額との合計額から，NG額を切り捨てて，一時金とする．一時金による償還の場合も同様である．

　このようにして算出された金額は，AP額全部，および，NG額とNP額全部の切り捨てによって，正確な換算値よりも常にいくらか小さくなる．しかし，大掴みな，この操作によって，NTを共通単位とする償却一時金概算額が，全協定について得られることになる．本書は，多くの償却協定から生じる一時金合計額の構成，および，償却の進行過程の検討を主目的とするので，このような概算値の算出で差し当たり十分であろう．

1) Schmidt 1966, S. 156-157.
2) GS 1840, S. 185-196.

(8) 諸貨幣貢租の略号

さまざまな協定に記載された，種々の貨幣貢租を本書の一覧表は以下の略号で示す．[ ] は私訳である．

Ag = Anspanngeld [連畜賦役代納金]
Bog = Botengeld [走り使い代納金]
Brg = Brauzeichengeld [醸造証拠金]
Cz = Christzopfzins [[「クリスマスの渦巻きパン」貢租]
Dh = Betrag für x Maß Decemhafer [x マースの燕麦十分の一税の代納金]
Dk = Betrag für x Maß Decemkorn [x マースのパン穀物十分の一税の代納金]
Dig = Dienstgeld [賦役代納金]
Drg = Dreschgeld [打穀金]
Ek = Erbpachtskanon [永代借地貢租]
Emz = Erb- und Michaeliszins [世襲・ミヒャエーリス貢租]
Epz = Erbpachtszins [永代借地貢租]
Erz = Erbzins [世襲貢租]
Ewz = erblicher Wasserlaufzins [世襲河川貢租]
Fdg = festes Dienstgeld [確定賦役代納金]
Frg = Frongeld [賦役金]
Fz = Fischbachzins [漁業貢租]

Gz = Gestiftzins [施療院貢租]
Hz = Handwerkszins [手工業貢租]
Kg = Kutschgeld [幌馬車貢租]
Kn = Kanon [永代貢租]
Mg = Mühlengeld [水車金]
Miz = Michaeliszins [ミヒャエーリス貢租]
Müz = Mühlenzins [水車貢租]
Pz = Planzins [公共施設貢租]
Rz = Röhrwasserzins [水道貢租]
Spg = Spinngeld [紡糸金]
Smz = Schleifmühlenzins [研磨水車貢租]
Stg = Städtegeld [都市貢租]
Stz = Stiftzins [施療院貢租]
Swz = Schank-, Ölmühle- und Wasserläufzins [酒屋・搾油水車・河川貢租]
Waz = Walpurgiszins [ヴァルプルギス貢租]
Wez = Weihnachtzins [クリスマス貢租]
Wg = Wachgeld [警衛金]

(9)「グーツヘル」

1831年内閣諸省設置令は，本章第1節で記したように，「グーツヘル的・農民的諸関係の調整，とくに償却事務の指導」を内務省の一任務と定めた．このように，「本領地域」の領主とオーバーラウジッツ地方の領主が一括して表現されるGutsherr を，私はグーツヘルと訳した．また，グーツヘルの領地，Rittergut

には騎士領の訳語を当て，それの所有者，Rittergutsbesitzer（Gutsbesitzer と略記される場合も，稀にはある）は騎士領所有者と訳した．

　しかし，当時の法令・史料・文献に記されているグーツヘルが，前後関係から「本領地域」のそれに限定して理解されうる場合には，私はそれを，そして，それと同じ意味を表す Herr, Herrschaft, Gutsherrschaft を，騎士領領主と訳した．上記と同じ意味で表現される［世襲］裁判領主，レーエン領主，Rittergutsherr, Rittergutsherrschaft についても，同様である．それに対して，オーバーラウジッツ地方だけに係わる，と理解されるグーツヘルを，そして，それと同じ意味を表すヘルなどを，私は農場領主と訳した．なお，ザクセン「本領地域」の騎士領領主は，少なくとも下級（世襲）裁判権を，時には上級裁判権を保持していた．もっとも，領主裁判所の裁判官は騎士領領主自身ではなく，法律専門家であった[1]．

1）松尾 1990, pp. 51-53 を参照．

(10)「封建地代」

　償却は，旧来の権利者・義務者間の権利・義務関係の有償廃棄である．旧来の封建的権利・義務諸関係は，錯綜しているけれども，封建領主の権利と領民の権利に大別されうる．ザクセン「本領地域」で見ると，前者は，騎士領領主が，①さまざまな名称・内容の負担を領民に賦課する権利，および，②領民の土地に対して行使する権利（とりわけ放牧権）である．なお，ここで①の負担は，種目別に見ると，主として賦役，現物貢租，保有移転貢租，貨幣貢租である．この中の貨幣貢租は，貨幣形態で騎士領に恒常的に支払われる負担を指している．それに対して，保有移転貢租には，所有者変更の際の保有移転貢租の他に，土地抵当権設定のような，特定の機会に騎士領によって徴収される非恒常的貨幣貢租も含ませる．後者，領民の権利は，騎士領領主ないし領主地に対して領民が持つ，一定の権利である．その中で重要なものは，賦役に対する反対給付（食事など）と領主地の利用権である．このように複雑多岐な封建的権利・義務諸関係の償却（有償廃棄）のすべてを，本書で私は私の従来の用語法を変更して，「封建地代の償却」と総称することにする．このように称する理由は，本書第2－第3章に詳論されるように，騎士領が領民に対する封建的義務を償却し，償却地代の支払を

義務づけられる場合が，確かにあったからである．例えば，本書第2章第8節の協定は，騎士領を義務者とし，領民を権利者とする償却協定である[1]．しかし，騎士領領主の権利と領民の権利との量的差違は歴然としており，騎士領が支払う償却一時金は，その所領の償却一時金合計額の中では極めて低い比率を占めただけである．第4章においては騎士領が償却一時金を全く負担しなかった．それに対して，領民は騎士領に対する封建的義務のために巨額の償却一時金の支払を引き受けねばならなかった．

1) さらに，次の事例もある．(1) ドレースデン県ドレースデン・ノイシュタット郡カディツ村では国有林の敷藁採取権が1843年に償却され，当村は国庫から1,000NTを得た（松尾 1990, p. 81）．(2) ライプツィヒ県グリマ郡の騎士領トレプゼンで1844年頃に騎士領の池の草刈権が償却され，騎士領は保有農などに469NT余りを補償した（松尾 1990, p. 103）．(3) ドレースデン県グローセンハイン郡では，①ザクセン国家，②騎士領，③教会・学校，④「その他の権利者」の4者が委託地代の権利者であった．「その他の権利者」は委託地代合計額の2%を得た．この2%の中の38%（したがって，全体の0.08%）を得たのは保有農であった．それについて私は次のように書いていた．委託地代の一部は，「農民が領主の土地あるいは他の農民の土地において行使してきた地役権の廃止の際に発生したものであろう」（松尾 1990, pp. 187, 194-195）．

第2章 騎士領リンバッハ(西ザクセン)における封建地代の償却

第1節 パウル・ザイデルによる封建地代償却協定の翻刻

(1) 封建地代償却前史

　パウル・ザイデルは，ザクセン地方史の著作としては屈指の大著[1])を20世紀初頭に刊行して，西部ザクセンの騎士領リンバッハとリンバッハ村の歴史を叙述した．同書は当騎士領における封建地代の償却に関しても，その前史から説き起こしている．

　まず，賦役の償却に関連する訴訟は，1833年に始まった．ケーテンスドルフ村の園地家屋所有者[2])カルル・ゴットフリート・シュトイデルは，賦役(大鎌刈り取り2日と掻き寄せ3日)を毎年，「酒店の土地」で果たすべきであったが，1830年に掻き寄せ1日を滞らせ，次の2年には，これらを全然果たさなかった．今後は御館賦役を一切しない，また，今後は御館[賦役]の命令に従うつもりもない，と彼が酒店賃借人ルードルフに明言したので，騎士領領主はシュトイデルを告訴した．これについてザクセン王国陪審人裁判所(ライプツィヒ市)は1834年11月に判決した．陪審人裁判所の判決によれば，シュトイデルの告訴に必要な証明手段が全く提示されていないので，被告は，提起された訴訟を免除され，原告は訴訟費用も被告に支払うべきである，と．騎士領領主は上訴院(ドレースデン市)に控訴し，上訴院は1835年3月に判決した．上訴院の判決によれば，原告が被告に費用を支払う必要はなく，裁判費用は相殺されるべきである．なお，問題の権利が年1AT以上の価値を持たない，つまり，この訴訟の対象が極めて少額である，という点では，当事者双方の見解は一致していた[3)．

　リンバッハ裁判区のすべての領民がシュトイデルの行動に続いた．1834年6月に彼らは，調停方式による手賦役・馬賦役の償却，あるいは，委員会[設置]

の確約を騎士領所有者に請願した．これに関する記録は，当騎士領における馬賦役・手賦役義務者の一覧表から始まる．賦役義務者の姓名は村別・賦役別に区分され，各人にはその不動産が付記されている．これをまとめたものが，表2-1-1である．一連番号〈5〉と〈45〉の義務者の名はP. ザイデルの著書本文から取られた．彼が賦役の種類によって提示した義務者の中には，不動産が明示されていない義務者も含まれる．そのような義務者を本表は，課された義務から不動産を想定して，〈馬賦役農地〉ないし〈手賦役農地〉と示している．姓名の前の一連番号〈 〉は私の追加である．

表2-1-1 賦役義務者の姓名と不動産

(A) 馬賦役農
　(a) リンバッハ村
〈1〉Carl Friedrich Scherf（馬賦役農地）
〈2〉Gottfried Otto（$\frac{3}{4}$フーフェ農地）
〈3〉Carl Ullmann〈馬賦役農地〉
〈4〉Samuel Gränz（$\frac{3}{4}$フーフェ農地）
〈5〉Joh[ann] Michael Sonntag（$\frac{3}{4}$フーフェ農地）
〈6〉Johann Michael Hartig〈馬賦役農地〉
〈7〉Christoph Martin（$\frac{1}{2}$フーフェ農地）
〈8〉Gottlieb Hofmann（$\frac{1}{2}$フーフェ農地）
　(b) オーバーフローナ村
〈9〉Gottlieb Gränz（1フーフェ農地）
〈10〉Samuel Friedrich Rothe（$\frac{3}{4}$フーフェ農地）
〈11〉Johann Gottlieb Grobe（1フーフェ農地）
〈12〉Samuel Welker（$\frac{3}{4}$フーフェ農地）
〈13〉Friedrich August Wünsch（$\frac{1}{2}$フーフェ農地）
〈14〉Johann August Rothe（1フーフェ農地）
〈15〉Johann Gottfried Fischer（1フーフェ農地）
〈16〉Gottfried Helbig（$\frac{1}{2}$フーフェ農地）
〈17〉Gottfried Kaufmann（1フーフェ農地）
〈18〉Johann Gottlieb Landgraf（$\frac{3}{4}$フーフェ農地）
〈19〉Gottlob August Kühn（1フーフェ農地）
〈20〉Gottfried Hofmann（$\frac{3}{4}$フーフェ農地）
〈21〉Samuel Pester（1フーフェ農地）
〈22〉Christian Gottlob Müller（1フーフェ農地）
〈23〉August Pester（1フーフェ農地）
　(c) ミッテルフローナ村
〈24〉Samuel Landgraf（1フーフェ農地）
〈25〉Friedrich August Richter（$\frac{1}{2}$フーフェ農地）
〈26〉Gottlieb Aurich（$\frac{3}{4}$フーフェ農地）
〈27〉Friedrich Heilmann（$\frac{3}{4}$フーフェ農地）
〈28〉Friedrich Heinzig（$\frac{3}{4}$フーフェ農地）
　(d) ケーテンスドルフ村
〈29〉Johann Adam Winkler（$\frac{3}{4}$フーフェ農地）
〈30〉Johann George Bolling（$\frac{1}{2}$フーフェ

農地）
〈31〉Johann Gottlieb Nitzsche〈馬賦役農地〉
〈32〉Johann Benjamin Bonitz〈馬賦役農地〉
〈33〉Johann Gottfried Müller（$\frac{1}{2}$フーフェ農地）
〈34〉Andreas Hering（$\frac{3}{4}$フーフェ農地）
〈35〉Johann Benjamin Kühn（$\frac{1}{2}$フーフェ農地）
〈36〉Anne Rosine Hofmann（$\frac{1}{2}$フーフェ農地）
〈37〉Johann Samuel Lindner（$\frac{1}{2}$フーフェ農地）
〈38〉Gabriel Steuden（$\frac{1}{2}$フーフェ農地）
〈39〉Johann Gottlob Müller〈馬賦役農地〉
　（B）手賦役農
　　（a）リンバッハ村
〈40〉Immanuel Scherf（$\frac{1}{4}$フーフェ農地）
〈41〉Andreas Pfüller（$\frac{1}{4}$フーフェ農地）
〈42〉Friedrich August Lehmann（$\frac{1}{4}$フーフェ農地）
〈43〉Johann Gottlieb Löwe（$\frac{1}{4}$フーフェ農地）
〈44〉Samuel Friedrich Voigt（家屋）

　　（b）オーバーフローナ村
〈45〉Joh［ann］ Michael Quellmalz（$\frac{1}{4}$フーフェ農地）
〈46〉Johann Michael Eichler（$\frac{1}{4}$フーフェ農地）
〈47〉Johann Gottfried Winkler〈手賦役農〉
〈48〉Johann Samuel Eichler（$\frac{1}{8}$フーフェ農地）
　　（c）ミッテルフローナ村
〈49〉Gottfried Schönfeld（$\frac{1}{2}$フーフェ農地）
〈50〉Joh. Gottlieb Landgraf（$\frac{1}{4}$フーフェ農地）
〈51〉Johann Gottlieb Köthe（$\frac{1}{4}$フーフェ農地）
〈52〉Michael Zeisler（$\frac{1}{2}$フーフェ農地）
　　（d）ケーテンスドルフ村
〈53〉Johann Gottfried Otto（$\frac{1}{4}$フーフェ農地）
〈54〉Christian Gottlob Kunze（$\frac{1}{4}$フーフェ農地）
〈55〉Johanne Christiane Linke（$\frac{1}{4}$フーフェ農地）

　請願は受け入れられた．既に1834年8月に全国委員会は，当事者双方が特別委員2人（法律関係委員・経済関係委員各1人）を共同で選出し，提案するように，当騎士領領主に要求した．
　…［騎士領領主］は領主裁判所長シェートリヒ（Schedlich）（ヴォルケンブルク村）と農場管理人ダーニエル・フリードリヒ・フィッシャー[4]（リンバッハ村）に問題の解決を委ねた．
　定められた期限までに，義務者は182ATの地代を提示し，騎士領領主は400ATの地代を要求した．
　賦役償却のための本来の審議は1835年1月13日に始まり，召喚された賦役

義務者たちはまず，その売買［契約書］によって土地所有者の身分を証明した．その後の経過は次のとおりであった．

　オーバーフローナ村とリンバッハ村［の義務者］は弁護士ゴットロープ・ハインリヒ・グライヒェン[5]（ライプツィヒ市）を，ミッテルフローナ村とケーテンスドルフ村［の義務者］は弁護士ヘルマン・ヴォルデマル・ベルンハルト（ミットヴァイダ市）を，法的補佐人として推挙した．

　義務者の中から全権委任者が選出された．選出された代表者は，リンバッハ村では連畜賦役農に関して馬所有農 J. M. ゾンターク（表2-1-1の〈5〉），手賦役農に関して I. シェルフ（同〈40〉），オーバーフローナ村では手賦役農に関して J. M. クヴェルマルツ（同〈45〉）と J. M. アイヒラー（同〈46〉），馬所有農に関して G. ヘルビッヒ（同〈16〉）と S. ペスター（同〈21〉），ミッテルフローナ村では馬所有農に関して S. ラントグラーフ（同〈24〉），手賦役農に関して G. シェーンフェルト（同〈49〉），ケーテンスドルフ村では連畜賦役農に関して［J.］A. ヴィンクラー（同〈29〉）と A. ヘーリンク（同〈34〉），手賦役農に関して［C.］G. クンツェ（同〈54〉）であった．

　選出された人々は，当面の償却事業において彼らのために召喚［状］を受け取り，特別委員会と，他の上級・下級国家官庁すべてからの呼び出しを彼らの名前で待ち受け，宣誓を申し出，受け付け，拒絶し，そのようなもの［宣誓］をなされたと見なし，文書を承認し，原本の代わりの写しを承認し，主要［事項］と副次的事項において協定を結び，判定と決定を聞き，それに対してすべての法的手段で抗議し，国家最高官庁に対してさえも直接に請願し，特別の委託がそれに必要であるとしても，必要が要求するすべてのことを，彼らのために果たし，特に，議事録に署名する全権と権能を受け取った．出席した提議者全員はまた，次のように述べた．すなわち，彼らの共同義務者に与えた全権を，彼らは法律顧問（グライヒェンとベルンハルト）にも広げ，2人の法律顧問は，連畜所有農と手賦役農の代表と共同でも，［上記農民］代表に諮ることなく単独でも，法律上有効な一切の交渉をなしうる，と．

　議事録に署名したのは，特別委員 J. フォルクマン博士，同 G. M. ペッチュ，［騎士領領主］G. フォン・ヴァルヴィッツ伯爵[6]，ハインリヒ・ダーニエル・フィッシャー[4]，弁護士 G. H. グライヒェン，［同］H. W. ベルンハルトと賦役義務者たちであった．

[同日] 午後に [特別] 委員, 騎士領領主, [農場] 管理人フィッシャー[4], 提議者の中から全権委任者, および, 法律顧問のグライヒェンとベルンハルトがリンバッハ村の宿屋に集まった.

　騎士領領主にとって1人の馬所有農の連畜賦役と手賦役は, 建築賦役を除いて, 約14AT11AG4APの価値があり, 手賦役農の賦役は, 建築賦役を除いて, 約5AT1AG7APの価値がある, と被提議者の…[騎士領領主] は述べた.

　しかし, 弁護士ベルンハルトは, この要求が高すぎる, と考えた. 一つの手がかりとして被提議者は, 賦役義務者が耕作するシェッフェル数を示した. すなわち, 領民が耕作する耕地のパン穀物播種量は, 141シェッフェルになる, と. しかし, 提議者たちは, それは高々120シェッフェルである, と主張した. 償却事業をさい先よくするために, …[騎士領領主] は, 契約が成立する, という条件の下でならば, 131シェッフェルの播種量を承諾する, と述べた. 弁護士ベルンハルトも [以下の条件でそれに] 賛成した. ケーテンスドルフ村が一時金400AT の, ミッテルフローナ村が同 375AT の和解額を提示するならば, そして, 131シェッフェル [の播種量] という譲歩が, その他のすべての争点の調停の際に拘束力を持つ, と認められるならば, [との条件である].

　耕地と採草地の地質, すべての耕地耕作に対する反対給付 (パン, 巻パン, チーズ, 焼いた果物, 乳清, 薄ビール) の価値が議論された後, 協定 [審議] の第1回会議は終わった.

　次の審議 (1月29日と30日) にはライヒェンブラント村, グリューナ村とニーダーフローナ村 [の領民] およびヴィルヘルム・ハイル (ブロインスドルフ村) も召喚された. ここで主として取り上げられたのは, 運搬される木材と敷藁の量, および, さまざまな手賦役の価値であった. 最後に, すべての賦役に対する見積額として, 一時金 3,908AT8AG あるいは [年] 地代 156AT8AG が提案された.

　「しかしながら, この提案は採用されなかった[7]」.

　次に, [騎士領] リンバッハの小屋住農の賦役償却事項に関しては, 彼らと騎士領所有者の間で訴訟が発生し, 苦情書が全国委員会に提出された.

　法律関係 [特別] 委員 J. フォルクマン博士の報告によれば, 賦役義務者各人が, 定められた手賦役を, 他の者を考慮することなく, 自身に関して償却せねばならない, と騎士領 [領主] は主張し, それに対して, 土地所有者の償却済み手

賦役を加算して，騎士領の耕地全部の耕作に必要である手賦役に対してのみ，騎士領は補償を要求できる，と領民は主張した．すべての小屋住農［の賦役］は全体として見なされねばならない［，との主張である］．

騎士領所有者は彼の主張の根拠を述べた．家屋が建てられたのが，村有地か共同体構成員の土地か騎士領の土地か，に関係なく，彼の裁判区にある，9の［新しい？］居住地で9の［新しい？］任意の賦役を賦課する権限が，1832年まで彼に帰属していた，と．［また，］彼は賦役その他の給付の承認と償却を要求した．それら［の義務］は家屋売買［契約書］に記入されているからである，と．

小屋住農たちが彼のこの権限を否定すると，彼は少なくとも過去に関しては，これを要求した．

そのための法的根拠が成立していたとすれば，それは失効しえない．したがって，この権限は騎士領に決して帰属したことがないであろう．

騎士領［領主］が1663年の世襲台帳を引き合いに出せば，賦役は被告［小屋住農］の家屋に賦課されていなかったこと，したがって，それは要求されえないことが，それ［世襲台帳］から明らかになるであろう．1663年の世襲台帳は当時の騎士領領主と領民にとって規範と見なす必要がある．

世襲台帳によれば，あの時代の主農場の所有者は，騎士領の耕地全部を不確定賦役によって耕作せねばならなかった．これらの農場から分離された園地農家屋[8]は，リンバッハ村とオーバーフローナ村に5のみ当時あったが，主農場所有者による不確定賦役の遂行を援助する義務を負っていた．例えば，パン穀物刈り取りの際に飲み物を耕地に運び，収穫期に穀物納屋を管理する，などである．

オーバーフローナ村，ミッテルフローナ村とケーテンスドルフ村を含む，当騎士領での賦役と確定賦役の全部は王国特別委員会の助力の下に，主農場所有者と騎士領領主の間で完全に償却された．

騎士領領主が，［1］賦役を課された農民地を買い入れ，［2］それを賦役から解放し，［3］不確定賦役労働と，それに係わる村負担一切とを，残りの共同体構成員に賦課し，［4］［騎士領］が購入した，賦役義務ある［農民］地を細分し，［5］この地片に新たな賦役を課した場合でも，騎士領領主は賦役獲得のための法的権限を獲得しなかった．それは1715年1月31日の訓令に反していたからである．

当騎士領が，新しい居住地に賦役を賦課する権限を持っていなかったとすれ

ば，不法に課され，被告（小屋住農）の否定した賦役を，賦役代納金に転換する権利も，時効によってさえ，騎士領は取得できなかった．

賦役義務ある小屋住農は，賦役あるいは賦役代納金の報告を含む，以下の一覧表を，…[当騎士領]に関する特別償却委員会に1836年3月14日に提出した．
(1) ヘレーネンベルク地区［の小屋住農］（各人は賦役3日と1巻の紡糸あるいは［賦役代納金］17-18AG）
(2) ドロテーンベルク地区［の小屋住農］（各人は賦役6日と1巻の紡糸あるいは23AG）
(3) イエーガーガルテン地区の小屋住農（各人は賦役4日と1巻の紡糸．後者の代わりとしては常に6AGの支払）
(4) 村有地小屋住農（各人は賦役4日と$\frac{1}{2}$巻の紡糸あるいは15AG）
(5) その他の小屋住農（賦役日数と紡糸[すべき量]の組み合わせは，各人毎に異なる）．

さらに以下が続く．

ミッテルフローナ村［の小屋住農］（賦役2-4日と$\frac{1}{2}$巻の紡糸）

オーバーフローナ村［の小屋住農］（同じ）

ケンドラー村（『古い酒店［の土地］』の小屋住農 Altschenkhäusler）（賦役3日，1巻の紡糸と1尋の木材作りあるいは21AG）

ブロインスドルフ村［の小屋住農］（賦役4-5日と$\frac{1}{2}$巻の紡糸）．

数ヶ月後に小屋住農の代理人はリンバッハ領主裁判所に次の2点を繰り返し述べた．[1] 彼ら[小屋住農]は，係争中の訴訟に基づいて，賦役給付を義務づけられない，と考え，それを給付しない．[2] 訴訟が予期に反して騎士領領主に有利な結果となるならば，協定によって，あるいは，[特別]委員の調査によって示される償却地代を，彼らが賦役を給付しなかった年についても，後払いする．

[特別]委員J. フォルクマン博士も当地の裁判所に次のことを伝えた．問題の小屋住農全員は，彼らの売買［契約書］に記された賦役と賦役・紡糸代納金の償却を提議した．彼らは，それに関する審議の際に，これらの賦役義務を否認するとともに，騎士領領主の耕地の耕作に必要であるよりも多くの賦役の償却を，騎士領領主がすべての小屋住農，土地所有者と借家人から要求することはできない，と主張した．しかし，彼らは，文書に記された，彼らの売買［契約書］の抜

粋…を正しい，と認め，関連する，賦役そのものとその等価貨幣の給付を，彼らの所有期間について容認した．

その間に全国委員会は，賦役義務ある小屋住農と騎士領領主の間で争われている法的論争を，予備的に審議し，この審理の主宰を［全国］委員会参事官のグレックナー博士とブロッホマンに委ねた．

さまざまな賦役の価値が，自由な賃労働の価格と比較して確定された．弁護士グライヒェン（法的補佐人）はヘレーネンベルク地区，ドロテーンベルク地区とケーテンスドルフ地区［の小屋住農］の賦役全部を年地代40ATと評価した．しかし，［農場］管理人フィッシャー[4]は［全体で］年地代として100ATを要求した．ヘレーネンベルク地区とドロテーンベルク地区［の小屋住農］だけで毎年50-60ATを支払わねばならないから，というのである．

当事者双方の合意が得られるまでに，丸3年が過ぎた．遂に1839年6月に賦役償却の争点が決着した．それについて以下の2協定が作成された[9]．

1) Seydel 1908.
2) P. ザイデルはC. G. シュトイデル（Steudel）を園地家屋（Gartenhaus）所有者と記している．しかし，本章第7節の表2-7-1［291］によればC. G. シュトイデルは家屋所有者＝小屋住農である．
3) Seydel 1908, S. 426-427. 同じような賦役拒否に関しても，騎士領領主は訴訟を起こした．被告とその賦役は次のとおりであった．①ケーテンスドルフ村のカルル・ゴットローブ・フリードリヒ・ペスラー Päßler（大鎌刈り取りと掻き寄せ），②ケーテンスドルフ村のJ. G. ニッチェ（燕麦掻き寄せ，結束と禾束堆積）（本章の表2-1-1〈31〉），③オーバーフローナ村のJ. M. アイヒラー（騎士領の厩舎からの肥料搬出）（表2-1-1〈46〉），④オーバーフローナ村，ミッテルフローナ村とケーテンスドルフ村の小屋住農たち（大鎌刈り取り，掻き寄せ，刈り取り，結束と肥料賦役）．Seydel 1908, S. 427.──なお，ドレースデン上訴院とライプツィヒ陪審人裁判所はザクセン改革以前の裁判所であった．それらを含む，ザクセンの複雑な裁判機構について，シュミット 1995, pp. 173-174を参照．
4) P. ザイデルはフィッシャーにしばしば言及している．①連畜賦役の償却に関して1834年秋に騎士領領主が問題解決を委ねた農場管理人ダーニエル・フリードリヒ・フィッシャー，②35年1月13日［午前］に議事録に署名したハインリヒ・ダーニエル・フィッシャー，③［同日］午後の会合に出席した［農場］管理人フィッシャー（以上，いずれも本章第1節前半），④小屋住農の手賦役の評価額を36年に提示した［農場］管理人フィッシャー（本章第1節後半）である．これらは同一人物であろう．他方で，1837／38年の全国委員会文書第902号（本章第5節）における「騎士領領主の全権」，および，1839／40年の全国委員会文書第1660号（本章第3節）における騎士

領領主の全権委員はフリードリヒ・ダーニエル・フィッシャーであった。したがって、P. ザイデルの①と②は誤記ではなかろうか。

5) 弁護士 G. H. グライヒェン（1803-1875）は，32年にはライプツィヒ大学法学部員外教授，領主裁判所長とされており，39年から49年までは，償却に関する特別委員になっていた場合もある。本節前半で言及した賦役償却審議において，彼はリンバッハ村とオーバーフローナ村の農村住民の，後半のそれではリンバッハ村の小屋住農の，法的補佐人となった。1848年に彼は，レーエン制度と封建的諸負担の全面廃止を提案する文書を出版した。この文書はザクセンの143自治体によって署名されて，フランクフルトのドイツ国民議会に提出された。この143自治体の中には，当騎士領リンバッハ所属のオーバーフローナ村が含まれ，さらに，騎士領ヴィーデローダ所属のリプティッツ村とマネヴィッツ村（本書第4章参照）も参加していた。松尾 2001, pp. 191-206を参照。

6) 本書第1章第4節 (2) に記したように，G. F. v. ヴァルヴィッツ伯爵が当騎士領を父から相続したのは，1836年であった。1835年のこの議事録に彼が署名したのは，父の代理としてであったろう。

7) 以上，Seydel 1908, S. 427-431.

8) ここではGärtnerhausの字句が記されている。しかし，本節後半の主題は小屋住農であるから，この字句も上記（注2）と同じく小屋住農家屋を意味するのではなかろうか。

9) 以上，Seydel 1908, S. 431-433.

(2) 第1の封建地代償却協定

前史の記述に続いて，P. ザイデルは封建地代償却協定として1839年の2協定を，さらに，1851年の協定を紹介している。これら3協定は，私の知る限り，地代償却協定が翻刻された，ザクセンで唯一のものである。そこで，これの翻訳を試みよう。第1の協定は次のとおりである。

リンバッハ村，ケーテンスドルフ村とケンドラー村の園地農と小屋住農によって当騎士領に給付されるべき賦役の償却について，そのために任命された特別委員会，すなわち，法律関係特別委員ユーリウス・フォルクマン博士（ケムニッツ市の弁護士）と，経済関係特別委員グスタフ・モーリッツ・ペッチュ（ペーニヒ市の農業者）の協力の下に，一方の権利者と他方の義務者の間で，当事者たちの調停に基づいて以下の協定が作成されたことを…ここに告知する。一方の権利者は，1838年5月19日のドレースデン封官庁登録によって当騎士領を授封された，上記騎士領の現所有者…である。他方の義務者は，火災［保険］台帳に各人の姓名と番号で記載された土地の所有者たる，リンバッハ村，ケーテンスドルフ村とケンドラー村の居住住民，以下の241人である。村有地小屋住農[1]（一連番号1-19），その他の小屋住農（同20-64），イエーガーガルテン地区の小屋住農（同65-69），ヘレーネンベ

ルク地区の小屋住農（同70-137），ドロテーンベルク地区の小屋住農（同138-155）（以上リンバッハ村），「古い酒店［の土地］」の小屋住農（同156-192），村有地小屋住農[1]（同193-230）（以上ケーテンスドルフ村）とケンドラー村［の義務者］（同231-241）.

　第1条　償却の対象．一連番号1-241に記載された，すべての小屋住農と園地農は，その売買［契約書］によれば，世襲台帳と旧慣に従って，当騎士領に毎年一定の賦役を給付する義務を負っている．すなわち，リンバッハ村の村有地小屋住農，1-19はそれぞれ毎年4日の賦役を果たし，$\frac{1}{2}$巻の糸を紡がねばならない．［リンバッハ村の］その他の小屋住農，20-63は毎年，第4条に各人毎にその日数を記載された，大鎌刈り取り，掻き寄せ，パン穀物刈り取り，刈り取り，結束，納屋賦役[2]，肥料散布の賦役を果たし，木材細断，柴細断および紡糸の賦役を果たさねばならない．64の水車所有者ギンペルは，当騎士領で醸造と火酒蒸留のために用いられる，すべての麦芽を，粉砕せねばならず（それに対して，彼は通常の粉挽き料ではなく，1回の醸造について$\frac{1}{2}$樽の薄ビールと1缶のビールを得る），また，1巻の糸を紡ぎ，あるいは，その代わりに5AGを支払い，さらに，毎年5ショックの木板を騎士領領主のために無償で切り出さねばならない（これに対して彼は樹皮と鋸屑を得る）．イェーガーガルテン地区の小屋住農，65-69は各人が毎年，1巻の糸を紡ぎ，大鎌刈り取り2日と掻き寄せ2日を果たさねばならない．ヘレーネンベルク地区の小屋住農，70-137は各人が毎年，1巻の糸を紡ぎ，賦役3日を果たさねばならない．ドロテーンベルク地区の小屋住農，138-155は各人が毎年，1巻の糸を紡ぎ，御館賦役6日を果たさねばならない．ケーテンスドルフ村の「古い酒店［の土地］」の小屋住農，156-192は各人が毎年，1巻の糸を紡ぎ，1尋の木材を作り，御館賦役3日を果たさねばならない．［ケーテンスドルフ村の］村有地小屋住農，193-230は各人が毎年，$\frac{1}{2}$巻の糸を紡ぎ，大鎌刈り取り2日と掻き寄せ2日を果たさねばならない．最後に，ケンドラー村の小屋住農，231-241は各人が毎年，大鎌刈り取り，掻き寄せ，パン穀物刈り取り，刈り取り，また，木材・柴の細断，紡糸，さらに，一定の連畜賦役を果たさねばならならず，その日数は第4条に各人毎に記載されている．これらの賦役（近年には一部は［貨幣で］支払われてきた），および，従来なされてきた反対給付が，償却の対象である．

　第2条　権利者の［権利］放棄．当騎士領の所有者…は，第3条で彼に保証され，彼が受け入れた補償，および，反対給付の廃止と引き換えに，前条に記された賦役を，自身と所有継承者に関して永久に放棄する．

　第3条　賦役に対する補償．冒頭に記された義務者，1-241は，第2条に表明された，権利者の［権利］放棄を承諾する．そして，リンバッハ村の村有地小屋住農，1-19は各人が，その賦役，すなわち，4日の賦役に対して9AGを，紡糸に対して2AGを，年地代として権利者に支払うことを誓約する．リンバッハ村のその他の小屋住農，20-63は，大鎌刈り取りと大鎌賦役に対して3AGを，パン穀物刈り取り，結束，刈り取り，掻き寄せ，肥料散布の賦役に対して2AG3APないし2AG6APを，割木作りに対して5AGを，柴1ショックの細断に対して3AGを，1巻の紡糸に対して4AGを，$\frac{1}{2}$巻の紡糸に対して2AGを，年地代として支払うことを誓約する．64の製粉水車所有者ギンペルは，第1条に記

された賦役全体に対して16ATを，年地代として支払うことを誓約する．イエーガーガルテン地区の小屋住農，65-69は大鎌刈り取り1日に対して3AGを，掻き寄せ1日に対して2AG6APを，紡糸に対して6AGを，年地代として支払うことを誓約する．ヘレーネンベルク地区の小屋住農，70-137は，従来果たしてきた賦役と紡糸賦役の全体に対して，15AGを［支払い］，以前はこれらの賦役の代わりに現金17あるいは18AGを払ってきた場合には，16AGを，年地代として支払うことを誓約する．ドロテーンベルク地区の小屋住農，138-155は従来の賦役と紡糸賦役の全体に対して21AGを，年地代として支払うことを誓約する．ケーテンスドルフ村の「古い酒店［の土地］」の小屋住農，156-192は各人が従来の賦役，紡糸賦役と木材作りに対して19AGを，年地代として支払うことを誓約する．以上はすべて旧通貨による．

ケーテンスドルフ村の村有地小屋住農，193-230は大鎌刈り取り1日に対して3AGを，掻き寄せ1日に対して2AGを，$\frac{1}{2}$巻の紡糸に対して2AGを，年地代として支払うことを誓約する．ただし，それぞれの土地の上記の地代から6APが反対給付のために控除されるべきである．

最後に，ケンドラー村の義務者，231-241は大鎌刈り取り1日に対して3AGを，掻き寄せ1日に対して2AG6APを，1尋の割木作りに対して5AGを，1巻の紡糸に対して4AGを，柴1ショックの細断に対して3AGを，連畜賦役1日に対して7AG6APを，年地代として当騎士領領主に支払うことを誓約する．

すべての地代は旧通貨で計算されており，義務者もこの通貨で支払わねばならない．

義務者全員は，上記の賦役のために権利者から彼らに対してなされてきた反対給付を放棄し，自身と所有継承者に関してこの義務から権利者とその所有継承者を永久に解放する．

第4条　地代の配分．賦役に対する，前条記載の補償の結果として，地代は，義務者の売買［契約書］に記された，従来の賦役の量と質に従って配分された．そのために［義務者は］，第5条によって地代銀行に委託される年地代を，あるいは，騎士領領主に支払われるべき［地代］端数を，支払うべきである．

誓約された地代のこの配分は，権利者…によっても，個々の地代支払義務者の連帯責任に対する［権利］放棄の下で，ここに明白に承認される．さらに，当事者双方は，補償の計算結果が正しく，その意向と一致することを，本協定によって承認する．

第5条　地代の支払．1837年地代銀行法補充令第19条に従って，本協定序文に記された義務者，1-241は，第4条に記された地代部分の地代銀行支払を提議した．それに対して権利者は同補充令第20条に従って，地代銀行証券による当該一時金の支払を提議する．

問題の地代が地代銀行によって受託され，一時金が権利者に支払われる時点まで，義務者は，第4条に各人毎に記入された地代を，法定の4期日，毎年3月，6月，9月と12月の末日に権利者に自ら支払わねばならない．

第6条　地代の保証．第4条に各人毎に記入された地代が，そこに記された土地と彼らのその他の財産によって，…対物的負担として保証され，優遇されることを，協定序文に記された義務者は承認する．時に生じる地代端数は，特別委員会が協定認可の報告を受けた直

後に，25倍額の現金支払によって永久に償還される．

　第7条　協定の施行開始．賦役そのものの給付は既に停止された．義務者は，1838年から，滞納することなく地代支払を開始する義務を負う．ケーテンスドルフ村の村有地小屋住農は，1834年，35年と37年について滞った，彼らの賦役を，協定された地代の後払いによって決済することを誓約する．また，リンバッハ村のヘレーネンベルク地区とドロテーンベルク地区の小屋住農も同様であり，全額で17AG，18AGあるいは23AGの地代に応じて，彼らの古い滞納分を後払いせねばならない．

　第8条　費用．償却［事務］の費用は権利者と義務者によって折半されるべきである．
　義務者に係わる費用は，ケーテンスドルフ村の村有地小屋住農に関しては，その地代の額によって調達されるべきである．同地の「古い酒店［の土地］」の小屋住農，156-192にあっては，賦役日数に従って支払われるべきであり，権利者は費用として，「古い酒店［の土地］」の小屋住農にそれぞれ1ATを贈与する．
　各方面の関係者は，一部［＝妻］はその夫の参加の下に，この償却協定に一致し，満足した．……本償却協定は同文の2部が認証のために作成され，契約締結者によって署名された．この2部は全国委員会文書室とリンバッハ領主裁判所に定められている．
　リンバッハ村にて1839年6月21日
　　フリードリヒ・フィッシャー
　　クリスティアーネ・アマーリエ・ザイフェルト
　　カルル・ティップマン等々（その他の義務者の署名[3]）

　なお，この償却協定の提議者と被提議者が権利者と義務者のどちらであるか，は協定に明記されていない．しかし，前小節本文の最後で紹介したように，P.ザイデルによれば，「問題の小屋住農全員は，彼らの売買［契約書］に記された賦役と賦役・紡糸代納金の償却を提議した」．「それについて以下の2協定が作成された」．したがって，本協定の提議者は義務者＝領民である．

1) リンバッハ村のGemeindehäuslerとケーテンスドルフ村のDorfhäuslerを本書は，ともに村有地小屋住農と訳した．
2) ここのPansetageと別の箇所のPenseについては，本書第1章第4節 (6) ③を参照．ただし，本協定第1条によれば，「［リンバッハ村の］その他の小屋住農，20-63は毎年，第4条に各人毎にその日数を記載された，大鎌刈り取り，掻き寄せ，パン穀物刈り取り，刈り取り，結束，納屋賦役，肥料散布の賦役を果たし，木材細断，柴細断および紡糸の賦役を果たさねばならない」．それに対して，第3条は「リンバッハ村のその他の小屋住農，20-63は，大鎌刈り取りと大鎌賦役に対して3AGを，パン穀物刈り取り，結束，刈り取り，掻き寄せ，肥料散布の賦役に対して2AG3APないし2AG6APを，割木作りに対して5AGを，柴1ショックの細断に対して3AGを，

1巻の紡糸に対して4AGを，$\frac{1}{2}$巻の紡糸に対して2AGを，年地代として支払うことを誓約する」と規定している．第1条の「柴細断」が第3条の「柴1ショックの細断」に相当し，第1条の「木材細断」が第3条の「割木作り」に相当するとするならば，これらの条文に共通しない賦役労働は，つまり，納屋賦役に相当する賦役は，存在しないことになる．

3) 以上，Seydel 1908, S. 434-439. 先取りして言えば，ここに記された署名者3人のうち，Ch. A. ザイフェルトとC. ティップマンはリンバッハ村の義務者である（前者は全国委員会第1659号賦役償却協定の一連番号62，後者は同1. 本章の表2-2-1を参照）．それに対して，F. フィッシャーは本償却協定の義務者として確認されない．これは本章 (1)（注4）のフィッシャーであろう．

(3) 第2の地代償却協定

　オーバーフローナ村，ミッテルフローナ村とブロインスドルフ村の園地農と小屋住農，および，ミッテルフローナ村とモースドルフ村の数人の土地所有者によって当騎士領に給付される賦役と穀物貢租の償却に関して，そのために任命された特別委員会，すなわち，法律関係特別委員 J. フォルクマン博士…と経済関係特別委員 G. M. ペッチュ…の協力の下に，権利者と義務者の間で，当事者たちの調停に基づいて以下の協定が作成されたことを…ここに告知する．一方の権利者は…当騎士領の現所有者…である．他方の義務者は，火災 [保険] 台帳に各人の姓名と番号で記載された土地の所有者たる，[以下の6村の] 住民である．オーバーフローナ村 [の住民]（一連番号1-55），ミッテルフローナ村（同56-89），モースドルフ村（同90），ブロインスドルフ村（同91-97），ブルカースドルフ村（同98, 99）とゲッパースドルフ村（同100）．

　第1条　償却の対象．一連番号1-55, 65, 67-89，および，91-97の義務者は，その売買 [契約書] と旧慣に従って，第4条に各人毎にその日数を記された大鎌刈り取り，掻き寄せ，その他の賦役と紡糸賦役を当騎士領に対して果たさねばならない．

　同じように，ミッテルフローナ村の土地所有者あるいは園地農，56-66は当騎士領に，穀物貢租として毎年一定の燕麦を [納付し]，モースドルフ村のクノル，90は，穀物貢租として燕麦とパン穀物を（その量は第4条に各人毎に記されている），最後に，ブルカースドルフ村とゲッパースドルフ村の義務者，98-100は，毎年合わせて3羽の鶏貢租を，納付する義務を負う．これらの穀物貢租と鶏貢租および小屋住農の上記の賦役，さらに，後者に対する反対給付が償却の対象である．

　第2条　権利者の [権利] 放棄．（この条は，「賦役」の後に挿入された「穀物貢租と鶏貢租」の文言を除くと，本節 (2) で紹介した地代償却協定第1の第2条と同じである.)

　第3条　賦役と穀物貢租に対する補償．序文に記された，すべての義務者，1-100は，第2条に表明された，権利者の [権利] 放棄を承諾する．オーバーフローナ村の小屋住農，1-55は大鎌刈り取り1日に対して3AGを，掻き寄せ1日に対して2AG6APを，$\frac{1}{2}$巻の紡糸に対して2AGを，年地代として権利者に支払うことを誓約する．ただし，遡って，1838年7月14日の法的確定以後その土地が耕作されていない義務者は，地代を$\frac{1}{3}$だけ少

なく支払うこと，したがって，第4条の地代目録が述べるように，大鎌刈り取り1日に対して2AGを，掻き寄せ1日に対して1AG8APを，$\frac{1}{2}$巻の紡糸に対して1AG4APを，支払うこと，が留意されるべきである．

ミッテルフローナ村の小屋住農，65と67-89は，大鎌刈り取り1日に対して3AGを，掻き寄せ1日に対して2AG6APを，$\frac{1}{2}$巻の紡糸に対して2AGを，年地代として支払うことを誓約する．ただし，掻き寄せ日数が大鎌刈り取り日数よりも多い場合には，上回る掻き寄せ日数から3APが控除される．

ブロインスドルフ村の小屋住農，91-97のうち，大鎌刈り取り2日，掻き寄せ2日と紡糸を果たすべき小屋住農は，13AGを，大鎌刈り取り2日，掻き寄せ3日と紡糸を果たすべき者は，15AGを，年地代として権利者に支払うことを誓約する．

ミッテルフローナ村の土地所有者ないし園地農，56-66およびモースドルフ村のクノル，90（$\frac{1}{2}$フーフェ農地所有者）は，1ペーニヒ・シェッフェルの燕麦に対して1AT14AG6APを，1ペーニヒ・シェッフェルのパン穀物に対して3AT12AGを，年地代として当騎士領領主に支払うことを誓約する．

最後に，ブルカースドルフ村とゲッパースドルフ村の義務者，98-100は，給付すべき貢租の鶏1羽に対して3AT3AGを，一時金として権利者に支払うことを誓約する．

（それに続く2文章は，地代償却協定第1第3条の文言と同じであり，地代は旧通貨である．）

第4条　地代の配分．従来の賦役と穀物貢租に対する補償が前条で誓約された結果として，義務者の売買［契約書］に記された，賦役の数量に従って，地代と一時金が配分された．そのために［義務者は］，第5条によって地代銀行に委託される年地代と，騎士領領主に支払われるべき［地代］端数，あるいは，一時金を支払うべきである．

（それに続く文章は，地代償却協定第1第4条の文言と同じである．）

第5条　地代の支払．協定序文に記された義務者，1-97は1837年地代銀行法補充令第19条に従って，第4条に記された地代の地代銀行支払を提議した．それに対して権利者は同補充令第20条に従って，地代銀行証券による当該一時金の支払を提議する．問題の地代が地代銀行によって受託され，一時金が権利者に支払われる時点まで，義務者は，第4条に各人毎に記された地代を，法定の4期日……に権利者に自ら支払わねばならない．

義務者，98-100は協定認可の直後に，各人毎に記された一時金額を権利者に支払うこと，また，貢租の鶏1羽に対して3AGの年地代を支払うこと，を誓約する．

第6条　地代の保証．（地代償却協定第1第6条と同じ）

第7条　協定の施行開始．賦役・貢租そのもの給付は既に停止された．義務者は，1838年から，滞納することなく地代支払を開始する義務を負う．ただし，オーバーフローナ村の小屋住農の地代は，1839年初から発効するべきであり，したがって，その地代の第1回支払期日は1839年3月末となる．ブロインスドルフ村の義務者は，彼らが2年間滞らせている賦役を，賦役そのものとして事後的に果たすことを誓約する．

オーバーフローナ村の義務者は，滞っている，彼らの賦役について，確定された地代を後

払いすることを誓約する．ただし，法的確定以後その土地が耕作されていない小屋住農については，地代の$\frac{1}{3}$の軽減は適用されない．
　第8条　費用．償却［事務］の費用は権利者と義務者によって折半されるべきである．義務者に係わる半分は，オーバーフローナ村の小屋住農に関しては，関係者によって御館賦役の日数に従って［支払われ］，また，穀物貢租を納付する，ミッテルフローナ村の土地所有者の間では均等に，支払われるべきである．
　さらに，権利者は，オーバーフローナ村の小屋住農に50ATの費用を贈与し，協定承認の際に支払う義務を負う．
　各方面の関係者は…この償却協定に…．（以下は地代償却協定第1のあとがきと同じ）
　リンバッハ村にて1839年6月20日
　フリードリヒ・フィッシャー
　ヨハン・ゴットリープ・ディットリヒ
　ヨハン・ザームエル・ゾンターク等々（その他の義務者の署名[1]）

　なお，この償却協定の提議者と被提議者が権利者と義務者のどちらであるか，は協定に明記されていない．しかし，前小節本文の最後に記したように，本協定の提議者は義務者＝領民である．

1）以上，Seydel 1908, S. 439-443. 先取りして言えば，最後に記されている署名者3人のうち，3番目のJ. S. ゾンタークはオーバーフローナ村の義務者（本章第3節の全国委員会文書第1660号の一連番号2. 本章の表2-3-1を参照）である．2番目のJ. G. ディットリヒ（Dittrich）は，この綴り字では上記償却協定の義務者として見出されない．これはオーバーフローナ村の義務者ヨハン・ゴットフリート・ディートリヒ（Dietrich）（同上一連番号1）であろう．義務者として確認されない，最初の署名者F. フィッシャーに関して，本章（1）（注4）を見よ．

(4) 第3の地代償却協定

　下記の人々，一方の被提議者＝権利者と他方の提議者＝義務者の間で，後者の土地に課されている保有移転貢租義務の償却に関して，…次の協定が取り決められ，結ばれた．一方の被提議者＝権利者は，…当騎士領の授封された所有者…であり，他方の提議者＝義務者はリンバッハ村（一連番号1-44），ケンドラー村（同45, 46）とケーテンスドルフ村（同47-63）の土地所有者である．
　第1条．償却の対象は，序文の一連番号1-63に記された土地の売却に際して，その都度，購入価格の5%を保有移転貢租として当騎士領所有者が請求できる，という権利である．
　第2条．第1条に記された，当騎士領の保有移転貢租［請求］権と，この権利に照応する，義務者，1-63，および，各人の姓名で記された土地の所有継承者の義務を，…［騎士

領領主]は，第3条で彼に保証される補償と引き換えに，自身と当騎士領の所有継承者に関して永久に放棄する．

　第3条．土地所有者，序文の1-63は，第2条に表明された［，権利者の権利］放棄を承諾する．それに対して彼らは，第4条に各人別に記された一時金額を，協定認可の4週間後に，1850年初以後の利子4％を付けて，…［騎士領主］に支払うことを誓約する．（あるいは，各人別に記された地代は，地代銀行に委託され，）残った［地代］端数は，協定認可の公式報告が得られた後，4週間以内に25倍額の支払によって償還することを誓約する．

　第4条．この協定に従って（一覧表が続く，と著者P. ザイデルは記す）支払う．地代銀行委託地代は，…対物的負担と同じように，義務者の土地によって，保証され，優遇されるべきであることを，義務者はここに明言する．

　第5条．この償却の実施は1850年初に開始される．一時金支払によって償却しようとする者は，あの日から実際の支払まで，計算された一時金に利子4％を付けねばならない．地代を地代銀行に委託する者は，1850年初から，地代銀行による地代受託まで，第4条に記された地代を権利者に支払わねばならない．

　第6条．地代銀行に委託される地代に関して，権利者はさらに，彼がその一時金の金額を額面価額の地代銀行証券で［受け取り］，実施のために必要である限りにのみ，現金で受け取ることに同意する．それに対して義務者は，支払期日，および，地代の解約告知と償還について，1832年地代銀行法第8，第9条，および，1837年と1840年の地代銀行法補充令の規定が，あらゆる点で適用されることを承認する．

　第7条．この償却事務の費用は当事者双方，被提議者と提議者によって均等に負担されるべきである．義務者に係わる半分は，地代として支払うべきNGの額に応じて，関係者に配分される．その場合，5NPとそれ以上は1NGに計算され，それ以下は計算されない［＝無料とされる］．

　第8条．協定は5部が作成される．全国委員会，義務者の抵当権官庁，権利者，リンバッハ村・ケンドラー村の義務者，ケーテンスドルフ村の義務者のために1部ずつである．

　当事者双方は本償却協定の全部に一致した．…本協定はその認証のために，1849年12月8日の全国委員会指令によって，J. フォルクマン博士（ケムニッツ市）とカルル・フリードリヒ・シュヴァーネベック（ロホリッツ市の農業者）からなり，この償却事務を主導する特別委員会が発した文書…に基づいて作成され，関係者によって署名された．

　リンバッハ村にて1851年10月6日
　ヨハン・ザームエル・シェーンフェルト等々[1]

　なお，この償却協定の提議者は義務者＝領民である，と序文に明記されている．

　このようにP. ザイデルは3編の封建地代償却協定をザクセン農民解放研究史

上，初めて翻刻した．しかし，彼の翻刻史料には，(1) 全国委員会の承認期日と全国委員の署名がない．32年償却法は，すべての償却協定は全国委員会の承認によって初めて公式の文書となる，と規定していたにも拘わらず，である．(2) 義務者各人の償却地代額が欠落している．他方では，これら3協定が，義務者各人の償却地代額についての文言を含むことを，P. ザイデルの翻刻史料は明示している．すなわち，①第1と第2の地代償却協定の第6条には，「第4条に各人毎に記された地代」の字句がある．②第3の地代償却協定の第3条にも，「第4条に各人別に記された一時金の金額…（あるいは，各人別に記された地代）」なる文言がある．そこで，私はこれら3協定の原本に遡って，義務者各人の種目別償却地代額を明らかにしてみたい．それによって，3協定による償却一時金の種目別・集落別合計額が算出されるであろう．

1) 以上，Seydel 1908, S. 449-451. 末尾に記された署名者 J. S. シェーンフェルト（Schenfeld）は，先取りして言えば，この綴り字では本償却協定（本章第4節）の義務者として見出されない．それはリンバッハ村の義務者 J. S. シェーンフェルト（本章の表2-4-1の一連番号2）を指すであろう．

第2節　全国委員会文書第1659号

(1) 義務者全員の姓名と不動産

　P. ザイデルがその著書で翻刻し，本章第1節で紹介した地代償却協定3編を，全国委員会文書の中に検索してみる．彼の協定第1は，全国委員会文書第1659号，「ケムニッツ市近郊の騎士領リンバッハとリンバッハ村，ケーテンスドルフ村およびケンドラー村の住民との間の，1839年6月21日／1840年3月28日の賦役償却協定[1]」である．この協定を通読してみると，P. ザイデルの翻刻は全国委員会文書の全文でないことが，判明する．そこで，彼の翻刻から欠落した部分の解読を試みよう．

　まず，本協定の序文は，義務者全員の一連番号，姓名，各人所有の不動産とその保険番号を列挙している．第4条に記載された同一事項を参考にしつつ，一連番号，姓名と不動産を示したものが，表2-2-1である．

表 2-2-1　義務者全員の姓名と不動産

(1) リンバッハ村
　(a) 村有地小屋住農
[1] Carl Tippmann（家屋）
[2] Johann Gottfried Grosser（家屋）
[3] Johann Gottfried Reichenbach（家屋）
[4] Gottlob Moritz Bachmann（家屋）
[5] Karl Friedrich Adam Steinbach（家屋）
[6] Friedrich Albert Heinze（家屋）
[7] Johann George Lindner（家屋）
[8] Karl Wilhelm Bachmann（家屋）
[9] Johann Daniel Wünschmann（家屋）
[10] Johann Gottfried Kresse（家屋）
[11] Johann Gottlieb Gränz（家屋）
[12] Christian Friedrich Benjamin Seyferth（家屋）
[13] Henriette Gränz と Rosalie Gränz（家屋）
[14] Karl Gottlob Pester（家屋）
[15] Gottlieb Heinrich Naumann（家屋）
[16] Friedrich Gotthelf Müller（家屋）
[17] Anton Hübner（家屋）
[18] Johann Gotthilf Sonne（家屋）
[19] Christian Gottlieb Dost（家屋）
　(b) その他の小屋住農
[20] Christian Gottlieb Haupt（家屋）
[21] Johann Gottlieb Wiedemann（家屋）
[22] Marie Rosine Helbig（家屋）
[23] Traugott Reinhold Esche（家屋）
[24] Johann David Kretzschmar（家屋）
[25] Karl Gottlieb Oelsch（家屋）
[26] Johann Gottlieb Lehmann（家屋）
[27] Christian Friedrich Semmler（家屋）
[28] Johann Benjamin Geilhof（家屋）
[29] Gottlob Friedrich Horn（家屋）

[30] Christian Friedrich Bachmann（家屋）
[31] Johann David Heinrich Lindner（家屋）
[32] Johann Gottfried Winkler（家屋）
[33] Heinrich August Uebeln（家屋）
[34] Johann George Winkler（家屋）
[35] Joseph Hoyer（家屋）
[36] Samuel Moritz Esche（家屋）
[37] Michael Börnge（家屋）
[38] Johanne Eleonore Görner（家屋）
[39] August Friedrich Starke（家屋）
[40] Daniel Friedrich Müller（家屋）
[41] Johann Gotthard Franke（家屋）
[42] Johann Gottfried Bernhardt（家屋）
[43] Johann George Kühnrich 二世（家屋）
[44] Johann Christian Steinert（家屋）
[45] Karl Gottlob Külbel（家屋）
[46] Karl Friedrich Grosser（家屋）
[47] Julius Alexander Walther（家屋）
[48] Christiane Sophie Schüßler（家屋）
[49] Karl Friedrich Lehmann（家屋）
[50] Gottlieb Heinrich Naumann（家屋）
[51] Christian Friedrich Schönfeld（家屋）
[52] Johann Gottlob Sohre（家屋）
[53] Friedrich August Posern（家屋）
[54] Karl Ferdinand Künzel（家屋）
[55] Johann David Lindner（家屋）
[56] Karl Gottlob Pulster（家屋）
[57] Caroline Friederike Lehmann（家屋）
[58] Joseph Napoleon Sebastian（家屋）
[59] Christian Gottlieb Schraps（家屋）
[60] Gottlieb Heinrich Naumann（家屋）

[61] Karl August Limbach（家屋）
[62] 物品税検査官未亡人Christiane Amalie Seyferth（家屋）
[63] Carl Friedrich Böhme（家屋）
[64] 親方Johann Friedrich Gimpel（製粉水車）
　　（c）イエーガーガルテン地区の小屋住農
[65] 博士Julius Putzer（家屋）
[66] Johann Ehrenfried Zwingenberger（家屋）
[67] Christian Friedrich Steinbach（家屋）
[68] Johanne Christiane Berthel（家屋）
[69] Christian Traugott Rudolph（家屋）
　　（d）ヘレーネンベルク地区の小屋住農
[70] Karl Wilhelm Neubert（家屋）
[71] Johann Christian Friebel（家屋）
[72] Johann Christoph Trebis（家屋）
[73] Eleonore Ernestine Lindner（家屋）
[74] Wilhelm Friedrich Erhardt（家屋）
[75] Gottlob Friedrich Erhardt（家屋）
[76] Gottlob Friedrich Lohse（家屋）
[77] Johann Samuel Landgraf（家屋）
[78] Johanne Christiane Scheibe（家屋）
[79] Salomo Friedrich Löbel（家屋）
[80] Karl Wilhelm Reichel（家屋）
[81] Carl Gottlieb Fischer（家屋）
[82] 同上（家屋）
[83] David Ferdinand Steinert（家屋）
[84] Friedrich Ferdinand Lehmann（家屋）
[85] Johann Gottlob Brühl（家屋）
[86] Carl August Böhme（家屋）
[87] Friedrich August Seyferth（家屋）
[88] Johann Gottlieb Berthold（家屋）
[89] Friedrich August Steinbach（家屋）
[90] Franz Friedrich Naumann（家屋）
[91] Anton Ferdinand Rüdiger（家屋）
[92] Franz Joseph Steinhäuser（家屋）
[93] Johann Gottlieb Pester（家屋）
[94] Johanne Sophie Lindner（家屋）
[95] Johann David Bernhard（家屋）
[96] Christian Friedrich Steudte（家屋）
[97] Johann Carl Richter（家屋）
[98] Christian Friedrich Haferberger（家屋）
[99] Johann Gottlieb Tiebel（家屋）
[100] Karl August Lindner（家屋）
[101] Karl Gottlieb Vettermann（家屋）
[102] Karl August Landgraf（家屋）
[103] Christiane Sophie Fischer（家屋）
[104] Johann Heinrich Pohlers（家屋）
[105] Reinhold Schüßler（家屋）
[106] Carl Gottlieb Lehmann（家屋）
[107] Gotthelf August Schülze（家屋）
[108] Karl August Neubert（家屋）
[109] Johann Michael Willhain（家屋）
[110] Johann David Schneider（家屋）
[111] Carl Joseph Müller（家屋）
[112] Johann Hengsbach（家屋）
[113] Johann Bernhardt Wünschmann（家屋）
[114] Johann Gottlieb Fischer（家屋）
[115] Johann David Zwingenberger（家屋）
[116] Johanne Charlotte Winkler（家屋）
[117] Johann Friedrich August Döhnert（家屋）
[118] Christian Gottlob Heinrich Härtel（家屋）
[119] Christiane Sophie Kühnert（家屋）
[120] Christian Benjamin Ulbrich（家屋）
[121] Christian Adolph Ferdinand Rößler（家屋）

[122] Friedrich August Wiedemann（家屋）
[123] Johann Samuel Landgraf（家屋）
[124] Auguste Helene Böhm（家屋）
[125] Johanne Rosine Lindner（家屋）
[126] Carl Friedrich Fiedler（家屋）
[127] Christian Traugott Rudolph（家屋）
[128] August Friedrich Enge（家屋）
[129] Johann David Hösler（家屋）
[130] Christian Gottlob Richter（家屋）
[131] Friedrich August Naumann（家屋）
[132] Johann Christian Friebel（家屋）
[133] Carl Gottlob Hofmann（家屋）
[134] Johann George Schubert（家屋）
[135] Carl Gottlob Dietel（家屋）
[136] 親方 Gottlob David Türpe（家屋）
[137] Hanne Christiane Schönfeld（家屋）
　　（e）ドロテーンベルク地区の小屋住農
[138] Dienegott Valerius Dietrich（家屋）
[139] Christian Heinrich Schaarschmidt（家屋）
[140] Carl Oscar Rudolph（家屋）
[141] Johann David Uhlmann（家屋）
[142] Franz Albert Carl Esche（家屋）
[143] Johanne Rosine Türpe（家屋）
[144] Karl Gottlob Müller（家屋）
[145] Johann August Schubert（家屋）
[146] Carl Friedrich Reichel（家屋）
[147] Christian August Fuchs（家屋）
[148] Johann Christian Döhnert（家屋）
[149] Johann Gottlieb Böhme（家屋）
[150] Franz Anton Liebscher（家屋）
[151] Johann Samuel Berger（家屋）
[152] Johann Christlieb Naumann（家屋）
[153] Carl Heinrich Müller（家屋）
[154] Christian Gottlieb Pester（家屋）
[155] Johann Gottlob Heinrich Fritzsche（家屋）
　　（2）ケーテンスドルフ村
　　（a）古い酒店［の土地］の小屋住農
[156] Carl Gotthelf Linke（家屋）
[157] Christian Friedrich Thiele（家屋）
[158] Carl Gottlob Lehmann（家屋）
[159] Johann Gottlob Geithner（家屋）
[160] Wilhelm Müller（家屋）
[161] Johann Christoph Lorenz（家屋）
[162] Carl August Bonitz（家屋）
[163] Johann Gottfried Dietze（家屋）
[164] Johanne Sophie Irmscher（家屋）
[165] Karl Gottlob Bonitz（家屋）
[166] Johann Gotthelf Schuhmann（家屋）
[167] Johann Gottfried Lange（家屋）
[168] Johann Christian Friedrich Immanuel Klöthe（家屋）
[169] Carl Gottlob Ludwig（家屋）
[170] Johann George Türpe（家屋）
[171] Gottlob Hahn（家屋）
[172] Carl August Römmler（家屋）
[173] Johann August Steinert（家屋）
[174] Johann Gottlob Schmidt（家屋）
[175] Karl Friedrich Lindner（家屋）
[176] Carl Gottlob Ahnert（家屋）
[177] Johann Gottlieb Wünsch（家屋）
[178] Johann Christoph Glänzel（家屋）
[179] Johann Samuel Weigel（家屋）
[180] Carl Benjamin Römmler（家屋）
[181] Johann August Werner（家屋）
[182] Johann David Eckert（家屋）
[183] Johann Gottlieb Fiegert（家屋）

[184] August Carl Merkel（家屋）
[185] Johann Gottfried Winkler（家屋）
[186] Heinrich Wilhelm Hellner（家屋）
[187] Gottlob Schallenberger（家屋）
[188] Johann George Glänzel（家屋）
[189] Johann Gottfried Diener（家屋）
[190] Johanne Rosine Krasselt（家屋）
[191] Friedrich Anton Irmscher（家屋）
[192] Christian Friedrich Irmscher（家屋）
　（b）村有地小屋住農
[193] Carl Gottlob Friedrich Päßler（家屋）
[194] Karl Gottlob Götze（家屋）
[195] Johann Christian Gottlob Uhlmann（家屋）
[196] Christiane Sophie Rinner（家屋）
[197] Johann David Ahnert（家屋）
[198] Johann August Müller（家屋）
[199] Johann Benjamin Irmscher（家屋）
[200] Johann Heinrich Stock（家屋）
[201] Johann Gottlob Wiesner（家屋）
[202] Karl August Wilhelm Friedrich Klöthe（家屋）
[203] Johann Benjamin Ludwig（家屋）
[204] Benjamin Vettermann（家屋）
[205] Johann Gottlieb Krutzsch（園地）
[206] Carl Gottfried Dobrenz（家屋）
[207] Johann Georg Eichler（家屋）
[208] Benjamin Uhlmann（家屋）
[209] Johann Samuel Mattheß（家屋）
[210] Johann Gottfried Schuhmann（家屋）
[211] Johann George Liebers（家屋）
[212] Johann Gottfried Ahnert（家屋）
[213] Johann Gottlob David Unger（家屋）

[214] Johann Gottlieb Tenner（家屋）
[215] Karl Gottlieb Büttner（家屋）
[216] Christian Friedrich Pfau（家屋）
[217] Johann Gottfried Scheibe（家屋）
[218] Christian Friedrich Fuchs（家屋）
[219] Christian Friedrich Brödner（家屋）
[220] Jeremias Kölzig（家屋）
[221] Christian Ahnert（家屋）
[222] Friedrich Wilhelm Schüssler（家屋）
[223] Juliane Friedrich（家屋）
[224] Johanne Sophie Scheibe（家屋）
[225] Johann Gottlob Schaale（家屋）
[226] Christian Friedrich Giehler（家屋）
[227] Christian Friedrich Büttner（家屋）
[228] Johann Benjamin Lindner（家屋）
[229] Johann Gottfried Steudte（家屋）
[230] Gottfried Türpe（家屋）
　（3）ケンドラー村［の賦役義務者］
[231] Johann Anton Sallmann（園地，および，以下の園地から派生した，「踊る土地」）
[232] 同上（園地）
[233] Anton George Sebastian（園地）
[234] Johann Friedrich Lindner（園地）
[235] Johann August Ittner（園地）
[236] Johann Gottfried Freigang（園地）
[237] Christian Gottlieb Schaarschmidt（家屋）
[238] 同上（家屋）
[239] Johann Traugott Hösler（家屋）
[240] Gottlob Friedrich Scherf（家屋）
[241] Christiane Caroline Dorothee Drescher（家屋）

本協定の序文と第4条で「家屋の所有者」と記された義務者は，小屋住農を意味するはずである．例えば，協定序文 (1) (a) は，家屋の所有者である一連番号1-19を，リンバッハ村の村有地小屋住農と概括しているからである．また，協定序文と第4条は205と231-236をそれぞれ「園地の所有者」と記載している．これは園地農を指すであろう．序文冒頭は義務者全体を総括して，「リンバッハ村，ケーテンスドルフ村とケンドラー村の園地農と小屋住農」と記しているけれども，園地所有者すなわち園地農に該当する義務者は，205と231-236以外にいないからである．ただし，これらの一連番号の義務者に関連して，協定第1条は「[ケーテンスドルフ村の] 村有地小屋住農，193-230」および「ケンドラー村の小屋住農，231-241」と概括していて，園地農を含ませていない．これは誤記であろう．さらに，協定序文 (1) (b) は20-64をリンバッハ村の「その他の小屋住農」に一括しているが，その中の64は製粉水車である．この64を私は水車屋として区別したい．

1) GK, Nr. 1659. なお，本表冒頭のリンバッハ村の最初には区分記号がないけれども，次項 (b) などと対応させて，(a) を補った．

(2) 義務者各人の賦役と償却地代額

全国委員会文書，第1659号は，P. ザイデルが翻刻した償却協定第1の第4条第1段落と第2段落の間に，多くの具体的な事実を列挙している．表2-2-1の義務者全員の姓名・不動産の他に，義務者各人の賦役の種類・数量，各賦役の償却地代額，さらに，地代銀行委託額，地代端数，償却地代合計額である．表2-2-2は，それを一連番号順に整理したものである．表示は村別とし，村内の地区は考慮しない．地代銀行委託額と地代端数（3AP以下）は省略した．各行の義務・地代と地代計は各義務者のそれである．1個の一連番号の下に2種の不動産とそれぞれの償却地代とが記録されている場合（一連番号231）には，両者の合計額を〈 〉 に表示した．なお，78-79ページは本協定第4条の最初の4ページを示している．

78

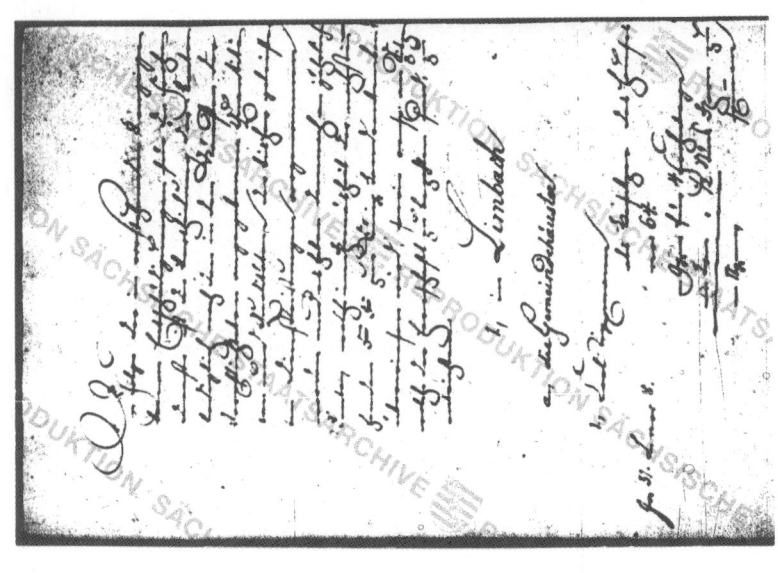

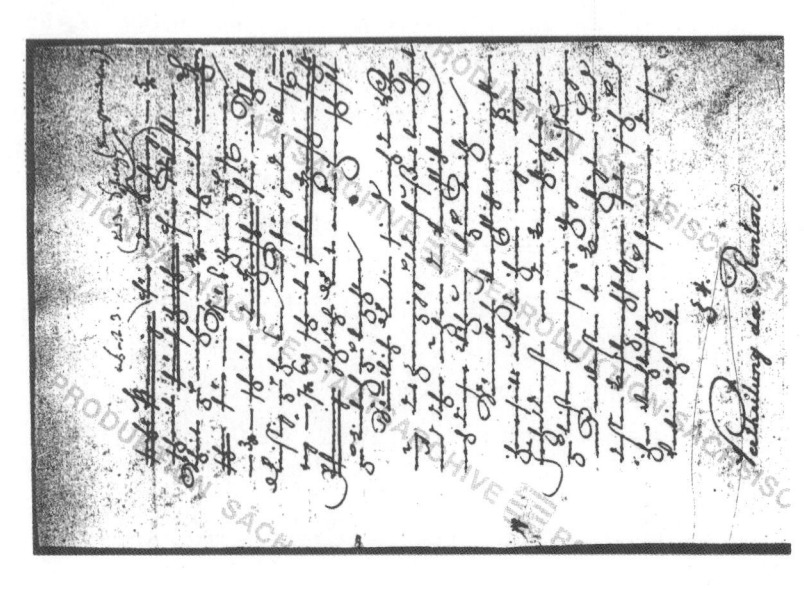

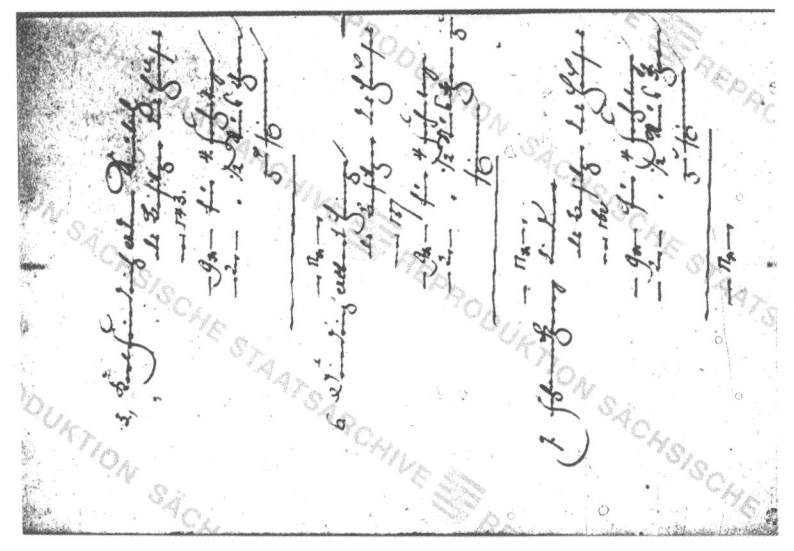

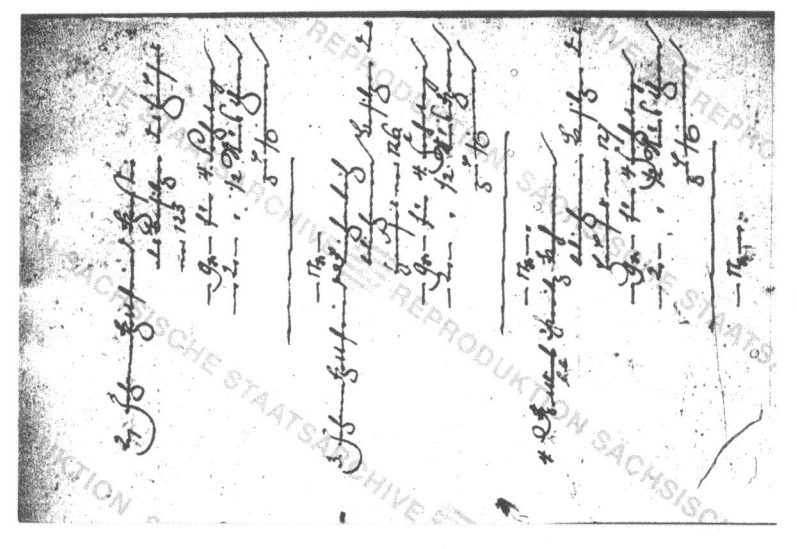

第2章　騎士領リンバッハ（西ザクセン）における封建地代の償却　79

同第4ページ

同第3ページ

表2-2-2　義務者各人の賦役と償却地代額

(1) リンバッハ村

[1-12, 14-17, 19, 53, 60] 賦役（あるいは御館賦役[1)]) 4日9AG, $\frac{1}{2}$巻の紡糸2AG. 地代計11AG

[13] 大鎌刈り取り2日6AG, $\frac{1}{2}$巻の紡糸2AG, 掻き寄せ4日10AG. 地代計18AG

[18] 御館賦役1日と紡糸. 地代計6AG.

[20-22] 大鎌刈り取り2日6AG, 掻き寄せ3日7AG6AP, $\frac{1}{2}$巻の紡糸2AG. 地代計15AG6AP

[23] 大鎌刈り取り3日9AG, 掻き寄せ9日21AG3AP, 1巻の紡糸4AG. 地代計1AT10AG3AP

[24] 大鎌刈り取り2日6AG, 刈り取り[2)]1日2AG3AP, 掻き寄せ4日10AG, 1尋の割木作り5AG, 1巻の紡糸4AG. 地代計1AT3AG3AP

[25] 大鎌刈り取り4日12AG, 掻き寄せ8日19AG, 1尋の割木作り5AG, 1巻の紡糸4AG. 地代計1AT16AG

[26] 刈り取り[2)]1日2AG3AP, 大鎌刈り取り3日9AG, 掻き寄せ4日10AG, 1尋の割木作り5AG, 1巻の紡糸4AG. 地代計1AT6AG3AP

[27] 大鎌刈り取り3日9AG, 刈り取り3日と結束1日10AG, 1尋の割木作り5AG, 掻き寄せ2日4AG6AP, 1巻の紡糸4AG. 地代計1AT8AG6AP

[28] 大鎌刈り取り3日9AG, 掻き寄せと肥料荷役4日10AG, 結束とパン穀物刈り取り3日6AG9AP, 1尋の割木作り5AG, 2ショックの柴細断6AG, 1巻の紡糸4AG. 地代計1AT16AG9AP

[29, 43, 51, 52, 54, 58] 大鎌刈り取り2日6AG, 掻き寄せ2日5AG, $\frac{1}{2}$巻の紡糸2AG. 地代計13AG

[30] 大鎌刈り取り3日9AG, 掻き寄せ7日11AG9AP, 1尋の割木作り5AG, 1ショックの柴細断3AG. 地代計1AT4AG9AP

[31] 大鎌刈り取り3日9AG, 掻き寄せ4日10AG, 掻き寄せ3日と刈り取り1日9AG, 1尋の割木作り5AG, 1巻の紡糸4AG, 1ショックの柴細断3AG. 地代計1AT16AG

[32] 掻き寄せ4日10AG, 掻き寄せと刈り取り4日9AG, 大鎌刈り取り3日9AG, 1ショックの柴細断3AG, 1尋の割木作り5AG, 1巻の紡糸4AG. 地代計1AT16AG

[33] 大鎌刈り取り4日12AG, 掻き寄せ8日19AG, 1尋の割木作り5AG, 1ショックの柴細断3AG, 1巻の紡糸4AG. 地代計1AT19AG

[34, 44] 大鎌刈り取り2日6AG, 掻き寄せ2日5AG, 1巻の紡糸4AG. 地代計15AG

[35] 大鎌刈り取り3日9AG, 掻き寄せ4日10AG, 刈り取り・結束・肥料散布4日9AG, 1尋の割木作り5AG, 1巻の紡糸4AG. 地代計1AT13AG

[36] 大鎌刈り取り3日9AG, 掻き寄せ4日10AG, 掻き寄せ4日と刈り取り1日11AG3AP, 1巻の紡糸4AG. 地代計1AT10AG3AP

[37] 大鎌刈り取り5日15AG, 掻き寄せ7日17AG6AP, 1尋の割木作り5AG, 1巻の紡

糸4AG．地代計1AT17AG6AP
[38] 大鎌刈り取り2日6AG，掻き寄せ4日10AG，刈り取り2日4AG6AP，1尋の割木作り5AG，1巻の紡糸4AG．地代計1AT5AG6AP
[39] 大鎌刈り取り3日9AG，刈り取り2日4AG6AP，掻き寄せ4日10AG，1尋の割木作り5AG，1巻の紡糸4AG．地代計1AT8AG6AP
[40] 大鎌刈り取り4日12AG，掻き寄せ4日10AG，1巻の紡糸4AG，1尋の割木作り5AG．地代計1AT7AG
[41] 1巻の紡糸4AG，1尋の割木作り5AG，大鎌刈り取り2日6AG，掻き寄せと刈り取り4日10AG，結束1日2AG3AP．地代計1AT3AG3AP
[42] 大鎌刈り取り1日3AG，刈り取り2日4AG6AP，掻き寄せ4日10AG，結束1日2AG3AP，1尋の割木作り5AG，1巻の紡糸4AG．地代計1AT4AG9AP
[45] 納屋賦役と紡糸．地代計12AG
[46] 掻き寄せ4日10AG，刈り取り4日9AG，1尋の割木作り5AG．地代計1AT
[47] 掻き寄せ7日．地代16AG9AP
[48] 大鎌刈り取り1日3AG，掻き寄せ1日2AG6AP，1巻の紡糸4AG．地代計9AG6AP
[49] 掻き寄せ3日7AG6AP，1巻の紡糸4AG．地代計11AG6AP
[50, 55, 59] 大鎌刈り取り1日3AG，掻き寄せ2日5AG，$\frac{1}{2}$巻の紡糸2AG．地代計10AG
[56] 大鎌刈り取り3日．地代9AG
[57] 掻き寄せ6日14AG6AP，$\frac{1}{2}$巻の紡糸2AG．地代計16AG6AP
[61] すべての御館賦役．地代2AT
[62] 大鎌刈り取り1日3AG，掻き寄せ3日7AG6AP，刈り取り2日4AG9AP，結束1日2AG3AP，1巻の紡糸4AG．地代計21AG6AP
[63] 大鎌刈り取り2日6AG，掻き寄せ3日7AG6AP，$\frac{1}{2}$巻の紡糸2AG．地代計15AG6AP
[64] 第1条に記された，すべての御館地代．（地代計）16AT
[65-69] 大鎌刈り取り2日6AG，掻き寄せ2日5AG，紡糸6AG．地代計17AG
[70-75, 79-83, 86, 87, 89, 92, 94, 97, 124, 125, 132-134, 137] 賦役3日と紡糸．地代計15AG
[76-78, 84, 85, 88, 90, 91, 93, 95, 96, 98-123, 126-131, 135, 136] 賦役3日と紡糸．地代計16AG
[138-155] 賦役（あるいは御館賦役[3]）6日と紡糸．地代計21AG
　(2) ケーテンスドルフ村
[156-192] 賦役・紡糸・薪作り[4]．地代計19AG
[193-196, 198-203, 206-208, 210-230] 大鎌刈り取り2日6AG，掻き寄せ2日4AG，$\frac{1}{2}$巻の紡糸1AG6AP．地代計11AG6AP

[197, 209] 大鎌刈り取り2日6AG, 掻き寄せ3日6AG, $\frac{1}{2}$巻の紡糸1AG6AP. 地代計13AG6AP

[204] 大鎌刈り取り3日9AG, 掻き寄せ4日8AG, $\frac{1}{2}$巻の紡糸1AG6AP. 地代計18AG6AP

[205] 大鎌刈り取り4日12AG, 掻き寄せ6日12AG, $\frac{1}{2}$巻の紡糸1AG6AP. 地代計1AT1AG6AP

(3) ケンドラー村

[231] (a) 大鎌刈り取り1日3AG, 刈り取りと掻き寄せ各1日5AG, 1尋の割木作り5AG, 1巻の紡糸4AG, 連畜賦役4日1AT6AG. 地代計1AT23AG. (b) 大鎌刈り取り1日3AG, 1尋の割木作り5AG. 地代計8AG〈地代合計2AT7AG〉

[232] 刈り取りと掻き寄せ各1日5AG, 2ショックの柴細断6AG, 1巻の紡糸4AG, 連畜賦役8日2AT12AG. 地代計3AT3AG

[233] 大鎌刈り取り2日6AG, 刈り取りと掻き寄せ2日5AG, 1尋の割木作り5AG, 1巻の紡糸4AG, 1ショックの柴細断3AG, 連畜賦役8日2AT12AG. 地代計3AT11AG

[234] 大鎌刈り取り1日3AG, 刈り取りと掻き寄せ2日5AG, 1尋の割木作り5AG, 2ショックの柴細断6AG, 1巻の紡糸4AG, 連畜賦役8日2AT12AG. 地代計3AT11AG

[235] 大鎌刈り取り1日3AG, パン穀物刈り取り2日と掻き寄せ1日7AG6AP, 1尋の割木作り5AG, 2ショックの柴細断6AG, 1巻の紡糸4AG, 連畜賦役8日2AT12AG. 地代計3AT13AG6AP

[236] 大鎌刈り取り1日3AG, 刈り取り1日2AG6AP, 1尋の割木作り5AG, 1巻の紡糸4AG, 連畜賦役8日2AT12AG. 地代計3AT2AG6AP

[237] 大鎌刈り取り2日6AG, 刈り取り[2] 1日2AG3AP, 掻き寄せ4日10AG, 1尋の割木作り5AG, 1巻の紡糸4AG. 地代計1AT3AG3AP

[238] 刈り取り[3] 1日2AG3AP, 大鎌刈り取り3日9AG, 掻き寄せ4日10AG, 1尋の割木作り5AG, 1巻の紡糸4AG. 地代計1AT6AG3AP

[239] 大鎌刈り取り3日9AG, 掻き寄せ4日10AG, 刈り取り1日2AG3AP, 1尋の割木作り5AG, $\frac{1}{2}$ショックの柴細断1AG6AP, 1巻の紡糸4AG. 地代計1AT7AG9AP

[240] 大鎌刈り取り2日6AG, 掻き寄せ2日5AG, $\frac{1}{2}$巻の紡糸2AG. 地代計13AG

[241] 御館賦役4日9AG, $\frac{1}{2}$巻の紡糸2AG. 地代計11AG

1) 一連番号53では御館賦役, 他では単に賦役である.
2) 一連番号24と26の「刈り取り」はパン穀物刈り取りと記されている.
3) そのうち138-139, 144-147では御館賦役である.
4) これらの賦役の原語はFrohntageとFrohndiensteである. また, 171については, 原文ではdie Frohntage, das Spinnen undとのみ記されているけれども, 最後にHolzmachenの文字

が脱落したのであろう．171の地代は，その前後で賦役を同じくする義務者の地代と同額であるからである．

(3) 特別委員会による字句の修正

P. ザイデルが記述したように，この協定は1839年6月21日にリンバッハ村で作成された．そして，この協定の字句の修正，確認，署名の作業が特別委員会によって翌日から幾度も行われた．多くの論点を含む，1840年2月24日の記録のみを以下に紹介する．

　1839年11月20日と1840年1月31日のお上（＝全国委員会）の指令に従って，…［騎士領領主］（リンバッハ村）と同地［リンバッハ村］，ケーテンスドルフ村およびケンドラー村の小屋住農との間で結ばれた賦役償却契約，および，それに関して起草された協定について，ここにある記録を用いて，以下が補遺として記入される．第5条と第3条に述べられた賦役関係と評価額は，協定中の関係者の順序およびその後のいくつかの契約額と一致しないので，お上の命令によって以下の訂正がなされるべきである．
(a) 第1条8行目の「［一連番号］5-19に挙げられた，リンバッハ村の村有地小屋住農」は「1-12，14-17，19，53，60と241に挙げられた賦役義務者」とすべきである．すなわち，13と58に，また，53，60と241に挙げられた義務者の給付は，第4条から明らかなように，1-12，14-17と19に挙げられた，リンバッハの村有地小屋住農の給付と同じではない．
(b) 第1条11行目の「20-63」はお上の命令によって「13，18，20-52，54-59，61-63」とすべきである．すなわち，53と60に挙げられた義務者は，村有地小屋住農と同じように第4条に従って，賦役4日と$\frac{1}{2}$巻の紡糸を果たさねばならない．それに対して，18と61に挙げられた義務者は，賦役を，前者は紡糸も，果たさねばならない．［しかし，］両者は第4条によって，一括して協定した．したがって，彼らの賦役の細目が第4条に見出されるべきではない．
(c) 第1条16行目の語句，「結束」の後に語句，「納屋」が挿入されるべきである．義務者の一人は納屋賦役も果たさねばならないからである．
(d) 第1条下から14行目の「大鎌刈り取り2日と掻き寄せ2日」は，単に「大鎌刈り取りと掻き寄せ」とすべきである．すなわち，193-230の群に挙げられた村有地小屋住農の中の数人は，第4条によって大鎌刈り取りと掻き寄せを各2日よりも多く果たすのである．
(e) 第1条下から13行目の「241」は「240」であるべきである．すなわち，(a)で述べられたように，241に挙げられた家屋は，賦役4日と紡糸を果たす家屋の一つである．
(f) 第3条4行目の「1-19に挙げられた，リンバッハ村の村有地小屋住農」は，「1-12，

14-17, 19, 53, 60, 241 に挙げられた賦役義務者」とすべきである. これは, (a) で命令されたことと一致する.
(g) 第3条12行目の「20-63」は「13, 20-52, 54-60, 62, 63」とすべきである. すなわち, 13に挙げられた義務者は, 村有地小屋住農と同じように, 賦役を単に4日ではなく, 6日果たさねばならず, したがって, 後者ではなく, その他の小屋住農と一括されるべきである. それに対して, 53に挙げられた義務者は, その賦役の量において村有地小屋住農に相応する.
(h) 61に挙げられた義務者は, 18に挙げられた者と同じように, 総額について協定したので, 第3条で述べられている, これこれの賦役にこれこれを支払う, と誓約した者に相応しない.
(i) 第3条24行目の「241」は「240」とすべきである.
(k) 第3条下から25行目の語句, 「2AG6AP」の後に語句, 「掻き寄せ1日について」を［置くべきであり, さらに,］「また, 掻き寄せ1日と刈り取り1日について2AG3AP」を置くべきである. すなわち, 掻き寄せと刈り取りは, その量と大鎌刈り取りの量との比率によって2AG6APあるいは2AG3APと計算されている.
(l) 序文で, 88の保険番号が誤って54と記されているけれども, 56とされるべきである.
(m) 第4条204の保険番号が誤って25と記されているが, 26に訂正されるべきである.
リンバッハ村, ケーテンスドルフ村とケンドラー村の協定に関する, これらの訂正記録について, 全国委員会の命令によって, 事後的に認証された写本が作成された.
リンバッハ村にて1940年2月24日
［特別］委員J. フォルクマン博士

(4) 全国委員会による承認

本償却協定の最後に, 全国委員会による字句の訂正と協定の承認が記録されている.

ここにある, 1839年6月21日の協定の承認に先立って, そこに認められた, いくつかの誤記, その他の欠陥の訂正が必要であった. このために, 協定に対するこの補遺が, 特別委員会の文書に基づいて, 全国委員会において作成された.
(1) 序文の一連番号113［の名］はJ. ベンヤミンでなく, J. ベルンハルトとすべきである.
(2) 同所一連番号214の姓はテナーでなく, タナー (Tanner) とすべきである.
(3) 同所一連番号215の名, ゴットリープはゴットフリートに訂正されるべきである.
(4) 同所一連番号224はヨハン・ゲオルク・シャイベでなく, …ヨハネ・ゾフィー・シャイベとすべきである.
(5) 第1条冒頭2行目の数字, 141は241に取り替えられるべきである［これはザイデルの翻刻で既に訂正されている］. この条の内容が示すように, ［一方の契約当事者たる］当

騎士領に対して，他方の契約当事者全員が賦役給付の義務を負っていたからである．
(6) 第3条で，ケンドラー村の義務者が果たすべき賦役の評価額を挙げる際に，パン穀物刈り取り1日に対する2AG6APの評価額も挙げられるべきである．ケンドラー村のJ. A. イットナー，一連番号235は，第4条によってパン穀物刈り取り2日を果たすべきであるからである．
(7) 第4条では，一連番号52の［名］ゴットリープはゴットロープとすべきであり，「大鎌刈り取り」の文言の前に数字，「2［日］」が挿入されるべきである．ここで言及されたJ. ゴットロープ・ゾーレは，大鎌刈り取り2日の義務を実際に負っていたからである．
(8) 同所一連番号56の名ゴットリープは，正しいゴットロープに取り替えられるべきである．
(9) それに続く番号113［の名］ベンヤミンは，既に (1) で述べられたように，ベルンハルトに替えられるべきである．
(10) 同条一連番号138の［姓］ディーネゴットはディートリヒとされるべきである．
(11) 一連番号196では…リントナーの語句を省くべきである．
(12) 同条の一連番号205, 234と235で「家屋」と記載されている土地は，協定の他の部分と一致させて，「園地」と記されるべきである．
(13) 認証された協定写本に付けられた，1840年2月28日の記録 (i) において，「第3条24行目」の語句の後に，「末尾から」の語句が挿入されるべきである．

我々，全国委員会の主任と参事官はここに以下を証明する．騎士領リンバッハの所有者…とリンバッハ村，ケーテンスドルフ村およびケンドラー村のいくらかの住民，カルル・ティップマンおよび仲間たちとの間で，前年の6月21日，22日，25日，26日，7月3日，22日，10月7日，8日，9日，10日，12日，14日，30日，11月1日，今月10日に作成され，ここにある原本に含まれる償却協定を，それに本日付加された補遺とともに，我々が承認したことを．我々に提出された2部の中の1部は，我々の文書室に取って置かれる．云々
ドレースデン市にて1840年3月28日
全国委員会［主任］ノスティッツ

以上から，P. ザイデルの翻刻に欠けているものは，大まかに言えば，(1) 序文に関して義務者全員の姓名と，その所有する不動産，(2) 第4条について義務者各人の賦役の詳細とその償却地代額，(3) 特別委員会による字句の訂正と関係者の署名，(4) 全国委員会による文言の修正と協定の承認（1840年3月28日）である．(2) に関しては，P. ザイデルは義務者を群別にまとめ，賦役種類別の償却地代額を記したが，義務者各人の償却地代額を明示していない．さらに，(3) と (4) をP. ザイデルは無視している．しかし，(3) と (4) の語句修正[1]のあ

るものは全国委員会文書の本文で，そして，P. ザイデルの翻刻でも，既に訂正されている．ここで特に注目すべきは上記の (4) である．すべての償却協定は全国委員会の承認を得て初めて発効する，と32年償却法第261条が規定していた（第1章第2節 (1) 参照）にも拘わらず，それをP. ザイデルは記録していないからである．

なお，(1) に関連して，一連番号50と60，71と132，および，77と123は同一地区の同姓同名者であることを度外視しても，81と82，231と232，および，237と238は同一人と記載されている．また，13の不動産は2人の共有である．したがって，本協定の一連番号，義務者と不動産の関係は1対1対1ではないけれども，本協定の一連番号の最後が241であるから，私は義務者総数を便宜上，241人と見なす．なお，本協定自身もP. ザイデルも義務者総数を3村の住民241人と記している．

1) これほど多くの語句修正は，本書で検討される，他の償却協定では見られない．

(5) 賦役償却一時金の合計額

本償却協定は，さまざまな観点から分析されうるであろう．その中で私は，本協定における賦役種類別・村別償却地代・一時金合計額，および，地代銀行への委託額，の確定のみを調査する [1]．

賦役の小区分の仕方については本書第1章第4節 (6) を参照されたい．本協定に記載されている賦役の中で，「賦役」と「御館賦役」，さらに，納屋賦役も，私は手賦役と想定する．ただし，一連番号64の「御館賦役」は，第1条によれば，水車による賦役（これを水車賦役と呼ぶことにする．本協定では麦芽の粉砕と木板の切り出し）と紡糸を含み，賦役償却地代は16ATときわめて高額である．したがって，水車所有者のこの「御館賦役」，すなわち，彼の「水車賦役＋紡糸」だけは，本協定の通常の手賦役と連畜賦役には分類されえない，特殊な「御館賦役」と考えねばならない．

これらの想定に基づいて，義務者各人の賦役を，協定第4条の内容と照合させてみると，負担する賦役の種類によって，義務者は以下の3種に区分されうる．(A) 手賦役も連畜賦役も負担する義務者（園地農7人の中の6人），(B) 手賦役のみを負担する義務者（小屋住農全員と園地農1人），(C) 水車賦役＋紡

糸を負担する水車屋，である．なお，第1条には，一連番号231-241が一定の連畜賦役を果たす，と記されているけれども，第4条が具体的に連畜賦役を記載しているのは，その中の6人［231-236］だけである．これら6人は園地農であった．しかし，一連番号205の園地農のみは手賦役しか義務づけられていなかった．

　表2-2-2の償却地代から償却一時金額を賦役種類別・村別に集計してみる．それが表2-2-3である．村名の次の（ ）は義務者の階層と合計人数であり，各行最後の｛ ｝の数字は償却一時金概算額である．

表2-2-3　償却地代・償却一時金の賦役種類別・村別合計額
(1) 賦役
　①連畜賦役
　　(iii) ケンドラー村（園地農6人）13AT18AG ｛343AT18AG ≒ 353NT9NG ≒ 353NT｝
　②手賦役
　　(i) リンバッハ村（小屋住農154人）114AT17AG3AP ≒ 114AT17AG ｛2,867AT17AG ≒ 2,947NT9NG ≒ 2,947NT｝
　　(ii) ケーテンスドルフ村（園地農1人と小屋住農74人，計75人）51AT9AG ｛1,284AT9AG ≒ 1,320NT｝
　　(iii) ケンドラー村（園地農6人と小屋住農5人，計11人）9AT23AG3AP ≒ 9AT23AG ｛248AT23AG ≒ 255NT25NG ≒ 255NT｝
　　(iv) 手賦役計（3村；園地農7人と小屋住農233人，計240人）｛4,522NT｝
　③水車賦役＋手賦役
　　(i) リンバッハ村（水車屋1人）16AT ｛400AT ≒ 411NT3NG ≒ 411NT｝
　④賦役計
　　(i) リンバッハ村（小屋住農154人と水車屋1人，計155人）｛3,358NT｝
　　(ii) ケーテンスドルフ村（園地農1人と小屋住農74人，計75人）｛1,320NT｝
　　(iii) ケンドラー村（園地農6人と小屋住農5人，計11人）｛608NT｝
　　(iv) 3村計（園地農7人，小屋住農233人と水車屋1人，計241人）｛5,286NT｝

　なお，厳密に言えば，手賦役の償却地代合計額は，本表の③「水車賦役＋手賦役」の中の手賦役の償却地代額に②(iv)を加算したものでなければならない．しかし，本協定第4条は，水車屋64が賦課されていた，紡糸の償却地代額と水車賦役のそれとを分離せず，一括して示している．そのために，本表の③は水車屋

の賦役全体の償却地代額を表示している．もちろん，水車屋が紡ぐべき糸の量は明記されていないけれども，第4条の他の義務者の紡糸量・償却地代から類推して，水車屋に関しても紡糸賦役の償却地代額は小さく，③の大部分は水車賦役のそれであろう．

　本協定が対象とした，3村の賦役3種類（連畜賦役，手賦役，水車賦役）の償却一時金合計額は，表2-2-3の④(iv)に示されているように，義務者241人から5,286NTであった．そして，そのすべては地代銀行に委託された．地代銀行に委託されえない地代端数は，1人につき最大で3APにすぎないから，無視できよう．

1) この観点から見ると，本協定本文の後に書き記された，特別委員会による修正と全国委員会による補正，すなわち，本節の (3) と (4) は，償却地代額を変更するものではなかった．したがって，それによって償却一時金額は変動しない．

第3節　全国委員会文書第1660号

(1) 義務者全員の姓名と不動産

　P. ザイデルが紹介した，第2の地代償却協定は，全国委員会文書から見ると，第1660号，「ケムニッツ市近郊の騎士領リンバッハとオーバーフローナ村，ミッテルフローナ村，モースドルフ村，ブロインスドルフ村，ブルカースドルフ村およびゲッパースドルフ村の住民との間の，1839年6月20日／1840年3月28日の賦役・[現物] 貢租償却協定[1]」である．

　本章第2節の協定と同じように，P. ザイデルは本協定の序文から義務者の村別総数（6村100人）を示しただけであり，第4条に関しては義務者各人の賦役・[現物] 貢租の詳細とその償却地代額を省略している．そこで，まず，本協定序文に記された義務者全員の姓名と不動産[2]を，第4条を参考にしつつ，一連番号順に紹介する．

表 2-3-1　義務者全員の姓名と不動産

(1) オーバーフローナ村
[1] Johann Gottfried Dietrich（園地）
[2] Johann Samuel Sonntag（園地）
[3] Johann Gottfried Berger（園地）
[4] Johann Gottfried Grobe（園地）
[5] Carl Gottlob Kluge（家屋）
[6] Johann Gottlob Frischmann（家屋）
[7] Carl Friedrich Horn（家屋）
[8] Johann Gottlieb Eichler（家屋）
[9] Benjamin Heil（家屋）
[10] Johann Gottlieb Heinig（園地）
[11] Christian Gottfried Gränz（家屋）
[12] Friedrich Ferdinand Pester（家屋）
[13] Johann Gottlieb Bräutigam（家屋）
[14] Johann David Martin（家屋）
[15] Johann Michael Heinig（家屋）
[16] Ernst Gottlob Landgraf（家屋）
[17] Johann Gottlieb Bley（家屋）
[18] Johann Gottlob Kühnert（家屋）
[19] Johann August Neuhaus（家屋）
[20] Friedrich Gottlob Lippmann（製粉水車）
[21] Johann Gottfried Vettermann（家屋）
[22] Christian Hofmann（家屋）
[23] Johann Samuel Winkler（家屋）
[24] Christoph Hahn（家屋）
[25] Christian Gottlieb Clauß（家屋）
[26] Johanne Dorothee Fürst（家屋）
[27] Johann Gottlob Roscher（家屋）
[28] Johanne Sophie Polster（家屋）
[29] Christian Friedrich Schülze（家屋）
[30] Johann Gottfried Irmscher（家屋）
[31] Johann Gottfried Müller（家屋）
[32] Johann Gottlieb Lange（家屋）
[33] Johann August Steinert（園地）
[34] Carl Gottlob Naumann（園地）
[35] Carl Gottlob Grobe（家屋）
[36] Johann Gottlob Präger（家屋）
[37] Gotthold Ludewig（家屋）
[38] Carl Gottlob Polster（家屋）
[39] Christian Friedrich Kretzschmar（家屋）
[40] Carl Friedrich Lindner（家屋）
[41] Carl Heinrich Steinert（家屋）
[42] Carl Gottlieb Fischer（家屋）
[43] Johann George Eckert（家屋）
[44] Johann Gottlieb Kühnrich（家屋）
[45] Carl Friedrich Schlegel（家屋）
[46] Carl Traugott Friedrich Weiß（家屋）
[47] Carl August Schneider（家屋）
[48] Johann Gottlieb Götze（家屋）
[49] Carl Gottlob Clauß（家屋）
[50] Johann Samuel Grobe（家屋）
[51] Johann Gottlieb Grobe（家屋）
[52] Johann Gottfried Kühnert（家屋）
[53] Carl Heinrich Schulze（家屋）
[54] Amalie Michaelis（園地と宿屋）
[55] Johann Gottlieb Grobe（家屋）

(2) ミッテルフローナ村
[56] Samuel Friedrich Landgraf（1フーフェ農地）
[57] Christian Friedrich Heinzig（$\frac{3}{4}$フーフェ農地）
[58] August Richter（$\frac{1}{2}$フーフェ農地）
[59] Johann Gottfried Schönfeld（$\frac{1}{2}$フーフェ農地）
[60] Johann Gottlieb Heilmann（$\frac{1}{2}$フーフェ農地）
[61] Salomo Friedrich Pester（$\frac{3}{4}$フーフェ農地）

[62] Gottlieb Landgraf ($\frac{1}{4}$フーフェ農地)
[63] Gottlieb Köthe ($\frac{1}{4}$フーフェ農地)
[64] Eva Sofine Heilmann ($\frac{2}{4}$フーフェ農地)
[65] Johann Gottfried Steiner（園地）
[66] Johann Michael Zeißler ($\frac{1}{2}$フーフェ農地)
[67] Johann Gottlieb Martin（家屋）
[68] Johann David Winkler（家屋）
[69] Samuel Friedrich Kluge（家屋）
[70] Johann Gottfried Müller（家屋）
[71] Johann Gottlieb Schuhmann（家屋）
[72] Johann Gottlieb Heilmann（家屋）
[73] Johann Gottfried Heilmann（家屋）
[74] Johann Michael Heinzig（家屋）
[75] Johann Gottfried Viehweg（家屋）
[76] Marie Rosine Berger（家屋）
[77] Johann Gottlieb Landgraf（家屋）
[78] Karl Friedrich Grobe（家屋）
[79] Gottfried Fiedler（家屋）
[80] Johann Samuel Kühnert（家屋）
[81] Heinrich Ludwig Zschocke（家屋）
[82] Johanne Christiane Heil（家屋）
[83] Johann Karl Rupf（家屋）
[84] Hanne Christiane Müller（家屋）
[85] Johann Gottlieb Puschart（家屋）
[86] Karl Friedrich Fürst（家屋）
[87] Johann Samuel Friedrich Türpe（家屋）
[88] Johann Gottlieb Köthe（家屋）
[89] Johann Gottfried Fritzsche（家屋）

(3) モースドルフ村

[90] Ehrenfried Knorr ($\frac{1}{2}$フーフェ農地)

(4) ブロインスドルフ村

[91] Johann Gottfried Fiedler（家屋）
[92] Johann Samuel Ittner（園地）
[93] Johanne Christiane Heinzig（家屋）
[94] Johanne Rosine Lindner（家屋）
[95] Marie Rosine Kinder（園地）
[96] Johann Gottlieb Lösch（家屋）
[97] Gottfried Bretschneider（家屋）

(5) ブルカースドルフ村

[98] Johann Samuel Kühn ($\frac{3}{4}$フーフェ農地)
[99] Johann August Hoppe（園地）

(6) ゲッパースドルフ村

[100] Johann Samuel Zacharias（水車の土地）

　本協定の一連番号51と55は，同一村落内の同姓同名者であるけれども，同一人とは記載されていない．そこで，最後が100であるので，本協定の義務者を6村の100人と私は想定する．なお，1個の一連番号の下に2個の不動産（園地と宿屋）を所有している54は，園地所有者と見なすことにする．次表が示すように，この不動産の償却地代は同村の園地農，1-4などより小さいからである．

1)　GK, Nr. 1660. ——本協定第4条の最初の2ページは松尾，「リンバッハ」，(3), p. 133に示されている．

2) 一連番号56の不動産は，1フーフェ農地と記される場合と，単に馬所有フーフェ農地と記される場合とがあるけれども，本節では1フーフェ農地とした．

(2) 義務者各人の義務と償却地代・一時金額

　P. ザイデルはこの償却協定の第4条については1段落だけを紹介している．その段落の後に本協定は，義務者各人の賦役・現物貢租の詳細と償却地代額（場合によっては，地代銀行委託額＋地代端数）ないし償却一時金額を一連番号順に記載している．表2-3-2は，上記の記載から地代銀行委託額と地代端数を省略し，賦役・現物賃租の種類と数量，償却地代額（本表で地代と表記）ないし償却一時金額（本表で一時金）を一連番号順に整理したものである．

　　　　表2-3-2　義務者各人の義務と償却地代・一時金額
　(1) オーバーフローナ村
[1，2，4，10，15，16，33，34] 大鎌刈り取り2日6AG，掻き寄せ3日7AG6AP，$\frac{1}{2}$巻の紡糸2AG．地代計15AG6AP
[3，6，8，9，12-14，19，20，24，25，28，32，36] 大鎌刈り取り2日6AG，掻き寄せ2日5AG，$\frac{1}{2}$巻の紡糸2AG．地代計13AG
[5，17，18，27，29-31，35，39，41，43] 大鎌刈り取り1日3AG，掻き寄せ2日5AG，$\frac{1}{2}$巻の紡糸2AG．地代計10AG
[7，11，21-23，26] 大鎌刈り取り1日3AG，掻き寄せ3日7AG6AP，$\frac{1}{2}$巻の紡糸2AG．地代計12AG6AP
[37] $\frac{1}{2}$巻の紡糸．地代2AG
[38，40，44-47] 大鎌刈り取り1日2AG，掻き寄せ2日3AG4AP，$\frac{1}{2}$巻の紡糸1AG4AP．地代計6AG8AP
[42] 大鎌刈り取り1日2AG，掻き寄せ1日1AG8AP，$\frac{1}{2}$巻の紡糸1AG4AP．地代計5AG
[48-53] 大鎌刈り取り1日2AG，$\frac{1}{2}$巻の紡糸1AG4AP．地代計3AG4AP
[54] 大鎌刈り取り1日3AG，掻き寄せ2日5AG．地代計8AG
[55] 御館賦役3日．地代6AG
　(2) ミッテルフローナ村
[56] 9ペーニヒ・シェッフェル[1]の燕麦貢租　地代14AT10AG4AP
[57] 4ペーニヒ・シェッフェルの燕麦貢租　地代6AT10AG
[58] 4ペーニヒ・シェッフェル3ジップマース[1]の燕麦貢租　地代7AT14AG8AP
[59] 2ペーニヒ・ジップマースと1［ジップ］マース（?）の燕麦貢租　地代計22AG

[60] $\frac{1}{4}$ペーニヒ・シェッフェルの燕麦貢租 地代2AT
[61] 2ペーニヒ・シェッフェル2$\frac{1}{2}$ジップマースの燕麦貢租 地代4AT5AG
[62] $\frac{1}{2}$ペーニヒ・シェッフェル1［ジップ］マース（?）の燕麦貢租 地代22AG
[63] 1ドレースデン・シェッフェル[1)]の燕麦貢租 地代22AG
[64] 2ペーニヒ・シェッフェル3ジップマース2ネーゼル[1)]の燕麦貢租 地代4AT12AG4AP
[65] $\frac{1}{2}$ペーニヒ・シェッフェルの燕麦貢租 ［貢租の地代］19AG；大鎌刈り取り2日6AG，掻き寄せ2日5AG，$\frac{1}{2}$巻の紡糸2AG．［賦役の地代計］13AG．地代合計1AT8AG
[66] 2ペーニヒ・シェッフェル3ジップ［マース］の燕麦貢租 地代4AT9AG8AP
[67, 69, 76, 80] 大鎌刈り取り2日6AG，掻き寄せ2日5AG，$\frac{1}{2}$巻の紡糸2AG．地代計13AG
[68, 73, 74, 77-79, 82, 84] 大鎌刈り取り1日3AG，掻き寄せ2日4AG9AP，$\frac{1}{2}$巻の紡糸2AG．地代計9AG9AP
[70, 71, 75, 83] 大鎌刈り取り3日9AG，$\frac{1}{2}$巻の紡糸2AG．地代計11AG
[72, 85] $\frac{1}{2}$巻の紡糸．地代2AG
[81] 大鎌刈り取り2日6AG，掻き寄せ3日7AG3AP，$\frac{1}{2}$巻の紡糸2AG．地代計15AG3AP
[86-89] 大鎌刈り取り1日3AG，掻き寄せ1日2AG6AP，$\frac{1}{2}$巻の紡糸2AG．地代計7AG6AP

　(3) モースドルフ村
[90] 1ペーニヒ・シェッフェルのパン穀物貢租と1ペーニヒ・シェッフェルの燕麦貢租 地代計5AT2AG4AP

　(4) ブロインスドルフ村
[91, 92, 94] 大鎌刈り取り2日，掻き寄せ2日，紡糸．地代計13AG[2)]
[93, 95-97] 大鎌刈り取り2日，掻き寄せ3日，紡糸．地代計15AG[3)]

　(5) ブルカースドルフ村
[98] 1$\frac{1}{2}$羽の鶏貢租 一時金4AT16AG6AP
[99] $\frac{1}{2}$羽の鶏貢租 一時金1AT13AG6AP

　(6) ゲッパースドルフ村
[100] 1羽の鶏貢租 一時金3AT3AG

　上の表に記された賦役は，一連番号55の「御館賦役」を含めて，すべて手賦役であったろう。

第2章　騎士領リンバッハ（西ザクセン）における封建地代の償却　93

1) ザクセン州立中央文書館の教示によれば，1ペーニヒ・シェッフェルは約730リットルであり，また，1［ジープ］マース［Sieb-］Maß（ジップマース Sippmaß）は約183リットルであり，さらに，1ネーゼル Nösel（ネーセル Nößel）は約0.5リットルであった．この1ペーニヒ・シェッフェルの分量は1ドレースデン・シェッフェル（約105リットル）の約7倍であった．
2) 一連番号91，92，94の賦役は大鎌刈り取り2日，掻き寄せ2日，紡糸であり，その償却地代額は各計13AGである．これは，一連番号3，6，などの賦役と同種であり，最初の2種の賦役の日数も同じであり，償却地代額合計も同一である．したがって，前者に示されていない賦役3種の評価額と紡糸量は，後者のそれと同一であろう．
3) 一連番号93，95-97では地代額合計が15AGと記録されているだけで，3種の賦役の償却地代額と紡糸量は記載されていない．この地代額合計は，賦役の種目と量（紡糸を除く）および償却地代額合計において，一連番号81のそれに非常に近い．

（3）賦役・現物貢租償却一時金の合計額

本償却協定は1839年6月20日に，ザイデルが述べているように，リンバッハ村で作成された．そして，全国委員会は前節の協定1659号と同じ日（1840年3月28日）に，主任ノスティッツの署名によって本協定を承認した．承認の文言は1659号のそれとほぼ同じであった．ただし，本協定本文と全国委員会の承認の文言との間には，前節の協定と同じように，一部は特別委員会による，一部は全国委員会による字句の訂正などが挿入されている．それらは，義務者の姓名，所有する不動産の名称と保険番号，義務の種類と数量などに関わる．そのいくらかは協定本文で既に加筆修正されている．しかし，それらは，私見では，義務者各人の償却地代額ないし償却一時金額を変更するものではなかった．そのために，それの紹介は省略する．

本協定は賦役と現物貢租を償却の対象とした．賦役はすべて手賦役であったろう．表2-3-2を基礎として，賦役・現物貢租額から償却地代・償却一時金の種目別・村別合計額を算出したものが，表2-3-3である．

　　表2-3-3　手賦役・現物貢租償却一時金の種目別・村別合計額
(1) 手賦役償却地代
　(i) オーバーフローナ村（園地農8人，小屋住農46人と水車屋1人，計55人）
　　　22AT20AG {570AT20AG ≒ 586NT19NG ≒ 586NT}
　(ii) ミッテルフローナ村（園地農1人と小屋住農23人，計24人）9AT20AG3AP ≒
　　　9AT20AG {245AT20AG ≒ 252NT18NG ≒ 252NT}

(iv)ブロインスドルフ村（園地農2人と小屋住農5人，計7人）4AT3AG {103AT3AG ≒ 105NT28NG ≒ 105NT}
(vii)手賦役地代計（3村；園地農11人，小屋住農74人と水車屋1人，計86人）{943NT}
(2) 現物貢租
① 償却地代
(ii)ミッテルフローナ村（フーフェ農10人と園地農1人，計11人）47AT3AG {1,178AT3AG ≒ 1,210NT24NG ≒ 1,210NT}
(iii)モースドルフ村（フーフェ農1人）5AT2AG4AP ≒ 5AT2AG {127AT2AG ≒ 130NT17NG ≒ 130NT}
(vii)計（2村；フーフェ農11人と園地農1人，計12人）{1,340NT}
② 償却一時金
(v)ブルカースドルフ村（フーフェ農1人と園地農1人，計2人）{6AT6AG ≒ 6NT12NG ≒ 6NT}
(vi)ゲッパースドルフ村（水車屋1人）{3AT3AG ≒ 3NT5NG ≒ 3NT}
(vii)計（2村；フーフェ農1人，園地農1人と水車屋1人，計3人）{9NT}
③ 現物貢租計（4村；フーフェ農12人，園地農2人と水車屋1人，計15人）{1,349NT}
(3) 6村計（フーフェ農12人，園地農12人，小屋住農74人と水車屋2人，計100人）{2,292NT}
うち，(ii)ミッテルフローナ村計（フーフェ農10人，園地農1人と小屋住農23人，計34人）{1,462NT}

　本協定が対象とした，手賦役・現物貢租償却一時金の合計額は，本表（3）計に示されているように，6村の義務者100人から2,292NTである．その中で，地代銀行に委託されず，一時金によって直ちに償還された部分は，(vi)村と(v)村の貢租のみであり，合計しても僅か9NTにすぎなかった．したがって，2,283NTは地代銀行に委託された．なお，手賦役と現物貢租とを同時に償却したのは，(ii)ミッテルフローナ村だけであったから，本表最終行に同村の合計額を追記した．また，一連番号65の園地農（ミッテルフローナ村）が手賦役と現物貢租とを同時に償却したために，本表（3）における園地農の合計人数は，(1)手賦役と（2）現物貢租の園地農の合計数よりも1だけ少なくなっている．両者の義務的村落の合計数が，前者の負担村数と後者のそれの和よりも1だけ小さいのも，そのためである．

第4節　全国委員会文書第8173号

(1) 義務者全員の姓名と不動産

　P. ザイデルが紹介した，第3の償却協定は，全国委員会文書から見ると，第8173号，「騎士領リンバッハとリンバッハ村，ケンドラー村およびケーテンスドルフ村の土地所有者との間の，1851年10月6日／12月31日の保有移転貢租償却協定[1]」である．

　本章第2節と第3節で検討した協定と同じように，P. ザイデルはこの協定についても保有移転貢租義務者の村別総数（3村63人）を示しただけである．しかし，本協定序文は村別・一連番号順に保有移転貢租義務者全員の姓名と不動産を記載している．第4条を参考にしつつ，それを判読したものが，表2-4-1である．なお，リンバッハ村の農民地についてだけは，本章第8節との関連で，不動産の後に保険番号を付記した．

表2-4-1　義務者全員の姓名と不動産

(1) リンバッハ村
[1] Ludwig Scherf（農民地〈12a〉）
[2] Johann Samuel Schönfeld（家屋）
[3] Friedrich August Naumann（家屋）
[4] Heinrich Gottlob Friedrich Winkler（家屋）
[5] Christian Friedrich Zimmerman（家屋）
[6] Friedrich August Naumann（耕地片）
[7] Christian Friedrich Schraps（家屋）
[8] Friedrich Wilhelm Landgraf（農民地〈30a〉）
[9] Johann Michael Hartig（農民地〈31〉）
[10] 同上（採草地・池）
[11] Friedrich Wilhelm Ehrhard（耕地片）
[12] Gottfried Hertzsch（農民地〈40〉）
[13] August Friedrich Lehmann（家屋）
[14] Christiane Amalie Seyffert（家屋）
[15] August Ferdinand Pester（家屋）
[16] Christian Friedrich Semmler（家屋）
[17] Gottlob Friedrich Horn（家屋）
[18] Heinrich Reinhold Thate（家屋）
[19] Carl Friedrich Adam Steinbach（家屋）
[20] Carl Gottlob Pester（家屋）
[21] Carl Friedrich Funke（家屋）
[22] Johann Hengsbach（家屋）
[23] Johann Christian Friebel（家屋）
[24] Johann Gottlieb Berthold（家屋）
[25] Johanne Marie Hößler（家屋）

[26] Johann Gottlob Müller（家屋）
[27] Johann Christian Friebel（家屋）
[28] Gottfried Moritz Harzdorf（家屋）
[29] Friedrich Wilhelm Ehrhard（家屋）
[30] Wilhelm Walther Uhlig（家屋）
[31] Carl Heinrich Herrmann Lindner（家屋）
[32] Carl Gottlob Pester（家屋）
[33] Christian August Fuchs（家屋）
[34] Dorothee Friedericke Schubert（家屋）
[35] Carl Wilhelm Moritz Bernhard（家屋）
[36] Johanne Rosine Türpe（家屋）
[37] Gottfried Schnabel（家屋）
[38] Gottlieb Winkler（農民地〈196b〉）
[39] Reinhold Schüßler（家屋）
[40] Carl Friedrich Pfüller（家屋）
[41] Gottlob David Türpe（家屋）
[42] Caroline Therese Nauman（耕地片・採草地・池）
[43] 同上（家屋）
[44] 同上（家屋）

（2）ケンドラー村
[45] Gottlob Friedrich Scherf（家屋）
[46] Carl Traugott Berthold（園地）

（3）ケーテンスドルフ村
[47] Carl Gottfried Türpe（採草地・林地）
[48] Christian Gottlob Kunze（農民地）
[49] Johann Gottlob David Unger（家屋）
[50] Christian Friedrich Pfau（家屋）
[51] Johann Joseph Irmscher（農民地）
[52] Christiane Friederike Meinig（家屋）
[53] Johann Gottlob Reuter（家屋）
[54] Johann Benjamin Lindner（家屋）
[55] Johann Gottlob Schaale（家屋）
[56] Johann August Nöbel（農民地）
[57] Johann Gottfried Otto（農民地）
[58] Johann Benjamin Irmscher（家屋）
[59] Johann Gottlob Wiesner（家屋）
[60] Adam Gottfried Schuman（家屋）
[61] Johanne Christiane Linke（家屋）
[62] Johanne Susanne Wolf（家屋）
[63] Johanne Sophie Türpe（家屋）

　本協定の一連番号9と10は同一人と明記されている．42，43と44も同様である．さらに，3と6，11と29，20と32，および，23と27は同一村落の同姓同名者である．しかし，一連番号の最後が63であるから，私は本協定の義務者を合計63人と見なす．

1) GK, Nr. 8173. ──協定署名集会議事録と全国委員会による承認の文章は省略する．なお，本協定第4条の最初の2ページは松尾，「リンバッハ」，(3), p. 139に示されている．

(2) 各人の保有移転貢租償却地代額・償却一時金額

　本協定第4条は，①権利者に支払われる償却一時金額，ないし，②地代銀行委託額と地代端数[1]を表示している．表2-4-2は，①ないし償却地代（②の両

者合計) を一連番号順に示したものである.

表2-4-2　義務者各人の保有移転貢租償却地代額・償却一時金額

(1) リンバッハ村	[22] 地代 1NT7NG9NP	(2) ケンドラー村
[1] 地代 3NT17NG4NP	[23] 地代 17NG7NP	[45] 地代 14NG6NP
[2] 一時金 8NT7NG5NP	[24] 地代 16NG7NP	[46] 地代 4NT
[3] 一時金 9NT5NG	[25] 地代 5NG	(3) ケーテンスドルフ村
[4] 一時金 3NT10NG	[26] 一時金 9NT22NG5NP	[47] 地代 2NG8NP
[5] 一時金 3NT20NG	[27] 地代 17NG3NP	[48] 地代 2NT2NG4NP
[6, 40] 一時金 20NG	[28] 地代 1NT6NG	[49] 地代 3NG7NP
[7] 地代 11NG5NP	[29] 地代 1NT19NG	[50] 一時金 6NT12NG5NP
[8] 地代 1NT23NG1NP	[30] 地代 13NG4NP	[51] 一時金 62NT25NG
[9] 地代 2NT17NG	[31] 地代 1NT4NG	[52] 一時金 3NT
[10] 地代 2NG9NP	[32] 地代 3NG5NP	[53] 地代 2NG
[11] 地代 1NG	[33] 地代 24NG3NP	[54] 地代 4NG4NP
[12] 地代 4NT5NG8NP	[34] 一時金 15NT	[55] 地代 3NG
[13] 地代 1NT2NG	[35] 地代 7NG3NP	[56] 一時金 46NT27NG5NP
[14] 地代 1NT22NG9NP	[36] 地代 26NG5NP	[57] 一時金 20NT25NG
[15] 地代 19NG6NP	[37] 地代 10NG7NP	[58] 一時金 3NT12NG5NP
[16] 地代 8NG5NP	[38] 一時金 16NT20NG	[59] 地代 2NG9NP
[17] 地代 12NG9NP	[39] 地代 11NG7NP	[60] 地代 5NG4NP
[18] 一時金 1NT15NG	[41] 地代 4NT	[61] 地代 2NG5NP
[19] 地代 4NG3NP	[42] 地代 29NG	[62] 一時金 1NT17NG5NP
[20] 地代 8NG3NP	[43] 地代 3NT27NG6NP	[63] 地代 1NG5NP
[21] 地代 5NG2NP	[44] 地代 2NT3NG4NP	

1) 地代のうち地代銀行委託額と地代端数は松尾,「リンバッハ」, (3), 表1 (pp. 138, 140-141) に表示してある.

(3) 保有移転貢租償却一時金の合計額

　本協定第3条の文言は, ザイデルが復刻した文章と若干異なるので, 以下に全文を私訳する.

　序文の1から63までに記された土地所有者は, 第2条に述べられた, [騎士領領主の権利] 放棄を受け入れる. 一連番号2-6, 18, 26, 34, 38, 40, 50, 52, 56-58と62の義務者は, 第

4条に各人別に記入された一時金を，協定承認の4週間後に，1850年1月1日から4%の利子を付けて，…［騎士領領主］に支払うことを誓約する．それに対して，その他の番号で記された者は，51を除いて，各人別に記入された地代を，地代銀行に委託し，残った端数を，協定承認の公式通知後4週間以内に25倍の金額の支払によって償還することを誓約する．［一連番号］51，J. J. イルムシャーは，彼が既に1847年に一時金62NT25NGの支払によって［義務を］償却した，と説明・証明し，それの登録のためにのみ，［本］協定に記録されることを希望した．

本協定は1851年10月6日に作成され，全国委員会［主任］シュピッツナーによって同年12月31日に承認された．特別委員会と全国委員会による文言修正箇所は紹介を省略する．

表2-4-3は，表2-4-2から①各人の保有移転貢租償却地代を村別に合計したうえで，それを償却一時金額に換算し，②償却一時金の村別合計額を求め，両者を合算して，表示したものである．

表2-4-3　村別保有移転貢租償却一時金合計額

(1) リンバッハ村
　①償却地代（農民5人，小屋住農26人，耕地片所有者2人と採草地所有者1人，計34人）38NT23NG6NP ≒ 38NT23NG {969NT20NG ≒ 969NT}
　②償却一時金（小屋住農9人と耕地片所有者1人，計10人）{68NT20NG ≒ 68NT}
　③計（農民5人，小屋住農35人，耕地片所有者3人と採草地所有者1人，計44人）{1,037NT}
(2) ケンドラー村
　①償却地代（園地農1人と小屋住農1人，計2人）4NT14NG6NP ≒ 4NT14NG {111NT20NG ≒ 111NT}
(3) ケーテンスドルフ村
　①償却地代（農民1人，小屋住農8人と採草地所有者1人，計10人）3NT-NG6NP ≒ 3NT-NG {75NT}
　②償却一時金（農民3人と小屋住農4人，計7人）{145NT}
　③計（農民4人，小屋住農12人と採草地所有者1人，計17人）{220NT}
(4) 3村計
　①地代（3村；農民6人，園地農1人，小屋住農35人，耕地片所有者2人と採草地所有者2人，計46人）{1,155NT}
　②一時金（2村；農民3人，小屋住農13人と耕地片所有者1人，計17人）{213NT}

③計（3村：農民9人，園地農1人，小屋住農48人，耕地片所有者3人と採草地所有者2人，計63人）｛1,368NT｝

本表（4）③によれば，本協定に基づく保有移転貢租償却一時金合計額は，3村の義務者63人から，1,368NTとなる．その中で，一時金によって償還された部分は，(1)村と(3)村からの合計，213NTである．したがって，1,155NTが地代銀行に委託された．このように，本協定においては，償却一時金合計額に占める一時金償還部分の比率が比較的高く，約16％に達している．

第5節　全国委員会文書第902号

(1) 賦役償却協定

既に本章第1節で見たように，P. ザイデルは当騎士領と領民との間の地代償却協定3編を紹介した．当騎士領の封建地代は，これら3協定，つまり，本章第2−第4節で検討した3協定によって，すべてが償却され，完全に消滅したのであろうか．全国委員会文書の地名索引簿を検索してみると，当騎士領に関連して，P. ザイデルが紹介していない償却協定が，さらに検出される．以下では，それらを承認年代順に取り上げていこう．

まず，全国委員会文書第902号がある．「ケムニッツ市近郊の騎士領リンバッハとニーダーフローナ村，ライヒェンブラント村，グリューナ村およびブロインスドルフ村の住民との間の，1837年5月31日／1838年10月5日の賦役償却協定[1]」である．この協定は，P. ザイデルの第1・第2の協定（本章第2節・第3節の協定）よりも早い時期に，リンバッハ村で締結され，全国委員会によって承認された償却協定である．

本協定の序文と本文は次のとおりである．

ニーダーフローナ村，ライヒェンブラント村とグリューナ村のいくらかの土地所有者によって当騎士領に給付されるべき，以下に詳記される建築賦役の償却について，特別に任命された特別委員会，すなわち，法律関係特別委員J. フォルクマン博士（ケムニッツ市の弁護士）と経済関係特別委員G. M. ペッチュ（ペーニヒ市の農業者）の協力の下に，問題の建築賦役に関して一方の被提議者と他方の提議者の間で結ばれた契約に基づいて，以下の協

定が作成されたことを…告示する．一方の被提議者は，…当騎士領の所有者…であり，他方の提議者は土地所有者（1-59）である．――これらの義務者全員の姓名と不動産は後出の表2-5-1に示される．

第1条　償却の対象．ニーダーフローナ村，ライヒェンブラント村とグリューナ村［の農民地］によって，また，ブロインスドルフ村の農民ヴィルヘルム・ハイルの［農民］地，保険番号1［一連番号59］によって従来給付されてきた，あるいは，給付されるべきであった，すべての建築賦役は，償却され，反対給付とともに消滅すべきである．それら［の賦役］は，1663年の世襲台帳――今ではその写本だけが残っている――に次のように記載されている．

リンバッハ村，オーバーフローナ村，ミッテルフローナ村，ケーテンスドルフ村，ニーダーフローナ村，グリューナ村とライヒェンブラント村の7村の馬所有農全員，および，ブロインスドルフ村のハンス・ヘーレ（Hanns Hehle）は，当騎士領とその付属建物全部に対して，特に，シュメルツィンク（Schmerzing）大尉［の建物］とその他の建物全部に対して，あの貴族の死者たちの墓所もそれに含まれるのであるが，馬と手による不確定建築賦役を［果たさ］ねばならない．また，彼らは彼らで秩序を保つ．

リンバッハ村とオーバーフローナ村の馬賦役農の各人は2頭の馬を［馬車に］繋ぎ，2枚の板を載せる．ミッテルフローナ村，ニーダーフローナ村，グリューナ村，ライヒェンブラント村とケーテンスドルフ村［の馬賦役農の各人］は2頭と2頭を一緒に，したがって，4頭の連畜を馬車に［繋ぎ］，4枚の板を載せる．そして，丸太，屋根板，板，床張り板，煉瓦，石灰，その他すべての材料を林地から，あるいは，他のどこからか運搬する．しかし，それは，十分な建築材が近くで安価に得られる場合には，2マイルの行程を超えない．［彼らは］また，他の一般の手賦役農と同じように，手賦役も果たさねばならない．手賦役には，騎士領領主に［属する］車軸によって，塵芥［と］廃物を運搬することが含まれる．塵芥が肥料として役立つ時は，馬所有農はそれを騎士領耕地に運ぶ．［また，］これら7村は全体として順番に水道管を手［賦役］によって維持し，それに必要なすべての運搬を果たし，泉と水槽を作り，維持し，清掃せねばならない．［さらに，］全領民のうち馬賦役農は，騎士領の建築に用いられる，すべての木材を製材所に運び，手賦役農は丸太を押し上げる．馬所有農は，それ［丸太］から切り出されたものを，再び御館に運ばねばならない．［建築賦役について］公正さが保たれ，ある者が他の者より重く課されないように，建築賦役を果たした日時と村に関する記録簿が，作成されるべきである．［記録簿は］また，順番に加わる者に，常に送付されるべきである．それ［賦役］が平等になり，瞞着が行われないためである．

第2条　反対給付．世襲台帳の内容と慣習によれば，ニーダーフローナ村，ライヒェンブラント村とグリューナ村の連畜賦役農と手賦役農のうち，連畜所有農には運搬1回について6［AP?］が，手賦役農には1日について3［AP?］が補償のために反対給付として今まで与えられてきた．

第3条　［権利者の権利］放棄．当騎士領の所有者は，本協定第4条に記され，彼が受け

入れた補償の受領と引き換えに，また，義務者が永久に断念した，第2条の反対給付の廃止と引き換えに，第1条に詳記された連畜賦役と手賦役を，自身とすべての後継［騎士］領所有者に関して，永久かつ最終的に放棄する．

第4条　賦役に対する補償．本協定序文に記された義務者・提議者，1-59は，第1条に記された賦役に対する，第3条に示された，騎士領領主の［権利］放棄を承諾する．そして，彼ら［馬賦役農］は，従来の義務の廃止に対する補償として，従来1年に平均して果たしてきた馬車1台について，8AGの地代を，各手賦役農は2AGの年地代を，あるいは，その25倍額の一時金を，支払う義務を負う．

当事者たちは次の点で一致した．すなわち，

(a) ニーダーフローナ村の賦役義務者，序文の1, 3-7, 9-12, 14, 16, 17, 19-22, 24は，提供してきた年平均合計8.5台の馬車に従って，合計して2AT20AGの年地代［あるいは］70AT20AGの一時金を支払う．
(b) ライヒェンブラント村とグリューナ村の賦役義務者，序文の29-58は，平均合計10台の馬車に従って，合計して3AT8AGの年地代あるいは83AT8AGの一時金を支払う．
(c) プロインスドルフ村の農民 W. ハイル［一連番号59］は単独で8AGの年地代あるいは8AT8AGの一時金を支払う．
(d) 手賦役だけを義務づけられた，ニーダーフローナ村の住民（氏名省略），保険番号2, 20, 32, 41, 46, 56, 62-65は各人2AGの年地代あるいは2AT2AGの一時金を支払う．
——ここに記載されている義務者を後の表2-5-2に基づいて一連番号で示すと，2, 8, 13, 15, 18, 23, 25-28である．——

この確約に権利者も同意し，満足した．さらに，手賦役を同時に果たすべき連畜所有農は，後者［手賦役］に対して特別には支払わず，それへの補償は上記の地代あるいは一時金に含まれていること，ニーダーフローナ村の上記賦役義務者に関しては，彼らが彼らの間で協定を結んだこと，彼らは，共同で1台の馬車に馬を繋ぐ限り，この馬車［の償却地代・一時金］を共同で均等に支払い，馬車$\frac{1}{2}$台だけを提供する者は，丸1台の馬車を提供する者の半分だけを支払うべきであること，が留意されねばならない．

第5条　補償支払の期日．義務者は権利者の承認の下で，1835年7月9日の協定締結の4週間後に，賦役の完全な償還のために誓約された一時金を支払うことを，明確に自身に義務づけた．そのために，上述の3村とハイル［59］の建築賦役は1835年8月9日以後は消滅した，と見なされるべきである．

第6条　費用．［償却事務の］費用は法律の規定のままであり，半分は騎士領領主によって，半分は義務者によって負担される．義務者の間では，まず村を見ると，その［償却］一時金に比例して，ニーダーフローナ村は，手賦役農を考慮して，義務者に割り当てられる費用の$\frac{11}{21}$を，ライヒェンブラント村とグリューナ村は合わせて$\frac{10}{21}$を支払う．ライヒェンブラント村とグリューナ村では，この$\frac{10}{21}$の負担についてフーフェ数に従って，すなわち，完全フーフェ農は8AGを，$\frac{1}{4}$フーフェ農は2AGを支払い，［それに対して］ニーダーフローナ村では，あの$\frac{11}{21}$について連畜所有農は各人同額を，手賦役農は連畜所有農の半分を支払う．

各方面の関係者は…この償却契約に一致し，満足した．…この償却協定は同文の2部が認証のために作成され，当事者たちによって署名された．この2部は全国委員会文書室とケムニッツ地代管区に保管されるべきである．認証された写しは，彼ら [当事者双方] にも引き渡される．

リンバッハ村にて 1837 年 5 月 31 日
騎士領領主の全権フリードリヒ・ダーニエル・フィッシャー[2)]
ヨハン・ゴットリープ・グレットナー[3)]

この後に続く，字句修正・協定署名などに関する部分は紹介を省略する．

最後に，この協定を 1838 年 10 月 5 日に全国委員会 [主任] ノスティッツが承認した，との趣旨の文章が記されている．

なお，この協定の提議者は義務者＝領民であり，被提議者は権利者＝騎士領領主であった．

1) GK, Nr. 902. ──本協定第 4 条の最初の 2 ページは松尾,「リンバッハ」, (4), p. 37 に示されている．
2) ここに騎士領領主の全権として署名した F. D. フィッシャーについて，本章第1節 (1)（注4）を参照．
3) この署名者 J. G. グレットナーは義務者代表と考えられる．彼の姓名は第 4 条 (d) でも同じである．これは序文における一連番号 28, J. G. レーベレヒト・グレットナーであろう．

(2) 償却一時金合計額

表 2-5-1 は，第 4 条を参考にしつつ，序文から義務者全員の姓名，不動産と保険番号を一連番号順に示す[1)]．

表 2-5-1 義務者全員の姓名と不動産

(1) ニーダーフローナ村
[1] Johann Michael Winkler（1 フーフェ農地〈1〉）
[2] Johann Gottfried Winkler（$\frac{1}{4}$ フーフェ農地〈2〉）
[3] Friedrich August Pester（$\frac{1}{2}$ フーフェ農地〈5〉）
[4] Johann Gottfried Merzendorf（$\frac{1}{2}$ フーフェ農地〈6〉）
[5] Johann Gottlieb Pester（$\frac{1}{2}$ フーフェ農地〈8〉）
[6] Hanne Rosine Pester（$\frac{3}{4}$ フーフェ農地〈10〉）
[7] Christian Gottfried Haupt（$\frac{1}{2}$ フーフェ農地〈17〉）
[8] Carl Gottlob Pester（$\frac{1}{4}$ フーフェ農地〈20〉）
[9] Johann Friedrich Winkler（フーフェ

[10] Johanne Rosine Unger ($\frac{1}{2}$フーフェ農地〈23〉)
[11] Gottlob Friedrich Winkler ($\frac{1}{2}$フーフェ農地〈25〉)
[12] August Graenzer (フーフェ農地〈27〉)
[13] Johann Gottfried Pester ($\frac{1}{4}$フーフェ農地〈32〉)
[14] August Meinigen ($\frac{1}{2}$フーフェ農地〈40〉)
[15] Johanne Sophie Steinbach ($\frac{1}{4}$フーフェ農地〈41〉)
[16] Christian Gottlieb Tirschmann ($\frac{1}{2}$フーフェ農地〈42〉)
[17] Johann Christian Gottfried Pester ($\frac{3}{4}$フーフェ農地〈44〉)
[18] Johann Christian Wetzel ($\frac{1}{4}$フーフェ農地〈46〉)
[19] Johann Gottfried Aurich ($\frac{3}{4}$フーフェ農地〈48〉)
[20] Johann Gottlob Richter ($\frac{1}{4}$フーフェ農地〈50〉)
[21] Johann Michael Goldhahn ($\frac{1}{2}$フーフェ農地〈52〉)
[22] Johann Gottfried Winkler (フーフェ農地〈55〉)
[23] Johann Gottfried Richter ($\frac{1}{4}$フーフェ農地〈56〉・フーフェ農地〈57〉)
[24] Johann Gottlieb Schreyer ($\frac{3}{4}$フーフェ農地〈59〉)
[25] Carl Friedrich Pester ($\frac{1}{4}$フーフェ農地〈62〉)
[26] Johann Gottfried Landgraf ($\frac{1}{4}$フーフェ農地〈63〉)
[27] Johann Gottfried Haupt ($\frac{1}{4}$フーフェ農地〈64〉)

[28] Johann Gottlieb Leberecht Gröttner ($\frac{3}{4}$フーフェ農地〈65〉)
(2) ライヒェンブラント村
[29] Carl Friedrich Neubert ($\frac{1}{2}$フーフェ農地〈38〉)
[30] Immanuel Friedrich Lindner ($\frac{1}{2}$フーフェ農地〈36〉)
[31] Carl Friedrich Türke ($\frac{1}{2}$フーフェ農地〈35〉)
[32] Immanuel Friedrich Lindner ($\frac{1}{2}$フーフェ農地〈32〉)
[33] Christian Gottlieb Ringleben ($\frac{1}{4}$フーフェ農地〈30〉)
[34] Daniel Friedrich Reichel ($\frac{1}{2}$フーフェ農地〈27〉)
[35] Carl August Weiss ($\frac{1}{2}$フーフェ農地〈26〉)
[36] Carl August Drechsler ($\frac{1}{2}$フーフェ農地〈24〉)
[37] Wilhelm Friedrich Türke ($\frac{1}{4}$フーフェ農地〈9〉)
[38] Traugott Friedrich Rögner ($\frac{1}{2}$フーフェ農地〈11〉)
(3) グリューナ村
[39] Carl Friedrich Müller ($\frac{1}{4}$フーフェ農地〈2〉)
[40] Carl Friedrich Grimm ($\frac{1}{4}$フーフェ農地〈13〉)
[41] Carl Gottlob Streubel ($\frac{1}{2}$フーフェ農地〈14〉)
[42] Johann Carl Friedrich Lindner ($\frac{1}{8}$フーフェ農地〈15〉)
[43] Johann Gotthelf Steinert ($\frac{1}{8}$フーフェ農地〈16〉)
[44] Immanuel Friedrich Türke ($\frac{1}{4}$フーフェ農地〈18〉)
[45] Johann Traugott Uhlig ($\frac{1}{4}$フーフェ

農地〈22〉）

[46] 林務官 Ernst Franz Eschke（$\frac{1}{4}$フーフェ農地〈25〉）

[47] Hanne Christiane Friedrich（$\frac{1}{2}$フーフェ農地〈28〉）

[48] Christian Friedrich Türke（$\frac{1}{2}$フーフェ農地〈29〉）

[49] Johann Daniel Friedrich Aurich（$\frac{1}{4}$フーフェ農地〈32〉）

[50] Christian Friedrich Aurich（〈32〉と〈78〉から分離されたが，［現在は］耕作されていない$\frac{1}{4}$フーフェ農地2個）

[51] Christian Friedrich Aurich（$\frac{1}{4}$フーフェ農地〈34〉）

[52] Johann Samuel Haberkorn（$\frac{1}{4}$フーフェ農地〈35〉）

[53] Johann Daniel Herold（$\frac{1}{4}$フーフェ農地〈36〉）

[54] Johanne Charlotte Reichel（$\frac{1}{4}$フーフェ農地〈39〉）

[55] Johanne Christiane Helbig（水車の土地と$\frac{1}{8}$フーフェ農地〈41〉）

[56] Johann Daniel Friedrich Müller（$\frac{1}{8}$フーフェ農地〈43〉）

[57] Johanne Christiane Türke（$\frac{1}{4}$フーフェ農地〈77〉）

[58] ファブリーク所有者 Johann Daniel Friedrich Aurich（$\frac{1}{4}$フーフェ農地〈78〉）

（4）ブロインスドルフ

[59] Wilhelm Heil（［農民］地〈1〉）

　表2-5-1の一連番号の中で2と22，30と32，49と58，および，50と51は同一村落の同姓同名者である．しかし，同一人と明記されていないので，本協定の義務者総数を私は59人（一連番号の最後）と想定する．一連番号9，12と22では所有フーフェ規模が明記されておらず，59では［農民］地とだけ記録されている．その中の9，12と22の3個は，第4条（a）によれば連畜賦役を課されていた．これらが所在するニーダーフローナ村で連畜賦役を課されていたのは，第4条（a）と（d）によれば，一連番号20と28を除くと，$\frac{1}{2}$以上のフーフェ農地であった．そのために，9，12と22はの不動産$\frac{1}{2}$以上のフーフェ農地であったろう．また，一連番号59の［農民］地もフーフェ農地と考えられる．

　本協定の条文は保険番号のみで義務者を示す場合がある．そのような義務者の一連番号を容易に検出するために，保険番号を一連番号と対照させたものが表2-5-2である．〈　〉は保険番号を，［　］は一連番号を示す．ただし，（2）ライヒェンブラント村と（3）グリューナ村（下記関係部分を除く）については，そのような記載が条文にないので，表示を省略した．

表 2-5-2　保険番号・一連番号対照表

(1) ニーダーフローナ村

⟨1⟩=[1]；⟨2⟩=[2]；⟨5⟩=[3]；⟨6⟩=[4]；⟨8⟩=[5]；⟨10⟩=[6]；⟨17⟩=[7]；⟨20⟩=[8]；⟨21⟩=[9]；⟨23⟩=[10]；⟨25⟩=[11]；⟨27⟩=[12]；⟨32⟩=[13]；⟨40⟩=[14]；⟨41⟩=[15]；⟨42⟩=[16]；⟨44⟩=[17]；⟨46⟩=[18]；⟨48⟩=[19]；⟨50⟩=[20]；⟨52⟩=[21]；⟨55⟩=[22]；⟨56⟩=[23]；⟨57⟩=[23]；⟨59⟩=[24]；⟨62⟩=[25]；⟨63⟩=[26]；⟨64⟩=[27]；⟨65⟩=[28]

(3) グリューナ村

⟨32⟩=[49]；⟨−⟩=[50]；⟨41⟩=[55]；⟨78⟩=[58]

(4) ブロインスドルフ村

⟨1⟩=[59]

表2-5-1によれば一連番号23は$\frac{1}{4}$フーフェ農地と規模不明のフーフェ農地とを所有し，それぞれが1個の保険番号を持つ．しかも，この23は第4条 (d) によれば手賦役だけを義務づけられていた．したがって，23の不動産は，2個を合わせても，$\frac{1}{2}$フーフェ農地に達しなかった，と考えられる．また，一連番号，50と55は，表2-5-1によれば1個の一連番号の下でそれぞれ2個の不動産を所有し，第4条 (b) によれば連畜賦役を義務づけられていた．このうち，55は1個の保険番号のみを持つ．50は，グリューナ村の⟨32⟩と⟨78⟩から分離された$\frac{1}{4}$フーフェ農地2個とされている．そこに記されている保険番号⟨32⟩は，一連番号49 ($\frac{1}{4}$フーフェ農地) の，⟨78⟩は58 ($\frac{1}{4}$フーフェ農地) のそれである．他方で，50は保険番号を持たない．そのために，50の不動産の現実の規模が$\frac{1}{4}$フーフェ農地2個=$\frac{1}{2}$フーフェ農地であったかどうか，必ずしも明らかではない．

第4条は建築賦役義務者を賦役の種類によって村別・群別に区分し，各人の償却地代，あるいは，各群で一括した償却一時金合計額を，示している[2]．賦役の種類によって各人を一連番号順に表示し，その合計額を表示したものが表2-5-3である．なお，第4条はライヒェンブラント村とグリューナ村については2村合計額のみを記載している．

表 2-5-3　種類別・村別の賦役償却一時金合計額
(1) 連畜賦役
　①ニーダーフローナ村 [1, 3-7, 9-12, 14, 16, 17, 19-22, 24]（フーフェ農 18 人）
　　2AT20AG ｛70AT20AG ≒ 72NT23NG ≒ 72NT｝
　②ライヒェンブラント村 [29-38]（フーフェ農 10 人）+ ③グリューナ村 [39-58]
　　（フーフェ農 20 人）｛83AT8AG ≒ 85NT18NG ≒ 85NT｝
　④ブロインスドルフ村 [59]（フーフェ農 1 人）｛8AT8AG ≒ 8NT17NG ≒ 8NT｝
　⑤4 村連畜賦役計（フーフェ農 49 人）｛165NT｝
(2) 手賦役
　①ニーダーフローナ村 [2, 8, 13, 15, 18, 23, 25-28]（フーフェ農 10 人）20AG
　　｛20AT20AG ≒ 21NT12NG ≒ 21NT｝
(3) 4 村賦役合計（フーフェ農 59 人）｛186NT｝
　うち，①ニーダーフローナ村賦役計（フーフェ農 28 人）｛93NT｝

　表 2-5-3 の (3) 欄が示すように，建築連畜・手賦役償却一時金の 4 村合計額は義務者のフーフェ農 59 人から 186NT であった．この一時金が第 5 条によれば一時金によって全額一括して償還されたわけである．

1)　本表 [46] の E. F. エシュケはラーベンシュタイン国有林区の林務官であった．SHB 1837, S. 301.
2)　H. シュトローバッハによれば，本協定によるニーダーフローナ村の建築賦役償却地代合計額は，本表の一時金額 (3) ①と異なり，87AT12AG であった．Strohbach 1936, S. 27-28. さらに，それを引用した松尾 1990, pp. 111-112 を参照．

第 6 節　全国委員会文書第 1163 号

(1) 賦役償却協定

　ここで問題となる全国委員会文書は，第 1163 号，「ケムニッツ市近郊の騎士領リンバッハとリンバッハ村，オーバーフローナ村，ミッテルフローナ村，ケーテンスドルフ村およびケンドラー村の住民との間の 1838 年 6 月 29 日／1839 年 4 月 26 日の賦役償却協定[1]」である．これも，前節の償却協定と同じように，P. ザイデルの第 1・第 2 の協定よりも早くに締結・承認されたものである．

本償却協定の序文は言う．リンバッハ村とケーテンスドルフ村の土地所有者，さらに，オーバーフローナ村とミッテルフローナ村のいくらかの土地所有者によって当騎士領に給付されるべき連畜賦役・手賦役（詳細は後に記される），および，リンバッハ村とオーバーフローナ村のいくらかの小屋住農の手賦役の償却について，また，権利者に課される，一定の反対給付の義務について，そのために任命された特別委員会…の協力の下に，一方［被提議者］と他方の提議者の間で，当事者たちによって決定された契約に基づいて，以下の協定が作成された．一方［被提議者］は当騎士領の所有者…であり，他方の提議者は，火災［保険］台帳に各人の名前で記された番号の土地の所有者としての，リンバッハ村，オーバーフローナ村，ミッテルフローナ村，ケーテンスドルフ村およびケンドラー村の［5］集落の以下の構成員（後出の表2-6-1）である．なお，特別委員は前節の協定と同じであった．

第1条 償却の対象．この協定の冒頭の1から54までに記された，リンバッハ村，オーバーフローナ村，ミッテルフローナ村とケーテンスドルフ村の土地所有者は，権利ある騎士領領主の報告に従えば，次の賦役を従来義務づけられていた．
(I) 連畜賦役
(1) 耕作賦役
① 「大きな並木道」の右側にある耕地．これは3部分からなり，左側は「いわゆる［大きな］並木道」に，右側はエマヌエル・シェルフ［一連番号40?］の耕地に，上手は材木置き場に，下手はエスター採草地に接している．広さは25アッカー173平方ルーテである．
② 「大きな並木道」の左側にある耕地．左側は教区所有耕地に，右側は「大きな並木道」に，上手は新しい宿屋に，下手は「亜麻の藪」に接している．広さ20アッカー97平方ルーテ．
③ 「小さな並木道」の左側にあるケラー山と横地．周囲は車道と歩道に接している．広さ6アッカー254平方ルーテ．
④ ケラー山頂の耕地片．右側はケラー採草地に，左側は，オーバーフローナ村に通じる車道に，上手はケラー池の堤防に接している．広さ1アッカー107平方ルーテ．
⑤ 裁判所脇の耕地片．右側はオーバーフローナ道に，左側は，ヘレーネンベルク地区からオーバーフローナ村に通じる歩道に，下手は騎士領領主の添え地に，上手はオーバーフローナ村のヴィンクラー［一連番号46?］の耕地に接している．広さ5アッカー143平方ルーテ．
⑥ 採石場の耕地．［これは］3部分からなり，右側は騎士領領主の林地に，左側はオーバーフローナ車道に，下手はオーバーフローナ村のヴィンクラーの［耕地］に，上手は「上流の水車屋」の耕地に接している．広さ17アッカー219平方ルーテ．
⑦ 分農場の耕地．［これは］5部分からなり，右側はオーバーフローナ村のグレンツ［一連番号9?の耕地］に，左側はグローベ［一連番号11?］の耕地に，下手は騎士領領主の耕地に，上手はルースドルフ村の耕地に接している．広さ11アッカー40平方ルーテ．

以上の耕地を従来，リンバッハ村，オーバーフローナ村，ミッテルフローナ村とケーテンスドルフ村の連畜賦役農は共同で，通常の三圃制度に従って耕作し，馬鍬で鋤いてきた．

順序は次のとおりであった．休閑地作物が栽培されていない限り，全4集落［の連畜賦

役農］は冬畑を共同で耕作した．ただし，ケーテンスドルフ村とミッテルフローナ村［の連畜賦役農］は他の集落の半分だけを耕作する，という違いがあった．反対給付は受け取らなかった．冬［作物］播種のための耕作は休閑地耕作，鋤き返しと播種耕作であった．冬播き耕地の馬鍬鋤きを反対給付なしで果たしたのは，ミッテルフローナ村とケーテンスドルフ村の連畜賦役農だけである．休閑地作物（キャベツ，馬鈴薯，亜麻，カラスノエンドウ，豌豆）のために耕作し，馬鍬で鋤いたのは，リンバッハ村とオーバーフローナ村の連畜賦役農だけであり，耕作の際には，［馬を犂から］離す度毎に，パン用練り粉で作った，重量各半［ポンド？］の農場ロールパン2個と小さなチーズ2個を得た．また，馬1頭で行われる馬鍬鋤きの際には，［馬を］離す度毎に，彼らはロールパン1個とチーズ2個を得た．全4集落［の連畜賦役農］は大麦と燕麦のための休閑地耕作，鋤き返しと播種耕作を果たした．ただし，ケーテンスドルフ村とミッテルフローナ村はリンバッハ村とオーバーフローナ村の半分だけを果たし，後者は，［馬を］離す度毎にロールパン2個とチーズ2個を［与えられ］，他［の2集落］は［与えられ］ない，という違いがあった．大麦畑と燕麦畑の馬鍬鋤きは休閑地耕作，鋤き返しと播種耕作であり，ケーテンスドルフ村とミッテルフローナ村の連畜賦役農だけが［これを］反対給付なしで果たした．全4集落は溝掘りと地均らしを，反対給付なしで順番に果たした．

(2) 肥料の運搬

賦役義務者が耕作した耕地に，肥料を運び出したのは，リンバッハ村とオーバーフローナ村の農民であり，［馬を］離す度毎に，反対給付としてロールパン2個とチーズ2個を得た．肥料を運搬する者［＝農民］各人は，荷役人足1人を伴うべきであった．

(3) 穀物の搬入

リンバッハ村とオーバーフローナ村の農民は，賦役義務者が耕作した耕地で栽培された穀物全部を搬入し，［馬を］離す度毎に，ロールパン2個とチーズ2個を得た．［穀物を］搬入する者［＝農民］各人は，荷役人足1人を伴い，穀物を馬車から再び納屋[2]に渡す必要があった．

(4) 乾草と二番乾草の運搬

リンバッハ村とオーバーフローナ村の農民は，以下の採草地で賦役義務者が刈り，乾燥させた乾草・二番乾草の全部を搬入し，［馬を］離す度毎に，ロールパン2個とチーズ2個を得た．［乾草と二番乾草を］搬入する者［＝農民］各人は，荷役人足1人を伴わねばならず，すべての荷物の積み込みと積み下ろしを荷役人足とともに補佐する義務を負った．

賦役を果たすべき採草地は，⑧ケラー池と葦池の間の「村の採草地」，283平方エレ，⑨ケラー池とグリュッツ池の間のケラー採草地，2アッカー215平方ルーテ，⑩グリュッツ池の下手の水車採草地，1アッカー182平方ルーテ，⑪新池の下手の「亜麻の藪採草地」と⑫「黒い採草地」，［両者で］5アッカー141平方ルーテ，⑬新池の上手，「羊道」小川の右側の「黒い採草地」，1アッカー35平方ルーテ，⑭オッペル［大］池とオッペル［小］池の間にある，「小さいオッペル採草地」と「大きいオッペル採草地」，1アッカー78平方ルーテ，⑮エスター林地の側のケーテンスドルフ採草地，4アッカー，⑯3本白樺池の側の3本白樺

採草地，2アッカー266平方ルーテである．
(5) 牧草の運搬
　リンバッハ村とオーバーフローナ村の農民は，新池の上手の「黒い採草地」とオッペル採草地から牧草（乾草と二番乾草）を乾燥用の広場に運び，［馬を］離す度毎に，ロールパン2個とチーズ2個を得た．
(6) キャベツと亜麻の運搬
　リンバッハ村とオーバーフローナ村の農民は，賦役［によって耕作される］耕地で栽培されたキャベツと亜麻を［馬車に］積み込み，搬送し，積み下ろした．それに対して各人は，［馬を］離す度毎に，ロールパン2個とチーズ2個を得た．
(7) 種子穀物の運搬と水車用運搬
　リンバッハ村の農民は単独で，賦役耕地で必要な，すべての種子穀物を耕地に運搬し，また，経営のためのパン穀物と家畜用の挽き割り穀物を近くの水車に運搬した．［彼らは］反対給付を受け取らない．
(8) 醸造用麦芽とビールの運搬
　リンバッハ村とオーバーフローナ村の農民はすべての醸造用麦芽を水車に，そして，そこから再び醸造所に運搬し，1回の運搬についてパン1個（重さは通常1ポンド）とビール1杯を得た．彼らは醸造所からビール貯蔵所の前にビールを運搬し，ビール1回分の運搬に対してパン1個とビール1杯を得た．
(9) 敷藁の搬入
　リンバッハ村，オーバーフローナ村とミッテルフローナ村の農民は，賦役農が林地で刻んだ敷藁全部を領主御館に搬入し，［馬を］離す度毎に，ロールパン2個とチーズ2個を得た．ただし，現物を与えるか，その代わりに6APを与えるか，は騎士領領主が選択した．
(10) 木材運搬
　従来リンバッハ村の農民は，各人が毎年割木あるいは丸太1尋を，オーバーフローナ村［の農民］は2尋を，林地からリンバッハの領主御館に無償で運搬すべきであった．ミッテルフローナ村の農民は数年間の平均によれば，毎年60ショックの柴と50尋の割木を騎士領領主の林地から領主御館に運搬し，割木1尋についてロールパン1個とチーズ1個を得た．柴1ショックについても同じである．さらに，上記の量以外にも，経営で必要とする木材全部を搬入する義務も，ミッテルフローナ村の農民に課されていた．
(Ⅱ) 手賦役
(1) 乾草と二番乾草のための作業
　ミッテルフローナ村の農民と手賦役農は「村の採草地」，ケラー採草地と水車採草地で乾草と二番乾草を刈った．そして，毎朝，水スープ，パン粥，1ポンドのパン1個と小型チーズ1個を得た．昼に［得たの］は，パン粥，野菜，パンを砕き込んだ乳清，パン1個と飲用薄ビールであった．リンバッハ村［の農民と手賦役農］は乾草を，オーバーフローナ村の農民と手賦役農は二番乾草を乾燥させた．飼料が乾燥すると，各人はロールパン1個とチーズ1個を得た．

オーバーフローナ村の農民と手賦役農は，「亜麻の藪採草地」と新池の下手の「黒い採草地」で乾草と二番乾草を刈り，乾燥させた．彼らは刈り取りの際にミッテルフローナ村［の農民と手賦役農］と同じ食事を得た．また，飼料が乾燥すると，各人はロールパン１個とチーズ１個を得た．

オーバーフローナ村の農民と手賦役農は新池の上手の「黒い採草地」とオッペル採草地［で草］を刈り，乾草の時も二番乾草の時も，上記と同じ食事を日に２回得た．リンバッハ村の連畜所有農と手賦役農はそれらの乾草と二番乾草を乾燥させた．飼料が乾燥すると，各人はロールパン１個とチーズ１個を得た．

ケーテンスドルフ村の農民と手賦役農はケーテンスドルフ村採草地と３本白樺採草地の乾草を刈り，上記と同じ食事を得た．ケーテンスドルフ村［の農民と手賦役農］はケーテンスドルフ村採草地の乾草を，ミッテルフローナ村の農民と手賦役農は３本白樺採草地のそれを乾燥させた．そして，飼料が乾燥すると，各人はロールパン１個とチーズ１個を得た．

(2) キャベツの作業

リンバッハ村の農民と手賦役農はキャベツを植え，鍬を入れ，積み上げた．そして，彼らは半日の労働についてロールパン１個とチーズ１個を得た．

(3) 収穫作業

全４集落の農民と手賦役農はパン穀物と小麦を刈り，束ね，結び，禾束に堆積させ，刈後地で掻き寄せた．刈り，束ねる際に，彼らは日に２回の食事を得た．朝は水スープ，パン粥，パン１個とチーズ１個であり，昼はパン粥，野菜，パンを砕き込んだ乳清，パン１個と飲用薄ビールであった．［刈り取った穀物を］結び，禾束に堆積させ，刈後地で掻き寄せる時には，各人は日にパン１個，チーズ１個と飲用薄ビールを得た．

リンバッハ村の農民と手賦役農だけが大麦を刈り，パン穀物の場合と同じように，日に２回の食事を得た．オーバーフローナ村とケーテンスドルフ村の農民と手賦役農は，［刈り取った］大麦を掻き寄せ，結び，禾束に堆積させた．それに対して各人は日にパン１個，チーズ１個と飲用薄ビールを得た．ただし，ここで言及しておくと，ミッテルフローナ村の２人の農民，現在ではS. ラントグラーフ［一連番号24］とB. アウリヒ［一連番号28?］は，［大麦］結束作業を補助する．

オーバーフローナ村とケーテンスドルフ村の農民と手賦役農は燕麦を刈り，パン穀物の場合と同じ反対給付を得た．彼らは，［刈り取った燕麦を］掻き寄せ，結び，禾束に堆積させた．ミッテルフローナ村の上記農民２人も，燕麦を結ぶ作業を補助した．各人は日にパン１個とチーズ１個を得た．

ミッテルフローナ村の農民と手賦役農はカラスノエンドウと豌豆を刈り，パン穀物の場合に述べられた食事を，日に２回得た．彼らは，大麦と燕麦の結束作業を補助する［上記］農民２人を除いて，［それを］裏返し，積み上げ，再び掻き寄せた．そして，各人は日にパン１個とチーズ１個を得た．

(4) 亜麻の作業

リンバッハ村とオーバーフローナ村の農民と手賦役農は共同で亜麻畑を除草し，それに対

して，既にしばしば述べられた食事を，日に2回得た．
　[亜麻を] しごき，広げるのは，リンバッハ村 [の農民と手賦役農] だけであり，日にロールパン2個とチーズ2個を得た．
　[亜麻を] 扱くのは，オーバーフローナ村の農民と手賦役農だけであり，既に述べられた食事を，日に2回得た．
　リンバッハ村とオーバーフローナ村の農民と手賦役農は [亜麻の] 皮を剥ぎ，半日で1回の食事を得た．
　全4集落の農民と手賦役農は糸を紡いだ．しかも，農民は粗質の粗麻糸を，手賦役農は中級の粗麻糸を紡いだ．各人が，[車軸の] 長い紡車 [で] 1巻を，あるいは，[車軸の] 短い [紡車で] 16 [巻?] を [紡いだ]．
(5) 穀物の播種
　全4集落の手賦役農は，賦役耕地で播種し，通常の食事を毎日得た．唯一の例外は亜麻である．
(6) 肥料の散布
　全4集落の手賦役農は，連畜賦役農が賦役耕地に運んだ肥料全部を散布した．そのうち，リンバッハ村とオーバーフローナ村 [の手賦役農] はキャベツ，亜麻，馬鈴薯，カラスノエンドウと豌豆のために [散布した]．ミッテルフローナ村とケーテンスドルフ村 [の手賦役農] はその他の休閑地で [散布し]，さらに，肥料用石灰を手押し車で運んだ．それに対して各人は，日にロールパン2個とチーズ2個を得た．
(7) 肥料の搬出
　全4集落の手賦役農は，子を産まない家畜の厩舎から，すべての肥料を [領主] 御館の肥料置き場に運び，下水溝を清掃し，馬小屋の側の奉公人便所を掃除し，子を産まない [家畜の] 肥料を，[領主] 御館で順番に掬い取った．それに対して彼らは，既に述べられた食事を，日に2回得た．
(8) 敷藁刻み
　ミッテルフローナ村とケーテンスドルフ村の農民と全4集落の手賦役農は，林地 [で得られる] 敷藁を必要なだけ刻まねばならなかった．反対給付は，既に述べられた，日に2回の食事である．
(9) 溝浚い
　全4集落の手賦役農は「村の採草地」，ケラー採草地と水車採草地の溝を共同で浚い，日に2回の食事を得た．
(10) 魚獲り
　リンバッハ村とオーバーフローナ村の農民と手賦役農はケラー池，グリュッツ池，3本白樺池，オッペル小池とオッペル大池で魚を獲った．
(11) 柴と割木の伐採
　ケーテンスドルフ村とミッテルフローナ村の農民と手賦役農はそれぞれ，毎年 $\frac{6}{4}$ (?) の割木1尋，$\frac{4}{4}$ (?) の割木2尋 $\frac{1}{2}$ エレ，さらに，柴2ショックを伐採して，積み上げる義務

を負っていた．各人は［割木］1 尋と柴 2 ショックについて，既述の食事を毎日得た．

(12) 割木の積み上げ

全 4 集落の手賦役農は順番に，割木を 50 尋ずつ積み上げた．それに対して各人は日にロールパン 2 個とチーズ 2 個を得た．

(13) 柴の積み上げ

ミッテルフローナ村とケーテンスドルフ村の農民と手賦役農は，共同で柴を 60 ショックずつ積み上げた．各人は日にロールパン 2 個とチーズ 2 個を得た．

(14) ビールの運搬

リンバッハ村とオーバーフローナ村の手賦役農はビールを醸造所から馬車に，そして，再び馬車から［ビール］倉の［ビール］台に転がして運んだ．これは，最初の醸造 1 回分をリンバッハ村の，次の 1 回分をオーバーフローナ村の，手賦役農が運ぶ，という順序で行われた．反対給付は 1 回分について 1 人にパン 1 個とビール 1 杯であった．

(Ⅲ) 建築賦役

従来給付されてきた，あるいは，給付されるべき…であった［建築賦役］が，同じように償却の対象であり，後述の契約額に含まれる．最後に，

(Ⅳ) いくらかの小屋住農[3]の賦役

リンバッハ村の J. S. F. フォークトの家屋，［保険番号］73 に課される，すべての賦役，オーバーフローナ村の J. G. リントナーの［園地］，［同］55，同地の A. F. グレンツの家屋，［同］5，および，同地の A. ミヒャエーリスの宿屋，［同］16 に課される納屋[2]賦役と紡糸，さらに，ケンドラー村の［園地］，［保険番号］10 の所有者，…Ch. F. クラウスによって給付されるべき納屋[2]［賦役］．［以上の義務者 5 人の一連番号は 55−59 である］

以上の［賦役］全部，および，これらの賦役［給付］に際して現れる，騎士領領主からの反対給付が償却の対象である．

第 2 条 反対給付．前条で述べられた，賦役義務者への騎士領領主の反対給付は，先述の賦役と同じように永久に消滅する．その価値は，以下に詳論される契約額に考慮され，控除された．そのために騎士領領主は，反対給付について権利を持つ者に対して，その消滅のための特別な支払を一切しない．

第 3 条 ［権利］放棄．当騎士領の所有者…は，すべての賦役義務者によって第 4 条で彼に保証され，彼らによって受け入れられた補償，および，第 1 条と第 2 条で考慮された反対給付の消滅と引き換えに，第 1 条で詳論された賦役を，自身と所有継承者に関して永久に完全に放棄する．賦役義務者はそれ［反対給付］を永久に放棄した．償却される賦役の生の給付は，当事者双方が承認しているように，リンバッハ村の保険番号 6，7，12−20 と 73，オーバーフローナ村の同 14 と 45，ミッテルフローナ村の同 20，ケーテンスドルフ村の同 32，さらに，オーバーフローナ村の同 7，33，19，44，3 と 4，および，ミッテルフローナ村の同 16 の土地所有者[4]においては，1835 年 3 月 30 日に，オーバーフローナ村の同 5，A. F. グレンツ［一連番号 59］にあっては，1835 年末をもって，そして，その他のすべての賦役義務者においては 1835 年 6 月末に，中止された．

第3条B　ケーテンスドルフ村の酒店に関して．さらに，当事者双方は以下についても一致した．ケーテンスドルフ村の酒店は1連畜［所有］農地と1手賦役農地から成り，現在は騎士領領主自身に属する[5]．これに課されている賦役も，第1条に含まれ，永久に廃止された，と見なされる．この酒店が領民に万一売却されても，それ［賦役］は決して再興されえない．また，それの廃止のために一方は他方に何も要求すべきでない．

第4条　賦役に対する補償．本協定序文の1-54に記された土地所有者と，55-59に記された小屋住農・園地農は，第1条の賦役に対して第3条でなされた，［権利者の権利］放棄を受け入れる．彼らは，これらの賦役の廃止に対する補償として，以下の第5-第8条で述べられる規定の下で，第5条に各人毎に挙げられた年地代ないし償却一時金を，当騎士領の所有者とその所有継承者に支払う義務を負う．

第5条　賦役義務者の各人が引き受ける地代の詳細．消滅する賦役の代わりに，（以下の者が以下を）旧通貨の年償却地代として引き受ける．──後出の表2-6-3を参照．

第5条B　権利者と手賦役農J. S. アイヒラー（オーバーフローナ村の保険番号60の所有者）［一連番号47］の間で，さらに次の協定がなされた．すなわち，後者は，第5条で述べられた地代の他に，賦役の償却に対する補償として，2AT12AGの一時金を権利者に与え，それを直ちに支払う義務を負う．また，…C. F. クラウス（ケンドラー村の保険番号10の所有者）［一連番号57］も，引き受けた地代12AGの他に，賦役の廃止の代わりに6AT6AGの一時金を権利者に即座に支払うべきである．

第6条．当騎士領の所有者は，第5条に約定された償却地代全部を，地代銀行に委託する．その結果として，1832年地代銀行法と1837年地代銀行法補充令の諸規定が，これらの地代に関して適用される．地代銀行法第19条に従って，同銀行への地代の支払が開始される時点まで，後者［償却地代］は，［32年］償却法第39条の規定する期日に，騎士領領主に直接に支払われるべきである．

賦役そのものの給付が本協定第3条に従って廃止された時点から，地代の運行が始まる．したがって，（ここでは義務者の姓名が記載されている．以下では一連番号に整理して，番号順に記す．ただし，協定序文と異なる綴り字の場合は，私が想定した一連番号の後に姓と名の頭文字とを記す）．リンバッハ村の1，2（G. Otto），3-5，6（J. M. Hertig），7（A. Pfüller），8，40（I. Scherf），41，42（A. Lehmann），43，55（S. Voigt），オーバーフローナ村の9（Johann G. Gränz），10，11（G. Grobe），13，14，19，22，44，45，ミッテルフローナ村の24（Gottlieb F. Landgraf），28（Johann Benjamin Aurich），48，および，ケーテンスドルフ村の32にあっては，最初の地代支払期日は1835年6月末である．オーバーフローナ村の59にあっては，それは1836年3月末であり，その他のすべての地代義務者にとっては1835年9月末である．この期日が過ぎても，その義務を履行しなかった者は，彼らが，その前の3ヵ月に行った賦役のために，彼らに許されるべき控除について，被提議者と約定していない限り，この期日に満期となる地代額，3ヵ月分を後払いするよう，告知される．

第7条　地代の保証．約定された地代は，義務を負った土地と義務者のその他の財産に

よって，…対物的負担と同じように保証され，優遇される．権利者は償却一時金あるいは地代に関して賦役義務者たちのあらゆる相互的擁護を明白に断念するので，義務者各人はその土地によって，それに定められた年地代，あるいは，関係する償却一時金を保証しなければならない．

　第8条　［特別］委員会の費用について．費用に関して当事者たちは法律の規定に従う．すなわち，費用は被提議者と提議者によって均等に支払われるべきである．ケーテンスドルフ村［の義務者］の中では手賦役農は連畜所有農の半分だけを負担する，と決められた．それに対して，リンバッハ村，オーバーフローナ村とミッテルフローナ村に関しては，手賦役農は連畜所有農と同じ額を負担するが，納屋[2]賦役と紡糸あるいは薄ビール運搬だけを果たさねばならない者は，農民の支払額の$\frac{1}{8}$だけを負担する，と合意された．

　各方面の関係者はこの契約を承認した．…この協定は…2部作成され，関係者によって署名された．その中の1部はリンバッハ裁判所の文書室に，1部は全国委員会文書室に保管されるべきである．

　リンバッハ村にて1838年6月29日
　［騎士領領主の］全権委員フリードリヒ・ダーニエル・フィッシャー
　　カルル・フリードリヒ・シェルフ[6]（等々）

　本協定への追加記録の中で，1839年3月2日と9日のそれのみを紹介しておく．3月2日の追記によれば，［特別］委員［J. フォルクマン］のケムニッツ事務所にケーテンスドルフ村の村長カルル・ゴットロープ・ボーニッツ[7]が出頭して，次のように述べた．…［騎士領領主］は，彼，ボーニッツによって支払われるべき地代8AT12AGの代わりに，ケーテンスドルフ村の他の連畜所有農と同じ6ATの地代で満足しよう，と彼に約束した…，と．また，同月9日の追加によれば，［特別］委員のケムニッツ事務所に［騎士領領主の全権委員］F. D. フィッシャーが出頭して，次のように述べた．…［騎士領領主］は6AT以上の年地代をC. G. ボーニッツから要求しない，と．

　この協定は1839年4月26日に全国委員会［主任］ノスティッツの署名で承認された．

　本節で紹介した協定第1163号は，次の点において注目に値する．本協定は本文で賦役償却地代額を規定したが，その地代額を，義務者1人だけについてであるとしても，追記において変更（この場合には減額）した．償却地代の合計額のみを検討する，という私の観点から見て，追記のこの修正は実質的意味を持つ．しかし，姓名の綴り字の訂正のような，形式的な修正を越えた追記を伴う協定は，私の知る限りでは，きわめて例外的である．

　なお，本協定の提議者は領民であり，被提議者は騎士領領主であった．

第 2 章　騎士領リンバッハ（西ザクセン）における封建地代の償却　115

1)　GK, Nr. 1163. なお，松尾，「リンバッハ」，(4), p. 49 は本協定第 5 条の最初の 2 ページを示している．
2)　この Pansen あるいは Pensen に関しては，第 1 章第 4 節 (6) ③を参照．
3)　ここに記載された小屋住農 5 人は，本協定序文 (3) の「数人の手賦役農」(一連番号 55-59) である．ところが，本文第 1 条(Ⅳ)におけるフォークト, 55 の家屋は序文のそれと同じであるけれども，グレンツ，59 の家屋とミヒャエーリス, 58 の宿屋は序文 (3) では園地とされている．また，第 1 条(Ⅳ)に明記されていないリントナー, 56 とクラウス, 57 の不動産も，序文 (3) では園地とされている．それに対して，本文第 4 条には，「[序文 (3)] 55-59 に記された小屋住農・園地農」なる表現が見出される．したがって，56 と 57 の不動産の種類は明らかではない．私は序文 (3) の規定に従うことにする．
4)　ここで保険番号で示されている土地所有者は，本条文通りの順序で一連番号によって表示すると，表 2-6-2 から 40, 1-3, 41, 4, 5, 42, 7, 6, 8 と 55（以上リンバッハ村），44 と 45（以上オーバーフローナ村），49（ミッテルフローナ村），32（ケーテンスドルフ村），11, 19, 14, 22, 9 と 10（以上オーバーフローナ村）および 28 と 48（以上ミッテルフローナ村）である．
5)　農民身分に属さない者は，領邦君主が特別に許可しない限り，農民地を取得できなかった．この禁止令は 1837 年農民地取得法によって廃止された．GS 1837, S. 67. Vgl. Schmidt 1966, S. 150. ところが，本騎士領所有者たる貴族は，本協定第 3 条に示された，酒店（1 連畜所有農地と 1 手賦役農地）を，また，本章第 9 節 (2) 一連番号 249 の農民地を，所有していた．騎士領領主がこれらの農民地をどのようにして獲得したか，は不明である．
6)　ここに［騎士領領主の］全権委員として署名した F. D. フィッシャーについて，本章第 1 節 (1)（注 4）を参照．C. F. シェルフは本協定一連番号 1 の馬賦役農である．
7)　序文における一連番号 32 の義務者は J. B. ボーニッツであり，その所有地の保険番号は 32 である．第 5 条にも保険番号 32 として同人が記されている．彼の相続人が，1839 年 3 月 2 日と 9 日の追記に記録された C. G. ボーニッツなのであろう．

(2) 償却一時金合計額

表 2-6-1 は，第 5 条を参考にしつつ，序文から賦役義務者全員の姓名，不動産と保険番号を示す．

表 2-6-1　義務者全員の姓名と不動産

(1) 馬賦役農
　①リンバッハ村
[1] Carl Friedrich Scherf（1 フーフェ農地 〈7〉）
[2] Johann Gottfried Otto（$\frac{3}{4}$ フーフェ農地 〈12〉）
[3] Carl Ullmann（$\frac{5}{4}$ フーフェ農地 〈13〉）
[4] Samuel Gränz（$\frac{3}{4}$ フーフェ農地 〈15〉）
[5] Johann Michael Sonntag（$\frac{3}{4}$ フーフェ農地 〈16〉）
[6] Johann Michael Hartig（フーフェ農

地〈19〉)
[7] Johann Andreas Pfüller ($\frac{1}{2}$フーフェ農地〈18〉)
[8] Gottlieb Hofmann ($\frac{1}{2}$フーフェ農地〈20〉)
　②オーバーフローナ村
[9] Gottfried Gränz (フーフェ農地〈3〉)
[10] Samuel Friedrich Rothe ($\frac{3}{4}$フーフェ農地〈4〉)
[11] Johann Gottlieb Grobe (フーフェ農地〈7〉)
[12] Johann Samuel Welker ($\frac{3}{4}$フーフェ農地〈13〉)
[13] Friedrich August Wünsch ($\frac{3}{4}$フーフェ農地〈17〉)
[14] Friedrich August Rothe (1 フーフェ農地〈19〉)
[15] Johann Gottfried Fischer (フーフェ農地〈23〉)
[16] Gottfried Helbig (フーフェ農地〈29〉)
[17] Christian Friedrich Kaufmann (フーフェ農地〈31〉)
[18] Johann Gottlieb Landgraf ($\frac{3}{4}$フーフェ農地〈35〉)
[19] Gottlob August Kühn ($\frac{1}{2}$フーフェ農地〈33〉)
[20] Gottfried Hofmann ($\frac{3}{4}$フーフェ農地〈37〉)
[21] Johann Samuel Pester (フーフェ農地〈41〉)
[22] Christian Gottlob Müller (フーフェ農地〈44〉)
[23] Christian Friedrich Wilhelm Pester (フーフェ農地〈51〉)
　③ミッテルフローナ村
[24] Samuel Friedrich Landgraf (フーフェ農地〈1〉)
[25] Johann Friedrich August Richter ($\frac{1}{2}$フーフェ農地〈12〉)
[26] Johann Friedrich Heilmann ($\frac{1}{2}$フーフェ農地〈26〉)
[27] Christian Friedrich Heinzig ($\frac{3}{4}$フーフェ農地〈28〉)
[28] Johanne Sophie Aurich ($\frac{3}{4}$フーフェ農地〈22〉)
　④ケーテンスドルフ村
[29] Johann Adam Winkler ($\frac{3}{4}$フーフェ農地〈20〉)
[30] Johann George Bolling ($\frac{1}{2}$フーフェ農地〈23〉)
[31] Johann Gottlieb Nitzschke ($\frac{1}{2}$フーフェ農地〈30〉)
[32] Johann Benjamin Bonitz ($\frac{1}{2}$フーフェ農地〈32〉)
[33] Johann Gottfried Müller ($\frac{1}{2}$フーフェ農地〈43〉)
[34] Johann Andreas Hering ($\frac{3}{4}$フーフェ農地〈48〉)
[35] Johann Benjamin Kühn ($\frac{1}{2}$フーフェ農地〈6〉)
[36] Anna Rosina Hofmann (フーフェ農地〈7〉)
[37] Johann Samuel Lindner ($\frac{1}{2}$フーフェ農地〈11〉)
[38] Gabriel Steudt ($\frac{1}{2}$フーフェ農地〈13〉)
[39] Gottlob Müller ($\frac{1}{2}$フーフェ農地〈16〉)
(2) 手賦役農
　①リンバッハ村
[40] Johann Heinrich Immanuel Leberecht Scherf ($\frac{1}{4}$フーフェ農地〈6〉)
[41] Carl Friedrich Künzel ($\frac{1}{4}$フーフェ農地〈14〉)
[42] August Friedrich Lehmann ($\frac{1}{4}$フーフェ農地〈17〉)

[43] Johanne Christiane Löwe ($\frac{1}{4}$フーフェ農地〈21〉)
　②オーバーフローナ村
[44] Johann Michael Quellmalz ($\frac{1}{4}$フーフェ農地〈14〉)
[45] Johann Michael Eichler ($\frac{1}{4}$フーフェ農地〈45〉)
[46] Johann Gottfried Winkler ($\frac{1}{4}$フーフェ農地〈56〉)
[47] Johann Samuel Eichler ($\frac{1}{8}$フーフェ農地〈60〉)
　③ミッテルフローナ村
[48] Johann Gottfried Schönfeld ($\frac{1}{2}$フーフェ農地〈16〉)
[49] Johanne Rosine Landgraf (「土地」〈20〉)
[50] Johann Gottlieb Köthe ($\frac{1}{4}$フーフェ農地〈24〉)
[51] Johann Michael Zeißler ($\frac{1}{4}$フーフェ農地〈11〉)
　④ケーテンスドルフ村
[52] Johann Gottfried Otto ($\frac{1}{4}$フーフェ農地〈36〉)
[53] Christian Gottlob Kunze ($\frac{1}{4}$フーフェ農地〈37〉)
[54] Johanne Christiane Linke ($\frac{1}{4}$フーフェ農地〈44〉)
　(3)［その他の］数人の手賦役農
[55] Johann Samuel Friedrich Voigt (リンバッハ村, 家屋〈73〉)
[56] Johann Gottlieb Lindner (オーバーフローナ村, 園地〈55〉)
[57] Christiane Friedericke Klauß (ケンドラー村, 園地〈10〉)
[58] Amalie Michaelis (オーバーフローナ村, 園地〈16〉)
[59] August Friedrich Gränz (オーバーフローナ村, 園地〈5〉)

　本協定の賦役義務者59人について，同一人との記載はなく，同一村落の同姓同名者もいない．したがって，本協定については一連番号，義務者と不動産の関係は1対1対1である．
　序文は冒頭で賦役義務者を4村のフーフェ農および「リンバッハ村とオーバーフローナ村のいくらかの小屋住農」と概括している．(1)この概括にはケンドラー村とオーバーフローナ村の園地農が言及されていない．それに対して，第4条は「［本協定序文の］55-59に記された小屋住農・園地農」と記している．(2)第4条は，「本協定序文の1-54に記されたフーフェ農」の文言を含むから，一連番号49の「土地」（ミッテルフローナ村）は［フーフェ農］地であろう．この「土地」所有者，49は手賦役を償却した．その償却地代は，後出の表2-6-3によれば，同村で手賦役を課された，他のフーフェ農の地代額と同額である（もちろん，この金額は，同村の馬所有農のそれよりも小さい）．このことからも，49の「土地」は小規模なフーフェ農地と見なしうるであろう．
　本章第1節で私は P. ザイデルによる地代償却前史を紹介した．その (1) の

前半でザイデルは，当騎士領所属4村の馬賦役農・手賦役農55人が耕作賦役の償却について1835年1月末まで騎士領領主と交渉し，一応の合意に達したけれども，「この提案は採用されなかった」，と述べていた．ところが，ザイデルが列挙し，第1節の表2-1-1に表示された賦役農民55人の氏名の多くが，本節の表2-6-1の賦役義務者59人の中に見出される．すなわち，馬賦役農を見ると，リンバッハ村の8人中7人，オーバーフローナ村の15人中11人，ミッテルフローナ村の5人中4人が，そして，ケーテンスドルフ村の11人は全員が，ザイデルの記した人物と同村同姓同名である．また，手賦役農では，リンバッハ村の4人中の2人とミッテルフローナ村の4人中の3人が，そして，オーバーフローナ村の4人とケーテンスドルフ村の3人は全員が，同村同姓同名である．さらに，本節表2-6-1（3）の一連番号55（リンバッハ村の手賦役農ヨハン・S. F.フォークト）は，ザイデルにおける同村の手賦役農〈44〉，S. F. フォークトである可能性が高い（以上を合計した，同一村落の同姓同名者は本協定の賦役義務者59人中の45人，おそらく46人となる）．その上に，オーバーフローナ村の4人とミッテルフローナ村の1人の馬賦役農は，同名ではないけれども，ザイデルの一覧表の馬賦役農と同村同姓であり，リンバッハ村とミッテルフローナ村の各1人の手賦役農は，ザイデルの手賦役農と同村同姓である（以上の合計7人．本協定49の手賦役農J. R. ラントグラーフはザイデルの〈50〉，J. G. ラントグラーフ［$\frac{1}{4}$フーフェ農地を所有する手賦役農］の妻であろう）．したがって，1835年の交渉は曲折の末に本協定に結実した，と見なされよう（本協定第3条によれば，現実の賦役給付は，ザイデルの言う合意形成の35年1月末から間もない，35年3月－12月の期間に既に中止されている）．

　表2-6-2は，保険番号（〈　〉の数字）を一連番号（［　］の数字）と対照させたものである．

表2-6-2　保険番号・一連番号対照表

（1）リンバッハ村
〈6〉=［40］；〈7〉=［1］；〈12〉=［2］；〈13〉=［3］；〈14〉=［41］；〈15〉=［4］；〈16〉=［5］；〈17〉=［42］；〈18〉=［7］；〈19〉=［6］；〈20〉=［8］；〈21〉=［43］；〈73〉=［55］
（2）オーバーフローナ村
〈3〉=［9］；〈4〉=［10］；〈5〉=［59］；〈7〉=［11］；〈13〉=［12］；〈14〉=［44］；〈16〉=［58］；〈17〉=［13］；〈19〉=［14］；〈23〉=［15］；〈29〉=［16］；〈31〉=［17］；〈33〉=［19］；〈35〉=

[18]；⟨37⟩=[20]；⟨41⟩=[21]；⟨44⟩=[22]；⟨45⟩=[45]；⟨51⟩=[23]；⟨55⟩=[56]；⟨56⟩=[46]；⟨60⟩=[47]
　(3) ミッテルフローナ村
⟨1⟩=[24]；⟨11⟩=[51]；⟨12⟩=[25]；⟨16⟩=[48]；⟨20⟩=[49]；⟨22⟩=[28]；⟨24⟩=[50]；⟨26⟩=[26]；⟨28⟩=[27]
　(4) ケーテンスドルフ村
⟨6⟩=[35]；⟨7⟩=[36]；⟨11⟩=[37]；⟨13⟩=[38]；⟨16⟩=[39]；⟨20⟩=[29]；⟨23⟩=[30]；⟨30⟩=[31]；⟨32⟩=[32]；⟨36⟩=[52]；⟨37⟩=[53]；⟨43⟩=[33]；⟨44⟩=[54]；⟨48⟩=[34]
　(5) ケンドラー村
⟨10⟩=[57]

　本協定第5条は，償却地代額が同じである義務者の姓名・保険番号を，まず村別に，次に馬所有農と手［賦役］農に区分して記載し，最後に［その他の］手賦役農を一括して記載している。以下の表2-6-3は，第5条の義務者の保険番号を一連番号に書き換えて，連畜賦役と手賦役に区分した償却地代額を，村別・一連番号順に表示したものである[1]。また，第5条Bは，［その他の］手賦役農所有地の中で2村の2人について，表2-6-3の賦役償却地代に加えて，さらに

表2-6-3　賦役義務者各人の償却地代・一時金額

　(1) 馬賦役農
　　①リンバッハ村
[1-6, 8] 地代8AT12AG
[7] 地代6AT10AG
　　②オーバーフローナ村
[9-12, 14-23] 地代8AT12AG
[13] 地代6AT10AG
　　③ミッテルフローナ村
[24] 地代12AT12AG
[25-28] 地代8AT12AG
　　④ケーテンスドルフ村
[29-38] 地代6AT
[39] 地代5AT
　(2) 手賦役農
　　①リンバッハ村
[40-43] 地代2AT16AG
　　②オーバーフローナ村
[44-46] 地代2AT16AG
[47] 地代1AT12AG＋一時金2AT12AG
　　③ミッテルフローナ村
[48-51] 地代2AT16AG
　　④ケーテンスドルフ村
[52-54] 地代2AT
　(3) その他の手賦役農
　　①リンバッハ村
[55] 地代22AG
　　②オーバーフローナ村
[56, 58, 59] 地代12AG
　　⑤ケンドラー村
[57] 地代12AG＋一時金6AT6AG

賦役償却一時金を支払う，と規定していた．それも同表に追加した．ただし，この2人がこの賦役償却一時金を支払うべき根拠は，明らかでない．
　このうち，1-39の馬賦役農の義務は連畜賦役と見なし，その他の住民の義務は，55-59のそれを含めて，手賦役と見なす．なお，本節の表2-6-1には表示されていないけれども，ケーテンスドルフ村には，1連畜所有地と1手賦役地を所有する酒店があり，本協定第1条の賦役を課されていた．しかし，第3条はその賦役を無償で廃止した．酒店の所有者が騎士領領主自身であったからである．

　上の表から，村別に賦役種類別償却一時金合計額を集計したものが表2-6-4[2]である．連畜賦役と手賦役の償却一時金合計も算出・表示してある．

表2-6-4　賦役種類別・村別償却一時金合計額

(1) 連畜賦役
①年地代
　(i)リンバッハ村（フーフェ農8人）65AT22AG ｛1,647AT22AG ≒ 1,693NT19NG ≒ 1,693NT｝
　(ii)オーバーフローナ村（フーフェ農15人）125AT10AG ｛3,135AT10AG ≒ 3,222NT14NG ≒ 3,222NT｝
　(iii)ミッテルフローナ村（フーフェ農5人）46AT12AG ｛1,162AT12AG ≒ 1,194NT23NG ≒ 1,194NT｝
　(iv)ケーテンスドルフ村（フーフェ農11人）65AT ｛1,625AT ≒ 1,670NT3NG ≒ 1,670NT｝
　(vi)4村計（フーフェ農39人）｛7,779NT｝
(2) 手賦役
①年地代
　(i)リンバッハ村（フーフェ農4人と小屋住農1人，計5人）11AT14AG ｛289AT14AG ≒ 297NT17NG ≒ 297NT｝
　(ii)オーバーフローナ村（フーフェ農4人と園地農3人，計7人）11AT ｛275AT-AG ≒ 282NT18NG ≒ 282NT｝
　(iii)ミッテルフローナ村（フーフェ農4人）10AT16AG ｛266AT16AG ≒ =273NT11NG ≒ 273NT｝
　(iv)ケーテンスドルフ村（フーフェ農3人）6AT ｛150AT ≒ 154NT4NG ≒ 154NT｝
　(v)ケンドラー村（園地農1人）12AG ｛12AT12AG ≒ 12NT25NG ≒ 12NT｝

(vi) 5村計（フーフェ農15人，園地農4人と小屋住農1人，計20人）｛1,018NT｝
② 償却一時金
  (ii) オーバーフローナ村（フーフェ農1人）｛2AT12AG ≒ 2NT17NG ≒ 2NT｝
  (v) ケンドラー村（園地農1人）｛6AT6AG ≒ 6NT12NG ≒ 6NT｝
  (vi) 2村計（フーフェ農1人と園地農1人，計2人）｛8NT｝
③ 手賦役計
  (i) リンバッハ村（フーフェ農4人と小屋住農1人，計5人）｛297NT｝
  (ii) オーバーフローナ村（フーフェ農4人と園地農3人，計7人）｛284NT｝
  (iii) ミッテルフローナ村（フーフェ農4人）｛273NT｝
  (iv) ケーテンスドルフ村（フーフェ農3人）｛154NT｝
  (v) ケンドラー村（園地農1人）｛18NT｝
  (vi) 5村計（フーフェ農15人，園地農4人と小屋住農1人，計20人）｛1,026NT｝
(3) 賦役計
  (i) リンバッハ村（フーフェ農12人と小屋住農1人，計13人）｛1,990NT｝
  (ii) オーバーフローナ村（フーフェ農19人と園地農3人，計22人）｛3,506NT｝
  (iii) ミッテルフローナ村（フーフェ農9人）｛1,467NT｝
  (iv) ケーテンスドルフ村（フーフェ農14人）｛1,824NT｝
  (v) ケンドラー村（園地農1人）｛18NT｝
  (vi) 5村賦役計（フーフェ農54人，園地農4人と小屋住農1人，計59人）｛8,805NT｝

　表2-6-4の(3)(vi)に示されているように，連畜賦役と手賦役の償却一時金合計額は，5村の義務者59人[2]から，8,805NTであった．その中の2村，すなわち，(ii)村と(v)村の手賦役，合計8NTだけが一時金によって償還された．したがって，一時金の圧倒的大部分，8,797NTは地代銀行に委託された．

1) 既に述べたように，1839年3月2日と同月9日の追加条項は，一連番号32の償却地代額を，第5条に記された8AT12AGから，6ATに修正した．本表は修正後の地代額を示す．
2) 手賦役を償却一時金によって償還した，2村の2人は，同時に手賦役の償却地代も負担したから，手賦役を償却する村と義務者の合計数は，年地代によって手賦役を償却する村と義務者の合計数と同じになる．

第7節　全国委員会文書第6470号

(1) 保有移転貢租償却協定

ここで問題となる全国委員会文書は，第6470号，「ケムニッツ市近郊の騎士領リンバッハとリンバッハ村，ケンドラー村，オーバーフローナ村，ブロインスドルフ村，ケーテンスドルフ村，ミッテルフローナ村およびブルカースドルフ村の土地所有者との間の，1847年5月17日／9月30日の保有移転貢租償却協定[1)]」である．

本償却協定の序文には，「ケムニッツ管区の…［当］騎士領の…所有者…フォン・ヴァルヴィッツ伯爵（その代理人はリンバッハ村の…フォン・レーデン男爵[2)]）を一方とし，リンバッハ裁判区の多くの土地所有者（義務者全員の姓名と不動産は後出の表2-7-1）を他方として，後者の土地に課される保有移転貢租義務の償却に関して，以下の協定が成立した」，と簡潔に記されている．特別委員の姓名は記されていない．本文は次のとおりである．

　第1条　償却の対象．前に［序文で］挙げられた裁判区民，1-346の土地には，それの売却の度毎に価格の5%が当騎士領に支払われねばならない，という義務が課されていた．これが今や償却によって廃止されるべきである．
　第2条　権利者の［権利］放棄．その内容は，本章第1節（4）で紹介した，第3の償却協定第2条とほぼ同じである．
　第3条　［権利者への］補償．序文の1から346までに挙げられた義務者は，第2条に表明された，権利者の［権利］放棄を承諾し，保有移転貢租義務ある土地の1地租単位から，2.6NPを年地代として権利者に支払うことを誓約する．
　第4条　地代の計算．前条に述べられた補償の結果として，年地代は，資産表に挙げられた地租単位に従って，計算される．第6条によって地代銀行に委託される年地代と，騎士領領主に支払われるべき端数は以下のとおりである．——義務者各人の償却地代額は表2-7-2にまとめられている．
　第5条　地代の支払と保証．先の地代の計算に際して生じた地代端数は，25倍額の払い込みによって完全に償還されたばかりでなく，以下の人々は，第4条に従ってその土地に引き受けられた地代を，25倍額の現金支払によって償還したことを，権利者は確認する．それについて上記の義務者が引き受けたものを，権利者は適法に受領した．——これらの義務者の一連番号（氏名省略）は，7, 11b, 13b, 15-17, 19b, 23, 25b, 28, 33b, 36a/b, 37b, 38-41, 45b, 48a/b, 51, 52b, 58a/b, 62, 63b, 65a/b, 66, 68b, 70, 75, 80, 92, 97, 123, 136, 143, 150, 161a/b, 169-171, 173-175, 182b, 185a/b, 188b, 194, 202, 205, 209,

218b, 220, 226, 228, 229, 233, 242-245, 250, 251, 253-262, 265, 269, 274, 275a/b/c/d, 276, 277, 278a/b, 282, 283, 288, 290, 291, 293, 295, 297-299, 301, 302, 305-307, 311, 313-316, 319, 321, 322, 324, 327, 328a/b, 329, 331, 334, 336, 338-340, 342-345 である.

　第6条. 第4条に記名された, その他の義務者は, そこに定められた地代を, それが4NPで割り切れる限り, 地代銀行に委託した. それに対して, 権利者は償却一時金を名目額の地代銀行証券で受け取った.

　問題の地代が地代銀行によって引き受けられ, 一時金が権利者に支払われる時点まで, 義務者は, 第4条で各人に定められた地代を, 法定の4期日に…後者[権利者]に自ら支払わねばならない. ――以下省略

　第7条　地代の保証. 第4条で各人に定められた地代が, 土地登記簿に登記されず[3], また, 照応する一時金の支払終了によって償還されない限り, あの地代が, そこに申告された土地と彼らのその他の財産によって, …対物的負担と同じように保証され, 優先されることを, 義務者は承認する. 先述の[地代]端数は25倍額全額として支払われ, 永久に償還されたことを, 権利者も確認する.

　第8条　契約の施行開始. かつて要求されていた保有移転貢租の支払は, [一連番号] 150では1846年初に, …[中略], 66では1846年6月26日に終了した. 権利者が第2条で述べた[権利]放棄は, すでに発効している. 上述の償却[発効]期日の後の, 最初の支払期日以後に義務者は, 引き受けた地代を支払わねばならない.

　第9条　費用. 本契約がお上に承認されるまでに生じた, 償却[事務]の費用は, 権利者と義務者によって半分ずつ引き受けられる.

　権利者が保有移転貢租義務の償却に関して1846年2月初め以前に合意した義務者については, 権利者が当該の費用部分を自ら支払う. そこで, 序文の1, 3, …, 313-346に挙げられた義務者[302人]は, 償却費用を拠出する必要がなく, その費用部分は権利者によって精算される.

　本文に続く協定署名集会議事録などは省略する.
　この償却協定は1847年9月30日に全国委員会[主任]ミュラーによって承認された.
　なお, 本協定の提議者と被提議者は明記されていない.

1) GK, Nr. 6470. なお, 松尾, 「リンバッハ」, (5), p. 62は本協定第4条の最初の2ページを示している.
2) 1847年のこの協定によれば, 一方の当事者はヴァルヴィッツ伯爵であり, その代理人がレーデン男爵である. しかし, 後者は既に46年に当騎士領の所有者となっていた. 本書第1章第4節(2)を参照. したがって, この協定に関する交渉は46年以前に開始されていたはずである.
3) 「登記されず」は,「登記されており」の意味であろう.

(2) 償却一時金合計額

本協定序文から，第4条を参考にしつつ，義務者全員の姓名と不動産を示すものが表2-7-1[1]である．同じ一連番号に複数の不動産が記録され，かつ，それぞれの地代が提示されている場合には，（ ）内にそれらの名称を＋でつないだ．さらに，次節に関連して，リンバッハ村の［農民］地についてだけは保険番号を不動産の後に付記した．

表2-7-1　義務者全員の姓名と不動産

(1) リンバッハ村
[1] Victor Alexander Rudolph（耕地片＋採草地）
[2] Friedericke Sophie Rudolph（家屋）
[3] Johann Heinrich Immanuel Leberecht Scherf（［農民］地〈11〉）
[4] Otto Gerhardt [Scherf] und Friedrich Moritz Scherf（家屋）
[5] Carl Traugott Hummitzsch（家屋）
[6] Carl Gottlob Claus（家屋）
[7] Christian Gottlieb Haupt（園地）
[8] Johann Gottlieb Wiedemann（家屋）
[9] Carl Gottlieb Wiedemann（園地）
[10] Christiane Caroline Wünschmann（家屋）
[11] David Müller（家屋＋耕地片）
[12] Julian Eduard Hausherr（家屋）
[13] Franz Albert Kreissig（家屋＋耕地片）
[14] Johann Gottfried Brückner（家屋）
[15] Gottlieb Ferdinand Richter（建築用地）
[16] Carl Herrmann Bräunert（家屋）
[17] Johann Friedrich Lange（家屋）
[18] Johann David Wünschmann（家屋）
[19] Wilhelm August Semmler（家屋＋耕地片）
[20] Carl Friedrich Böhme（園地）
[21] Marie Regine Helbig（園地）
[22] Christian Friedrich Wilhelm Hößler（家屋）
[23] Gottlieb Friedrich Gränz（家屋）
[24] Christian Gottlieb Schraps（家屋）
[25] Friedrich Ferdinand Sohre（家屋＋耕地片）
[26] Carl August Großer（［農民］地〈30〉＋家屋）
[27] Johann Friedrich Seifert（［農民］地〈32〉）
[28] Carl Friedrich Künzel（家屋）
[29] Johann Georg Friedrich Gränz（［農民］地〈33〉）
[30] Johann Friedrich Lange（［農民］地〈34〉）
[31] Johann Michael Sonntag（家屋）
[32] Johann Ehrenfried Zwingenberger（［農民］地〈36〉）
[33] Herrmann Rudolph（家屋＋耕地片）
[34] Friedrich Wilhelm Landgraf（［農民］地〈37〉）
[35] Johann Andreas Pfüller（［農民］地〈38〉）
[36] Traugott Reinhold Esche（漂白所＋家屋）
[37] Henriette Sallmann（家屋＋耕地片）
[38] Carl Gottlieb Hecker（［農民］地

〈42〉）
[39] Johann David Kretzschmar（家屋）
[40] Ernst Reinhold Esche（家屋）
[41] Johann Gottlieb Lehmann（家屋2戸）
[42] Christian Friedrich Benjamin Seifert（家屋）
[43] Johann Georg Kühnrich（家屋）
[44] Johann August Steinert（家屋）
[45] Christian Friedrich Ranke（家屋＋耕地片）
[46] Carl Gottlob Külbel（家屋）
[47] Julius Alexander Walther（家屋）
[48] Carl Gottlob Roscher（家屋＋耕地片）
[49] Christian Friedrich Schönfeld（家屋＋耕地片）
[50] Johann Christlieb Kramer（家屋）
[51] Friedrich August Posern（家屋）
[52] Carl Ferdinand Künzel（家屋＋耕地片）
[53] Friedrich Gottlieb Hebenstreit（家屋）
[54] Christiane Friedericke Kreißig（家屋）
[55] Johann Gottlieb Lißtner（家屋）
[56] Joseph Napoleon Sebastian（家屋）
[57] Sophie Christine Friedericke Pulster（家屋）
[58] Johann Gotthelf Harnisch（家屋＋耕地片）
[59] Johann Gottlieb Siegert（家屋）
[60] Carl Friedrich Scherf（家屋）
[61] Johann Gotthard Franke（家屋＋耕地片）
[62] Carl Julius Müller（家屋）
[63] August Friedrich Starke（家屋＋耕地片）
[64] Carl Gottlob Schuricht（家屋）
[65] Friedrich Michael Börngen（家屋＋耕地片）
[66] Theodor Esche（家屋2戸）
[67] Joseph Höger（家屋＋耕地片）
[68] Samuel Friedrich Voigt（家屋＋耕地片）
[69] Christian Friedrich Steinbach（家屋）
[70] Gustav Benedict Bach（家屋）
[71] Johann Gottfried Karllus（家屋）
[72] Samuel Leberecht Naumann（家屋）
[73] Carl Tippmann（家屋）
[74] Carl Gottlob Schaarschmidt（家屋）
[75] Johann Michael Schmidt（家屋）
[76] Gottlob Moritz Bachmann（家屋）
[77] Johann Gottfried Kresse（家屋）
[78] Friedrich Wilhelm Oettelt（家屋）
[79] Johanne Dorothee Wünschmann（家屋）
[80] Friedrich Albert Heinze（家屋）
[81] Carl Wilhelm Bachmann（家屋）
[82] Carl Ferdinand Bachmann（家屋）
[83] Christian Gottlieb Dost（家屋）
[84] Carl Friedrich Steinert（家屋）
[85] Johann Joseph Wünschmann（家屋）
[86] Johann Gottlieb Bachmann（家屋）
[87] Gottlob Friedrich Lindner（家屋）
[88] Christian Gottfried Fuchs（納屋＋家屋）
[89] Julius Heinrich Wiedemann（家屋）
[90] Franz Anton Hübner（家屋）
[91] Carl Heinrich Ferdinand Kühnert（家屋）

[92] Johann Gottfried Ludwig（家屋）
[93] Gottlob Friedrich August Hertel（家屋）
[94] Christiane Sophie Kühnert（家屋）
[95] Johann Gottlob Kramer（家屋）
[96] Carl August Lindner（家屋）
[97] Johann Gottlob List（家屋）
[98] Carl Robert Esche（家屋）
[99] Carl August Landgraf（家屋）
[100] Carl Gotthelf Fischer（家屋）
[101] Carl Gottlob Eckert（家屋）
[102] Johann Gottlob Ernst Gautlitz（家屋）
[103] Christian David Fritzsche（家屋）
[104] Carl August Neubert（家屋）
[105] Marie Magdalene Wünschmann（家屋）
[106] Johann Gottlieb Fischer（家屋）
[107] Johann David Bernhard（家屋）
[108] Johanne Sophie Lindner（家屋）
[109] Carl Friedrich Fiedler（家屋）
[110] Carl Gottlieb Fischer（家屋＋家屋）
[111] David Ferdinand Steinert（家屋）
[112] Christiane Rosine Böhme（家屋）
[113] Friedrich Ferdinand Lehmann（家屋）
[114] Johann Gottlob Brühl（家屋）
[115] Christian Steinert（家屋）
[116] Carl August Böhme（家屋）
[117] Friedrich August Seifert（家屋）
[118] August Friedrich Enge（家屋）
[119] Friedrich August Steinbach（家屋）
[120] Franz Friedrich Naumann（家屋）
[121] Johann Georg Schubert（家屋）
[122] Carl Friedrich Helbig（家屋）
[123] David Ludwig Hecker（家屋）

[124] Carl Friedrich Hoppe（家屋）
[125] Julius Ferdinand Gündel（家屋）
[126] Johann Gottlob Knorr（家屋）
[127] Johanne Christiane Scheibe（家屋）
[128] Marianne Friedericke Lindau（家屋）
[129] Salomo Friedrich Löbel（家屋）
[130] Johann Friedrich Daniel Wienhold（家屋）
[131] Johanne Christiane Schönfeld（家屋）
[132] Carl Wilhelm Reichel（家屋）
[133] Carl Gottlob Hofmann（家屋）
[134] Christian Gottlob Richter（家屋＋耕地片）
[135] August Gotthelf Schulze（家屋）
[136] Johanne Juliane Dreibrod（家屋）
[137] Friedrich August Naumann（家屋）
[138] Johann August Lindner（家屋）
[139] Johann Carl Richter（家屋）
[140] Heinrich Ernst Haferberger（家屋）
[141] Johanne Charlotte Winkler（家屋）
[142] Johann David Zwingenberger（家屋）
[143] Johann Gottlieb Tiebel（家屋）
[144] Carl Joseph Müller（家屋）
[145] Johann Friedrich August Döhnert（家屋）
[146] Friedrich August Wiedemann（家屋）
[147] Johann David Schneider（家屋）
[148] Johann Michael Willhayn（家屋）
[149] Carl Gustav Hindersin（家屋）
[150] Johann Gottfried Wagner（家屋）
[151] Christiane Eleonore Aurich（家屋）

第2章　騎士領リンバッハ（西ザクセン）における封建地代の償却　127

[152] Carl Gottlieb Oelisch（家屋）
[153] Johanne Christiane Pester（家屋）
[154] Johann Samuel Berger（家屋）
[155] Carl Gottlob Saupe（家屋）
[156] Carl Friedrich Reichel（家屋）
[157] Johanne Rosine Esche（家屋）
[158] Dienegott Valerius Dittrich（家屋）
[159] Christian Heinrich Schaarschmidt（家屋）
[160] Carl Oskar Rudolph（家屋）
[161] Johann David Ullmann（家屋＋耕地片）
[162] Johann Gottlob Heinrich Fritzsche（家屋）
[163] Johann Carl Anton Zwingenberger（家屋）
[164] Johann Georg Winkler（家屋）
[165] Heinrich August Uebel（家屋）
[166] Johann Gottfried Kühnert（家屋）
[167] Christian Friedrich Bachmann（家屋）
[168] Johann Friedrich Gimpel（水車）
[169] Johann Arndt Freitag（建築用地）
[170] Johanne Dorothee Backofen（家屋）
[171] Friedrich Wilhelm Sohre（耕地片）
[172] Friedrich Ferdinand Pester（家屋）
[173] Christian Friedrich Schraps（耕地片）
[174] Carl Anton Lehmann（耕地片）
[175] Herrmann Schaarschmidt（耕地片）
[176] Carl Friedrich Vorke（耕地片）
[177] Friedrich August Meinig（耕地片）
[178] Christian Friedrich Lohse（耕地片）
[179] Johann Samuel Winkler（耕地片）
[180] Johann Georg Nitzsche（耕地片）

[181] Christian Friedrich Löbel（耕地片）
[182] Johann Samuel Schubert（園地＋耕地片）
[183] Traugott Heinrich Töpfer（耕地片）
　（2）当騎士領所属ケンドラー村
[184] Johann Michael Eichler（家屋）
[185] Christian Gottlieb Schaarschmidt（家屋＋家屋＋耕地片）
[186] Johann Anton Ullmann（園地）
[187] Johann Moritz Sallmann（園地）
[188] Christian Friedrich Wilhelm Winkler（園地＋耕地片）
[189] Carl Gottlieb Lehmann（園地）
[190] Johann August Ittner（園地）
[191] Carl Gottfried Ullmann（園地）
[192] Anton Georg Sebastian（園地）
　（3）オーバーフローナ村
[193] Johann Gottfried Dittrich（園地）
[194] Johann Samuel Sonntag（園地）
[195] Gottfried Gränz（[農民] 地）
[196] Friedrich August Rothe（[農民] 地）
[197] Friedrich August Eckart（家屋）
[198] August Friedrich Gränz（園地＋林地・採草地）
[199] Johann Gottfried Berger（園地）
[200] Carl Gottfried Grobe（[農民] 地）
[201] Johann Gottfried Grobe（園地）
[202] Gottlob Frischmann（家屋）
[203] Carl Friedrich Horn（家屋）
[204] Johann Samuel Welker（[農民] 地）
[205] Carl Friedrich Quellmalz（[農民] 地）
[206] Benjamin Heil（家屋＋耕地片）
[207] Anton Gustav Ackermann（園地）

[208] Friedrich August Wünsch（[農民]地）
[209] Carl August Winkler（園地）
[210] Christian Gottfried Gränz（家屋）
[211] Friedrich Gottlob Gräfe（家屋）
[212] Samuel Friedrich Kühnert（家屋）
[213] Johann Friedrich August Pulster（家屋）
[214] David Martin（家屋）
[215] Johanne Dorothee Heinig（園地）
[216] Christian Gottlob Kühn（水車）
[217] Johann August Neuhaus（家屋）
[218] Friedrich Gottlob Lippmann（水車＋耕地片＋耕地片）
[219] Johann Gottfried Hofmann（[農民]地）
[220] Friedrich August Hofmann（家屋）
[221] Johann Samuel Winkler（家屋）
[222] Johann Gottlieb Ludwig（[農民]地）
[223] Friedrich August Pester（家屋）
[224] Christian Gottlob Müller（[農民]地）
[225] Johanne Dorothee Fürst（家屋）
[226] Carl Friedrich Eichler（家屋）
[227] Johann Gottfried Eichler（[農民]地）
[228] Johann August Quellmalz（家屋）
[229] Johann Gottlob Bauch（家屋）
[230] Christian Friedrich Schulze（家屋）
[231] Christian Gottlieb Klaus（家屋）
[232] Christian Friedrich Wilhelm Pester（[農民] 地）
[233] Auguste Wilhelmine Rätzer（家屋）
[234] Johann Gottfried Quellmalz（家屋）
[235] Johann Gottlieb Götze（園地）
[236] Carl Gottlob Naumann（園地）
[237] Johann Gottlieb Lindner（園地）
[238] Friedrich Gotthelf Müller（園地）
[239] Johann Gottlieb Eckert（園地）
[240] Johann Gottlob Präger（家屋）
[241] Johann Gottlieb Hahn（家屋）
[242] Johann Christian Irmscher（家屋）
[243] Christian David Kühnrich（建築用地）
[244] Johann Gottfried Schessler（耕地片）
[245] Christian August Fuchs（耕地片）
[246] Johann Friedrich Fürst（耕地片）
[247] Christian Gottlob Kühnert（耕地片）
[248] Carl Gottlob Hofmann（耕地片）
[249] Gottlieb Engelmann（耕地片）
[250] Samuel Esche（耕地片）
[251] Johann Samuel Müller（耕地片）
[252] Johann Friedrich Herold（耕地片）
[253] Justine Engelmann（耕地片）
[254] Gottlob Friedrich Sittner（耕地片）
[255] Johann Gottlieb Sittner（耕地片）
[256] Christian Friedrich Sittner（耕地片）
[257] Carl Gottfried Gebauer（耕地片）
[258] Christian Wilhelm Martin（耕地片）

（4）当騎士領所属プロインスドルフ村
[259] Johann Gottlieb Lesch（家屋）
[260] Johann Gottfried Bretschneider（家屋）
[261] Marie Rosine Kinder（家屋）
[262] Carl August Lindner（家屋）
[263] Johann August Heinzig（家屋＋耕地片）
[264] Friedrich August Wunderlich（家屋）

［265］Johann Samuel Ittner（家屋）
［266］Wilhelm Heil（［農民］地）
　（5）ケーテンスドルフ村
［267］Johann Samuel Ludwig（園地）
［268］Carl Gottlob Steinert（園地）
［269］Carl Gottlob Dörfel（園地）
［270］Johann Gottlieb Krutzsch（園地）
［271］August Leberecht Schmiedel（家屋）
［272］Carl Gottlob Winkler（家屋）
［273］Johann Gottlieb Nitzsche（［農民］地）
［274］Johann Georg Eichler（家屋）
［275］Carl Gottlob Bonitz（［農民］地＋［農民］地＋［農民］地＋家屋）
［276］Carl August Friedrich Wilhelm Klöthe（家屋）
［277］Friedrich August Uhlemann（家屋）
［278］Johann Samuel Matthes（家屋＋耕地片）
［279］Johanne Friedericke Liebers（家屋）
［280］Johann Gottfried Scheibe（家屋）
［281］Johann Andreas Hering（［農民］地＋［農民］地）
［282］Christian Friedrich Steudten（家屋）
［283］Christian Friedrich Fuchs（家屋）
［284］Jeremias Kölzig（家屋）
［285］Juliane Friedericke Friedrich（家屋）
［286］Christian Ahnert（家屋）
［287］Friedrich Wilhelm Schüssler（家屋）
［288］Carl Gotthelf Ulbricht（水車）
［289］Johann August Lindner（家屋）
［290］Carl Gottlob Friedrich Päßler（家屋）
［291］Carl Gottfried Steudel（家屋）
［292］Johann Benjamin Kühn（［農民］地）
［293］Johann David Seidler（家屋）
［294］Johann Georg Scheibe（［農民］地）
［295］Johann Gottfried Delling（家屋）
［296］Johanne Sophie Scheibe（家屋）
［297］Carl Gottlob Geithner（家屋）
［298］Carl Gottfried Büttner（家屋）
［299］Christian Friedrich Rinner（家屋）
［300］Johann Gottfried Ahnert（家屋）
［301］Johann David Ahnert（家屋）
［302］Johann August Müller（家屋）
［303］Carl Gotthelf Linke（家屋）
［304］Christiane Charlotte Lohmann（家屋）
［305］Christian Friedrich Thiele（家屋）
［306］Johann Adam Winkler（［農民］地）
［307］Johann Georg Bolling（［農民］地）
［308］Ehrenfried Naumann（家屋）
［309］Friedrich Wilhelm Müller（家屋）
［310］Wilhelm Müller（家屋）
［311］Johann Christoph Lorenz（家屋）
［312］Johanne Susanne Irmscher（家屋）
［313］Johann Gottfried Dietze（家屋）
［314］Johanne Sophie Irmscher（家屋）
［315］Carl Gottlob Richter（家屋）
［316］Johann Gotthelf Schumann（家屋）
［317］August Wilhelm Endrich（家屋）
［318］Johann August Steinert（家屋）
［319］Johann Christian Friedrich Immanuel Klöthen（家屋）
［320］Carl Gottlob Ludwig（家屋）
［321］Johann Gottlob Schmidt（家屋）
［322］Johann Moritz Hahn（家屋）

[323] Carl August Rümmler（家屋＋耕地片）
[324] Carl Gottlob Ahnert（家屋）
[325] Christoph Glänzel（家屋）
[326] Johann Samuel Weigel（家屋）
[327] Heinrich Wilhelm Hellner（家屋）
[328] Carl Friedrich Lindner（家屋＋耕地片）
[329] Carl Benjamin Rümmler（家屋）
[330] Johann Michael Sonntag（家屋）
[331] Johann Gottlieb Wünsch（家屋）
[332] Johann August Werner（家屋）
[333] Johann David Eckart（家屋＋耕地片）
[334] Johann Georg Glänzel（家屋）
[335] Johann Gottlieb Fiegert（家屋）
[336] Johanne Christiane Rümmler（家屋）
[337] Johann Gottfried Winkler（家屋）
[338] Heinrich Ferdinand Kühn（家屋）
[339] Johann Gottfried Werner（家屋）
[340] Johanne Rosine Müller（家屋）
[341] Johanne Rosine Krasselt（家屋）
　(6) 当騎士領所属ミッテルフローナ村
[342] Johann Gottlob Puschart（家屋）
[343] Christian Friedrich Kühnert（家屋）
[344] Johann Gottlob Stein（家屋）
[345] Friedrich August Bausch（家屋）
　(7) 当騎士領所属ブルカースドルフ村
[346] Johann Samuel Kühn（［農民］地）

　第4条（表2-7-1）において，一連番号17（家屋）と30（［農民］地）は同一村落の同姓同名者であるけれども，同一人と記載されてはいない．また，一連番号4は家屋1戸を2人で所有している．さらに，一連番号281は2個の［農民］地を，275は3個の［農民］地を，41，66，110と185はそれぞれ2戸の家屋を所有する．しかし，以下では便宜上，義務者を346人と考える．なお，①複数種の不動産が記載されている義務者の階層は，最初に記された不動産の種類によって，分類したけれども，一連番号36の「漂白所＋家屋」と88の「納屋＋家屋」は小屋住農と見なす．両者において，漂白所ないし納屋よりも家屋からの償却金額（表2-7-2）が大きいからである．②当騎士領所属…村と記載されている村は，以下では単に…村とする．

　第4条から保有移転貢租義務者各人の償却地代額を村別に表示したものが表2-7-2である．複数の不動産を所有する義務者では，それぞれの地代を＋で記し，その合計を＝の後に記した．償却一時金によって償還した義務者の一連番号が，第5条に列挙されているけれども，それらの義務者も償却地代額でもって表2-7-2に含ませた．一連番号41と66にあっては，家屋2戸の償却地代が一括して掲げ

られている．また，一連番号15, 16と17では償却地代額が25Pと書かれ，その上段に13［NP］ないし21［NP］と記されている．本節では後者の金額，すなわち，1NG3NPないし2NG1NPを，修正された数字と想定する．

表2-7-2　義務者各人の保有移転貢租償却地代額

(1) リンバッハ村
[1] 1NT5NG1NP+4NG3NP=1NT9NG4NP
[2] 2NT1NG6NP
[3] 5NT2NG7NP
[4] 1NT26NG7NP
[5, 160] 17NG4NP
[6] 15NG2NP
[7] 18NG8NP
[8] 21NG3NP
[9, 119] 19NG4NP
[10, 42] 15NG
[11] 15NG+2NG8NP=17NG8NP
[12, 55, 91] 14NG9NP
[13] 14NG9NP+2NG2NP=17NG1NP
[14] 26NG8NP
[15, 17] 1NG3NP
[16] 2NG1NP
[18] 1NT3NG9NP
[19] 26NG2NP+2NG1NP=28NG3NP
[20] 1NT26NG9NP
[21, 71] 17NG9NP
[22] 14NG4NP
[23] 16NG8NP
[24, 162] 12NG4NP
[25] 28NG3NP+2NG7NP=1NT1NG
[26] 2NT13NG8NP+12NG8NP=2NT26NG6NP
[27] 3NT20NG1NP
[28] 1NG2NP
[29] 5NT21NG5NP
[30] 4NT10NG4NP
[31] 1NT1NG4NP
[32] 3NT17NG4NP
[33] 1NT3NG5NP+7NG9NP=1NT11NG4NP
[34] 3NT23NG8NP
[35] 7NT16NG3NP
[36] 1NT-NG5NP+3NT15NG2NP=4NT15NG7NP
[37] 12NG1NP+1NG3NP=13NG4NP
[38] 3NT23NG7NP
[39] 25NG3NP
[40] 21NG6NP
[41] 2NT3NG1NP
[43] 10NG6NP
[44] 1NT9NG5NP
[45] 1NT-NG6NP+2NG7NP=1NT3NG3NP
[46] 1NT-NG8NP
[47] 15NG8NP
[48] 18NG5NP+2NG4NP=20NG9NP
[49] 14NG2NP+3NG3NP=17NG5NP
[50] 8NG8NP
[51] 1NG8NP
[52] 16NG8NP+3NG1NP=19NG9NP
[53] 20NG7NP
[54, 60, 85] 1NT1NG5NP
[56] 23NG7NP
[57, 122] 29NG4NP
[58] 17NG9NP+6NG7NP=24NG6NP
[59] 19NG7NP

[61] 1NT11NG7NP+8NG5NP=1NT 20NG2NP
[62] 1NT5NG9NP
[63] 1NT1NG8NP+2NG8NP=1NT4NG6NP
[64] 14NG3NP
[65] 1NT1NG8NP+6NG7NP=1NT8NG5NP
[66] 5NT1NG
[67] 2NT20NG8NP+8NG7NP=2NT 29NG5NP
[68] 1NT-NG9NP+4NG4NP=1NT5NG3NP
[69] 1NT7NG4NP
[70] 1NT5NG7NP
[72, 89, 158] 15NG7NP
[73] 1NT4NG5NP
[74] 7NG1NP
[75, 127] 12NG7NP
[76] 12NG
[77] 18NG9NP
[78] 12NG2NP
[79] 27NG6NP
[80] 19NG8NP
[81, 140] 19NG9NP
[82, 83] 13NG5NP
[84] 16NG7NP
[86] 24NG5NP
[87] 26NG
[88] 14NG4NP+1NT20NG8NP=2NT 5NG2NP
[90] 11NG9NP
[92, 176] 7NG9NP
[93, 166] 14NG2NP
[94] 16NG5NP
[95] 11NG7NP
[96, 97, 103, 114, 133] 14NG8NP

[98] 1NT4NG3NP
[99] 23NG3NP
[100] 14NG
[101, 139] 28NG
[102] 22NG
[104, 142, 146, 181] 20NG9NP
[105] 1NT15NG8NP
[106] 29NG5NP
[107, 108, 113] 13NG2NP
[109] 13NG3NP
[110] 1NT23NG5NP+1NT7NG4NP= 3NT-NG9NP
[111] 21NG1NP
[112] 18NG7NP
[115] 21NG
[116, 117] 1NT2NG6NP
[118, 141] 19NG3NP
[120] 19NG2NP
[121] 1NT4NG4NP
[123] 18NG5NP
[124] 1NT5NG5NP
[125] 1NT2NG5NP
[126] 1NT2NG2NP
[128] 27NG7NP
[129, 154] 23NG1NP
[130] 22NG9NP
[131] 11NG6NP
[132] 24NG8NP
[134] 16NG3NP+10NG7NP=27NG
[135] 14NG7NP
[136] 1NT6NG4NP
[137] 19NG5NP
[138] 1NT2NG7NP
[143] 13NG1NP
[144] 27NG9NP
[145] 21NG7NP
[147] 14NG5NP

[148] 1NT29NG9NP
[149] 1NT18NG5NP
[150] 1NT12NG6NP
[151] 17NG8NP
[152] 20NG2NP
[153] 27NG3NP
[155] 21NG5NP
[156] 13NG9NP
[157] 1NT5NG3NP
[159] 12NG5NP
[161] 14NG2NP+9NG1NP=23NG3NP
[163] 1NT3NG
[164] 24NG3NP
[165] 28NG9NP
[167] 20NG3NP
[168] 1NT2NG8NP
[169] 2NG7NP
[170] 1NT6NG5NP
[171] 1NG
[172] 2NT-NG5NP
[173] 3NG2NP
[174] 3NG
[175] 1NG1NP
[177] 21NG9NP
[178] 5NG8NP
[179] 17NG7NP
[180] 6NG3NP
[182] 2NG5NP+2NG7NP=5NG2NP
[183] 7NG5NP
　(2) ケンドラー村
[184] 12NG3NP
[185] 1NT4NG6NP+23NG5NP+3NG3NP=2NT1NG4NP
[186] 1NT6NG9NP
[187] 1NT-NG8NP
[188] 11NG8NP+3NG6NP=15NG4NP
[189] 1NT7NG5NP

[190] 1NT21NG8NP
[191] 1NT18NG3NP
[192] 2NT1NG6NP
　(3) オーバーフローナ村
[193, 203, 229] 10NG9NP
[194] 12NG3NP
[195] 7NT10NG8NP
[196] 4NT25NG
[197] 21NG1NP
[198] 18NG9NP+10NG5NP=29NG4NP
[199, 237] 13NG8NP
[200] 6NT27NG5NP
[201] 16NG4NP
[202] 12NG1NP
[204] 6NT15NG5NP
[205] 2NT26NG
[206] 6NG9NP+2NG8NP=9NG7NP
[207] 2NT12NG8NP
[208] 5NT19NG9NP
[209, 215] 20NG9NP
[210] 10NG4NP
[211] 15NG
[212] 8NG7NP
[213] 11NG3NP
[214] 10NG6NP
[216] 1NT2NG6NP
[217] 17NG7NP
[218] 24NG1NP+9NG2NP+8NG5NP=1NT11NG8NP
[219] 5NT16NG2NP
[220] 8NG2NP
[221, 225] 13NG
[222] 3NT8NG3NP
[223] 12NG7NP
[224] 5NT12NG
[226] 2NP
[227] 2NT9NG7NP

[228] 7NG2NP
[230] 13NG2NP
[231] 6NG
[232] 6NT10NG1NP
[233] 14NG3NP
[234] 17NG4NP
[235] 18NG2NP
[236] 16NG2NP
[238] 4NT13NG8NP
[239] 1NT1NG3NP
[240] 22NG1NP
[241] 4NG9NP
[242-244] 1G4P
[245, 248] 3NG1NP
[246] 6NG8NP
[247] 2NG9NP
[249] 24NG4NP
[250] 18NG4NP
[251] 5NG7NP
[252] 5NG9NP
[253] 6NG9NP
[254] 10NG6NP
[255] 9NG
[256] 7NG
[257] 8NG
[258] 3NG6NP
　(4) ブロインスドルフ村
[259] 4NG4NP
[260] 7NG5NP
[261] 12NG3NP
[262] 8NG8NP
[263] 10NG5NP+6NG1NP=16NG6NP
[264] 4NG7NP
[265] 13NG1NP
[266] 6NT25NG1NP
　(5) ケーテンスドルフ村
[267] 1NT16NG8NP

[268] 19NG6NP
[269] 25NG6NP
[270] 17NG6NP
[271] 7NG8NP
[272, 303] 8NG9NP
[273] 4NT25NG1NP
[274, 335, 339] 5NG2NP
[275] 4NT9NG3NP+2NT3NG9NP+4NT12NG2NP+18NG8NP=11NT14NG2NP
[276] 3NG5NP
[277, 320, 327] 6NG1NP
[278] 7NG7NP+14NG2NP=21NG9NP
[279] 8NG
[280] 6NG7NP
[281] 4NT29NG8NP+4NT14NG=9NT13NG8NP
[282, 302] 8NG7NP
[283, 332] 5NG9NP
[284] 6NG3NP
[285] 11NG
[286] 9NG4NP
[287] 9NG2NP
[288] 19NG7NP
[289, 309] 8NG1NP
[290] 9NG8NP
[291] 8NG3NP
[292] 4NT9NG7NP
[293] 7NG6NP
[294] 4NT25NG6NP
[295, 301] 5NG7NP
[296] 10NG1NP
[297, 311, 318, 338] 6NG8NP
[298, 334] 7NG2NP
[299, 304, 322] 8NG5NP
[300] 16NG
[305] 12NG3NP

[306] 7NT17NG
[307] 4NT18NG4NP
[308, 337] 10NG7NP
[310, 313, 314, 324, 325, 341] 8NG4NP
[312] 10NG8NP
[315] 10NG5NP
[316, 329, 331] 6NG
[317, 330] 11NG5NP
[319] 7NG
[321, 326] 6NG5NP
[323] 6NG8NP+7NG2NP=14NG

[328] 8NG3NP+4NG2NP=12NG5NP
[333] 7NG5NP+5NG4NP=12NG9NP
[336] 5NG1NP
[340] 7NG5NP
　(6) ミッテルフローナ村
[342] 6NG1NP
[343] 8NG
[344] 5NG6NP
[345] 11NG4NP
　(7) ブルカースドルフ村
[346] 4NT15NG5NP

表2-7-2に基づけば，保有移転貢租償却一時金の村別合計額は次表のように計算される．

表2-7-3 保有移転貢租償却一時金の村別合計額

(1) リンバッハ村（「農民」9人，園地農5人，小屋住農154人，耕地片所有者12人，建築用地所有者2人と水車屋1人，計183人）183NT14NG4NP ≒ 183NT14NG {4,586NT20NG ≒ 4,586NT}
(2) ケンドラー村（園地農7人と小屋住農2人，計9人）11NT26NG-NP {296NT20NG ≒ 296NT}
(3) オーバーフローナ村（「農民」11人，園地農13人，小屋住農24人，耕地片所有者15人，建築用地所有者1人と水車屋2人，計66人）86NT6NG3NP ≒ 86NT6NG {2,155NT-NG}
(4) ブロインスドルフ村（「農民」1人と小屋住農7人，計8人）9NT2NG5NP ≒ 9NT2NG {226NT20NG ≒ 226NT}
(5) ケーテンスドルフ村（「農民」7人，園地農4人，小屋住農63人と水車屋1人，計75人）69NT2NG7NP ≒ 69NT2NG {1,726NT20NG ≒ 1,726NT}
(6) ミッテルフローナ村（小屋住農4人）1NT1NG1NP ≒ 1NT1NG {25NT25NG ≒ 25NT}
(7) ブルカースドルフ村（「農民」1人）4NT15NG5NP ≒ 4NT15NG {112NT15NG ≒ 112NT}
(8) 7村計（「農民」29人，園地農29人，小屋住農254人，耕地片所有者27人，建築用地所有者3人と水車屋4人，計346人）{9,126NT}

7村の義務者346人からの保有移転貢租償却一時金は，9,126NTとなる．

ここで，一時金による償還額に簡単に計算しておく．保有移転貢租を一時金によって償還した義務者として，第5条が記載しているのは，116人である．この中には，償却年地代の一部分だけを一括償還した義務者もいた．一時金によって償還された地代とその一時金額の村別合計を示すものが，表2-7-4である．

表2-7-4　一時金による償還額

(1) リンバッハ村（44人）32NT20NG6NP ≒ 32NT20NG ｛816NT20NG ≒ 816NT｝
(2) ケンドラー村（2人）2NT5NG ｛54NT5NG ≒ 54NT｝
(3) オーバーフローナ村（22人）8NT17NG8NP ≒ 8NT17NG ｛214NT5NG ≒ 214NT｝
(4) ブロインスドルフ村（5人）1NT16NG1NP ≒ 1NT16NG ｛38NT11NG ≒ 38NT｝
(5) ケーテンスドルフ村（39人）33NT29NG7NP ≒ 33NT29NG ｛849NT5NG ≒ 849NT｝
(6) ミッテルフローナ村（4人）1NT1NG1NP ≒ 1NT1NG ｛25NT26NG ≒ 25NT｝
(8) 6村計（116人）｛1,996NT｝

7村346人中の6村116人が合計1,996NT（表2-7-3の合計額9,126NTの約22％）を一時金によって償還した．したがって，7,130NTが地代銀行に委託された．

1) 本表［88］の納屋は，本章第1節（2）と第2節（2）および（3）の「納屋」（Panse）あるいは「納屋賦役」（Pensendienst）と異なって，Scheuneである．

第8節　全国委員会文書第6834号

(1) 放牧権償却協定と償却一時金合計額

この償却協定は，第6834号，「ケムニッツ市近郊の騎士領リンバッハと同地の［農民］地所有者フリーデマンおよびツヴィンゲンベルガーとの間の，1848年9月4日／22日の池放牧および償却協定[1)]」である．

本協定序文によれば，一方の被提議者は当騎士領の所有者であり，他方の提議者＝権利者は，リンバッハ村の2人の［農民］地所有者である（権利者の姓名と不動産は後出の表2-8-1）．本文は次のとおりである．

第1条. プライセ村の方向にあり，当騎士領に属する大池の，境界石の内側に生える草と葦を切り，また，［そこで家畜に］草を食わせ，さらに，池の魚獲りに際して騎士領所有者から鯉1匹ないし数匹を無償で得る権利が，序文に記された2人の提議者の所有する土地に帰属する．これが償却の対象である．

第2条. 序文に記された権利者，［1］と［2］は，以下の第3条に保証された補償に対して，第1条に記された権利を，自身とその後継所有者に関して永久に放棄する．

第3条. 当騎士領の所有者…はこの［権利］放棄を承諾し，自身と騎士領の後継所有者に関して，［一連番号］［1］に 11NT23NG8NP の，［一連番号］［2］に 11NT18NG3NP の，年地代を約束する．彼はその中の前者について 11NT23NG6NP を，また，後者について 11NT18NG を地代銀行に委託し，残りの端数，前者の 2NP と後者の 3NP とを，協定の承認後直ちに 25 倍額の現金支払によって償還する．

第4条. 2人の権利者はこの約束を承諾する．しかし，そのための明白な条件は，義務者によって地代銀行に委託された地代の代わりに，当該の一時金が［地代］銀行から彼らに現金で支払われることである．

第5条. 当騎士領の所有者は，彼の引き受けた地代が，彼の騎士領と旧所有者のその他の財産によって，…対物的負担と同じように保証され，優遇されることを承認し，地代銀行への地代の委託に関しては，1832年…の当該法［地代銀行法］とその後の諸法律・諸条例の諸規定に服する．

第6条. 池の堤防で運搬し，家畜を追い立てる，ツヴィンゲンベルガー［一連番号2］の農民地に帰属する［権利］，また，フリーデマン［同1］の［農民］地で魚，牧草と敷藁を運搬する，当騎士領の権利，および，ツヴィンゲンベルガーの土地で［彼の土地の水に対して］給水口[2]を持つ，騎士領の権利は本契約によって変更されず，現状のままである[3]．

第7条. 本償却契約の実施は1848年10月初めに始まる．したがって，義務者は四半期毎の最初の地代を1848年末に支払い，地代銀行が地代を引き受けるまで，法定の4期限に地代を支払い続けるべきである．

第8条. 協定の交付までの［特別］委員会の費用は…［騎士領領主］が単独で支払う．それに対して，権利者は法律顧問たちに自ら支払わねばならない．…

リンバッハ村にて1848年9月4日

本協定の提議者は，権利者である農民であり，被提議者は，義務者である騎士領領主である．

協定署名集会議事録は省略する．
この協定を全国委員会は［主任］ミュラーの署名によって1848年9月22日に承認した．

表2-8-1は序文から，第3条を参考にしつつ，権利者の姓名，不動産と保険番号を示す．

表 2-8-1　権利者の姓名と不動産

[1] Johann Clemens Friedemann（［農民］地〈34〉）　　[2] Johann Ehrenfried Zwingenberger（［農民］地〈36〉）

　この償却協定は，騎士領領主の堤防地で行使されてきた放牧権と地役権（この地役権は厳密には，放牧権と狩猟権を除く，「その他の地役権」に分類されるべきものである）を，償却の対象とした．ここでは「その他の地役権」を放牧権に含めよう．その義務者は騎士領領主であり，権利者はリンバッハ村の［農民］地所有者の2人であった．①保険番号34の［農民］地［1］は，次節の協定（1853／54年）に関する表2-9-1では，一連番号12として記載されており，その所有者は本協定［1］と同一人である．しかし，前節の償却協定（1847年）に関する表2-7-1には，この［農民］地は，一連番号30として記載されているけれども，その所有者は本協定のJ. C. フリーデマンではなく，J. F. ランゲである．②保険番号36の［農民］地［2］は，前節の協定の表2-7-1には，一連番号32として記載されており，その所有者は本協定の一連番号［2］と同一人である．しかし，この保険番号の［農民］地は，次節の協定に関する表2-9-1には記載されていない．③1851年の第8173号協定に関する本章第4節の表2-4-1には，農民地の保険番号が付記してある．しかし，同表は保険番号34と36の農民地を記載していない．

　いずれにしても，本節の協定の権利者2人は，協定成立当時，リンバッハ村の農民であった．したがって，本償却協定は，通常の償却協定とは権利者と義務者の位置が逆転した，極めて特異なものである．

　本協定第3条から放牧権（上記のように，「その他の地役権」を含む）償却地代額を表示したものが，表2-8-2である．

表 2-8-2　放牧権償却一時金合計額

[1] 11NT23NG8NP
[2] 11NT18NG3NP
一時金合計（1村の［農民］地所有者2人に対して）23NT12NG1NP ≒ 23NT12NG ｜585NT｜

　2人の［農民］地所有者の放牧権を廃止するために，騎士領領主は，償却一時金に換算して585NTの償却地代を支払うわけである[4]．この地代は全額が地代

銀行に委託された．

1) GK, Nr. 6834. なお，松尾，「リンバッハ」，(5)，p. 70 は本協定の第3条を示している．
2) 原文の Zapfenloch をザクセン州立中央文書館の示唆に基づいて「給水口」と訳した．
3) これらの権利・義務がその後，償却されたか否か，は不明である．
4) Groß 1968 は，委託地代の全額が「騎士領所有者に支払われた」(S. 141) と述べ，「この資金は，ただ農民，園地農，小屋住農のみから支払われた」(S. 144) と書いていた（さらに，松尾 1990, p. 284 を参照）．それに対して，私はかつて次のように記していた．「しかし，これらの主張は正確でない．…極端な事例として法規定上は，封臣たる騎士領所有者が，封主たる国王に対して負っているレーエン制的義務も，償却にあたって委託地代銀行に委託されえたのである．もっとも，この極端な事例を現在の私は具体的に立証することはできない．そこで，義務者のほとんどすべてを農民層と見なしても，大きな誤りではないであろう」．松尾 1990, pp. 284-285. しかし，本節で取り上げた第6834号協定は，農民を権利者とし，騎士領領主を義務者とする償却の事例が存在したことを，明確に立証した．そのために，R. グロースの記述が誤っていることは言うまでもないが，拙著の記述も一部修正されねばならない．

第9節　全国委員会文書第10677号

(1) 貨幣貢租償却協定

　当騎士領の封建地代に関する，全国委員会の最後の償却文書は，第10677号，「騎士領リンバッハと同地などの土地所有者との間の，1853年5月12日／1854年1月12日の貨幣貢租償却協定[1]」である．

　この協定の冒頭には，「国立リンバッハ裁判所にて1853年5月12日記録」と記されており，以下の文言が続く．騎士領リンバッハの所有者が，7村の土地所有者から毎年支払われるべき貨幣貢租の償却と，それの地代銀行委託とを，規定に従って全国委員会に報告した後，それに関する審議のために，騎士領所有者と，本議事録第3条に名を挙げられた，7村（本章では8村とする）の土地所有者計354人とが下記の裁判所書記官の前に出頭した．

　議事録本文は次のとおりである．

　第1条．以下の第3条一覧表で一連番号 2, 5, 16-18, 29, 45, 50, 63, 98, 106, 175, 176, 205, 225, 249, 264, 293, 315, 319, 325, 326, 329, 332, 333, 337 と 339 に挙げられた関係者は，彼らの支払うべき貨幣貢租を，一時金支払によって償却することを選び，この誓約を果たすために，［第3条］一覧表［後出の表2-9-1と表2-9-2を参照］の注の欄に挙げ

られた時点で，その20倍額を当騎士領に現金で払い込む義務を負う．そして，［一連番号］205と225は，［同表］第8欄に示された持ち分について，同様である．それに対して，然るべく行われた一時金支払の証明が提示されれば，問題の貨幣貢租が永久に停止され，土地登記簿から抹消されることに，後者［当騎士領］の所有者は前もって同意する．

第2条．［第3条一覧表］第2欄に挙げられた，その他のすべての関係者は，彼らの支払うべき貨幣貢租を地代銀行に委託する，と述べた．そして，［一連番号］205と225は，［同表］第9欄に示された金額について，同様である．その結果として，
(a) 後者［貨幣貢租］は，4NPで割り切れる金額に丸められ，残った地代端数は，関係者がこの契約の承認を通知された直後に，騎士領への一時金支払によって償還されるべきである．これは，約定に従って20倍額の納付によって行われる．
(b) 丸められた地代額は，当騎士領の所有者によって地代銀行に委託され，25倍額の地代銀行証券が，そして，その実現に必要な場合には，現金が［騎士領領主に］与えられる．貨幣貢租に取って代わったそれ［償却地代］は，土地登記簿の義務的土地のページの第1欄に記入されるべきである．
(c) 地代の委託は，全国委員会が地代銀行管理部と協同で定める期日から，実施される．しかし，個々の貢租の中で，本年ミヒャエーリス祭までの時期に支払われる部分は，断片的地代を避けるために，本年10月初めに権利者に払い込まれるべきである．それ以後から地代の［銀行］委託が実現するまでは，すべての貢租は3ヶ月毎の期日に当騎士領に納付されるべきである．
(d) 地代銀行に後日支払われる地代の支払も，毎年4回の期日…に年地代額の4分の1ずつ行われるべきである．［以下省略］．

第3条．各義務者によって支払われるべき貨幣貢租が，この協定の対象をなす．それは以下の表［後出の表2-9-2］にまとめられている．［本条一覧表］第7欄はそれの年額を示し，第8欄に記されているのは，その中のいくらが地代の償却によるか，いくらが，一時金支払でもって償還されるべき地代端数であるか，を示し，第9［欄］は，地代銀行に委託される地代額を示す．すなわち，
(1) 義務者を確認する文書，…，(2) 義務的土地の表示（一連番号，保険番号，土地登記簿ページ数，分類など），(3) 所有者姓名，(4) 権利者姓名，(5) 貨幣貢租の名称，(6) 個々の貨幣貢租の年額，(7) 貨幣貢租全体の年額．その中で，(8) 20倍額の一時金支払による償還［額］，(9) 地代銀行への委託［額］，(10) 注，である．

第4条．この償却事務によって生じた，すべての費用は，関係者各人がそれぞれ負担すべき資格証明のためのそれを唯一の例外として，権利者と義務者が折半して引き受ける．

関係者双方は上記の契約を完全に了解し，それの順守を確約する．その場合［，双方は］，
(a) 彼らが提案した場合，土地登記簿への登記と抹消が必要となるが，それらについての報告を予め断念する．
(b) 特別に作成される協定に代わって，この議事録が全国委員会によって承認されることを

願う.

(c) [同文4通の協定――省略]
朗読の後,出席者全員はこの議事録を承認し,承認の標として署名した.
以上,[国立リンバッハ裁判所] 書記官ハインツェ

1854年1月12日に全国委員会[主任]シュピッツナーはこれを承認した.ただし,当騎士領の所有者…と,リンバッハ村,ケンドラー村,オーバーフローナ村,ケーテンスドルフ村,ミッテルフローナ村,プロインスドルフ村およびブルカースドルフ村の多くの土地所有者,すなわち,…F. S. ルードルフ[一連番号1]と仲間たちとの間で,1853年5月12日に作成された…議事録の内容に従って締結された償却協定は,第3条一覧表の一連番号2から339までのうち,26個の土地に関わる諸規定を除く,との但し書きが付けられている.——この但し書きは本協定第1条の文言と照応し,これらの26個の不動産が一時金によって貨幣貢租を償却する,と解される.しかし,この26個の不動産には,第1条に記された249が含まれていない.

本協定の提議者は,序文に騎士領領主が「…規定に従って全国委員会に報告した後…」と記されているから,騎士領領主と見なされる.

1) GK, Nr. 10677. なお,松尾,「リンバッハ」,(6), p. 61は本協定第3条一覧表の第1ページを示している.

(2) 償却一時金合計額

本協定序文は関係事項を記載していないので,第3条一覧表の(2)から一連番号と分類(=不動産の名称)を,そして,(3)の所有者姓名を示したものが,表2-9-1である.ただし,①各村の番号,1-8は,原文にはないけれども,整理の必要から私が付けたものである.②3番目に掲げられたオーバーフローナ村の最初の2人,175と176は,ルースドルフ村と明記してあるので,(3)をルースドルフ村とし,(4)をオーバーフローナ村とした.③不動産の中で(1)リンバッハ村の農民地あるいは[農民]地だけについては,前節との関係から,不動産の後に保険番号を付記した.

表2-9-1　義務者全員の姓名と不動産

(1) リンバッハ村

[1] Friedericke Sophie Rudolph（家屋）
[2] Friedrich Moritz Scherf（農民地〈11A〉）
[3] Johann Gottlob Kirchhof（農民地〈12〉）
[4] Carl Gottlieb Wiedemann（園地）
[5] Carl August Sallmann（園地）
[6] Marie Rosine Helbig（園地）
[7] Christian Gottlieb Schraps（家屋）
[8] Friedrich Wilhelm Landgraf（農民地〈30A〉）
[9] Johann Michael Hartig（農民地〈31〉）
[10] Johann Friedrich Seifert（農民地〈32〉）
[11] Johann Georg Friedrich Gränz（農民地〈33〉）
[12] Johann Clemens Friedemann（農民地〈34〉）
[13] Christian Friedrich Brückner（農民地〈37〉）
[14] Ernst Heinrich Pfüller（農民地〈38〉）
[15] Gottfried Hertsch（農民地〈40〉）
[16] Gustav Fürbringer（[農民]地〈43〉）
[17] Carl Anton Lehmann（家屋）
[18] Anna Mathilda Wolf（家屋）
[19] Johann Georg Kühnrich（家屋）
[20] Johann August Steinert（家屋）
[21] Carl Gottlob Külbel（家屋）
[22] Caroline Therese Naumann（家屋）
[23] Andreas Seidel（家屋）
[24] Julius Alexander Walther（家屋）
[25] Helene Dorothea Roscher（家屋）
[26] Caroline Therese Naumann（家屋）
[27] Johanne Caroline Schönfeld（家屋）
[28] Carl Friedrich Ackermann（家屋）
[29] Friedrich August Posern（家屋）
[30] Gustav Ernst Krieg と妻Johanne Christiane Krieg（家屋）
[31] Friedrich Gottlieb Hebenstreit（家屋）
[32] Josepf Napoleon Sebastian（家屋）
[33] August Friedrich Lehmann（家屋）
[34] Johann Friedrich Kreißig（家屋）
[35] Gustav Hermann Harnisch（家屋）
[36] Gottlob David Türpe（家屋）
[37] Carl Samuel Moritz Ludwig（家屋）
[38] Carl Friedrich Scherf（家屋）
[39] Carl Julius Müller（家屋）
[40] Johann Gotthard Franke（家屋）
[41] Carl Ferdinand Künzel（家屋）
[42] August Friedrich Starke（家屋）
[43] Carl Friedrich Steinbach（家屋）
[44] Friedrich Michael Börngen（家屋）
[45] Joseph Hoyer（家屋）
[46] August Ferdinand Pester（家屋）
[47] 同上（家屋）
[48] Hermann Rudolph（家屋）
[49] Johann Christian Friedrich Steinbach（家屋）
[50] Gustav Benedict Bach（家屋）
[51] Christian Friedrich Quellmalz（家屋）
[52] Friedericke Wilhelmine Karlus（家屋）
[53] Gottlob Friedrich Horn（家屋）
[54] Carl Tippmann（家屋）
[55] Carl Gottlob Schaarschmidt（家屋）
[56] Henriette Zwingenberger（家屋）
[57] Heinrich Reinhold Thate（家屋）
[58] Carl Friedrich Adam Steinbach（家屋）

第 2 章　騎士領リンバッハ（西ザクセン）における封建地代の償却　*143*

[59] Johanne Sophie Bachmann（家屋）
[60] Carl Oscar Rudolph（家屋）
[61] Friedrich Wilhelm Oettelt（家屋）
[62] Carl Franz Wünschmann（家屋）
[63] Friedrich Albert Heinze（家屋）
[64] Carl Wilhelm Bachmann（家屋）
[65] Carl Gottlob Pester（家屋）
[66] Christian Gottlieb Dost（家屋）
[67] Johann Joseph Wünschmann（家屋）
[68] Johann Heinrich Kresse（家屋）
[69] Johann Gottfried Ludwig（家屋）
[70] Christiane Caroline de l'Isle（家屋）
[71] Gottlieb Friedrich Wilhelm Sohre（家屋）
[72] Johann Christoph Poser（家屋）
[73] Christian Ehregott Thiele（家屋）
[74] Christian Ferdinand Hertel（家屋）
[75] Johann Gottlob List（家屋）
[76] Carl Robert Esche（家屋）
[77] Henriette Landgraf（家屋）
[78] Carl Gotthelf Fischer（家屋）
[79] Carl Gottlob Eckardt（家屋）
[80] Johanne Christiane Bölke（家屋）
[81] Christian David Fritzsche（家屋）
[82] Friedrich Moritz Stülpner（家屋）
[83] Marie Magdalene Wünschmann（家屋）
[84] Johann Gottlieb Fischer（家屋）
[85] Johann David Bernhard（家屋）
[86] Johanne Sophie Lindner（家屋）
[87] August Voigt（家屋）
[88] Heinrich August Matthes（家屋）
[89] Carl Gottlieb Fischer（家屋）
[90] David Ferdinand Steinert（家屋）
[91] Johann August Böhme（家屋）
[92] Friedrich Ferdinand Lehmann（家屋）
[93] Carl Gottlieb Wolf（家屋）
[94] Christian Steinert（家屋）
[95] Carl August Böhme（家屋）
[96] Friedrich August Seifert（家屋）
[97] August Friedrich Enge（家屋）
[98] Johann Christian Friebel（家屋）
[99] Christiane Caroline Berthold（家屋）
[100] Friedrich August Steinbach（家屋）
[101] Johanne Marie Hößler（家屋）
[102] Franz Friedrich Naumann（家屋）
[103] Johann Gottlob Müller（家屋）
[104] Johann George Schubert（家屋）
[105] Ewald Julius Berthold（家屋）
[106] Johann Christian Friebel（家屋）
[107] Gottfried Moritz Harzdorf（家屋）
[108] David Ludwig Hecker（家屋）
[109] Wilhelm Friedrich Ehrhardt（家屋）
[110] Carl Friedrich Hoppe（家屋）
[111] Julius Ferdinand Gündel（家屋）
[112] Wilhelm Walter Uhlig（家屋）
[113] Johann Gottlob Knorr（家屋）
[114] Johanne Christiane Scheibe（家屋）
[115] Heinrich Eduard Köhler（家屋）
[116] Helene Dorothee Löbel（家屋）
[117] Johann Friedrich Daniel Wienhold（家屋）
[118] Gottlieb Zwicker（家屋）
[119] Johann Christlieb Cramer（家屋）
[120] Johanne Sophie Reichelt（家屋）
[121] Carl Gottlob Hofmann（家屋）
[122] Romanus Wünschmann（家屋）
[123] August Gotthelf Schulze（家屋）
[124] Johanne Juliane Dreibrod（家屋）

［125］Johanne Christiane Naumann（家屋）
［126］Carl Wilhelm Richter（家屋）
［127］Johanne Christiane Pester（家屋）
［128］Johann Carl Richter（家屋）
［129］Carl Friedrich Vettermann（家屋）
［130］Johanne Charlotte Winkler（家屋）
［131］Johann David Zwingenberger（家屋）
［132］Johann Gottlieb Tiebel（家屋）
［133］Carl Joseph Müller（家屋）
［134］Johann Friedrich August Döhnert（家屋）
［135］Wilhelm Ernst Friedemann（家屋）
［136］Christian Gottlieb Friedemann（家屋）
［137］Johann Michael Willhain（家屋）
［138］Johann Gottfried Wagner（家屋）
［139］Christiane Eleonore Aurich（家屋）
［140］Carl Gottlieb Oelsch（家屋）
［141］Johanne Christiane Pester（家屋）
［142］Amalie Henriette Zülchner（家屋）
［143］Christian August Fuchs（家屋）
［144］Carl Gottlob Saupe（家屋）
［145］Carl Friedrich Reichel（家屋）
［146］Dorothee Friedericke Schramm（家屋）
［147］Carl Wilhelm Moritz Bernhard（家屋）
［148］Johanne Rosine Müller（家屋）
［149］August Esche（家屋）
［150］Christian Gottlieb Neuhaus（家屋）
［151］Christian Heinrich Schaarschmidt（家屋）
［152］Samuel Friedrich Schulze（家屋）
［153］Gottfried Schnabel（家屋）
［154］Johann David Ullmann（家屋）

［155］Johann Gottlob Heinrich Fritzsche（家屋）
［156］Carl Christian Strauch（挽き割り水車）
［157］Heinrich August Uebel（家屋）
［158］Reinhold Schüßler（家屋）
［159］Johann August Lindner（家屋）
［160］Christian Friedrich Bachmann（家屋）
［161］Johann Friedrich Gimpel（家屋・水車）
［162］Gottlieb Hofmann（家屋）
　（2）ケンドラー村
［163］Johann Gottfried Fritzsche（園地）
［164］Johann Moritz Sallmann（園地）
［165］Christiane Caroline Drescher（家屋）
［166］Johann Gottlieb Hammer（園地）
［167］Johann August Ittner（園地）
［168］Carl Gottfried Ullmann（園地）
［169］Anton Georg Sebastian（園地）
［170］Christian Gottlieb Schaarschmidt（家屋）
［171］同上（家屋）
［172］Johann Michael Eichler（家屋）
［173］Carl Traugott Berthold（園地）
［174］Gottlob Friedrich Scherf（家屋）
　（3）ルースドルフ村
［175］Friedrich August Esche（耕地片・採草地）
［176］Friedrich Wilhelm Franke（耕地片・採草地）
　（4）オーバーフローナ村
［177］Johann Gottfried Dittrich（園地）
［178］Johanne Christiane Kühnert（園地）
［179］Gottfried Gränz（農民地）

[180] Friedrich August Rothe（農民地）
[181] Friedrich August Eckhardt（家屋）
[182] August Friedrich Gränz（園地）
[183] Carl Gottlob Grobe（家屋）
[184] Johann Gottlieb Oehme（園地）
[185] Carl Gottfried Grobe（農民地）
[186] Carl Gottlob Kluge（家屋）
[187] Christiane Caroline Grobe（園地）
[188] Gottlob Frischmann（家屋）
[189] Carl Friedrich Horn（家屋）
[190] Christian Friedrich Eichler（家屋）
[191] Johann Samuel Welker（農民地）
[192] Carl Friedrich Quellmalz（農民地）
[193] Benjamin Heil（家屋）
[194] Friedrich August Irmscher（家屋）
[195] Carl Wilhelm Rüdinger（宿屋）
[196] Friedrich August Wünsch（農民地）
[197] Carl August Ludwig（家屋）
[198] Friedrich August Heinig（園地）
[199] Johanne Augustine Weber（農民地）
[200] Christian Gottfried Gränz（家屋）
[201] Friedrich Gottlob Gräfe（家屋）
[202] Friedrich Hermann Fischer（農民地）
[203] Johann David Martin（家屋）
[204] Christiane Caroline Heinig（園地）
[205] August Friedrich Vogel（園地）
[206] Friedrich Wilhelm Kühn（農民地）
[207] Christian Gottlob Kühn（水車）
[208] Christian Friedrich Kaufmann（農民地）
[209] Johann Gottlieb Bräutigam（家屋）
[210] Johann Gottlieb Blei（家屋）
[211] Carl Gottlob Pulster（家屋）
[212] Carl Gottlob Kühnert（家屋）
[213] Johann Gottlieb Kühnrich（家屋）
[214] Carl Friedrich Lindner（家屋）
[215] Carl Friedrich August Fischer（家屋）
[216] Johann Gottlieb Harzendorf（家屋）
[217] Gottlob August Kühn（農民地）
[218] Friedrich August Lippmann（水車）
[219] Christian Gottfried Landgraf（［農］地）
[220] Johann David Herold（家屋）
[221] Johann Gottfried Hofmann（農民地）
[222] Johanne Christiane Hahn（家屋）
[223] Carl Friedrich Schlegel（家屋）
[224] Friedrich August Hofmann（家屋）
[225] Johann Samuel Winkler（家屋）
[226] August Friedrich Heinig（家屋）
[227] Johann Gottlieb Ludwig（農民地）
[228] Johann Carl Gottlieb Sucher（家屋）
[229] Christian Gottlieb Müller（農民地）
[230] Johann Friedrich August Polster（家屋）
[231] Carl Friedrich Parther（家屋）
[232] Carl Friedrich Vogel（家屋）
[233] Carl August Clauss（家屋）
[234] August Friedrich Roscher（家屋）
[235] Johann Christian Kahnt（農民地）
[236] Johann August Quellmalz（家屋）
[237] Johann Gottlob Bausch（家屋）
[238] Carl August Winkler（家屋）
[239] Johann David Mühlmann（家屋）
[240] Christian Friedrich Wilhelm Pester（水車）
[241] Carl August Lösser（家屋）
[242] Carl Wilhelm Polster（家屋）

［243］Johann Gottfried Angermann（家屋）
［244］Friedrich Anton Kretzschmar（家屋）
［245］Carl Friedrich Lange（家屋）
［246］Carl Gottlieb Götze（園地）
［247］Carl Gottlob Naumann（園地）
［248］Johann Friedrich Kirsten（園地）
［249］Carl Otto von Welck 男爵（農民地）
［250］Johann Gottlieb Eckardt（［農民］地）
［251］Johann Gottlieb Präger（家屋）
［252］Michael Schnabel（［農民］地）

（5）ケーテンスドルフ村

［253］Johann Samuel Ludwig（園地）
［254］Carl Gottlob Steinert（園地）
［255］Carl Gottlob Dörfel（園地）
［256］Johann Gottlieb Krutzsch（園地）
［257］August Leberecht Schmiedel（家屋）
［258］Carl Gottlob Winkler（家屋）
［259］Johann Carl Heinrich Türpe（農民地）
［260］Johann Georg Eichler（家屋）
［261］Carl Gottlob Bonitz（農民地）
［262］Carl August Friedrich Wilhelm Klöthen（家屋）
［263］Friedrich August Uhlmann（家屋）
［264］Johann Samuel Matthes（家屋）
［265］Carl Gottlob Bonitz（［農民］地）
［266］Christian Gottlob Kunze（農民地）
［267］Georg Gottlieb Pfau（家屋）
［268］Johann Gottlob David Unger（家屋）
［269］Johann Christoph Scheibe（農民地）
［270］Johann Joseph Irmscher（農民地）

［271］Christian Friedrich Pfau（家屋）
［272］Johann Gottfried Scheibe（家屋）
［273］Johann Andreas Hering（農民地）
［274］Christian Friedrich Steudten（家屋）
［275］Christian Friedrich Fuchs（家屋）
［276］Christiane Friedericke Meinig（家屋）
［277］Jeremias Kölzig（家屋）
［278］Carl Friedrich Giehler（家屋）
［279］Christian Ahner（家屋）
［280］Johanne Christiane Schüßler（家屋）
［281］Johann Gottlob Reuter（家屋）
［282］Johann August Lindner（家屋）
［283］Carl Friedrich Hanss（家屋）
［284］Carl Gottlob Bonitz（家屋）
［285］August Friedrich Oehme（家屋）
［286］Johann Benjamin Kühn（農民地）
［287］Johann Benjamin Lindner（家屋）
［288］Carl Friedrich Scheibe（農民地）
［289］Johanne Friedericke Winkler（家屋）
［290］Johann August Knoll（家屋）
［291］Carl Gottlob Scheibe（家屋）
［292］Carl Gottlob Geithner（家屋）
［293］Carl Gottfried Büttner（家屋）
［294］Johann Andreas Hering（農民地）
［295］Christian Friedrich Rinner（家屋）
［296］Johann Gottlieb Tanner（家屋）
［297］Johann Gottfried Ahnert（家屋）
［298］Johann Gottlob Schaale（家屋）
［299］Friedrich Wilhelm Wirth（家屋）
［300］Johann August Nöbel（農民地）
［301］Johann Carl August Müller（家屋）
［302］Johann Samuel Heinig（農民地）
［303］Johann Benjamin Irmscher（家屋）

第 2 章　騎士領リンバッハ（西ザクセン）における封建地代の償却　*147*

[304] Johanne Sophie Drescher（家屋）
[305] Johann Gottlob Wiesner（家屋）
[306] Adam Gottfried Schumann（家屋）
[307] Adam Friedrich Winkler（農民地）
[308] Johanne Christiane Linke（家屋）
[309] Johanne Sophie Forßmann（農民地）
　(6) ミッテルフローナ村
[310] Johann Gottfried Schönfeld（農民地）
[311] Johann Gottlieb Landgraf（家屋）
[312] Johanne Dorothee Grobe（家屋）
[313] Johanne Christiane Köthe（家屋）
[314] Christian Friedrich Landgraf（農民地）
[315] Christian Gottlob Kühnert（家屋）
[316] Salomo Friedrich Pester（農民地）
[317] Heinrich Ludwig Zschocke（家屋）
[318] Johann Christian Bausch（家屋）
[319] Christian Friedrich Heinzig（農民地）
[320] Carl Friedrich Schramm（家屋）
[321] Carl Friedrich Winkler（家屋）
[322] Johann Gottfried Steinert（園地）
[323] Johann Gottlob Puschardt（家屋）
[324] Johann Samuel Friedrich Türpe（家屋）
[325] Christian Friedrich Heilmann（水車）
[326] Christian Friedrich Winkler（家屋）
[327] Carl Gottlob Grahl（家屋）
[328] Christian Friedrich Kühnert（家屋）
[329] Gottlob Friedrich Müller（家屋）
[330] Carl Gottlob Berger（家屋）
[331] Ernst Wilhelm Heilmann（家屋）
[332] Friedrich August Hahn（家屋）
[333] Heinrich Wilhelm Ferdinand Zacharias（家屋）
[334] Gottlob Friedrich Heilmann（家屋）
[335] Johann Michael Heinzig（家屋）
[336] Johanne Rosine Berger（農民地）
[337] Carl Friedrich Köthe（家屋）
[338] Christian Gottlieb Heinig（農民地）
[339] Johann Gottlieb Köthe（家屋）
[340] Johanne Christiane Richter（家屋）
[341] Friedrich August Bausch（家屋）
[342] Johann Gottlieb Kühnrich（園地）
　(7) プロインスドルフ村
[343] Samuel Friedrich Schubert（家屋）
[344] Christian Friedrich Ittner（園地）
[345] Friedrich August Vogel（農民地）
[346] Friedrich August Wunderlich（家屋）
[347] Johann August Heinzig（家屋）
[348] Carl August Lindner（家屋）
[349] Marie Rosine Kinder（園地）
[350] Johann August Lösch（家屋）
[351] Gottfried Bretschneider（家屋）
　(8) ブルカースドルフ村
[352] Johann August Hoppe（園地）
[353] Johann Samuel Kühn（農民地）
[354] Johanne Eleonore Seidel（家屋）

　表 2-9-1 に表示された一連番号は，1 から 354 まである．そのうち，(1) 一連番号 46 と 47，および，170 と 171 の所有者は同一人と明記されている．(2) 22 と 26，98 と 106，および，273 と 294 の所有者は同一村落の同姓同名者であ

る．261，265と284の3個の所有者もそうである．(3) 一連番号30は夫婦の共有である．しかし，以下では本協定の貨幣貢租義務者を，協定序文に記されているように，354人と考えておく．その他に特徴的な事実として，①一連番号249の農民地（オーバーフローナ村）の所有者は当騎士領領主自身である．そして，この農民地の貨幣貢租（世襲貢租と警衛金）は，少額に過ぎないとしても，有償で償却された．そこで，249の償却地代はオーバーフローナ村から切り離し，(9) として次表の最後に置く（それに対して，騎士領領主の所有する，ケーテンスドルフ村の酒店・農民地の賦役が，全国委員会文書第1163号第3条によって，無償で廃止されたことは，既に本章第6節 (2) で言及した）．②1個の一連番号で複数の不動産を所有する義務者は，一連番号175と176を除くと，一連番号161だけである．このJ. F. ギンペルは「家屋・水車」と記されているけれども，水車所有者と解する．全国委員会文書第1659号はJ. F. ギンペルを製粉水車の親方（本章第2節の表2-2-1の一連番号64）とし，第6470号協定は彼の不動産を水車（第7節の表2-7-1の一連番号168）としているからである．

　第3条一覧表から (5) 貨幣貢租の名称，(6) 個々の貨幣貢租の年額，(7) 貨幣貢租合計額を抜き出し，村別・一連番号順に表示したものが表2-9-2である．なお，①x Maß Dkとx Maß Dhの貨幣貢租合計額のみが記載されている場合には，(x Maß Dk + x Maß Dh) xNTxNGxNPと表示する．②ErzとFrgの貨幣貢租合計額だけが，あるいは，ErzとBogの合計額だけが記されている場合には，(Erz)+(Frg) = xNTxNGxNP あるいは (Erz)+(Bog) = xNTxNGxNPと表示する．③一連番号157-160，163，164，166-169の穀物十分の一税の代納金のうち，一方で，164，166では (2 Maß Dk) 7NG7NP +(2 Maß Dh) 7NG7NPと記載され（燕麦の価格は同量のパン穀物のそれと同額と評価されている），両者の合計は15NG4NPと計上される．これと同量の穀物 (2 Maß Dk + 2 Maß Dh) について，他方で，167-169では地代額合計だけが15NG4NPと記されている．そのために，後者の償却地代のそれぞれは前者のそれと同一と考えられる．

第2章　騎士領リンバッハ（西ザクセン）における封建地代の償却　*149*

表2-9-2　貨幣貢租義務者各人の各種貨幣貢租額

(1) リンバッハ村
[1, 47] (Erz) 6NT5NG
[2, 10, 16] (Erz) 9NG4NP + (Wg) 14NG1NP = 23NG5NP
[3] (Erz) 12NG + (Wg) 14NG1NP + (Kg) 2NT27NG4NP = 3NT23NG5NP
[4] (Erz) 25NG6NP + (Bog) 10NG2NP = 1NT5NG8NP
[5] (Erz) 10NG3NP + (Bog) 10NG2NP = 20NG5NP
[6, 7, 19−21, 33, 34] (Erz) 5NG2NP + (Bog) 10NG2NP = 15NG4NP
[8] (Kg) 2NT27NG4NP + (Erz) 15NG4NP + (Wg) 14NG1NP = 3NT26NG9NP
[9] (Kg) 2NT27NG4NP + (Erz) 1NT-NG8NP + (Wg) 14NG1NP = 4NT12NG3NP
[11, 12] (Kg) 2NT27NG4NP + (Wg) 14NG1NP + (Erz) 18NG = 3NT29NG5NP
[13] (Erz) 6NG4NP + (Wg) 14NG1NP + (Kg) 1NT13NG6NP = 2NT4NG1NP
[14] (Erz) 21NG4NP + (Kg) 2NT27NG4NP + (Wg) 14NG1NP = 4NT2NG9NP
[15] (Kg) 2NT27NG4NP + (Erz) 12NG8NP + (Wg) 14NG1NP = 3NT24NG3NP
[17, 23, 38−44, 46, 51, 52] (Erz) 10NG2NP + (Bog) 10NG2NP = 20NG4NP
[18, 22, 55, 57, 58, 60−69] (Erz) + (Bog) = 10NG2NP
[24, 36] (Erz) 1NT24NG
[25−28, 30, 31] (Erz) 5NG2NP + (Bog) 5NG2NP = 10NG4NP
[29] (Erz) 10NG2NP
[32] (Erz) + (Bog) = 15NG4NP
[35, 49, 104] (Erz) 4NT3NG4NP
[37] (Erz) 16NG7NP
[45] (Erz) 2NT12NG + (Bog) 10NG2NP = 2NT22NG2NP
[48] (Erz) 3NT18NG
[50] (Erz) 3NT2NG6NP
[53, 54] (Erz) 5NG1NP + (Bog) 5NG1NP = 10NG2NP
[56] (Erz) + (Bog) = 5NG1NP
[59] (Erz) 10NG2NP
[70−103, 105−137] (Erz) 3NT2NG5NP
[138−155] (Erz) 5NT24NG7NP
[156] (Erz) 10NG2NP + (Bog) 10NG2NP + (Swz) 20NG6NP = 1NT11NG
[157−160] (Erz) 12NG8NP + (Bog) 10NG2NP + (Ag) 15NG4NP + ($\frac{1}{2}$ Maß Dk) 3NG9NP
　= 1NT12NG3NP
[161] (Erz) 26NT29NG4NP
[162] (Erz) 15NG4NP
　(2) ケンドラー村
[163] (Erz) 18G + (Bog) 10NG2NP + (1 Maß Dk + 1 Maß Dh) 7NG8NP = 1NT6NG

[164, 166-169] (Erz) 20NG6NP + (Bog) 10NG2NP + (2 Maß Dk) 7NG7NP + (2 Maß Dh) 7NG7NP = 1NT16NG2NP
[165, 174] (Erz) 10NG2NP
[170-172] (Erz) 10NG2NP + (Bog) 10NG2NP = 20NG4NP
[173] (Erz) 24NG4NP + (Bog) 10NG2NP + (Frg) 1NT-NG8NP = 2NT5NG4NP
　(3) ルースドルフ村
[175, 176] (Erz) 3NG9NP
　(4) オーバーフローナ村
[177] (Erz) 10NG3NP
[178, 182, 184, 187, 193, 198, 201, 203, 205, 224, 225, 232, 246-248, 251] (Erz) 5NG2NP + (Bog) 10NG2NP = 15NG4NP
[179] (Erz) 20NG6NP + (Kg) 2NT27NG4NP + (Wg) 14NG1NP = 4NT2NG1NP
[180] (Erz) 18NG + (Kg) 2NT27NG4NP + (Wg) 14NG1NP = 3NT29NG5NP
[181, 194, 213, 223, 228, 243, 244] (Erz) 10NG2NP
[183, 186, 189, 197, 200, 209-212, 214, 216, 226, 231, 234, 237, 238] (Erz) 5NG1NP + (Bog) 5NG1NP = 10NG2NP
[185, 191, 196, 202] (Erz) 23NG1NP + (Kg) 2NT27NG4NP + (Wg) 14NG1NP = 4NT4NG6NP
[188, 190, 239] (Erz) 5NG2NP + (Bog) 6NG4NP = 11NG6NP
[192] (Erz) 7NG7NP + (Wg) 14NG1NP = 21NG8NP
[195] (Erz) 10NG2NP + (Bog) 10NG2NP = 20NG4NP
[199] (Erz) 26NG6NP + (Kg) 2NT27NG4NP + (Wg) 14NG1NP + (Frg) 9NG = 4NT17NG1NP
[204] (Erz) 9NG + (Bog) 10NG2NP = 19NG2NP
[206] (Erz) 22NG2NP + (Kg) 2NT27NG4NP + (Wg) 14NG1NP = 4NT3NG7NP
[207] (Müz) 5NT4NG2NP
[208] (Erz) 27NG4NP + (Kg) 2NT27NG4NP + (Wg) 14NG1NP + (Frg) 5NG1NP = 4NT14NG
[215] (Erz) 5NG1NP
[217] (Erz) 25NG6NP + (Kg) 2NT27NG4NP + (Frg) 9NG + (Wg) 14NG1NP = 4NT16NG1NP
[218] (Erz) 5NG1NP + (Bog) 10NG2NP + (Mg) 3NG9NP = 19NG2NP
[219] (Erz) 1NT24NG + (Kg) 2NT27NG4NP + (Wg) 14NG1NP = 5NT5NG5NP
[220] (Erz) 5NG6NP + (Bog) 10NG2NP = 15NG8NP
[221] (Erz) 24NG4NP + (Kg) 2NT27NG4NP + (Wg) 14NG1NP = 4NT5NG9NP
[222, 230, 233, 241, 242] (Erz) 7NG7NP
[227, 229] (Erz) 27NG + (Kg) 2NT27NG4NP + (Wg) 14NG1NP = 4NT8NG5NP

第 2 章　騎士領リンバッハ（西ザクセン）における封建地代の償却　*151*

[235, 252]（Erz）15NG4NP +（Wg）14NG1NP = 29NG5NP
[236]（Erz）6NG3NP +（Bog）5NG1NP = 11NG4NP
[240]（Erz）1NT8NG6NP +（Kg）2NT27NG4NP +（Müz）4NT14NG8NP +（Wg）14NG1NP = 9NT4NG9NP
[245]（Erz）9NG +（Bog）6NG4NP = 15NG4NP
[250]（Fz）4NT14NG8NP +（Erz）5NG1NP = 4NT19NG9NP
　(5) ケーテンスドルフ村
[253]（Erz）26NG3NP
[254]（Erz）+（Bog）= 15NG4NP
[255 – 258, 260, 262 – 264, 267, 268, 271, 272, 274, 276 – 280, 283, 287, 289, 291 – 293, 295 – 298, 301, 303, 304, 306, 308]（Erz）+（Bog）= 10NG2NP
[259, 269]（Erz）27NG +（Kg）1NT8NG5NP +（Wg）18NG = 2NT23NG5NP
[261, 286, 309]（Erz）18NG +（Kg）1NT8NG5NP +（Wg）18NG = 2NT14NG5NP
[265]（Erz）12NG8NP +（Wg）18NG = 1NT-NG8NP
[266]（Erz）18NG +（Wg）18NG +（Pz）1NG3NP = 1NT7NG3NP
[270]（Erz）14NG1NP +（Wg）18NG = 1NT2NG1NP
[273]（Erz）27NG +（Wg）18NG +（Kg）2NT17NG = 4NT2NG
[275, 290, 305]（Erz）10NG2NP
[281]（Erz）+（Frg）= 2NT17NG1NP
[282]（Erz）3NT2NG5NP
[284]（Erz）2NT1NG6NP +（Frg）1NT-NG8NP = 3NT2NG4NP
[285]（Erz）+（Bog）= 10NG5NP
[288, 294, 300, 302]（Erz）18NG +（Kg）1NT8NG5NP +（Wg）18NG +（Rz）3NG9NP = 2NT18NG4NP
[299]（Erz）+（Bog）=（計）14NG1NP
[307]（Erz）28NG2NP +（Kg）1NT8NG5NP +（Wg）18NG = 2NT24NG7NP
　(6) ミッテルフローナ村
[310]（Erz）9NG +（Wg）15NG4NP = 24NG4NP
[311 – 313, 315, 317, 318, 320, 321, 323, 326, 328 – 330, 334, 335, 340]（Erz）5NG1NP +（Bog）6NG4NP = 11NG5NP
[314]（Erz）11NG1NP +（Wg）15NG4NP = 26NG5NP
[316]（Erz）13NG7NP +（Wg）15NG4NP = 29NG1NP
[319]（Erz）10NG3NP +（Wg）15NG4NP = 25NG7NP
[322]（Erz）5NG1NP +（Bog）9NG = 14NG1NP
[324, 327, 337, 339]（Erz）5NG8NP +（Bog）5NG8NP = 11NG6NP
[325]（Erz）27G
[331]（Erz）9NG +（Bog）9NG = 18NG

[332, 333] (Erz) 3NG9NP + (Bog) 3NG9NP = 7NG8NP
[336] (Erz) 9NG6NP + (Wg) 15NG4NP = 25NG
[338] (Erz) 12NG8NP + (Wg) 15NG4NP = 28NG2NP
[341] (Erz) 15NG4NP
[342] (Erz) 1NT6NG
　(7) ブロインスドルフ村
[343] (Erz) 6NG4NP
[344, 347-351] (Erz) 5NG2NP + (Bog) 6NG4NP = 11NG6NP
[345] (Erz) 23NG1NP + (Wg) 15NG4NP + (Frg) 1NT13NG6NP = 2NT22NG1NP
[346] (Erz) 5NG1NP + (Bog) 5NG1NP = 10NG2NP
　(8) ブルカースドルフ村
[352] (Erz) 25NG1NP
[353] (Erz) 25NG7NP + (Frg) 1NT18NG8NP = 2NT14NG5NP
[354] (Erz) 20NG6NP
　(9) 騎士領領主（オーバーフローナ村の農民地）
[249] (Erz) 10NG2NP + (Wg) 14NG1NP = 24NG3NP

　表2-9-2から貨幣貢租の種類別・集落別合計額を算出したものが，表2-9-3である．表2-9-2で区分された貢租のうち，穀物種類の異なる穀物十分の一税代納金（DhおよびDk）と，3種の水車関係貢租（Mg, MüzおよびSmz）とを，それぞれ1種類の貨幣貢租，DhおよびMüzと見なすと，本協定の貨幣貢租は合わせて11種類になる．それぞれの種類別合計額には償却地代の25倍の想定償却一時金額を｜｜に付記した．また，本表の種類別合計額の最後には，全種類の貨幣貢租合計額に占める，各種類別合計額の比率が〈　〉に付記されている．なお，各村での各種類の番号は，本表（10）8村合計における各種類の番号に照応する．

　　　表2-9-3　貨幣貢租想定償却一時金の種類別・集落別合計額
(1) リンバッハ村
　①Ag（小屋住農4人）2NT1NG6NP ≒ 2NT1NG {50NT25NG ≒ 50NT}
　②Bog（園地農3人，小屋住農31人と水車屋1人，計35人）10NT16NG8NP ≒ 10NT16NG {263NT10NG ≒ 263NT}
　③Dh（小屋住農4人）15NG6NP ≒ 15NG ≒ {12NT15NG ≒ 12NT}
　④Erz（農民11人，園地農3人，小屋住農129人と水車屋2人，計145人）392NT25NG3NP ≒ 392NT25NG {9,820NT25NG ≒ 9,820NT}

⑤一括記載の Erz と Bog（小屋住農17人）5NT23NG5NP ≒ 5NT23NG {144NT5NG ≒ 144NT}
　⑨Kg（農民8人）21NT25NG4NP ≒ 21NT25NG {545NT25NG ≒ 545NT}
　⑩Müz（水車屋1人）20NG6NP ≒ 20NG {16NT20NG ≒ 16NT}
　⑬Wg（農民11人）5NT5NG1NP ≒ 5NT5NG {129NT5NG ≒ 129NT}
　(1) 計（農民11人，園地農3人，小屋住農146人と水車屋2人，計162人）{10,979NT}
(2) ケンドラー村
　②Bog（園地農7人と小屋住農3人，計10人）3NT12NG {85NT}
　③Dh（園地農6人）2NT24NG8NP ≒ 2NT24NG {70NT}
　④Erz（園地農7人と小屋住農5人，計12人）6NT16NG4NP ≒ 6NT16NG {163NT10NG ≒ 163NT}
　⑦Frg（園地農1人）1NT-NG8NP ≒ 1NT {25NT}
　(2) 計（園地農7人と小屋住農5人，計12人）{343NT}
(3) ルースドルフ村
　④Erz（耕地片所有者2人）7NG8NP ≒ 7NG {5NT25NG ≒ 5NT}
(4) オーバーフローナ村
　②Bog（園地農10人，小屋住農29人，宿屋1人と水車屋1人，計41人）10NT16NG3NP ≒ 10NT16NG {263NT10NG ≒ 263NT}
　④Erz（農民18人，園地農11人，小屋住農42人，水車屋2人と宿屋1人，計74人）26NT18NG3NP ≒ 26NT18NG {665NT}
　⑦Frg（農民3人）23NG1NP ≒ 23NG {19NT5NG ≒ 19NT}
　⑧Fz（農民1人）4NT14NG8NP ≒ 4NT14NG {111NT20NG ≒ 111NT}
　⑨Kg（農民14人と水車屋1人，計15人）43NT21NG {1,092NT15NG ≒ 1,092NT}
　⑩Müz（水車屋3人）9NT22NG9NP ≒ 9NT22NG {243NT10NG ≒ 243NT}
　⑬Wg（農民17人と水車屋1人，計18人）8NT13NG8NP ≒ 8NT13NG {210NT25NG ≒ 210NT}
　(4) 計（農民18人，園地農11人，小屋住農42人，水車屋3人と宿屋1人，計75人）{2,603NT}
(5) ケーテンスドルフ村
　④Erz（農民14人，園地農1人と小屋住農5人，計20人）16NT11NG1NP ≒ 16NT11NG {409NT5NG ≒ 409NT}
　⑤一括記載の Erz と Bog（園地農3人と小屋住農33人，計36人）12NT16NG6NP ≒ 12NT16NG {313NT10NG ≒ 313NT}
　⑥一括記載の Erz と Frg（小屋住農1人）2NT17NG1NP ≒ 2NT17NG {64NT5NG ≒ 64NT}
　⑦Frg（小屋住農1人）1NT-NG8NP ≒ 1NT {25NT}
　⑨Kg（農民11人）15NT12NG {385NT}

⑪Pz（農民1人）1NG3NP ≒ 1NG {25NG ≒ -NT}
⑫Rz（農民4人）15NG6NP ≒ 15NG {12NT15NG ≒ 12NT}
⑬Wg（農民14人）8NT12NG {210NT}
(5) 計（農民14人，園地農4人と小屋住農39人，計57人）{1,418NT}

(6) ミッテルフローナ村
②Bog（園地農1人と小屋住農23人，計24人）5NT1NG4NP ≒ 5NT1NG {125NT25NG ≒ 125NT}
④Erz（農民6人，園地農2人，小屋住農24人と水車屋1人，計33人）9NT1NG6NP ≒ 9NT1NG {225NT25NG ≒ 225NT}
⑬Wg（農民6人）3NT2NG4NP ≒ 3NT2NG {76NT20NG ≒ 76NT}
(6) 計（農民6人，園地農2人，小屋住農24人と水車屋1人，計33人）{426NT}

(7) ブロインスドルフ村
②Bog（園地農2人と小屋住農5人，計7人）1NT13NG5NP ≒ 1NT13NG {35NT25NG ≒ 35NT}
④Erz（農民1人，園地農2人と小屋住農6人，計9人）2NT5NG8NP ≒ 2NT5NG {54NT5NG ≒ 54NT}
⑦Frg（農民1人）1NT13NG6NP ≒ 1NT13NG {35NT25NG ≒ 35NT}
⑬Wg（農民1人）15NG4NP ≒ 15NG {12NT15NG ≒ 12NT}
(7) 計（農民1人，園地農2人と小屋住農6人，計9人）{136NT}

(8) ブルカースドルフ村
④Erz（農民1人，園地農1人と小屋住農1人，計3人）2NT11NG4NP ≒ 2NT11NG {59NT5NG ≒ 59NT}
⑦Frg（農民1人）1NT18NG8NP ≒ 1NT18NG {40NT}
(8) 計（農民1人，園地農1人と小屋住農1人，計3人）{99NT}

(9) 騎士領領主（オーバーフローナ村の農民地，249の所有者）
④Erz 10NG2NP ≒ 10NG {8NT10NG ≒ 8NT}
⑬Wg 14NG1NP ≒ 14NG {11NT20NG ≒ 11NT}
(9) 計（騎士領領主）{19NT} 〈0%〉

(10) 8村（1-8）合計
①Ag計（1村；小屋住農4人）{50NT} 〈0%〉
②Bog計（5村；園地農23人，小屋住農91人，宿屋1人と水車屋2人，計117人）{771NT} 〈5%〉
③Dh計（2村；園地農6人と小屋住農4人，計10人）{82NT} 〈0%〉
④Erz計（8村；農民51人，園地農27人，小屋住農212人，耕地片所有者2人，水車屋5人と宿屋1人，計298人）{11,401NT} 〈71%〉
⑤一括記載のErzとBogとの計（2村；園地農3人と小屋住農50人，計53人）{457NT} 〈3%〉

⑥一括記載のErzとFrgとの計（1村；小屋住農1人）|64NT|〈0%〉
⑦Frg計（5村；農民5人，園地農1人と小屋住農1人，計7人）|144NT|〈1%〉
⑧Fz計（1村；農民1人）|111NT|〈1%〉
⑨Kg計（3村；農民33人と水車屋1人，計34人）|2,022NT|〈13%〉
⑩Müz計（2村；水車屋4人）|259NT|〈2%〉
⑪Pz計（1村；農民1人）|-NT|〈0%〉
⑫Rz計（1村；農民4人）|12NT|〈0%〉
⑬Wg計（5村；農民49人と水車屋1人，計50人）|637NT|〈4%〉
⑭貨幣貢租想定償却一時金合計額（8村；農民51人，園地農30人，小屋住農263人，耕地片所有者2人，水車屋6人と宿屋1人，計353人）|16,010NT|〈100%〉
(11) 8村+(9)騎士領領主
④加算後のErz（299人）|11,409NT|〈71%〉
⑬加算後のWg（51人）|648NT|〈4%〉
以上①–⑬計（8村の義務者353人+騎士領領主，計354人）|16,029NT|〈100%〉

　貨幣貢租全体の中では④世襲貢租Erzが71%を占めて，圧倒的である．世襲貢租は全村落で，しかも，本協定の義務者全員から徴収された．唯一の例外はオーバーフローナ村の水車屋，一連番号207である．そればかりではない．⑤〈3%〉と⑥〈0%〉の中にも世襲貢租が一部含まれていた．したがって，それの比率は貨幣貢租全体の71%より若干（最大で3%）増加するであろう．第2位は⑨幌馬車貢租Kg〈13%〉であった．この貢租を，①連畜賦役代納金Ag〈0%〉，②走り使い代納金Bog〈5%〉，⑦賦役金Frg〈1%〉，⑬警衛金Wg〈4%〉と同じように，かつての賦役が金納化されたもの，と想定すると，金納化された賦役は合計して23%となる．⑤〈3%〉と⑥〈0%〉の中にも，走り使い代納金と賦役金が一部含まれていた．そのために，金納化された賦役は，貨幣貢租全体の23%をいくらか上回るであろう．⑩と⑧はきわめて小さく，③，⑪と⑫は0%であった．

　本協定は貨幣貢租（本節の想定では11種類）の償却を目的とした．各種貨幣貢租の想定一時金合計額は，私の計算では，表2-9-3の最終行に示されているように，8村に居住する義務者354人から16,029NTである．しかし，この中の19NTは騎士領領主の負担部分であり，領民353人だけの想定償却一時金は16,010NTであった．この金額は354人からの一時金合計額の100%を占め，騎士領領主の負担部分は0%にすぎない．

ところで，第1条は，償却地代を一時金によって償還する義務者として，27人を列挙している．第3条によれば2人は地代の一部分だけ（205は7NG8NP，225は3NG8NP）を，残りの25人（騎士領領主，249を含む）は全額を償還した．この27人について，年地代の25倍の想定一時金額を村別に表示したものが表2-9-4である．

表2-9-4 村別想定一時金償還額

(1) リンバッハ村 (11人) 15NT28NG3NP ≒ 15NT28NG |398NT10NG ≒ 398NT|
(3) ルースドルフ村 (2人) 7NG8NP ≒ 7NG |5NT25NG ≒ 5NT|
(4) オーバーフローナ村 (2人) 11NG6NP ≒ 11NG |9NT5NG ≒ 9NT|
(5) ケーテンスドルフ村 (2人) 20NG4NP ≒ 20NG |16NT20NG ≒ 16NT|
(6) ミッテルフローナ村 (9人) 4NT6NG |105NT|
(9) 騎士領領主 |19NT|
(10) (1, 3-6の5村；26人) |533NT| (3%)
(11) (5村+騎士領；27人) |552NT| (3%)

一括償還される一時金想定額の合計は552NTであり，貨幣貢租想定一時金合計額の3%を占める．ただし，全額を一時金で償還した25人の中に，当騎士領の領主，249が含まれていた．その償却一時金19NTは，貨幣貢租想定一時金合計額の0%である．以上から，想定一時金合計額のほとんど全部15,477NTが地代銀行に委託されたことになる．

第10節 償却一時金の種目別・集落別合計額と償却の進行過程

(1) 償却一時金の種目別・協定別合計額

騎士領リンバッハに関して本章が検討した全国委員会文書は8編[1]である．それを協定番号順に表示したものが，表2-10-1である．( )は全国委員会による承認年月日を表し，[Lx協定，y村のz人]の中のLxは，以下における償却協定の略号である．yは，償却義務者の居住する村の数を，zは義務者人数を示す．例外は，騎士領を義務者とするL6協定である．最後の〈 〉には，当該協定を検討した本章の節と，償却された封建地代の種目とを記した．

第2章 騎士領リンバッハ（西ザクセン）における封建地代の償却　157

表2-10-1　関係償却協定一覧

(1) Nr.　　902（1838年10月5日）［L1協定，4村の59人］〈第5節；賦役〉
(2) Nr.　1163（1839年4月26日）［L2協定，5村の59人］〈第6節；賦役〉
(3) Nr.　1659（1840年3月28日）［L3協定，3村の241人］〈第2節；賦役〉
(4) Nr.　1660（1840年3月28日）［L4協定，6村の100人］〈第3節；賦役と現物貢租〉
(5) Nr.　6470（1847年9月30日）［L5協定，7村の346人］〈第7節；保有移転貢租〉
(6) Nr.　6834（1848年9月22日）［L6協定，騎士領］〈第8節；放牧権〉
(7) Nr.　8173（1851年12月31日）［L7協定，3村の63人］〈第4節；保有移転貢租〉
(8) Nr.10677（1854年1月12日）［L8協定，8村の353人と騎士領］〈第9節；貨幣貢租〉

　この表によれば，本騎士領には5種目の封建地代が存在した．そして，①賦役はL1（1838年）からL4（1840年）までの4協定によって償却された．②現物貢租を償却したのはL4協定（1840年）であり，③保有移転貢租を償却したのは，L5（1847年）とL7（1851年）協定であった．④貨幣貢租はすべてがL8協定（1854年）によって償却された．⑤放牧権はL6協定（1848年）によって償却された．

　償却の提議者は，協定の文言にP. ザイデルの記述を加えれば，L1−L4とL7協定では，義務者である領民であった．L6協定の提議者は，権利者である領民であった．L8協定の提議者は，権利者である騎士領領主であった．L5協定については提議者が不明である．

　表2-10-2は，前表の8協定で償却された一時金合計額を，本書第1章第4節(7)で記した方式によって，新通貨概算額として種目別・協定別に算出したものである．各種目の償却一時金合計額の次の（　）は，封建地代5種目合計額(6)に占める比率を表す．

表2-10-2　封建地代の種目別・協定別合計額

(1) 賦役
①連畜賦役
　(ⅰ)（L1協定）（4村のフーフェ農49人）　　　｜165NT｜
　(ⅱ)（L2協定）（4村のフーフェ農39人）　　　｜7,779NT｜
　(ⅲ)（L3協定）（1村の園地農6人）　　　　　｜353NT｜
　(ⅳ) 連畜賦役計　　　　　　　　　　　　　　｜8,297NT｜（19％）

②手賦役
　（i）（L1協定）（1村のフーフェ農10人）　　　　　|21NT|
　（ii）（L2協定）（4村のフーフェ農15人など，5村の20人）|1,026NT|
　（iii）（L3協定）（2村の園地農7人など，3村の240人）|4,522NT|
　（iv）（L4協定）（3村の園地農11人など，3村の86人）|943NT|
　（v）手賦役計　　　　　　　　　　　　　　　　　|6,512NT|（15%）
③水車賦役＋手賦役
　（L3協定）（1村の水車屋1人）　　　　　　　　　|411NT|（1%）
④賦役計
　（i）（L1協定）（4村のフーフェ農59人）　　　　　|186NT|
　（ii）（L2協定）（4村のフーフェ農54人など，5村の59人）|8,805NT|
　（iii）（L3協定）（2村の園地農7人など，3村の241人）|5,286NT|
　（iv）（L4協定）（3村の園地農11人など，3村の86人）|943NT|
　（v）賦役計　　　　　　　　　　　　　　　　　　|15,220NT|（35%）
（2）現物貢租
　（L4協定）（3村のフーフェ農12人など，4村の15人）|1,349NT|（3%）
（3）保有移転貢租
　①（L5協定）（5村の「農民」29人など，7村の346人）|9,126NT|
　②（L7協定）（2村の農民9人など，3村の63人）　|1,368NT|
　③保有移転貢租合計　　　　　　　　　　　　　　|10,494NT|（24%）
（4）貨幣貢租
　（L8協定）（6村の農民51人など，8村の353人と騎士領）|16,029NT|（37%）
（5）放牧権
　（L6協定）（騎士領）　　　　　　　　　　　　　|585NT|（1%）
（6）5種目合計額　　　　　　　　　　　　　　　　|43,677NT|（100%）
（7）補足L4協定合計額　　　　　　　　　　　　　|2,292NT|（5%）

　最初の償却協定が承認された1838年から，最後の償却協定が承認された1854年までの17年間に，個々の封建地代の償却評価額の基礎となる物価は変動しなかった，と想定すると，封建地代償却一時金合計額の種目別構成について，本表から次のことが明らかになる．封建地代5種目合計額（6）の中で第1位を占めるものは，37%の（4）貨幣貢租である．35%の（1）賦役がそれにきわめて近く，第3位は24%の（3）保有移転貢租である．以上の3種目だけで圧倒的な比率（96%）を占め，残りの（2）現物貢租（3%）と（5）放牧権（1%）の割合はきわめて小さい．賦役の中では，（1）①(iv)連畜賦役合計額が19%で，15%

の (1) ②(v) 手賦役合計額よりもやや多くなっている．もっとも，手賦役合計額は，正確に言えば，(1) ②(v) の金額よりもいくらか大きくなるはずである．(1) ③「水車賦役＋手賦役」の中の手賦役が追加されるべきであるからである．しかし，(1) ③は (6) 5種目合計額の1%にすぎないので，その中の手賦役は極めて小さいであろう．そのために，(1) ②(v) の比率が15%より大きくなる，とは考えられない．

　本騎士領が1838年から54年までの17年間の償却事業によって獲得した償却地代は，表2-10-2によれば，封建地代償却一時金合計43,677NTから，放牧権買い戻しなどの604NTを差し引いた43,073NTであった．他方で，この騎士領の「地租単位」は8,164であった[2]．したがって，当騎士領の年間純益は24,492NTとなったはずである．

1) 全国委員会文書の地名索引簿のリンバッハの項には，さらに，第7705号，第9508号，第9888号，第11610号文書がある．しかし，これらは，教会・学校封地に関連する文書であり，騎士領への封建地代の償却には関係しない．
2) 松尾 2001, p. 30. 地租単位は，ザクセン王国で1838-43年に実施された検地と1筆毎の土地査定に基づく「純益」の名称で，1NTの純益は3地租単位と表現された．なお，騎士領リンバッハは1846年にフォン・ヴァルヴィッツからフォン・レーデンに，1851年にフォン・レーデンからフォン・ヴェルクに売却された．その時の騎士領自体の価格は46年に104,000NTであり，51年には89,000NTであった．Seydel 1908, S. 444, 453.

(2) 地代償却の進行過程

　表2-10-3は封建地代償却の進行過程を示す．すなわち，本表最上欄の①は，略号表示の償却協定が承認された年を，②はまず，当該年の封建地代償却一時金額を示す．②の金額の次の ( ) は，8協定合計額に占める比率であり，〈 〉はこの比率の累積数字である．本表の③は一時金支払による償還額を各協定の合計額で示している[1]．③の ( ) の数字は，一時金支払額が償却地代一時金合計額に占める比率である．さらに，本表の④は，各年の償却地代額から一時金による償還額を差し引いた金額，すなわち，地代銀行委託額を示す．⑤欄は，④欄の合計，地代銀行委託額に占める，各年の比率を表し，〈 〉は，その比率の累積数字を示す．

表2-10-3 地代償却の進行過程

	①	②	③	④	⑤
1838年 (L1協定)	186NT (0%)〈 0%〉	186NT (0%)	—	0%〈 0%〉
1839年 (L2協定)	8,805NT (20%)〈 20%〉	8NT (0%)	8,797NT (20%)	22%〈 22%〉
1840年 (L3+L4協定)	7,578NT (17%)〈 37%〉	9NT (0%)	7,569NT (17%)	19%〈 41%〉
1847年 (L5協定)	9,126NT (21%)〈 58%〉	1,996NT (5%)	7,130NT (16%)	18%〈 59%〉
1848年 (L6協定)	585NT (1%)〈 59%〉	—	585NT (1%)	1%〈 60%〉
1851年 (L7協定)	1,368NT (3%)〈 62%〉	213NT (0%)	1,155NT (3%)	3%〈 63%〉
1854年 (L8協定)	16,029NT (37%)〈 99%〉	552NT (1%)	15,477NT (35%)	38%〈101%〉
8協定合計額	43,677NT (100%)〈100%〉	2,964NT (7%)	40,713NT (93%)	100%〈100%〉

　本表②によれば，最高額が償却されたのは，1854年であり，それに次ぐ金額が47年，39年と40年に償却された．この4年だけで8協定合計額の95%を占めている．また，38年に始まった償却が一時金合計額の50%を超えたのは，三月革命直前の47年であり，54年に償却は完了した．

　本表③を全体で見ると，合計額の7%だけが一時金支払によって償還された．したがって，本表④が示すように，8協定合計額の93%が地代銀行に委託された．なお，32年地代銀行法によれば12AG以下の，37年地代銀行法補充令によれば4AP以下の地代と地代端数は，25倍額の一時金支払いによって償還されねばならなかった．そのために，一時金として支払われた額は，本表③の合計額よりもいくらか大きくなる．他方で，貨幣貢租（L8協定）の一時金額は，一括支払の場合，法規定上は年地代の20倍額であり，年地代の25倍額として算出している本表③の金額より小さくなる．したがって，本表の③と④は大まかな概算額に過ぎない．

1) L3とL6協定では一時金支払による償還は実施されていない．

(3) 償却一時金の集落別・種目別合計額

　表2-10-4は，償却一時金合計額を集落別・種目別に表示したものである．各集落各行最後の（　）は，本騎士領における償却一時金合計額（O）に占める比率を表す．本表の分類記号，(1)-(6) と (1) の①-④は本節の表2-10-2のそれと同じである．なお，集落の配列はアルファベット順による．ただし，(1) グ

リューナ村（M）は，ライヒェンブランド村（L）との合計額のみが知られているので，後者の村に含めた．(2) 騎士領リンバッハ（G）はリンバッハ村（F）から独立させた．騎士領（G）の（4）貨幣貢租は，オーバーフローナ村の農民地［L8協定一連番号249］の所有者としての騎士領が負担するものである．

表2-10-4　封建地代償却一時金の集落別・種目別合計額

(A) ブロインスドルフ村
(1) 賦役
　①連畜賦役（L1協定）（フーフェ農1人）|8NT|（0%）
　②手賦役（L4協定）（園地農2人と小屋住農5人，計7人）|105NT|（0%）
　④賦役計 |113NT|（0%）
(3) 保有移転貢租（L5協定）（「農民」1人と小屋住農7人，計8人）|226NT|（1%）
(4) 貨幣貢租（L8協定）（農民1人，園地農2人と小屋住農6人，計9人）|136NT|（0%）
(6) 村合計 |475NT|（1%）
(B) ブルカースドルフ村
(2) 現物貢租（L4協定）（フーフェ農1人と園地農1人，計2人）|6NT|（0%）
(3) 保有移転貢租（L5協定）（「農民」1人）|112NT|（0%）
(4) 貨幣貢租（L8協定）（農民1人，園地農1人と小屋住農1人，計3人）|99NT|（0%）
(6) 村合計 |217NT|（0%）
(C) ゲッパースドルフ村
(2) 現物貢租（L4協定）（水車屋1人）|3NT|（0%）
(D) ケンドラー村
(1) 賦役
　①連畜賦役（L3協定）（園地農6人）|353NT|（1%）
　②手賦役(i)（L2協定）（園地農1人）|18NT|
　　　　(ii)（L3協定）（園地農6人と小屋住農5人，計11人）|255NT|
　　　　(v) 計 |273NT|（1%）
　④賦役計 |626NT|（1%）
(3) 保有移転貢租
　①（L5協定）（園地農7人と小屋住農2人，計9人）|296NT|
　②（L7協定）（園地農1人と小屋住農1人，計2人）|111NT|
　③ 計 |407NT|（1%）
(4) 貨幣貢租（L8協定）（園地農7人と小屋住農5人，計12人）|343NT|（1%）
(6) 村合計 |1,376NT|（3%）
(E) ケーテンスドルフ村
(1) 賦役

①連畜賦役（L2協定）（フーフェ農11人）|1,670NT|（4%）
　②手賦役(i)（L2協定）（フーフェ農3人）|154NT|
　　　　(ii)（L3協定）（園地農1人と小屋住農74人、計75人）|1,320NT|
　　　　(v) 計 |1,474NT|（3%）
　④賦役計 |3,144NT|（7%）
(3) 保有移転貢租
　①(L5協定)（「農民」7人、園地農4人、小屋住農63人と水車屋1人、計75人）|1,726NT|
　②(L7協定)（農民4人、小屋住農12人と採草地所有者1人、計17人）|220NT|
　③計 |1,946NT|（4%）
(4) 貨幣貢租（L8協定）（農民14人、園地農4人と小屋住農39人、計57人）|1,418NT|（3%）
(6) 村合計 |6,508NT|（15%）
(F) リンバッハ村
(1) 賦役
　①連畜賦役（L2協定）（フーフェ農8人）|1,693NT|（4%）
　②手賦役(i)（L2協定）（フーフェ農4人と小屋住農1人、計5人）|297NT|
　　　　(ii)（L3協定）（小屋住農154人）|2,947NT|
　　　　(v) 計 |3,244NT|（7%）
　③水車賦役＋手賦役（L3協定）（水車屋1人）|411NT|（1%）
　④賦役計 |5,348NT|（12%）
(3) 保有移転貢租
　①(L5協定)（「農民」9人、園地農5人、小屋住農155人、建築用地所有者1人、水車屋1人、耕地片所有者12人、計183人）|4,586NT|
　②(L7協定)（農民5人、小屋住農35人、耕地片所有者3人と採草地所有者1人、計44人）|1,037NT|
　③計 |5,623NT|（13%）
(4) 貨幣貢租（L8協定）（農民11人、園地農3人、小屋住農146人と水車屋2人、計162人）|10,979NT|（25%）
(6) 村合計 |21,950NT|（50%）
(G) 騎士領リンバッハ
(4) 貨幣貢租（L8協定）|19NT|（0%）
(5) 放牧権（L6協定）|585NT|（1%）
(6) 騎士領合計 |604NT|（1%）
(H) ミッテルフローナ村
(1) 賦役
　①連畜賦役（L2協定）（フーフェ農5人）|1,194NT|（3%）

②手賦役(i)(L2協定)(フーフェ農4人)｜273NT｜
　　　　　(ii)(L4協定)(園地農1人と小屋住農23人,計24人)｜252NT｜
　　　　　(v)計｜525NT｜(1%)
　④賦役計｜1,719NT｜(4%)
(2)現物貢租(L4協定)(フーフェ農10人と園地農1人,計11人)｜1,210NT｜(3%)
(3)保有移転貢租(L5協定)(小屋住農4人)｜25NT｜(0%)
(4)貨幣貢租(L8協定)(農民6人,園地農2人,小屋住農24人と水車屋1人,計33人)
　｜426NT｜(1%)
(6)村合計｜3,380NT｜(8%)
(I)モースドルフ村
(2)現物貢租(L4協定)(フーフェ農1人)｜130NT｜(0%)
(J)ニーダーフローナ村
(1)賦役
　①連畜賦役(L1協定)(フーフェ農18人)｜72NT｜(0%)
　②手賦役(L1協定)(フーフェ農10人)｜21NT｜(0%)
　④賦役計｜93NT｜(0%)
(K)オーバーフローナ村
(1)賦役
　①連畜賦役(L2協定)(フーフェ農15人)｜3,222NT｜(7%)
　②手賦役(i)(L2協定)(フーフェ農4人と園地農3人,計7人)｜284NT｜
　　　　　(ii)(L4協定)(園地農8人,小屋住農46人と水車屋1人,計55人)｜586NT｜
　　　　　(v)計｜870NT｜(2%)
　④賦役計｜4,092NT｜(9%)
(3)保有移転貢租(L5協定)(「農民」11人,園地農13人,小屋住農24人,建築用地所
　有者1人,水車屋2人と耕地片所有者15人,計66人)｜2,155NT｜(5%)
(4)貨幣貢租(L8協定)(農民18人,園地農11人,小屋住農42人,水車屋3人と宿屋1
　人,計75人)｜2,603NT｜(6%)
(6)村合計｜8,850NT｜(20%)
(L)ライヒェンブランド村+(M)グリューナ村
(1)賦役
　①連畜賦役(L1協定)(2村のフーフェ農,計30人)｜85NT｜(0%)
(N)ルースドルフ村
(4)貨幣貢租(L8協定)(耕地片所有者2人)｜5NT｜(0%)
(O)全集落合計額(L1-L8協定)43,677NT(100%)

　本表の全集落合計額(O)から見ると,封建地代償却一時金合計額の半分を
負担するのは,リンバッハ村(F)(50%)であり,オーバーフローナ村(K)

(20%) はそれよりも遙かに小さく，それに続くのが，ケーテンスドルフ村（E）(15%)，ミッテルフローナ村（H）(8%)，ケンドラー村（D）(3%)，ブロインスドルフ村（A）(1%)であり，その他の7村は0%である．しかしながら，償却一時金から見た封建地代各種目の地位は，各村で著しく異なる．

　13村の中で最大額を負担するリンバッハ村（F）では，貨幣貢租が本表合計額（O）の25%を占めて，最大の種目である．第2位は13%の保有移転貢租で，それより僅かに低いのが，賦役の12%である．この村の賦役では，7%の手賦役が4%の連畜賦役よりも大きい．13村中第2位のオーバーフローナ村（K）では，賦役が本表合計額（O）の9%を占め，賦役の中では，7%の連畜賦役が2%の手賦役を圧倒している．6%の貨幣貢租と5%の保有移転貢租は同村の連畜賦役の比率よりも低い．13村中第3位のケーテンスドルフ村（E）では，賦役の割合が本表合計額の7%であり，その中の連畜賦役4%の実額は保有移転貢租4%よりも小さく，手賦役3%は貨幣貢租3%よりもやや大きい．第4位のミッテルフローナ村（H）では，賦役が本表合計額の4%であり，その中の連畜賦役3%は，上記3村に見られなかった現物貢租3%よりもやや小さい．第5位のケンドラー村（D）以下の9村については，村毎に種目別構成が異なるけれども，ここでは立ち入らない．

　また，上記主要4村で償却額が50%を超えた時期は，リンバッハ村（F）では，貨幣貢租の割合が大きく，その償却の遅れのために，1854年であった（L8協定）．賦役と保有移転貢租の比率が高いオーバーフローナ村（K）とケーテンスドルフ村（E）では，47年（L5協定）であり，賦役が5割を占めるミッテルフローナ村（H）では，さらに早く40年（L4協定）であった．

　14集落の中で特筆すべきは，騎士領リンバッハ（G）である．騎士領はオーバーフローナ村に1農民地[1]を所有し，それの貨幣貢租に基づく償却地代は，本表合計額（O）の0%であった．それに対して，騎士領の償却一時金（本表合計額の1%）は主として放牧権の買い戻しに起因した．したがって，領民は封建地代の99%を領主制地代として償却したのである．

　さらに，騎士領リンバッハは牧羊場を持ち，7村の土地の狩猟権を把持していた，と同時代文献は記している[2]．当時のザクセンで興隆した牧羊業の基礎は，騎士領が所属村落の農民耕地に大量の羊毛用羊を放牧する権利であった[3]．しか

し,「リンバッハ裁判所の諸権利についての1802年の台帳」によれば,騎士領リンバッハでは御館奉公人が「台所用羊」(自家消費用肉羊)を飼育していたにすぎず,ケンドラー村には騎士領の羊用牧草地もあった.そのために本騎士領の領民の土地は騎士領の羊放牧権に服していなかった[4].したがって,償却さるべき羊放牧権は,ここには存在しなかった.

最後に,この所領領民が1830年代初頭の「九月騒乱」期と1848／49年の三月革命期に提起した要求と,封建地代償却の進行との関連を見てみよう.「九月騒乱」期については,残されている唯一の史料,「靴下編工・間借人から提出された請願書への回答」から判断すれば,織機貢租,紡糸貢租と賦役代納金の完全廃止あるいは軽減が要求された,と考えられる[5].この中の織機貢租と紡糸貢租は,本章第9節の貨幣貢租に含まれていないから,領主裁判権に基づく義務として,51年償却法補充法によって,義務者にとっては無償で,廃止されたであろう.三月革命期には,多くの領民が加入した,リンバッハ村とケーテンスドルフ村の祖国協会が,邦議会への請願書に署名した.これらの共同請願書は,騎士領領主＝農民関係に直接関連する要求項目を含んではおらず,48年12月に選挙された邦議会への断固たる支持,という政治的立場を表明している.これは,48年11月に大幅に改正された選挙法に基づいて実施された邦議会選挙において,祖国協会を中心とする民主派が上・下両院で圧勝したが,この選挙の直前に祖国協会の農業綱領が修正され,証明不可能な封建的諸負担の無償廃棄を要求することになった事実と,密接に関連するであろう[6].

1) 封建地代を義務づけられた騎士領所有地は,他にもあった.ケーテンスドルフ村の酒店の土地(1連畜所有農地と1手賦役農地)である.それの賦役は内容不明であるけれども,L2協定(本章第6節)第3条によって無償で廃止された.
2) 松尾 2001, p. 33.
3) 松尾 1971; 松尾 1972.
4) Seydel 1908, S. 394-395, 398.
5) 松尾 2001, pp. 44-45, 148-149.
6) 松尾 2001, pp. 207-212, 221.

第3章 騎士領プルシェンシュタイン(南ザクセン)における封建地代の償却

第1節 全国委員会文書第1852号

(1) 貢租償却協定

南ザクセンの騎士領プルシェンシュタインの封建地代償却に関する,最初の全国委員会文書は第1852号協定[1]である.これは,「フライベルク市近郊の騎士領プルシェンシュタインとディッタースバッハ村の住民との間の,1840年6月11日／8月21日の貢租償却協定」の表題を持っている.

一方の被提議者と他方の提議者は,任命された特別委員アマンドゥス・アウグスト・ヘフナー(ノッセン市の弁護士)とカルル・ゴットリープ・トラウゴット・メルツァー(ラウエンシュタイン市の農業者)の指導の下で,当騎士領の下記の権限について,関連する法的・実質的諸事情に関する正確な事前協議に基づいて,一括して次のように協定した.被提議者は,フライベルク特別管区にある当騎士領の所有者…であり,彼の騎士領に属するディッタースバッハ村の下記の土地所有者,小屋住農,借家人家屋小屋住農と耕地片所有者が提議者である.――提議者全員の姓名と不動産は後出の表3-1-1に示される.

以上の序文に続く償却協定本文は,次のとおりである.
 第1条 提議者G. F. ヴェンツェル［一連番号1］と,序文に記された仲間たちは,本契約の第2条に数え上げられた,当騎士領の権限の償却のために,当騎士領への以下の一時金と年地代の現金支払を引き受けた.それは,賦役についての伝統的な反対給付その他の法的な控除を顧慮して,以下の基準に従って決定された.
(1) 犂耕賦役1日の年地代 11AG.
(2) 不確定亜麻賦役の年地代合計 11AT15AG. そこで,各人の年分担金は次のようになる. 土地所有者は22AG7.468AP,小屋住農は7AG6.489AP,借家人家屋小屋住農は3AG9.244AP.
(3) 麻屑糸から糸1巻を紡ぐ［賦役の］年地代 3AG.

第3章　騎士領プルシェンシュタイン（南ザクセン）における封建地代の償却　167

(4) 亜麻から糸1巻を紡ぐ［賦役の］年地代　2AG．
(5) 羊剪毛賦役1日の年地代　2AG．
(6) 屋根板作りの不確定賦役1日の年地代［合計］　2AT10AG．そこで，各人の年分担金は次のようになる．土地所有者は4AG8.43AP，小屋住農は1AG6.81AP，借家人家屋小屋住農は9.4AP．
(7) 大鎌賦役1日の年地代　3AG．
(8) マリーエンベルク市までの走り使いの年地代　3AG．
(9) パン穀物1旧ザイダ・シェッフェルの年地代　2AT．
(10) 燕麦1旧ザイダ・シェッフェルの年地代　1AT．
(11) 雌鶏1羽の年地代　3AG．
(12) 土地所有者・小屋住農各人からの狩猟賦役の年地代　1AG9AP．
(13) 借家人家屋小屋住農各人からの同上賦役の年地代　10AP．
(14) 放牧権が1年中行使される耕作地1シェッフェル＝150平方ルーテ当たりの羊放牧権のための年地代　6AP．
(15) 羊放牧権が旧暦ミヒャエーリス祭から翌年の旧暦ヴァルプルギス祭までのみ行われる耕作地1シェッフェル＝150平方ルーテ当たりの同上　3AP．
(16) 貨幣貢租1AT当たりの一時金　20AT．

　その後に各義務者の償却年地代・一時金額が記されている．それを一連番号順に取りまとめたものが表3-1-3である．
　第2条　これらの年地代と一時金支払に対して…［騎士領領主］は，G. F. ヴェンツェル［一連番号1］と，序文に記載された仲間たちに，価値計算の際に考慮された，次の賦役と給付，すなわち，
(a) 1769年5月24日の契約に基づいて以前の麦芽運送の代わりにディッタースバッハ村の土地所有者が果たすべきであった犂耕賦役84日，
(b) 土地所有者，小屋住農と借家人家屋小屋住農が，ザイフェン村の土地所有者および小屋住農と協力して給付すべきであった亜麻賦役，
(c) 土地所有者各人が麻屑糸から6AGの賃金で，小屋住農と借家人家屋小屋住農の各人は，梳いた亜麻から5AGの賃金で，糸1巻を紡ぐ義務，
(d) 羊剪毛の確定賦役，
(e) それが必要とされる時に，ノイハウゼン村およびザイフェン村［の領民］と協力して，当騎士領のために1,000ショックの屋根板を作る義務，
(f) 上に算定された，パン穀物貢租，燕麦貢租，賦役代納燕麦[2]および雌鶏貢租の，年々の給付，
(g) 狩猟賦役，
(h) 小屋住農 T. F. シュナイダー，保険番号11［一連番号12］が分農場ハイダースドルフに給付すべき大鎌賦役3日，

(i) $\frac{1}{8}$ フーフェ農 G. A. キルシェン，保険番号 9 [一連番号 10] が，要求される度毎に，マリーエンブルク市まで走り使いする義務，
を [永久に免除した]．そればかりでなく，
(k) ノイハウゼン村およびザイフェン村 [の領民] と協力して，ザイフェン村の錫精錬所に必要な炭用木材を，1シュラーゲン当たり6AGの賃金で整える，という，提議者全員の義務．
(l) 彼らが，その [農民] 地で他人のために亜麻を播く場合に，亜麻1フィアテル当たり雌鶏1羽あるいは1AG9APの貢租を騎士領領主に支払う，という義務，
(m) ディッタースバッハ村の未亡人たちがハイダースドルフ村まで走り使いする義務，
(n) 保険番号12-20と28 [一連番号13[3)]，14-21，22[4)]] の小屋住農地10個の所有者が，シェッフェル数の$\frac{1}{13}$ [の現物支給] によって，分農場ハイダースドルフで順番に打穀する，という義務，
(o) すべての土地所有者の穀物貢租のうち，世襲台帳の中で撤回可能として留保されているけれども，[ここに] 計算されていない，残りのもの，
も全く無償で，そして，永久に免除した．同様に，
(p) ディッタースバッハ村の領域と，そこに受け継がれている騎士領耕地片に対して，騎士領が権限を持つ羊放牧権と家畜通行権を [騎士領領主は] 完全に廃止させた．また，
(q) 上記の一時金支払の後に，世襲村長[5)] G. F. ヴェンツェル [一連番号1] に残る，世襲村長地の貨幣貢租，すなわち，かつて課されていた「クリスマスの渦巻きパン」の代償としての6AG，ヴァルプルギス貢租14AG，ミヒャエーリス貢租1AT18AG，クリスマス貢租9AG1.5AP，合計2AT23AG1.5AP，の償還と削除，および，
(r) 引き受けられた一時金支払の後に，G. A. キルシェンの$\frac{1}{8}$フーフェ，保険番号9 [一連番号10] に従来課されていた，年2AGのヴァルプルギス貢租の削除と償還，
を [騎士領領主は] 確約した．
第3条　それに対して [騎士領領主は]，明確に放棄されていない，あるいは，特別に償却されていない，あらゆる賦役とあらゆる権限を，当騎士領に今後も留保した．
第4条　締結された償却契約の実施時点として，契約当事者双方が，
(a) 小屋住農の賦役と亜麻賦役一般に関しては1837年初を，
(b) その他の賦役・給付と羊放牧権に関しては1838年初を，定めた．同意された地代は，この時点から回転し始めた．
第5条　[旧通貨による償却地代の支払時期──省略]
第6条　[対物的負担としての償却地代──省略]
第7条　[地代銀行へのすべての償却地代の委託──省略]
第8条　[委託地代額・地代端数一覧表，委託地代関連法規定と地代端数の償還──省略]
第9条　[償却費用の分担──省略]
第10条　[同文4部の償却協定──省略]
騎士領プルシェンシュタイン＝ザイダにて1840年6月11日

本協定の署名集会に関する議事録は紹介を省略する．
本償却協定を全国委員会［主任］シュピッツナーは同年8月21日に承認した．
本協定の提議者は領民であり，被提議者は領主であった．

1) GK, Nr. 1852.──この償却協定は，貢租のみを表題に記しているけれども，以下に紹介するように，現物貢租と貨幣貢租ばかりでなく，賦役と放牧権の償却にも係わっている．なお，松尾，「プルシェンシュタイン」，(1)，p. 60は本協定第1条後半，各人別負担額の最初の2ページを示している．
2) この貢租，Diensthaferは，ここに初めて，そして，ここだけに記されている．かつての賦役に代わる貢租として徴収された燕麦と考えて，賦役代納燕麦と訳した．
3) 原文の保険番号12に該当する不動産は，一連番号13の借家人家屋であって，小屋住農家屋ではない．後出の表3-1-2を参照．
4) 原文に記されている保険番号28は，一連番号22の借家人家屋であって，小屋住農家屋ではない．したがって，10個の不動産は，原文のように小屋住農地として一括されえず，少なくとも1戸は借家人家屋でなければならない．本協定は小屋住農家屋を合計9戸しか記載していないからである．
5) 世襲村長について一般的には第1章第4節(4)を参照．土地所有者は大抵の場合にフーフェ農を指すけれども，本協定序文は提議者を「土地所有者，小屋住農，借家人家屋所有者と耕地片所有者」と概括していて，世襲村長を特記していない．また，序文にこれこれのフーフェ農地の所有者と記された義務者は，世襲受封村長を含めて，協定本文では「土地所有者」に一括されている．

(2) 償却一時金合計額

以下では，本協定に規定された，義務者各人の償却年地代・一時金額などを紹介し，償却一時金合計額の算出を試みよう．

協定序文から，第1条を参考にしつつ，義務者全員の一連番号，姓名，不動産と保険番号を示すものが表3-1-1である[1]．

同一人と記された義務者も，同村の同姓同名者も本協定にはいない．一連番号15の所有者，未亡人と子供を1人の義務者と見なすと，本協定の義務者は25人と考えられる．本協定の表題は義務者をディッタースバッハ村住民[2]としているけれども，最後の3人（耕地片所有者）はノイハウゼン村住民である．

本協定本文は義務者を，多くの場合に保険番号でもって示している．そこで，序文（表3-1-1）から保険番号を一連番号と対照させたものが表3-1-2である．協定に保険番号を記されない不動産（耕地片など）は表示しない．

表3-1-1 義務者全員の姓名と不動産

[1] Gottlieb Friedrich Wenzel ((a) 世襲受封村長地〈1〉, (b) 耕地片)
[2] Christian Friedrich Kirschen [jun.] ($\frac{1}{2}$フーフェ農地〈2〉)
[3] Friedrich Leberecht Ulbricht ($\frac{1}{4}$フーフェ農地〈3〉)
[4] Gotthilf Friedrich Lorenz ($\frac{1}{4}$フーフェ農地〈4〉)
[5] Carl Gottlob Kirschen ((a) $\frac{1}{2}$フーフェ農地〈5〉, (b) 耕地片)
[6] Gottlieb Friedrich Ulbricht ($\frac{1}{2}$フーフェ農地〈6〉)
[7] Traugott Friedrich Wenzel (耕地片)
[8] Johanne Christliebe Gehmlich ($\frac{1}{2}$フーフェ農地〈7〉)
[9] Carl Gottlieb Wenzel ($\frac{1}{2}$フーフェ農地〈8〉)
[10] Gotthelf Abraham Kirschen ((a) $\frac{1}{8}$フーフェ農地〈9〉, (b) 耕地片)
[11] Adolph Friedrich Schneider ((a) $\frac{1}{2}$フーフェ農地〈10〉, (b) 林地, (c) 耕地片)
[12] Traugott Friedrich Schneider ((a) 小屋住農家屋〈11〉, (b) 耕地片)
[13] Gotthelf Friedrich Weihrauch ((a) 借家人家屋〈12〉, (b) 耕地片)
[14] Carl Gottlieb Drechsel ((a) 小屋住農家屋〈13〉, (b) 耕地片)
[15] Christiane Eleonore Reißmüller と子供3人 ((a) 小屋住農家屋〈14〉, (b) 耕地片)
[16] Johann Gottlob [Gottlieb] Fischer (小屋住農家屋〈15〉)
[17] Carl Gotthold Drechsel ((a) 小屋住農家屋〈16〉, (b) 耕地片)
[18] Carl Friedrich Lehmann ((a) 小屋住農家屋〈17〉, (b) 耕地片)
[19] Adolph Friedrich Müller (小屋住農家屋〈18〉)
[20] Carl Gottlieb Lohße [Lohse] (小屋住農家屋〈19〉)
[21] Christlieb Friedrich Meyer (小屋住農家屋〈20〉)
[22] Gotthold Friedrich Fischer (借家人家屋〈28〉)
[23] Johann Perner (ノイハウゼン村) (耕地片)
[24] Carl Friedrich Müller (同上) (耕地片)
[25] Gotthold Friedrich Hofmann (同上) (耕地片)

表3-1-2 保険番号・一連番号対照表

〈1〉=[1];〈2〉=[2];〈3〉=[3];〈4〉=[4];〈5〉=[5];〈6〉=[6];〈7〉=[8];〈8〉=[9];〈9〉=[10];〈10〉=[11];〈11〉=[12];〈12〉=[13];〈13〉=[14];〈14〉=[15];〈15〉=[16];〈16〉=[17];〈17〉=[18];〈18〉=[19];〈19〉=[20];〈20〉=[21];〈28〉=[22]

第1条後段に記された,各義務者の償却年地代・一時金は表3-1-3に村別にまとめられている.一時金と年地代による償却の場合には,年地代+一時金と表

示した．年地代あるいは一時金の一方のみによって償却する義務者には，他方の欄を設けなかった．償却年地代あるいは一時金による償却が，「賦役（など）のために」と記されている文言は，本表では単に賦役（など）と略記し，「羊放牧権の廃止のために」は，単に放牧権とした．現物貢租（主としてパン穀物と燕麦）の内訳は省略した．なお，(1) 村の 10b, 12b, 13b, 14b, 15b, 17b, 18b の義務と償却地代は，(2) 村の 23-25 のそれと同一である．

表 3-1-3　各義務者の償却年地代・一時金額

(1) ディッタースバッハ村

[1a] (年地代) 放牧権 17AG7AP ＋ (一時金) 貨幣貢租 (2AT23AG1.5AP) のための一時金 59AT6AG6AP (1838 年聖ヨハネ祭に支払)．(上記貨幣貢租合計額 2AT23AG1.5AP の内訳：Cz＝6AG, Waz＝14AG, Miz＝1AT18AG と Wez＝9AG1.5AP)

[1b, 5b] (年地代) 放牧権 1AG6AP

[2] (年地代) 計 23AT15AG5.898AP．内訳：賦役 6AT22AG0.898AP (犂耕 12 日 5AT12AG, 亜麻賦役 22AG7.468AP, 麻屑糸から糸 1 巻を紡糸する [賦役] 3AG, 羊剪毛 1 日 2AG, 屋根板作り 4AG8.43AP, 狩猟賦役 1AG9AP), 現物貢租 16AT と放牧権 17AG5AP

[3, 4] (年地代) 計 12AT5AG3.898AP．内訳：賦役 4AT4AG0.898AP (犂耕 6 日 2AT18AG, 亜麻賦役 22AG7.468AP, 麻屑糸から糸 1 巻を紡糸する [賦役] 3AG, 羊剪毛 1 日 2AG, 屋根板作り 4AG8.43AP, 狩猟賦役 1AG9AP), 現物貢租 7AT16AG6AP と放牧権 8AG9AP

[5a] (年地代) 計 22AT6AG11.898AP．内訳：賦役計 6AT22AG0.898AP ([2] と同一内容), 現物貢租 14AT15AG6AP と放牧権 17AG5AP

[6] (年地代) 計 24AT9AG5.898AP．内訳：賦役計 6AT22AG0.898AP ([2] と同一内容), 現物貢租 16AT18AG と放牧権 17AG5AP

[7] (年地代) 放牧権 2AG

[8] (年地代) 計 22AT13AG11.898AP．内訳：賦役計 6AT22AG0.898AP ([2] と同一内容), 現物貢租 14AT22AG6AP と放牧権 17AG5AP

[9] (年地代) 計 24AT14AG8.898AP．内訳：賦役計 6AT22AG0.898AP ([2] と同一内容), 現物貢租 16AT23AG3AP と放牧権 17AG5AP

[10a] (年地代) 計 2AT11AG6.898AP．内訳：賦役 1AT10AG0.898AP, 現物貢租 18AG, マリーエンベルクへ市の走り使い 3AG と放牧権 4AG6AP ＋ (一時金) Waz (2AG) のための一時金 1AT16AG (1838 年聖ヨハネ祭に支払)．(上記賦役合計額 1AT10AG0.898AP の内訳：亜麻賦役 22AG7.468AP, 麻屑糸から糸 1 巻を紡糸する [賦役] 3AG, 羊剪毛 1 日 2AG, 屋根板作り 4AG8.43AP と狩猟賦役 1AG9AP)

［10b, 12b, 13b, 14b, 15b, 17b, 18b］（年地代）計6AG6AP．内訳：［現物貢租］雌鶏2羽6AGと放牧権6AP

［11a］（年地代）計22AT23AG8.898AP．内訳：賦役計6AT22AG0.898AP（［2］と同一内容），現物貢租15AT8AG3APと放牧権17AG5AP

［11b］（年地代）放牧権9AP

［11c］（年地代）放牧権1AG3AP

［12a］（年地代）計23AG10.299AP．内訳：賦役（亜麻賦役7AG6.489AP，亜麻から糸1巻を紡糸する［賦役］2AG，羊剪毛1日2AG，屋根板作り1AG6.81AP，狩猟賦役1AG9APと大鎌［賦役］3日9AG）

［13a, 22］（年地代）計9AG4.644AP．内訳：賦役（亜麻賦役3AG9.244AP，亜麻から糸1巻を紡糸する［賦役］2AG，羊剪毛1日2AG，屋根板作り9.4APと狩猟賦役10AP）

［14a, 15a, 16, 17a, 18a, 19-21］（年地代）計14AG10.299AP．内訳：賦役（亜麻賦役7AG6.489AP，亜麻から糸1巻を紡糸する［賦役］2AG，羊剪毛1日2AG，屋根板作り1AG6.81APと狩猟賦役1AG9AP）

　（2）ノイハウゼン村

［23-25］（年地代）計6AG6AP．内訳：［現物貢租］雌鶏2羽6AGと放牧権6AP

表3-1-3の償却年地代・一時金を種目別・村別に区分・集計したものが，表3-1-4である．本協定は，一方的提議に基づく，貨幣貢租の償却が法定される以前に承認されたけれども，第1条（16）は1aと10aの年貨幣貢租を20倍額の一時金によって償却した．しかし，第1章第4節（7）で述べた理由から，本表で私は貨幣貢租一時金を年地代の25倍額と想定した．

　　　　表3-1-4　償却一時金の種目別・村別合計額

（1）賦役
　①連畜賦役年地代
　　ディッタースバッハ村（フーフェ農8人）38AT12AG ¦962AT12AG ≒ 989NT7NG ≒ 989NT¦
　②手賦役年地代
　　ディッタースバッハ村（フーフェ農9人，小屋住農9人と借家人家屋小屋住農2人，計20人）19AT15AG2.061AP ≒ 19AT15AG ¦490AT15AG ≒ 504NT7NG ≒ 504NT¦
　③計（1村のフーフェ農9人，小屋住農9人と借家人家屋小屋住農2人，計20人）¦1,493NT¦
（2）現物貢租年地代
　①ディッタースバッハ村（世襲村長1人，フーフェ農9人，小屋住農5人と借家人家

屋小屋住農1人，計16人）112AT12AG6AP ≒ 112AT12AG |2,812AT12AG ≒ 2,890NT2NG ≒ 2,890NT|
　②ノイハウゼン村（耕地片所有者3人）18AG |18AT18AG ≒ 19NT1NG ≒ 19NT|
　③計（2村の世襲村長1人，フーフェ農9人，小屋住農5人，借家人家屋小屋住農1人と耕地片所有者3人，計19人）|2,909NT|
（3）貨幣貢租想定一時金
　　ディッタースバッハ村（世襲村長1人とフーフェ農1人，計2人）3AT1AG1.5AP ≒ 3AT1AG |76AT1AG ≒ 78NT4NG ≒ 78NT|
（4）放牧権年地代
　①ディッタースバッハ村（世襲村長1人，フーフェ農9人，小屋住農5人，借家人家屋小屋住農1人と耕地片所有者1人，計17人）6AT10AG7AP ≒ 6AT10AG |160AT10AG ≒ 164NT13NG ≒ 164NT|
　②ノイハウゼン村（耕地片所有者3人）1AG6AP ≒ 1AG |1AT1AG ≒ 1NT2NG ≒ 1NT|
　③計（2村の世襲村長1人，フーフェ農9人，小屋住農5人，借家人家屋小屋住農1人と耕地片所有者4人，計20人）|165NT|
（5）4種目合計
　①ディッタースバッハ村（世襲村長1人，フーフェ農9人，小屋住農9人，借家人家屋小屋住農2人と耕地片所有者1人，計22人）|4,625NT|
　②ノイハウゼン村（耕地片所有者3人）|20NT|
　③計（2村の世襲村長1人，フーフェ農9人，小屋住農9人，借家人家屋小屋住農2人と耕地片所有者4人，計25人）|4,645NT|
　　うち，(ⅰ)年地代 |4,567NT|（98％）
　　　　　(ⅱ)一時金 |78NT|（2％）

　本表（5）③によれば，2村の義務者25人は賦役・現物貢租・貨幣貢租・放牧権を想定一時金合計4,645NTで償却した．この合計額の中で（5）③(ⅱ)の2％のみが一時金支払によって償還された[3]．したがって，合計額の98％は地代銀行に委託された．

1）　別の箇所では，[2]のキルシェンにはjun.が付記され，[16]のゴットロープはゴットリープ，[20]LohßeはLohseと記されている．
2）　ディッタースバッハ村は1830年「九月騒乱」期に請願書を提出した．松尾2001, pp. 47-58. 同村は三月革命期にも共同で請願している．松尾2001, pp. 181（30村請願書），186（10村請願書）．

3) 原表では合計で地代銀行委託が177AT15AG4AP，一時金による償還（地代端数のそれを含む）が6AT15AG10APとされている．前者を概算すれば，177AT15AG4AP≒177AT15AG{4,440AT15AG≒4,563NT28NG≒4,563NT}となる．

第2節　全国委員会文書第1853号

(1) 賦役・貢租償却協定と償却一時金合計額

当騎士領に関する，第2の全国委員会文書は，第1853号，「世襲・所有地プルシェンシュタイン＝ザイダとハイダースドルフ村の1住民との間の，1840年7月31日／8月21日の賦役・貢租・賦役代納金償却協定[1)]」である．

その序文は次の文章で始まっている．一方の被提議者と他方の提議者の間で次の償却が実現した．被提議者は…当騎士領の所有者…であり，提議者は（ハイダースドルフ村の）1土地所有者である（その姓名と不動産は表3-2-1）．——なお，特別委員は前節の協定と同じ2人である．ただし，A. A. ヘフナーの前任者はグスタフ・ブルジアン（フライベルク市の弁護士）とされている．

第1条　…[騎士領領主]は自身と相続人，および，当騎士領の将来の所有者のために，G. F. クレーヘル[提議者]の上記土地に対する権限一切を1839年初から永久に放棄した．この騎士領の所有者としての彼に帰属する権限は，次のとおりである．

(a) 当騎士領に毎年支払われるべきErzとDig，53AT20AG（内訳は2製粉水車…から50AT，「低地の林地」…から1AT6AG，ハイダースドルフ村近くのモルテルグルント地区にある，他の土地から2AT14AG），

(b) モルテル水車の所有者が，ザイダ市にある，当騎士領の大分農場・小分農場の借地人・管理人・牧羊親方・番人・奉公人のための食用・祭日菓子用[穀物]，家畜肥育と羊飼育に必要な[穀物]，および，牧羊親方・番人・羊牧者に，あるいは，自身と彼らの[家族]に定められた現物給与用穀物を，無償で，[つまり，]製粉メッツェ[料]を差し引かず，糠も取らずに，製粉し，粗挽きし，パンを焼き，さらに，合計して毎週2.5メッツェのスープ用穀粉を2分農場に無償で提供する[以上の賦役と現物貢租を水車屋に課す]，という権限，並びに，

(c) 彼[騎士領領主]が提議者の土地で行使する羊放牧権．

第2条　クレーヘル[提議者]はこの[権利]放棄を受け入れたばかりでなく，彼の方では，彼自身と彼の土地の[将来の]所有者のために，当騎士領から，これらの土地の所有者，すなわち，モルテル水車の所有者としての彼に引き渡されてきた権限のすべてを，同様

第3章　騎士領プルシェンシュタイン(南ザクセン)における封建地代の償却　175

に1839年初から放棄した．その権限は次のとおりである．
　(a) 騎士領林地の上部区域から毎年4シュラーゲンあるいは12クラフターの薪用軟材，断面の直径16ツォルのブナ1本，を無償で切り倒し，運び出す権利，および，
　(b) 牛4頭を騎士領領主の林地，とくに大水車林地と小水車林地に，法令上の諸制限の下で放牧させてよい，との権利(この権限からは何ものも除外されない)，である．そればかりでなく，
　第3条　1839年3月末に［提議者は］…［騎士領領主］に1,076ATの償却一時金を現金で支払う義務を負った．この一時金には1839年初から年5%の利子が付けられた．
　第4条　…［提議者］のこの宣言と約束に…［騎士領領主］は満足した．
　第5条　［償却費用の分担――省略］
　第6条　［同文4部の償却協定――省略］
　騎士領プルシェンシュタインにて1840年6月10日

　協定署名集会の記録などは省略する．
　この協定を全国委員会［主任］シュピッツナーは同年8月21日に承認した．
　本協定の提議者は，領民たる水車屋であり，被提議者は騎士領領主である．

　表3-2-1は協定序文から，第1条と第2条を参考にしつつ，提議者の姓名と不動産を示す．

　　　　　表3-2-1　提議者の姓名と不動産
　(1) Gottlob Friedrich Kreher ((a) ハイダースドルフ村のモルテルグルント地区…のモルテル水車〈93〉と，それに属する…聖ニコライ水車〈92〉(付属する採草地・耕地片を含む)．(b) ハイダースドルフ村の…「低地の林地」〈89〉．(c) ザイダ市の領域にある…［5筆の［耕地片］合計$5\frac{2}{3}$アッカーと4筆の採草地］)

　協定第1条によれば，提議者の水車屋は従来，世襲貢租と賦役代納金，合計53AT20AGを支払わねばならなかった．また，彼は騎士農場経営のための無償の製粉義務(一種の賦役)と穀粉提供義務(一種の現物貢租)に服し，さらに，彼の土地も騎士領羊の放牧権に服していた．これらの水車賦役，現物貢租(穀粉)，貨幣貢租(世襲貢租と賦役代納金)および羊放牧権を，水車所有者は1,076ATの一時金で償却した．それと同時に彼は，騎士領の林地での薪伐採権と牛放牧権を失った．――以上の償却は年地代による部分を全く含まず，全額が一時金支払によって実施された．そして，この償却一時金額は貨幣貢租合計額

のほほ20倍に相当する．封建地代が一時金支払によって償還される場合，1832年償却法は，一般的には一時金の額を25倍と定めたけれども，貨幣貢租については規定しなかった．そこで，貨幣貢租は20倍額の一時金によって償還されうる，との前節の償却協定第1条16項が，本協定でも適用されたのであろう．また，貨幣貢租以外の水車屋の義務，すなわち，賦役と現物貢租および騎士領の羊放牧権は彼の権利としての騎士領林地利用権と相殺された，と推定される．

私は，相殺された，金額不明の権利・義務を無視し，地代額が明記されている貨幣貢租（53AT20AG）だけを考慮して，その25倍額を，前節（2）と同じ理由から，償却一時金と想定する．その結果として貨幣貢租の想定償却一時金は {1,345AT20AG ≒ 1,383NT5NG ≒ 1,383NT} となる．

1) GK, Nr. 1853. 本協定は，賦役・貢租・賦役代納金のみを表題に記しており，貢租は現物・貨幣貢租であるが，騎士領領主の羊放牧権と水車屋の薪伐採権（地役権）にも係わっている．――松尾，「プルシェンシュタイン」，(1)，p. 69は本協定第3-5条を示す．

第3節　全国委員会文書第1892号

(1) 賦役・貢租償却協定

問題となる文書は，第1892号，「ノッセン市近郊の騎士領プルシェンシュタインとウラースドルフ村およびピルスドルフ村の住民との間の，1840年7月4日／9月7日の賦役・貢租償却協定[1]」である．

序文によれば，一方の被提議者と他方の提議者は，本協定で詳細に記述される，当騎士領の権限の償却に関して…以下のように討議し，協定した．被提議者は当騎士領の所有者…であり，提議者はウラースドルフ村とピルスドルフ村の以下の土地所有者，小屋住農と借家人家屋所有者（義務者全員の姓名と不動産は後出の表3-3-1）である．――なお，特別委員は第1節の協定と同じ2人である．

第1条　本契約第2条に数え上げられた，当騎士領への賦役と給付，および，それ［同騎士領］に帰属する羊放牧権から，彼らの所有地を永久に解放するために，提議者 E. L.

第3章　騎士領プルシェンシュタイン（南ザクセン）における封建地代の償却　**177**

ヴァンゲ［一連番号1］と，序文に記された仲間たちは，これについて作成され，当事者双方によって適当と承認された，特別の計算方式に従って，一時金あるいは年地代（後出の表3-3-3）として以下の現金支払を引き受けた．

　上記の償却額においては，法律上の控除と，提議者に帰属する反対給付への補償が留意されたばかりではない．被提議者は，撤回可能な賦役代納金についてのみでなく，彼ら提議者が支払うべき貨幣貢租についても，20%を彼らに免除した．貨幣貢租から本協定によって割り引かれた免除のために，後者［貨幣貢租］は，上の表に含まれる一時金額にまで縮小させられたので，上記の貨幣貢租の完全な償還もこれ［一時金支払］によって行われる．そして，これら［貨幣貢租］は，引き受けられた［年］地代額に含まれない．

　第2条　被提議者…［騎士領領主］はこれらの年地代と一時金支払に全く満足し，他方では，自身と当騎士領の後継所有者のために，提議者に対して次のように述べた．すなわち，上記の償却額のために，

　(a) 当騎士領世襲台帳第38条によってウラースドルフ村とピルスドルフ村の農民に共同で［課された狩猟賦役］，そして，ピルスドルフ村の $\frac{3}{8}$ フーフェ農地2個，保険番号6と7［一連番号42と43］およびウラースドルフ村の $\frac{1}{4}$ フーフェ農地2個，保険番号1と13［一連番号1と13］の所有者に特別に課された狩猟賦役，次いで，

　(b) (α) ウラースドルフ村の保険番号2，3，5-7，10-12，14，17，18，20，21，23，25-35，37，38と40［一連番号2，3，5-7，10-12，14，17-21，23-36］および

　(β) ピルスドルフ村の保険番号3-5，8-11，13と14［一連番号39-41，44-47，49と50］

の農地，家屋と借家人家屋に課され［た各種賦役］，あるいは，当騎士領世襲台帳に根拠を持ち，後の3賦役協定，すなわち，1737年11月7日，1785年4月20日（同年9月20日承認）と1791年11月3日（1793年3月18日承認）の協定の中で修正され，大部分は撤回可能な賦役代納金として定められ，その制定以後これらの契約の基準に従って課された各種賦役，さらに，従来これらの賦役の一部の代わりに，撤回可能として支払われてきた賦役代納金．

　(c) 下記の［農民］地，

　(α) ウラースドルフの保険番号1-3，5-12と14-18［一連番号1-3，5-12と14-18］および

　(β) ピルスドルフ村の保険番号2-7［一連番号38-43］

に従来課された，すべての穀物貢租．

　(d) 以下の表（後出の表3-3-4）に表示された各種貨幣貢租，

は永久に消滅する．また，

　(e) その［農民］地で他人のために亜麻を播く者は，これまで通例であった亜麻播種貢租（亜麻1フィアテル当たり雌鶏1羽あるいは現金1AG9AP）を今後は支払わない．最後に，

(f) 当騎士領の羊はウラースドルフ村とピルスドルフ村の領域に再び追い立てられ，放牧されるべきでない．

第3条　被提議者…［騎士領領主］は自身と当騎士領の後継所有者のために，さらに次の保証を提議者に与えた．すなわち，提議者がここに償却したと同じ賦役，賦役代納金と羊放牧権を義務づけられた，当騎士領の領民で，…フライベルク特別管区に法的に訴えて，彼，被提議者に対して目下［諸義務を］否認している者が，

(a) 彼［被提議者］とこれらすべての訴訟当事者との間で締結され，現在の訴訟のすべてを終結させる主契約によって，あるいは，

(b) これらすべての訴訟当事者が上記の訴訟において，彼らに義務づけられ，免除され，あるいは，既になされた宣誓に従属しないで，法的効力を持つ判決を通じて，一様に獲得する利益によって，あるいはまた，

(c) 委員による彼らの給付・地役権の評価によって，

問題となっている賦役，賦役代納金と羊放牧権を現在の［本協定の］提議者よりも低い地代で償却する場合には，本契約で提議者が認めた償却地代は，この一層低い額に削減されるばかりではない．提議者は，彼らがその間に過大に支払った地代も，その時々の当騎士領主から払い戻され，受け取るべきである．

この場合，本契約第9条に従って現在の額で地代銀行に委託される地代の引き下げは，…［現在の騎士領領主］あるいは当騎士領のその時々の所有者が，引き下げられるべき地代額を，提議者のために地代銀行に一時金によって償還・弁済することによって，実行されるべきである．この引き下げの後に残る地代額が，4APでもって残りなく割り切れない場合には，4APでもって残りなく割り切れる地代を，再びつくるために必要であるだけ，提議者も自ら一時金によって直ちに償還するべきである．

第4条　提議者 E. L. ヴァンゲ［一連番号1］と仲間たちは，第2条と第3条に含まれる，被提議者の宣告を受け入れた．

第5条　締結された償却協定は，1838年初から実施された．すなわち，この日から，償却された諸給付・諸権利が廃止され，同意された償却地代が回転し始めた．

ウラースドルフ村の F. F. シュナイダー［一連番号4］およびピルスドルフ村の C. W. リヒター，A. F. クレーネルト，G. L. ノイベルトと C. A. クレーネルト［一連番号37，38，42と43］が償却した貨幣貢租に関しては，被提議者は，一時金の支払の後に初めて貢租を廃止することを確約し，その時まで貨幣貢租と対物的権利を留保した．

第6条　第1条で述べられた一時金は，一般に1838年の聖ヨハネ祭に全額支払われるべきである．［一時金は旧通貨による．例外的な支払額・時期規定は省略］

第7条　［旧通貨による年地代の支払時期――省略］

第8条　［対物的負担としての償却地代――省略］

第9条　［地代銀行へのすべての年地代の委託――省略］

第10条　［委託地代額・地代端数一覧表――省略］

第11条　［委託地代関連法規定――省略］

第3章　騎士領プルシェンシュタイン（南ザクセン）における封建地代の償却　　179

第12条　［償却費用の分担――省略］
第13条　［同文4部の償却協定――省略］
　　　ピルスドルフ村の世襲村長役場にて1840年7月4日

協定署名集会の記録などは省略する．
この償却協定を全国委員会［主任］シュピッツナーは同年9月7日に承認した．
この協定の提議者は義務者であり，被提議者は領主であった．

1) GK, Nr. 1892. この協定は，表題には賦役と貢租（正確には現物貢租と貨幣貢租）しか記されていないが，放牧権なども償却の対象としている．――松尾，「プルシェンシュタイン」, (1), p. 73 は本協定第1条の最初を示している．

(2) 償却一時金合計額

表3-3-1 は本協定序文から，第1条，第2条と第10条を参考にしつつ，義務者全員の一連番号，姓名，不動産と保険番号を示す．

表3-3-1　義務者全員の姓名と不動産

(1) ウラースドルフ村

[1] Ehregott Leberecht Wange（$\frac{1}{4}$フーフェ農地・製粉水車〈1〉）
[2] Christian Friedrich Langer（$\frac{1}{4}$フーフェ農地〈2〉）
[3] Ehregott Wilhelm Flade（$\frac{1}{4}$フーフェ農地〈3〉）
[4] Fürchtegott Friedrich Schneider（$\frac{1}{4}$フーフェ農地〈4〉）
[5] Karl Gottlob Preyßler（1フーフェ農地〈5〉）
[6] Karl Friedrich Müller（1フーフェ農地〈6〉）
[7] Karl Gottlieb Klemmer（1フーフェ農地〈7〉）
[8] August Friedrich Köhler（$\frac{3}{8}$フーフェ農地〈8〉）
[9] Gottlob Köhler（$\frac{3}{8}$フーフェ農地・製粉水車〈9〉）
[10] Traugott Friedrich Herklotz（$\frac{1}{2}$フーフェ農地〈10〉）
[11] Johann Gottfried Schaarschuh（$\frac{1}{2}$フーフェ農地〈11〉）
[12] Johann Traugott Schlesier（$\frac{1}{4}$フーフェ農地〈12〉）
[13] August Friedrich Müller（$\frac{1}{4}$フーフェ農地〈13〉）
[14] Johann Christoph Dürrfeld（$\frac{3}{4}$フーフェ農地〈14〉）
[15] Karl August Werner（$\frac{1}{4}$フーフェ農地〈15〉）
[16] Gotthelf Friedrich Neubert（$\frac{1}{4}$フーフェ農地〈16〉）
[17] Gottlieb Friedrich Kempe（$\frac{1}{2}$フーフェ農地〈17〉）
[18] Christian Gottlieb Langer（$\frac{1}{2}$フーフェ農地〈18〉）
[19] Gotthelf Heinrich Rüdiger（家屋

⟨20⟩⟩
[20] Christian Friedrich Brückner（家屋⟨21⟩）
[21] Traugott Friedrich Preyßler（家屋⟨23⟩）
[22] Karl Gottlieb Beier（家屋⟨24⟩）
[23] Johanne Christiane Ubermann（借家人家屋⟨25⟩）
[24] Johann Christoph Glöckner（家屋⟨26⟩）
[25] Karl Gottlob Krönert（借家人家屋・水車⟨27⟩）
[26] Gotthelf Friedrich Müller（家屋⟨28⟩）
[27] Karl Gottlob Preyßler（家屋⟨29⟩）
[28] Johanne Eleonore Flade（借家人家屋⟨30⟩）
[29] Christiane Fliederike Thiele（借家人家屋⟨31⟩）
[30] Gotthelf Friedrich Fritzsche（借家人家屋⟨32⟩）
[31] Karl Gottlieb Wittig（借家人家屋⟨33⟩）
[32] Karl Friedrich Fürchtegott Dietel（借家人家屋⟨34⟩）
[33] Karl Traugott Fischer（借家人家屋⟨35⟩）
[34] Gotthelf Friedrich Dietel（借家人家屋⟨37⟩）
[35] August Friedrich Herklotz（借家人家屋⟨38⟩）

[36] Karl Gottlob Brückner（借家人家屋⟨40⟩）
（2）ピルスドルフ村
[37] Karl Wilhelm Richter（世襲村長地⟨1⟩）
[38] August Friedrich Krönert（$1\frac{1}{2}$フーフェ農地⟨2⟩）
[39] Johann Gottlob Gehmlich（$\frac{1}{2}$フーフェ農地⟨3⟩）
[40] Gottlieb Friedrich Weißbach（$\frac{1}{8}$フーフェ農地⟨4⟩）
[41] Karl Gotthelf Krönert（$\frac{3}{8}$フーフェ農地⟨5⟩）
[42] Gotthelf Leberecht Neubert（$\frac{3}{8}$フーフェ農地⟨6⟩）
[43] Karl August Krönert（$\frac{3}{8}$フーフェ農地⟨7⟩）
[44] Karl Gottlob Werner（家屋⟨8⟩）
[45] Karl Gotthelf Scheinpflug（家屋⟨9⟩）
[46] Johann Traugott Einert（家屋⟨10⟩）
[47] Johann Gottlieb Schneider（家屋⟨11⟩）
[48] Traugott Friedrich Kempe（家屋⟨12⟩）
[49] Gotthelf Friedrich Trapschuh（家屋⟨13⟩）
[50] Johann Gotthelf Hampel（借家人家屋⟨14⟩）

　同一人と記された義務者は本協定にはいない．一連番号5と27は同村の同姓同名者であるけれども，以下では義務者を便宜上，50人と考える．また，ウラースドルフ村で水車屋でもある義務者3人のうち，フーフェ農地を所有する2人はフーフェ農と想定し，借家人家屋を所有する1人は，協定第1条（下記の表3-

3-3）が彼について巨額の一時金負担を明記しているので，借家人家屋小屋住農ではなく，水車屋と見なす．

本章第1節（2）の表3-1-2を作成したのと同じ理由から，本協定序文（表3-3-1）に基づいて，保険番号を一連番号と対照させたものが表3-3-2である．

表3-3-2　保険番号・一連番号対照表

(1) ウラースドルフ村
⟨1⟩＝[1]；⟨2⟩＝[2]；⟨3⟩＝[3]；⟨4⟩＝[4]；⟨5⟩＝[5]；⟨6⟩＝[6]；⟨7⟩＝[7]；⟨8⟩＝[8]；⟨9⟩＝[9]；⟨10⟩＝[10]；⟨11⟩＝[11]；⟨12⟩＝[12]；⟨13⟩＝[13]；⟨14⟩＝[14]；⟨15⟩＝[15]；⟨16⟩＝[16]；⟨17⟩＝[17]；⟨18⟩＝[18]；⟨20⟩＝[19]；⟨21⟩＝[20]；⟨23⟩＝[21]；⟨24⟩＝[22]；⟨25⟩＝[23]；⟨26⟩＝[24]；⟨27⟩＝[25]；⟨28⟩＝[26]；⟨29⟩＝[27]；⟨30⟩＝[28]；⟨31⟩＝[29]；⟨32⟩＝[30]；⟨33⟩＝[31]；⟨34⟩＝[32]；⟨35⟩＝[33]；⟨37⟩＝[34]；⟨38⟩＝[35]；⟨40⟩＝[36]

(2) ピルスドルフ村
⟨1⟩＝[37]；⟨2⟩＝[38]；⟨3⟩＝[39]；⟨4⟩＝[40]；⟨5⟩＝[41]；⟨6⟩＝[42]；⟨7⟩＝[43]；⟨8⟩＝[44]；⟨9⟩＝[45]；⟨10⟩＝[46]；⟨11⟩＝[47]；⟨12⟩＝[48]；⟨13⟩＝[49]；⟨14⟩＝[50]

表3-3-3は第1条から各義務者の償却年地代と一時金を一連番号に従って表示している．

表3-3-3　各義務者の償却年地代・一時金額

(1) ウラースドルフ村
[1] 年地代5AT2AG6AP＋一時金7AG6AP
[2] 年地代7AT12AG1AP＋一時金7AG6AP
[3] 年地代9AT20AG2AP＋一時金7AG6AP
[4] 年地代3AT4AG11AP＋一時金15AT-AG10AP
[5] 年地代15AT22AG5AP＋一時金7AG6AP
[6] 年地代18AT14AG11AP＋一時金7AG6AP
[7] 年地代17AT15AG＋一時金7AG6AP
[8] 年地代3AT6AG1AP＋一時金3AG9AP
[9] 年地代2AT20AG11AP＋一時金3AG9AP
[10] 年地代9AT-AG7AP＋一時金7AG6AP
[11] 年地代8AT18AG10AP＋一時金7AG6AP
[12] 年地代10AT2AG3AP＋一時金7AG6AP
[13] 年地代20AG6AP＋一時金7AG6AP
[14] 年地代15AT14AG2AP＋一時金7AG6AP
[15] 年地代17AG6AP＋一時金3AG9AP
[16] 年地代1AT1AG7AP＋一時金3AG9AP

[17] 年地代11AT20AG8AP＋一時金7A
G6AP
[18] 年地代8AT17AG4AP＋一時金7A
G6AP
[19-21, 24, 26, 27] 年地代2AT16AG8
AP
[22] 年地代1AG5AP
[23] 年地代1AT20AG
[25] 年地代1AT20AG＋一時金120AT
[28-36] 年地代2AT
　(2) ピルスドルフ村
[37] 年地代4AT-AG11AP＋一時金13A
T8AG
[38] 年地代2AT10AG2AP＋一時金10AT
[39] 年地代14AT22AG6AP＋一時金7A
G6AP
[40] 年地代3AT17AG7AP＋一時金3A
G9AP
[41] 年地代11AT4AG2AP＋一時金3A
G9AP
[42] 年地代2AT20AG10AP＋一時金5A
T3AG9AP
[43] 年地代3AT-AG2AP＋一時金5AT3
AG9AP
[44-47, 49] 年地代2AT16AG8AP
[48] 年地代1AG
[50] 年地代2AT
　(3) 2村合計　年地代246AT6AG6AP
　＋一時金173AT23AG10AP

表3-3-4は第2条（d）の貨幣貢租と種類別・村別合計額を示す[1]。姓名と保険番号による原表の表示は一連番号に組み替えられている。各人合計額と種類別・村別合計額は私の計算による．

表3-3-4　各義務者の貨幣貢租額と種類別・村別合計額

(A) 各人別・村別貨幣貢租
(1) ウラースドルフ村
[2] (Erz) 6AG＋(Wg) 4AG＋(Spg) 3AG6AP＝計13AG6AP
[3, 5-7, 10, 11, 14, 17, 18] (Erz) 6AG＋(Drg) 7AG8AP＋(Wg) 4AG＋(Spg) 3AG6AP＝計21AG2AP
[4] (Erz) 2AG6AP＋(Drg) 7AG8AP＋(Wg) 4AG＋(Spg) 3AG6AP＝計17AG8AP
[12] (Erz) 6AG＋(Drg) 7AG8AP＋(Spg) 3AG6AP＝計17AG2AP
[19-21, 23, 24, 26-36] (Erz) 4AG＋(Spg) 3AG＝計7AG
[25] (Erz) 4AG＋(Spg) 3AG＋(Kn) 10AT＝計10AT7AG
　(2) ピルスドルフ村
[37] (Erz) 16AG
[38] (Erz) 12AG
[39] (Erz) 6AG＋(Drg) 7AG8AP＋(Wg) 4AG＋(Spg) 3AG6AP＝計21AG2AP
[40] (Erz) 1AG6AP＋(Drg) 1AG11AP＋(Wg) 1AG＋(Spg) 10.5AP＝計5AG3.5AP

[41]（Erz）4AG6AP +（Drg）5AG9AP +（Wg）3AG +（Spg）2AG7.5AP＝計15AG 10.5AP
[42, 43]（Erz）3AG
[44-47, 49, 50]（Erz）4AG +（Spg）3AG＝計7AG
　(B) 貨幣貢租種類別・村別合計額
　(1) ウラースドルフ村
①打穀金（フーフェ農11人）3AT12AG4AP ≒ 3AT12AG = 84AG（12％）
②世襲貢租（フーフェ農12人, 小屋住農7人, 借家人家屋小屋住農9人と水車屋1人, 計29人）5AT16AG6AP ≒ 5AT16AG = 136AG（19％）
③永代貢租（水車屋1人）10AT = 240AG（34％）
④紡糸金（フーフェ農12人, 小屋住農7人, 借家人家屋小屋住農9人と水車屋1人, 計29人）3AT21AG = 93AG（13％）
⑤警衛金（フーフェ農11人）1AT20AG = 44AG（6％）
⑥計（フーフェ農12人, 小屋住農7人, 借家人家屋小屋住農9人と水車屋1人, 計29人）24AT21AG10AP ≒ 24AT21AG = 597AG（83％）
　(2) ピルスドルフ村
①打穀金（フーフェ農3人）15AG4AP ≒ 15AG（2％）
②世襲貢租（世襲村長1人, フーフェ農6人, 小屋住農5人と借家人家屋小屋住農1人, 計13人）2AT22AG = 70AG（10％）
④紡糸金（フーフェ農3人, 小屋住農5人と借家人家屋小屋住農1人, 計9人）1AT1AG = 25AG（3％）
⑤警衛金（フーフェ農3人）8AG（1％）
⑥計（世襲村長1人, フーフェ農6人, 小屋住農5人と借家人家屋小屋住農1人, 計13人）4AT22AG4AP ≒ 4AT22AG = 118AG（16％）
　(3) 2村合計（世襲村長1人, フーフェ農18人, 小屋住農12人, 借家人家屋小屋住農10人と水車屋1人, 計42人）29AT20AG2AP ≒ 716AG（100％）

　本表から各種貨幣貢租が2村合計額に占める割合を概算してみる．まず，各種類の村合計額からAP額を切り捨て，次に，AT額をAGに換算する．そして，このAG額で比率を求める．2村合計額の中での比率で10％以上のみを見ると，(1) ③の永代貢租（水車屋1人）が (3) 2村合計額の34％を占めて，最大である．それより小さいのが，世襲貢租（両村の②）であり，2村を合わせると，(3) の29％になる．紡糸金（両村の④）は16％, 打穀金（両村の①）は14％である．

ところで，既に本節(1)で紹介したように，本協定第1条末尾は次のように規定している．「被提議者は，撤回可能な賦役代納金についてのみでなく，彼ら提議者が支払うべき貨幣貢租についても，20％を彼らに免除した．貨幣貢租から本協定によって割り引かれた免除のために，後者［貨幣貢租］は，上の表に含まれる一時金額にまで縮小させられたので，上記の貨幣貢租の完全な償還もこれ［この一時金支払］によって行われる．そして，これら［貨幣貢租］は，引き受けられた［年］地代額に含まれない」，と．この条文の文言，「上の表に含まれる一時金額」は第1条の表の，すなわち，表3-3-3の，一時金額であるはずである．

その第1条（表3-3-3）における一時金の2村合計額は173AT23AG10APである．他方で，第2条(d)の貨幣貢租5種類（賦役代納金と見なされる3種類を含む）の2村合計額は，表3-3-4によれば29AT20AG2APである．両者を単純に比較すると，前者の額は後者の約6倍にすぎない．一時金でもって償還される貨幣貢租について，本章第1節の協定第1条(16)が規定した倍率，20倍に対して，この6倍弱の一時金は余りにも小さい．そればかりではない．一連番号1，8，9，13，15と16の6人は表3-3-4によれば貨幣貢租をまったく義務づけられていないけれども，表3-3-3は彼らの一時金を記載している．これは，上記の6人が表3-3-4の貨幣貢租以外の義務を一時金によって償還したことを意味するのかもしれない．それに対して，一連番号19-21，23，24，26-36と44-47，49，50の22人は表3-3-4によれば2種類の貨幣貢租を義務づけられていたにも拘わらず，表3-3-3は上記22人の一時金を記していない．この事情は私には理解できない．

しかしながら，第2条の規定よりも第1条のそれを優先させて，本協定の封建地代すべてが表3-3-3の年地代と一時金によって償却された，と考えることにしよう．つまり，表3-3-4の貨幣貢租の償却一時金は表3-3-3の一時金として既に算入されている，と見なすわけである．

その想定の下では，次のような概算が可能であろう．まず，表3-3-3から償却年地代と一時金のそれぞれの村別合計額を算出する．次に，年地代合計額から，25倍の一時金額を概算し，一時金合計額と合算する．さらに，その概算額合計を基準として，年地代と一時金の構成比を求める．その結果が表3-3-5である．〈 〉の数字は，2村合計額に占める年地代・一時金の割合を示す．

第3章 騎士領プルシェンシュタイン（南ザクセン）における封建地代の償却　185

表3-3-5　一時金換算合計額

(1) ウラースドルフ村
　①年地代（フーフェ農18人，小屋住農7人，借家人家屋小屋住農10人と水車屋1人，計36人）188AT13AG10AP ≒ 188AT13AG ¦4,713AT13AG ≒ 4,843NT26NG ≒ 4,843NT¦
　②一時金（フーフェ農18人と水車屋1人，計19人）¦139AT17AG4AP ≒ 139AT17AG ≒ 143NT16NG ≒ 143NT¦
　③計（フーフェ農18人，小屋住農7人，借家人家屋小屋住農10人と水車屋1人，計36人）¦4,986NT¦
(2) ピルスドルフ村
　①年地代（世襲村長1人，フーフェ農6人，小屋住農6人と借家人家屋小屋住農1人，計14人）57AT16AG8AP ≒ 57AT16AG ¦1,441AT16AG ≒ 1,481NT20NG ≒ 1,481NT¦
　②一時金（世襲村長1人とフーフェ農6人，計7人）¦34AT6AG6AP ≒ 34AT6AG ≒ 35NT5NG ≒ 35NT¦
　③計（世襲村長1人，フーフェ農6人，小屋住農6人と借家人家屋小屋住農1人，計14人）¦1,516NT¦
(3) 2村合計額
　①年地代（世襲村長1人，フーフェ農24人，小屋住農13人，借家人家屋小屋住農11人と水車屋1人，計50人）¦6,324NT¦〈97%〉
　②一時金（世襲村長1人，フーフェ農24人と水車屋1人，計26人）¦178NT¦〈3%〉
　③計（世襲村長1人，フーフェ農24人，小屋住農13人，借家人家屋小屋住農11人と水車屋1人，計50人）¦6,502NT¦〈100%〉

　本協定は，第2条によれば狩猟賦役などの賦役，現物（穀物）貢租，各種貨幣貢租と羊放牧権を，年地代と一時金によって償却した．表3-3-5で一時金換算合計額の構成比を見ると，2村合計においても各村においても，年地代が圧倒的な割合を占めている．これは賦役，現物貢租，放牧権などに基づくであろう．2村合計で一時金による償還額は合計の3%にすぎない．その一部分が貨幣貢租であろう．残りの97%は地代銀行に委託された．しかし，本協定によって償却された封建地代の種目別内訳は不明である．

　なお，本協定第3条は，賦役と羊放牧権を巡って，当騎士領が，本協定を結んだ領民以外と訴訟中であり，その裁判の結果によっては，本協定の償却地代額が変更されうる，と定めている．しかし，本節は，償却地代額が本協定成立以後に変更されなかった，と想定している[2]．

1) 一連番号25の貨幣貢租は第2条 (d) ではCanonesであり，本協定第6条の例外規定では「製粉所経営のためのCanon 10AT」である．
2) ウラースドルフ村とピルスドルフ村は「九月騒乱」期に請願書を提出しなかった．両村は三月革命期には30村請願書と10村請願書に署名した．松尾 2001, pp. 181, 186. 本協定の特別委員 A. A. ヘフナーに対する，この10村請願書の批判については本章第6節 (1)（注6）を参照．

第4節　全国委員会文書第2023号

(1) 賦役・貢租償却協定

　これは，第2023号文書，「ノッセン市近郊の騎士領プルシェンシュタインとフリーデバッハ村の住民との間の，1840年9月22日／30日の賦役・貢租償却協定[1)]」である．

　一方の被提議者と他方の提議者は以下の償却契約を締結した．被提議者は…当騎士領の所有者…であり，提議者はフリーデバッハ村の以下の土地所有者（義務者全員の姓名と不動産は後出の表3-4-1）である．──なお，当騎士領「に関して任命された特別償却委員」は，前節の協定と同じ2人である．

　第1条　他方の契約当事者，A. B. フォン・ラーベナウ［一連番号1］と仲間たちは，第2条に記された対象の償却のために，当事者双方が実施し，適当と認め，こうして更に承認した，上記の計算に基づいて，自身と上記の土地の後継所有者のために［償却年地代と償却一時金（後出の表3-4-3）を］当騎士領の所有者に同意した．その場合，第2条に記された貨幣貢租の償却は，それらと，撤回可能な賦役代納金について，騎士領領主が提議者に免除した20%を割り引いた後に，この表に含まれる一時金額によってのみ行われる．そして，この貨幣貢租は，引き受けられた年地代に含まれない．

　第2条　…［騎士領領主］はこの約束を受け入れ，この補償に対して次のように述べた．
　(1) 提議者が従来その所有地から当騎士領に，一部は［生で］給付すべきであった［賦役］と，一部は，1737年…，1785年4月…（同年9月…承認）および1791年…（1793年…承認）の賦役協定[2)]に従って…解除可能であり，そして，今廃止される賦役代納金として支払うべきであった賦役のすべて（ただし，フリーデバッハ村の農民の順番制狩猟賦役は除外され，その特別の償却は留保されている），
　(2) 彼らがその［農民］地から当騎士領に従来給付すべきであった現物貢租（去勢雄鶏と各種穀物）のすべて，および，
　(3) 下記の額の貨幣貢租（後出の表3-4-4），

は永久に消滅する．

(4) 世襲村長地［一連番号1a］の所有者は，当騎士領領主のために狩猟犬1匹を哺育する［義務］に，および，

(5) 世襲水車，保険番号72［一連番号10］の所有者は，上記の騎士領領主に豚1匹を，それが指3本分の脂身を持つまで，肥育する［義務］，あるいは，騎士領領主の選択によっては3ATの貨幣をその代わりに支払う義務に，
もはや拘束されない．

(6) 提議者は，その［農民］地で他人のために亜麻を播く時に，1フィアテルの亜麻について1AG9APあるいは雌鶏1羽の亜麻播種貢租をもはや与えない．

(7) 第6条で約定された家畜通行権は留保されているけれども，当騎士領の羊は彼らの上述の［農民］地で再び放牧され，追い立てられない．

第3条　［これは全国委員会文書第1892号（本章第3節）第3条の条文とほぼ同じであるので，省略する．］ただし，この「約束」は本協定の世襲水車屋C. A. フリッチェ［一連番号10］に対してだけは適用されない．

第4条　他方の契約当事者はこの約束［第3条］を本契約の主要条件として受け入れた．

第5条　当事者双方は，締結された償却契約を既に1838年初に実施した．償却された賦役と貢租の給付，および，償却された羊放牧権の行使はこの日に廃止され，第1条で引き受けられた償却年地代［の支払］が，その時以後，始まった．

一時金支払によって償却される貨幣貢租に関しては，貢租とその対物的権利は，それに同意された一時金の納付まで存続する．［各人の一時金支払期日など――省略］

第6条　フリーデバッハ村における当騎士領の羊放牧権と，フリーデバッハ村の家畜道に含まれる，周辺地域におけるそれが完全に償却されない限り，あるいは，停止されない限り，他方の契約当事者は当騎士領の羊に対して彼らの土地での，幅10エレの家畜通行権を，必要な限り，容認せねばならない．しかし，これに対しては，それに利用される土地1シェッフェル当たり，年に2AGの補償を［彼らは］騎士領から受け取るべきである．

第7条　［対物的負担としての償却地代――省略］

第8条　［旧通貨による償却地代の支払期日――省略］

第9条　…［騎士領領主］はこれらの年地代を彼の騎士領に留めておかず，4APで割り切れる年額である限り，徴収を自分の代わりに，地代銀行に委ね，お上による本協定の承認直後の復活祭期あるいはミヒャエーリス期に，法定の補償，すなわち，旧通貨での25倍額の地代銀行証券あるいは現金支払を［求める］，と言明する．

第10条　地代支払者はこれを完全に了解したばかりでない．彼らに関して，地代銀行に移る地代を彼らが当騎士領の所有者に最後に［地代銀行委託直前に］支払わねばならない時期に，年額4APに達しないで，［地代銀行］委託から除かれる地代［端数］の25倍額を一度に支払う，と［彼らは］約束した．

第11条　この時点で$\frac{1}{2}$フーフェ農C. L. バルヴァッサー［一連番号2］は2APの年地代を4AG2APの，1フーフェ農Gd. F. カルトオーフェン［一連番号6］は1APの年

地代を2AG1APの一時金で償還せねばならない．それに対して，残りの年地代，前者の8AT13AG[3]と，後者の17ATとは，第1条に列挙された，他のすべての年地代と同じように，この時点で地代銀行に移る．［委託地代関連法規定――省略］

　第12条　［償却費用の分担――省略］

　第13条　本契約の第2条に明示されていない，残りすべての賦役・貢租・権限を…［騎士領領主］は他方の契約当事者の同意の下で留保した．それはとくに，T. W. F. フィリップの$\frac{1}{2}$フーフェ農地，保険番号40［一連番号9］に課され，世襲台帳と売買［契約書］に基づいて，取り消し不可能な賦役代納金，年12ATと世襲貢租，年7AG8APである．

　第14条　［同文4部の償却協定――省略］

　騎士領プルシェンシュタインにて1840年9月22日

　協定署名集会の記録は省略する．

　全国委員会［主任］シュピッツナーはこの協定を同年9月30日に承認した．ただし，「誤解を避けるために」として，第3条の末尾に一文が追加された．この文章は，償却地代額ではなく，地代に対する地代銀行の権利に係わるので，省略する．

　本協定の提案者は領民（世襲村長地を所有する貴族が含まれる）であり，被提案者は領主であった．

1)　GK, Nr. 2023. この協定は，表題には賦役と貢租しか記されていないし，貢租としては現物貢租と貨幣貢租を含むが，放牧権なども償却の対象としている．――松尾，「プルシェンシュタイン」，(1), p. 81は本協定第1条を示している．
2)　1737年，85年と91年（93年承認）の3賦役協定は本章の償却協定にしばしば言及される．それについて，本協定のフリーデバッハ村は1830年の請願書の中で「1737年以後の革新」の完全な廃止を請願している．松尾 2001, p. 79.
3)　第1条（後出の表3-4-3）では一連番号2の年地代は8AT3AG2APとされているので，それから2APを差し引いた地代銀行委託額は，原文の8AT13AGではなく，8AT3AGになるはずである．また，一連番号2の2APの一時金額は4AG2APではなく，50AP = 2AG2APになり，一連番号6の1APの一時金額は2AG1APではなく，25AP = 1AG1APになるはずである．

(2) 償却一時金合計額

　表3-4-1は本協定序文から，第1条と第2条を参考にしつつ，義務者全員の協定番号，姓名[1]，不動産と保険番号を示している．

表3-4-1 義務者全員の姓名と不動産

[1] 陸軍中尉 Anton Balthasar von Rabenau ((a) 世襲村長地〈1〉, (b) $\frac{1}{2}$フーフェ農地〈32〉, (c) 小屋住農家屋〈58〉)
[2] Carl Leberecht Barwasser ($\frac{1}{2}$フーフェ農地〈6〉)
[3] Gotthelf Friedrich Kaltofen ($\frac{1}{2}$フーフェ農地〈7〉)
[4] Carl Gottlieb Kaden ($\frac{1}{2}$フーフェ農地〈12〉)
[5] Carl August Leberecht Hachenberger ($2\frac{3}{4}$フーフェ農地〈21〉)
[6] Gotthold Friedrich Kaltofen (1フーフェ農地〈24〉)
[7] Gottlieb Friedrich Kaltofen (1フーフェ農地〈25〉)
[8] Carl Moritz Klopfer ($\frac{1}{4}$フーフェ農地〈33〉)
[9] Traugott Wilhelm Friedrich Philipp ($\frac{1}{2}$フーフェ農地〈40〉)
[10] Carl August Fritzsche (世襲水車〈72〉)

同一人と記された義務者も同姓同名者も，本協定にはいない．1a，1bと1cはそれぞれ独自の不動産と保険番号を持つけれども，それらの所有者は同一人である．そのために，本協定の義務者は10人である．協定序文は，土地所有規模不明の水車屋を含む，この10人全員を土地所有者に一括している．

序文（表3-4-1）から保険番号を一連番号と対照させたものが表3-4-2である．

表3-4-2 保険番号・一連番号対照表

〈1〉=[1a]；〈6〉=[2]；〈7〉=[3]；〈12〉=[4]；〈21〉=[5]；〈24〉=[6]；〈25〉=[7]；〈32〉=[1b]；〈33〉=[8]；〈40〉=[9]；〈58〉=[1c]；〈72〉=[10]

第1条に記載された償却年地代・一時金額は，表3-4-3にまとめられている．原表と異なって，この表は一連番号のみによって番号順に作成されている．

表3-4-3 各義務者の償却年地代・一時金額

[1a] 年地代4AT＋一時金71AT16AG
[1b] 年地代13AT21AG
[1c] 年地代3AT2AG
[2] 年地代8AT3AG2AP
[3] 年地代8AT23AG
[4] 年地代9AT15AG8AP
[5] 年地代3AT＋一時金40AT
[6] 年地代17AT-AG1AP
[7] 年地代5AT1AG＋一時金193AT14AG8AP
[8] 年地代8AT19AG8AP
[9] 年地代1AT13AG4AP
[10] 年地代3AT
  合計　年地代86AT12AG11AP＋一時金305AT6AG8AP

表3-4-4は第2条(3)の貨幣貢租を一連番号順に表示している．各人合計は村合計額と同じく私の計算である．村合計額を表示する場合，1a，1bと1cは，それぞれ別個の保険番号を持つけれども，便宜上1aにまとめた．

表3-4-4　貨幣貢租額

(1) 義務者別
[1a] (Emz) 22AG + (Swz) 5AT8AG＝計6AT6AG
[1b] (Emz) 3AG8AP + (Drg) 7AG8AP + (Wg) 4AG + (Spg) 3AG6AP＝計18AG10AP
[1c] (Emz) 4AG + (Spg) 3AG＝計7AG
[2] (Emz) 3AG
[3] (Emz) 2AG11AP + (Drg) 3AG10AP + (Wg) 2AG + (Spg) 1AG9AP＝計10AG6AP
[4] (Emz) 2AG3AP + (Drg) 7AG8AP + (Wg) 4AG + (Spg) 3AG6AP＝計17AG5AP
[5] (Emz) 2AT
[6] (Emz) 7AG2AP + (Drg) 7AG8AP + (Wg) 4AG + (Spg) 3AG6AP＝計22AG4AP
[7] (Emz) 7AG2AP + (Drg) 7AG8AP + (Wg) 4AG + (Spg) 3AG6AP + (Fdg) 8AT18AG ＝計9AT16AG4AP
[8] (Emz) 3AG8AP + (Wg) 4AG + (Spg) 3AG6AP＝計11AG2AP

(2) 村合計額
①打穀金（世襲村長1人とフーフェ農4人，計5人）1AT10AG6AP ≒ 1AT10AG = 34AG（7%）
②世襲・ミヒャエーリス貢租（世襲村長1人とフーフェ農7人，計8人）4AT7AG10AP ≒ 4AT7AG = 103AG（20%）
③確定賦役代納金（フーフェ農1人）8AT18AG = 210AG（40%）
④紡糸金（世襲村長1人とフーフェ農5人，計6人）22AG3AP ≒ 22AG（4%）
⑤酒屋・搾油水車・河川貢租（世襲村長1人）5AT8AG = 128AG（25%）
⑥警衛金（世襲村長1人とフーフェ農5人，計6人）22AG（4%）
⑦村合計額（世襲村長1人とフーフェ農7人，計8人）21AT16AG7AP ≒ 21AT16AG = 520AG（100%）

本表の貨幣貢租合計額に占める各種貢租の割合は，フーフェ農8人中の1人のみに賦課される確定賦役代納金が最も高く，40%に達する．それに続くものは，酒屋・搾油水車・河川貢租（世襲村長のみ）25%，世襲・ミヒャエーリス貢租（8人）20%などである．フーフェ農中の1人，一連番号9と水車屋，同10は貨幣貢租を賦課されない．

第2条 (3) に記された貨幣貢租6種（表3-4-4）の村合計額は，21AT 16AG7APである．他方で，本協定第1条は，貨幣貢租が償却年地代に含まれず，第1条の表（本節の表3-4-3）に記された一時金の支払によってのみ，償却される，と規定している．しかし，前節で検討した償却協定の第1条と第2条についてと同じく，本節の表3-4-3の一時金合計額305AT6AG8APと表3-4-4の貨幣貢租合計額21AT16AG7APとの関係が私には不明である．一連番号1b, 1c, 2-4, 6と8は，表3-4-4によれば貨幣貢租を義務づけられていたけれども，表3-4-3の一時金支払義務者として記載されていないからである．しかしながら，第2条の規定よりも第1条のそれを優先させ，さらに，第3条の規定にも拘わらず，償却地代額の変更は本協定成立以後もなかった，と想定すると，表3-4-5が得られる．なお，第13条は，フーフェ農，一連番号9の貨幣貢租2種類（賦役代納金と世襲貢租で，その大部分は前者である），合計12AT7AG8APを償却対象から除外している．これの償却時期は明らかでないけれども，合計額には算入しよう．

表3-4-5　一時金換算合計額

(1) 年地代（世襲村長1人，フーフェ農8人と水車屋1人，計10人）86AT12AG11AP ≒ 86AT12AG |2,162AT12AG ≒ 2,222NT16NG ≒ 2,222NT| 〈78%〉
(2) 一時金（世襲村長1人とフーフェ農2人，計3人）|305AT6AG8AP ≒ 305AT6AG ≒ 313NT21NG ≒ 313NT| 〈11%〉
(3) 貨幣貢租（フーフェ農1人）（時期不明）12AT7AG8AP ≒ 12AT7AG 《307AT7AG ≒ 315NT24NG ≒ 315NT》〈11%〉
(4) 合計額（世襲村長1人，フーフェ農8人と水車屋1人，計10人）|2,850NT| 〈100%〉

　表3-4-5で一時金換算合計額の構成比を見ると，(1) 78%は年地代で，(2) 11%が一時金であった．前者 (1) が地代銀行に委託された．後者 (2) は貨幣貢租に基づく，とされている．しかし，本協定によって償却された諸義務（賦役，現物貢租，貨幣貢租，羊放牧権など）の種目別内訳は不明である．ただし，(2) 11%と償却時期不明の (3) 11%，合計して，22%（628NT）は少なくとも貨幣貢租であった[2]．

1) 協定一連番号［1］のA.B.フォン・ラーベナウは1790年にチェーレン（Tzscheeren）村（プロイセン王国ブランデンブルク州所在．現在はポーランドのチェルナ）で生まれ，1879年にドレースデン市で没した．Gotha, Adel 1901, S. 717（ヴュルテンベルク州立シュトゥットガルト図書館とザクセン州立ライプツィヒ文書館からの回答）．この生没年に加えて，Verlohren 1910, S. 422はザクセン陸軍における彼の軍歴を次のように記している．1807年に陸軍士官候補生，08年に陸軍少尉，10年に退役．後に陸軍中尉に昇進．――なお，貴族の彼が本協定の3個（1a，1bと1c）の農民的・農村的不動産を取得した時期は，不明である．
2) フリーデバッハ村が「九月騒乱」期に提出した請願書は確認されない．三月革命期には同村は30村請願書，10村請願書と6村請願書に署名している．松尾 2001, pp. 181, 186, 191. 本協定の特別委員A. A. ヘフナーに対する10村請願書と6村請願書の批判について，本章第6節（1）（注6）を参照．

第5節　全国委員会文書第2024号

(1) 賦役・貢租償却協定

　これは，第2024号文書,「ノッセン市近郊の騎士領プルシェンシュタインとケマースヴァルデ村の住民との間の，1840年9月22／30日の賦役・貢租償却協定[1]」である．

　一方の被提議者と他方の提議者は，本契約の中で以下に詳細に指摘される諸権利の償却について，一部は契約によって，一部は，法的効力のある判決によって，以下の協定に至った．被提議者は…当騎士領の所有者…であり，提議者はケマースヴァルデ村の以下の土地所有者，小屋住農と借家人家屋小屋住農（義務者全員の姓名と不動産は後出の表3-5-1）である．――なお，特別委員は前節と同じ2人である．

　第1条　提議者，未亡人J. C. R. フェルバー［一連番号1］と仲間たちは，第2条に従って廃止される，当騎士領の権限に対して，控除されない，以下の償却年地代と一時金（後出の表3-5-3）を引き受けた．［これらの年地代と一時金は，］彼らの土地の個々の地代額と一時金についての特別の一覧表と計算の基準に従うものであり，審議の過程で作成され，当事者双方によって認められ，適当と承認された．その場合，第2条に免除された貨幣貢租の償却は，それらと，撤回可能な賦役代納金とについて，騎士領領主が提議者に免除した20%を割り引いた後に，この表に含まれる一時金額［の支払］によってのみ，行われる．そして，この貨幣貢租は，引き受けられた年地代に含まれない．
　第2条　被提議者…［騎士領領主］はこれに満足し，第1条で同意された償却金額のために，自身と当騎士領の後継所有者に関して，

(a) 他方の契約締結者［提議者］に含まれる土地所有者を，プルシェンシュタインへの順番制猟獣肉運搬賦役ばかりでなく，当騎士領世襲台帳第38条にある，その他の狩猟賦役からも［完全に解放した］．また，世襲村長地と上級村長地[2]の所有者たち［一連番号1と3］を，狩猟犬1匹を哺育する義務から，完全に解放した．同様に［被提議者は］次のように提議者に述べた．すなわち，

(b) 農民地，家屋と借家人家屋に課され，当騎士領世襲台帳に根拠を持ち，その後の3賦役協定，1737年…，…1785年…および…1793年…のそれ，において修正され，大部分は撤回可能な賦役代納金として定められた［各種賦役］と，これらの契約の作成後に別に取り決められ，あるいは，伝来してきた各種賦役，それとともに，これらの賦役の一部に対して従来，そして，撤回されるまで，支払われてきた賦役代納金，および，

(c) いくらかの提議者がその所有地から納付すべきであった穀物貢租全部，並びに，

(d) 以下の表（後出の表3-5-4）に記されている，さまざまな確定貨幣貢租,
は永久に廃止される．

(e) 当騎士領の羊は，耕地を所有する提議者の土地に，再び放牧されず，第7条の留保の下で当分の間［続く］家畜通行権の廃止後は，再び追い立てられない．最後に，

(f) その［農民］地で他人のために亜麻を播く者は，1フィアテルの亜麻について雌鶏1羽あるいは貨幣1AG9APの亜麻播種貢租を提議者からもはや要求されず，支払われない[3]．

第3条 …［騎士領領主］はまた，C. F. ヘーベルト，保険番号28［一連番号12］を除く，他方の提議者に次の保証を与えた．すなわち，本償却［協定］の対象となっている賦役，賦役代納金と地役権に関して，被提議者に対して…フライベルク特別管区でかつて共同で行っていた訴訟を［今も］続けている，彼らの仲間たちが，契約あるいは法的判決の結果として，彼らのそれと同じ権限を，彼らより一層低い地代で償却する場合には，彼ら，提議者の償却地代も，あれと同額に引き下げられるばかりでない．彼らがその間に地代として過大に支払っていたものも，当騎士領領主によって彼らに弁償されるべきである．提議者たちは，C. G. レーザー，保険番号26［一連番号10］を唯一の例外として，この宣告が本協定全体の一主要条件である，と一度ならず宣告して，［それを］受け入れた．

第4条 前条で確約された地代引き下げは，それ［地代］の現在の額が本協定第10条によって地代銀行に委託されることを考慮して，引き下げられるべき地代額を，当騎士領の時々の所有者が提議者のために地代銀行に一時金によって償還し，弁済することによって，行われるべきである．しかし，この一時金支払のために提議者は，引き下げられた地代を4APでもって残りなく割り切れる額にするために必要なだけを，自分の資産から付け加えねばならない．――以上の第3条・第4条の内容は，例外条項を除けば，全国委員会文書第1892号（本章第3節）第3条とほぼ同じである．――

第5条 C. F. ヘーベルト，保険番号28［一連番号12］には，彼の家屋の背後にあり，当騎士領に属する林地…で，放牧地貢租の支払と引き換えに，牛3-4頭を放牧する物的権限が帰属した．この権限に関して，…［騎士領領主］は当騎士領から，そこにある木材を除いて，林地，面積約1.5アッカー［この土地の位置は省略］を世襲・所有地として彼［C. F.

ヘーベルト]に割譲したので，C. F. ヘーベルトはこの権限［放牧権］を永久に放棄した．割譲される林地は…正確に境界を定められて，…既にC. F. ヘーベルトに引き渡された．［境界石7個の位置は省略］

第6条　C. F. ヘーベルトの権限と彼の貢租・賦役・地役権の償却は1837年初に実施された．

その他［の提議者］については，償却される賦役，貢租と地役権は1838年初に廃止され，この時点以後，同意された償却地代の支払が始まった．ただし，停止される羊放牧権の地代は例外であり，放牧権に対する妨害が1837年に生じたので，それは既に1837年から支払われるべきであった．

［第1条の償却一時金を各人が支払う期日（1836年末ないし38年末）と，支払完了までの旧権限の存続――省略］

第7条　騎士領領主の羊放牧権の償却とは関係なく，当騎士領の羊放牧権が，家畜道に接する，ケマースヴァルデ村の他の［農民］地でも償却されるまで，それに関係する提議者は，当騎士領の羊群に対して，彼らの［農民］地での，幅10エレの家畜通行権を容認せねばならない．それに対して当騎士領領主は，家畜通行権のために利用される土地1シェッフェル当たり，年に2AGを補償する．

第8条　［旧通貨による償却地代の支払時期――省略］
第9条　［対物的負担としての償却地代――省略］
第10条　［地代銀行へのすべての年地代の委託――省略］
第11条　［委託されない地代端数の償還――省略］
第12条　［委託地代額・地代端数一覧表と委託地代関連法規定――省略］
第13条　上級村長地，保険番号8の所有者C. T. シュナイダー［一連番号3］は，世襲村長地の世襲貢租2AT21AGのうち彼の［農民］地に相応して課される世襲貢租1AT7AG6APの償却に際して，$\frac{1}{4}$フーフェ農ゴットホルト・フリードリヒ・グレース（Glöß），保険番号9から1AG6APを要求する［権利を］留保した．後者は彼［上級村長］の［農民］地の耕地片を保有し，上述の世襲貢租について毎年この金額［1AG6AP］をあの［農民］地に支払っていた[4)]．

第14条　1839年1月23日の第1税務大区参事官[5)]指令の基準に従って，世襲村長地所有者，未亡人J. C. R. フェルバー，保険番号1［一連番号1］はその償却地代の$\frac{1}{4}$を，世襲村長地から分離された宿屋，保険番号62，の所有者［一連番号25］に分担させることが許される．

第15条　［償却費用の分担――省略］
第16条　［同文4部の償却協定――省略］

騎士領プルシェンシュタインにて1840年9月22日

協定署名集会の記録は省略する．
この協定を全国委員会［主任］シュピッツナーは同年9月30日に承認した．「誤解を避

けるために」第4条に追加された文言は，前節の協定条文の紹介の最後に言及したものと同じである．

本協定の提議者は領民で，被提議者は領主であった．

1) GK, Nr. 2024. この協定は，表題には賦役と貢租しか記されていないが，放牧権なども償却対象にしている．──松尾，「プルシェンシュタイン」，(1)，p. 85 は本協定第1条の最初の2ページを示している．
2) 当村には世襲村長地と上級村長地（Oberrichtergut）が併存する．また，後の第13条には，「世襲村長地〔一連番号1〕の世襲貢租2AT21AGのうち彼〔上級村長C. T. シュナイダー，一連番号3〕の〔農民〕地に相応して課される世襲貢租1AT7AG6AP」の文言がある．しかし，上級村長地がいかなるものか，それが世襲村長地とどのような関係にあるのか，は不明である．世襲村長地を女性が所有する場合（当村がこの時そうであった）に，副世襲村長が任命される，とC. H. v. レーマーは書いている（第1章第4節 (4) を参照）．この副世襲村長が当村では上級村長と呼ばれたのであろうか．
3) 最後の語句は次のことを意味するであろう．…被提議者からもはや要求されず，支払わない．
4) この $\frac{1}{4}$ フーフェ農 G. F. グレースは提議者＝償却義務者として，また，保険番号9も，本協定序文に記されていない．
5) 税務大区とその長官について，松尾 1990, p. 46 を参照．

(2) 償却一時金合計額

表3-5-1 は本協定序文から義務者全員の一連番号，姓名，不動産と保険番号を示している[1]．

表3-5-1 義務者全員の姓名と不動産

[1] Johanne Christiane Rebecka Felber （世襲村長地 〈1〉）
[2] Christian Gottlieb Müller（$\frac{1}{4}$フーフェ農地 〈4〉）
[3] Christian Traugott Schneider（上級村長地 〈8〉）
[4] Carl Gottlieb Schaab（耕地片）
[5] 同上（$\frac{1}{2}$フーフェ農地 〈13〉）
[6] Karl Heinrich Hegewald（$\frac{1}{2}$フーフェ農地 〈16〉）
[7] August Friedrich Hegewald（$\frac{1}{2}$フーフェ農地 〈19〉）
[8] Wilhelm Fürchtegott Kunze（フーフェ農地 〈21〉）
[9] Christian Friedrich Herklotz（$\frac{1}{4}$フーフェ農地 〈25〉）
[10] Christian Gottlieb Löser（家屋・耕地片 〈26〉）
[11] Gottlob Leberecht Meyer（分離地）
[12] Christian Friedrich Hebert（家屋・耕地片 〈28〉）
[13] Johann Gotthold Meyer（$\frac{1}{2}$フーフェ農地 〈30〉）
[14] 同上（フーフェ農地 〈31〉）

[15] Gottlob Leberecht Meyer ($\frac{1}{2}$フーフェ農地〈32〉)
[16] Gotthelf Friedrich Schneider ($\frac{1}{2}$フーフェ農地〈39〉)
[17] Carl August Hegewald（家屋・耕地片〈42〉）
[18] Carl Friedrich Schneider（家屋〈45〉）
[19] Gottlieb Friedrich Müller（家屋〈51〉）
[20] Gotthold Friedrich Meyer（家屋〈53〉・耕地片）
[21] August Friedrich Matthes（家屋〈58〉）
[22] Johanne Christiane Charlotte Böhmeと子供3人（借家人家屋〈60〉）
[23] Christian Friedrich Hegewald（家屋〈61〉）
[24] 同上（耕地片）
[25] Traugott Friedrich Tippmann（宿屋［営業権］付き家屋〈62〉）
[26] August Wilhelm Mende（家屋〈63〉）
[27] August Friedrich Herklotz（家屋〈64〉）
[28] Karl Gotthold Schneider（家屋・耕地片〈65〉）
[29] Karl Gottlob Fritzsche（家屋〈66〉）
[30] Gotthold Friedrich Schneider（家屋〈67〉）
[31] Gottlieb Friedrich Mende（家屋〈68〉）
[32] Karl Gottlieb Schneider（家屋〈69〉）
[33] Karl Gottlob Wagner（家屋〈70〉）
[34] Christian August Hegewald（家屋〈74〉）
[35] Karl Gottlieb Kaltofen（家屋〈77〉）
[36] Gotthelf Friedrich Grimmer（家屋〈78〉）
[37] Gotthold Friedrich Auerbach（家屋〈81〉）
[38] Johann George Dittrich（家屋〈82〉）
[39] Gotthold Friedrich Herklotz（家屋〈83〉）
[40] Johanne Charlotte Müller（家屋〈85〉）
[41] Gotthold Friedrich Schubert（家屋〈86〉）
[42] Gotthelf Friedrich Tottewitz（借家人家屋〈87〉）
[43] Gotthold Friedrich Ehnert（搾油・製粉水車〈88〉）
[44] Gottlieb Friedrich Franke（借家人家屋〈99〉）
[45] Carl August Schneider（耕地片）
[46] Carl Gottlieb Schmieder（借家人家屋〈102〉）

一連番号の中で，4と5，13と14，23と24は同一人と記されている．また，11と15は同姓同名である．さらに，22の所有者は複数である．しかし，一連番号の最後が46であるから，私は本協定の義務者を便宜上，46人と考える．このうち，一連番号25の「宿屋［営業権］付き家屋」は，①第1条の年地代（表3-5-3）と第2条の貨幣貢租（表3-5-4）が他の家屋と同じである．②表3-5-3によれば世襲村長地の年地代は小さく，それの25％はさらに小さい．この少額を

第3章　騎士領プルシェンシュタイン（南ザクセン）における封建地代の償却　*197*

本協定第14条に従って一連番号25の家屋が負担しても，この家屋の年地代は他の家屋よりもそれほど大きくならない．そのために，一連番号25の家屋は他の家屋と同等と見なされる．また，搾油・製粉水車の所有者は単に水車屋と見なす．なお，本協定序文によれば，上級村長は世襲村長と同じく，フーフェ農主体の土地所有者に含まれる．

表3-5-2は，序文（上記の表3-5-1）から保険番号を一連番号と対照させたものである．

表3-5-2　保険番号・一連番号対照表

⟨1⟩＝[1]；⟨4⟩＝[2]；⟨8⟩＝[3]；⟨13⟩＝[5]；⟨16⟩＝[6]；⟨19⟩＝[7]；⟨21⟩＝[8]；⟨25⟩＝[9]；⟨26⟩＝[10]；⟨28⟩＝[12]；⟨30⟩＝[13]；⟨31⟩＝[14]；⟨32⟩＝[15]；⟨39⟩＝[16]；⟨42⟩＝[17]；⟨45⟩＝[18]；⟨51⟩＝[19]；⟨53⟩＝[20]；⟨58⟩＝[21]；⟨60⟩＝[22]；⟨61⟩＝[23]；⟨62⟩＝[25]；⟨63⟩＝[26]；⟨64⟩＝[27]；⟨65⟩＝[28]；⟨66⟩＝[29]；⟨67⟩＝[30]；⟨68⟩＝[31]；⟨69⟩＝[32]；⟨70⟩＝[33]；⟨74⟩＝[34]；⟨77⟩＝[35]；⟨78⟩＝[36]；⟨81⟩＝[37]；⟨82⟩＝[38]；⟨83⟩＝[39]；⟨85⟩＝[40]；⟨86⟩＝[41]；⟨87⟩＝[42]；⟨88⟩＝[43]；⟨99⟩＝[44]；⟨102⟩＝[46]

表3-5-3　各義務者の償却年地代・一時金額

[1]　年地代15AG＋一時金26AT6AG
[2]　年地代5AT3AG2AP
[3]　年地代19AG3AP＋一時金26AT6AG
[4]　年地代3AG6.75AP
[5]　年地代14AT14AG1AP
[6]　年地代9AT19AG10AP
[7]　年地代1AT20AG1AP＋一時金3AT19AG8AP
[8]　年地代16AT9AG6AP
[9]　年地代4AT9AG4AP
[10]　一時金187AT22AG
[11]　年地代22AG8AP
[12]　一時金38AT
[13]　年地代11AT15AG3AP
[14]　年地代16AT5AG2AP
[15]　年地代11AT14AG4AP
[16]　年地代12AT1AG2AP
[17]　年地代2AT16AG8AP＋一時金7AG6AP
[18, 19, 21, 25-37, 39-41]　年地代2AT16AG8AP
[20]　年地代2AT15AG2AP＋一時金2AT8AG3AP
[22, 38, 42, 44]　年地代1AT20AG
[23]　年地代2AT19AG2AP
[24]　年地代2AT10AG1AP
[43]　一時金105AT
[45]　一時金2AT8AG3AP
[46]　年地代2AT
　合計　年地代177AT6AG1.75AP＋一時金392AT5AG8AP

表 3-5-3 は第 1 条から償却年地代と一時金を一連番号によって表示している.
第 2 条 (d) の確定貨幣貢租は表 3-5-4 のとおりである[2]. 本表も一連番号順に配列されている.

表 3-5-4　確定貨幣貢租額

(1) 義務者別

[1]（Erz）2AT21AG
[2]（Erz）1AG2$\frac{2}{3}$AP +（Wg）2AG8AP +（Spg）2AG4AP＝計6AG2$\frac{2}{3}$AP
[5]（Erz）7AG2AP +（Drg）7AG8AP +（Wg）4AG +（Spg）3AG6AP＝計22AG4AP
[6]（Erz）4AG2AP +（Drg）7AG8AP +（Spg）3AG6AP＝計15AG4AP
[7]（Erz）4AG7AP
[8]（Erz）5AG9AP +（Drg）7AG8AP +（Wg）4AG +（Spg）3AG6AP＝計20AG11AP
[9]（Erz）1AG10AP +（Drg）1AG11AP +（Wg）1AG +（Spg）11AP＝計5AG8AP
[10]（Erz）6AT4AG6AP +（Spg）3AG＝計6AT7AG6AP
[11]（Drg）9AP +（Spg）4AP＝計1AG1AP
[12]（Erz）8AG +（Spg）4AG +（Fdg）1AT6AG＝計1AT18AG
[13－15]（Erz）2AG4AP +（Drg）7AG8AP +（Wg）4AG +（Spg）3AG6AP＝計17AG6AP
[16]（Erz）3AG7AP +（Drg）7AG8AP +（Wg）4AG +（Spg）3AG6AP＝計18AG9AP
[17－22, 25－42, 44, 46]（Erz）4AG +（Spg）3AG＝計7AG
[23]（Erz）4AG +（Fdg）6AG＝計10AG
[43]（Erz）5AT6AG

(2) 村合計額

① 世襲貢租（世襲村長1人, フーフェ農10人, 小屋住農25人, 借家人家屋小屋住農4人と水車屋1人, 計41人）20AT14AG9$\frac{2}{3}$AP ≒ 20AT14AG = 494AG（68%）
② 打穀金（フーフェ農8人と耕地片所有者1人, 計9人）2AT8AG4AP ≒ 2AT8AG = 56AG（8%）
③ 警衛金（フーフェ農8人）1AT3AG8AP ≒ 1AT3AG = 27AG（4%）
④ 紡糸金（フーフェ農9人, 小屋住農24人, 借家人家屋小屋住農4人と耕地片所有者1人, 計38人）4AT17AG1AP ≒ 4AT17AG = 113AG（16%）
⑤ 確定賦役代納金（小屋住農2人）1AT12AG = 36AG（5%）
⑥ 計（世襲村長1人, フーフェ農10人, 小屋住農25人, 借家人家屋小屋住農4人, 耕地片所有者1人と水車屋1人, 計42人）30AT7AG10$\frac{2}{3}$AP ≒ 30AT7AG = 727AG（100%）

確定貨幣貢租のうち, 41人からの世襲貢租①が68%を占めて, 最大である.

次が紡糸金④の16%で, 他は小さい.

　ところで, 第2条 (d) の確定貨幣貢租は5種類合計で$30\mathrm{AT}7\mathrm{AG}10\frac{2}{3}\mathrm{AP}$と計算される (表3-5-4). 他方で, 第1条は, 貨幣貢租が償却年地代に含まれず, 第1条の表 (表3-5-3) に記された一時金の支払によってのみ, 償却される, と規定している. しかし, 表3-5-3の一時金合計額392AT5AG8APと表3-5-4の貨幣貢租合計額$30\mathrm{AT}7\mathrm{AG}10\frac{2}{3}\mathrm{AP}$との関係 (前者の金額は後者の約13倍) が私には不明である. 一連番号2, 5, 6, 8, 9, 11, 13-16, 18, 19, 21-23, 25-42, 44と46は, 表3-5-4によれば貨幣貢租を義務づけられていたにも拘わらず, 表3-5-3の一時金の項目には記載されていないからである.

　しかし, 本章第3節, 第4節と同じように, 本協定第1条の規定を優先させることにしよう. また, 本協定第3条は, 賦役, 賦役代納金と地役権を巡る裁判の結果によっては, 本協定の償却地代額が変更されうる, と定めているけれども, 償却地代額は本協定成立以後に変更されなかった, と想定しよう.

　表3-5-3の年地代の一時金換算額と一時金額を合算し, 構成比を求めてみる. それが表3-5-5である.

表3-5-5　一時金換算合計額

(1) 年地代 (フーフェ農9人, 小屋住農21人, 借家人家屋小屋住農4人と耕地片所有者3人, 計37人) 177AT6AG1.75AP ≒ 177AT6AG |4,431AT6AG ≒ 4,554NT9NG ≒ 4,554NT| 〈92%〉

(2) 一時金 (世襲村長1人, 上級村長1人, フーフェ農1人, 小屋住農4人, 耕地片所有者1人, 水車屋1人, 計9人) |392AT5AG8AP ≒ 392AT5AG ≒ 403NT3NG ≒ 403NT| 〈8%〉

(3) 合計額 (世襲村長1人, 上級村長1人, フーフェ農10人, 小屋住農25人, 借家人家屋小屋住農4人, 耕地片所有者4人と水車屋1, 計46人) |4,957NT| 〈100%〉

　表3-5-5によれば一時金の比率は合計額の8%にすぎない. その一部は貨幣貢租に基づくであろう. 圧倒的な割合を占める年地代 (合計額の92%) は, 地代銀行に委託された. しかし, 本協定によって償却された諸義務の種目 (狩猟関連賦役, 各種賦役, 賦役代納金, 現物 (穀物) 貢租, 羊放牧権など) 別内訳は不明である[3]).

1) 本表の一連番号10, 12, 17と28では「家屋と耕地片」に保険番号が付けられているけれども、この番号は家屋のそれと考えられる。それに対して、一連番号20では家屋のみに保険番号が記され、その家屋の後に記された耕地片には、保険番号が付記されていない。耕地片だけの一連番号11などにおいても保険番号は記されていない。さらに、本章第1節の表3-1-1を参照。なお、本表の一連番号1の不動産は第2条では世襲村長地・林地、11は第1、第2条では耕地片、12は第2条では家屋・付属地、17は第1条では家屋・付属地、第2条では単に家屋、20は第2条では単に家屋、24は第1条では分離地、25は第1条では宿屋、第2条では単に家屋、28は第1条では単に家屋、45は第1条では分離地である。
2) ［23］の（Fdg）に加筆されている文字は、ザクセン州立中央文書館によれば、「ナーゲル金（Nagelgeld）と呼ばれる」であり、ナーゲル金は、世襲貢租所有地からの一種の保有移転貢租である。しかし、この貢租の金額が小さく、しかも、原表で確定賦役代納金に区分されているので、私はこの貢租を保有移転貢租ではなく、通常の貨幣貢租と見なす。
3) ケマースヴァルデ村は「九月騒乱」期に請願書を提出した。松尾 2001, pp. 102-110. 同村は三月革命期にも30村請願書と6村請願書に署名している。松尾 2001, pp. 181, 191. この2請願書について本章第6節（1）（注6）を参照。

第6節　全国委員会文書第2025号

(1) 賦役償却協定

　これは、第2025号文書、「ノッセン市近郊の騎士領プルシェンシュタインとノイハウゼン村、フラウエンバッハ村およびハイデルバッハ村の住民との間の、1840年9月12日／9月30日の賦役償却協定[1]」である。

　第1［の契約締結者］である、…当騎士領の所有者…と、第2の契約締結者である、ノイハウゼン村、フラウエンバッハ村とハイデルバッハ村の世襲土地所有者、借家人家屋小屋住農、その他の家屋所有者・耕地片所有者、そして、第3の契約締結者である［農村］自治体ノイハウゼン（一連番号175で、フラウエンバッハ村とハイデルバッハ村を含む。代表はノイハウゼン村長[2] F. F. シュナイダー（義務者全員の姓名と不動産は後出の表3-6-1）は、何回もの審議の後に…以下の償却契約に一致した。――特別委員は前節の協定と同じ2人である。

　第1条　第2条に挙げられた、当騎士領の権限を廃止させるために、第2と第3の契約締結者、G. F. クンツェ［一連番号1］と仲間たちは、上記の騎士領に支払うべく、以下の一時金と年地代の現金支払（後出の表3-6-3）を、自身と後継所有者のために引き受けた。

それは，特別に作成され，適当と認められた一覧表の基準に従うものであり，それに関しては，法律に基づく価値控除と反対給付への補償が考慮されている．
　第2条　…［騎士領領主］は，一時金と年地代について彼に対して第1条でなされた，すべての約束を受け入れ，自身と当騎士領の後継所有者にとって以下を義務づけられている，と述べた．すなわち，ノイハウゼン村とフラウエンバッハ村の世襲土地所有者と借家人家屋小屋住農の下記の賦役，
　（a）亜麻の取り入れと調整の際の彼らの賦役，
　（b）キャベツ畑の賦役，牛舎と漂白広場の片付けと清掃，新分農場の傍の家畜用小桶までのノイハウゼン村の道路の雪かき［と，］羊の剪毛，および，漁業賦役の代わりに近年引き受けられた確定手賦役，並びに，当騎士領世襲台帳に規定された，以前のいわゆる賦役，
　（c）紡糸賦役，
　（d）走り使い賦役，
　（e）当騎士領世襲台帳第46条に基づく，ザイフェン村の錫精錬所への賦役，
　（f）当騎士領のために屋根板を作る不確定賦役，
　（g）狩猟賦役，［および，］
　（h）かつての麦芽運送の代わりに1769年5月24日の契約によって導入された，ノイハウゼン村の連畜所有農の犂耕賦役15日，
は永久に廃止される．また，
　（i）ノイハウゼン村とフラウエンバッハ村の課税地を借りている借家人の賦役は中止される．
　（k）ノイハウゼン村の保険番号2，11，13-16，22，28，38と87［一連番号3，11a，13，14，18，19，25，31，41，84］およびフラウエンバッハ村の同5［一連番号117］の所有地から従来納付された，さまざまな種類の現物貢租はもはや与えられない．さらに，
　（l）当騎士領の羊がノイハウゼン村，フラウエンバッハ村とハイデルバッハ村の領域に再び追い立てられ，放牧されることはない．例外は，ノイハウゼン村の教区・学校封地に属する土地であり，…［騎士領領主］は放牧権の償却について，それの代表者と別に交渉している．
　（m）ノイハウゼン村，フラウエンバッハ村とハイデルバッハ村の住民が，当騎士領領主に食料品を供給し，他人への販売以前に提供するよう，あるいは，その代わりに値付け金を支払うよう，引き留められることは，もはやない．また，
　（n）下記の確定貨幣貢租（後出の表3-6-4）は永久に償還される．最後に，
　（o）従来支払われ，撤回可能として軽減されていた賦役代納金について，世襲台帳に従って本来支払われねばならなかった割増額も，賦役代納金を一時金で償却した者には，永久に免除される．
　第2と第3の契約締結者はこの言明と［権利］放棄を受け入れた．その場合，上に挙げられた貨幣貢租に関しては，その償還が，第1条に挙げられた一時金額のみによって行われることが，特に注目されるべきである．

第3条　さらに，…［騎士領領主］は，本契約の第1条と第2条に従って手賦役，燕麦貢租と羊放牧権を償却した全員に対して，彼の［騎士］領…において，(1) 手賦役1日を2AG以下では，1旧ザイダ・シェッフェルの燕麦を1AT以下では，そして，(2) 犂耕可能な土地1シェッフェル＝150平方ルーテの羊放牧権の年地代を3AP以下では償却させない，と約束した．これ［この約束］を彼ら［義務者］は受け入れた．さらに，本契約にも拘わらず，また，その間に給付された地代あるいは一時金支払にも拘わらず，同じ軽減を現金支払によって追加的に彼らに与える，と［彼は］約束した．

しかし，現在の額で地代銀行に移される地代の引き下げは，こうした場合が生じる時には，引き下げられるべき地代額を，…［騎士領領主］が提議者のために一時金によって地代銀行に償還し，弁済することによって，行われるべきである．引き下げ額が4APでもって残りなく割り切れない限り，4APでもって残りなく割り切れる地代償却を実行するために，残った地代額のうち必要であるだけを，提議者も直ちに一時金によって償還す［べきであ］る．

第4条　課税部分の［農村］自治体ノイハウゼンはその借家人の賦役の償却に際して，1832年償却法第65条[3]に従って，補償として，［農村］自治体への確定年貨幣貢租の引受について，課税される住宅を借りて現在住んでいる借家人と交渉し，課税部分で［住宅を］借りる，将来の借家人に，お上の承認の下でこのような貢租を次々に課す［権利］を明白に留保した．

第5条　ノイハウゼン村の御館鍛冶場，保険番号50［一連番号55］の所有者の雌牛を，通常の放牧地貢租でもって騎士領の雌牛と一緒に放牧させる，という義務から当騎士領の時々の所有者を解放するために，この土地を現在授封されている所有者，C. F. ヘーネルに…［騎士領領主］は，採草地1筆（その境界と境界石5個の位置は省略）を騎士領の免税地から世襲・所有地として割譲し，引き渡した．これに対して，切り離された採草地1片の引き渡しを確認したK. F. ヘーネルは，それを，彼が常に留まるべき御館鍛冶場と統合し，…［騎士領領主］の同意の下で，自身と彼の御館鍛冶場後継所有者のために上述の放牧権を放棄した．それは永久に消滅すべきである．

第6条　すべての契約当事者は一致して，当事者双方によって行なわれる償却の実施を，一般に1837年初と定めた．ただし，

(a) ノイハウゼン村のG. F. ライスミュラー，保険番号22［一連番号25］によって償却される粉末亜麻仁油粕［提供］の廃止は1839年初，

(b) 償却される貨幣貢租の廃止は1839年末（ただし，1836年末に消滅する［C. F.］ヘーネル［一連番号47，55，56と96］の貢租を除く），そして，

(c) 食料品の供給と提供の廃止，および，それ［食料品］の代わりに，撤回可能として導入された値付け金の［廃止］は1840年末，

とする．

第7条　これらの規定に従って，第1条で約束された地代は，1837年から回転し始めた．唯一の例外は同条［一連］番号25の地代であって，それは1839年から支払われるべきで

ある．
　それに対して，一時金支払の中では，
　(a) 羊放牧権の廃止のために引き受けられた，
　第1条［一連］番号5a, 5b, 18, 19, 22, 26, 31–33, 37, 39, 40, 43–45, 53, 54, 58–83, 85–102, 104–116と118–174［の一時金］，
　第1条8, 12, 20, 21, 24, 28, 34, 38と48の各3AG2AP［の一時金，および］，
　一時金のうち［第1条］3の5AT5AG, 25の9AG5AP[4)], 30の4AT16AG6AP, 42の15AG8AP, 47の5AT17AG6AP, 52の21AG11AP, 84の6AT6AG, 103の15AG8APと117の3AT3AG, は
　(a) 1AT1AGとそれ以下の額については1838年末に，
　($β$) それ以上の額については1839年3月末に［支払われるべきである］．
　ただし，回転する放牧権年地代について，1837年から年4%［の利子］が留保される．
　(b) 賦役，現物貢租，世襲貢租と賦役代納金および借家人賦役について承認された，残りすべての一時金の支払は1839年末に満期となる．例外は［C. F.］ヘーネル［一連番号47, 55, 56と96］の一時金であり，それは1836年末に既に満期となった．それに対して，
　(c) 第1条175について約束された一時金は，1840年末に支払われるべきである．
　第8条　第1条で約束された一時金の正確な支払を，
　(a) 176［ノイハウゼン村の課税部分］の71AT4AG4APに関しては，ノイハウゼン村のJ. G. ヴォルフ，保険番号13［一連番号13］とW. F. クンツェ，同33［一連番号36］が，また，
　(b) 175［ノイハウゼン村］の50ATに関しては，ハイデルバッハ村のT. F. プライスラー，保険番号7［一連番号129］とE. F. ノイベル，保険番号14［一連番号136］が，
　独立債務者として，常に両人が協力して，自分の資産でもって保証する，と約束した．…［騎士領領主］はこれらの約束を受け入れた．
　第9条　［旧通貨による年地代の支払時期，および，対物的負担としての年地代——省略］
　第10条　［地代銀行へのすべての年地代の委託と委託地代額・地代端数一覧表——省略］
　第11条　［委託地代関連法規定と地代端数の償還——省略］
　第12条　［償却費用の分担——省略］
　第13条　［同文4部の償却協定——省略］
　騎士領プルシェンシュタイン＝ザイダにて1840年9月11日および12日

　以上の協定本文に続くものが，長い協定署名集会議事録である．

　プルシェンシュタイン城にて1840年9月11日
　取り決められていたノイハウゼン村償却協定署名のために，本日午前8時，当地の城のかつての裁判所法廷に当地の地代管理役カルル・ゴットリープ・ジーゲルト（Siegert）が出頭し，…［当騎士領領主］の委任状を提出した．委任状は裁判所によって承認されており…，

彼 [ジーゲルト] は，彼の授権者 [騎士領領主] がフランツェンスバート保養地 [現在はチェコのフランティシュコヴィ・ラーズニェ] に滞在しているために，協定を自ら署名できない，と証言した。

[また，] ノイハウゼン村の G. F. クンツェ（一連番号 1 と 57）など 95 人 [筆頭者以外の氏名は省略]，フラウエンバッハ村の 1 人 [氏名省略] とニーダーザイフェンバッハ村の 1 人 [氏名省略] が名乗り出た。

協定の朗読の後，G. F. クンツェと仲間たちは，騎士領領主の他の領民たちが彼から得た，あるいは，得るであろう，すべてのものを彼ら，ノイハウゼン村 [の領民] に [も]，議論の余地なく容認する，との，文書による保証を騎士領領主が彼らに与えないならば，それ [協定] に署名することを拒んだ。なぜなら，これは 1834 年の償却 [交渉] の開始の際に約束されており，この約束がなければ，彼らは償却について協定せず，最初から騎士領領主と争っていたであろうからである。

それに対して地代管理役ジーゲルトは，要求された確約文書を与えることはできない，また，償却過程に関して騎士領領主が 1834 年に述べた約束は，協定と，[特別] 委員による 1838 年 10 月 10 日の償却記録とによって修正され，それは本協定第 3 条に再現されている，と当地の騎士領領主の名において述べた。

G. F. クンツェと仲間たちは [次のように] 反論した。あの約束が償却の対象に係わる限り，自分たちは本協定第 3 条の文言に満足している。しかしながら，それは，当地の裁判区民と騎士領領主との他の訴訟，例えば，四季 [税] から徴収される [地代徴収所] 収入役手数料，漁業用河川 [漁業貢租] などなどの支払についての訴訟，にも関連する，と。

地代管理役ジーゲルトはこれを否定した。これらの事情の経過の中で，そのような約束とその範囲について両当事者の間で正午 12 時まで様々に議論された。[そして，特別] 委員会によって，実体的・法的事情の紹介，警告と議論を通じて，事態に妥当なものが係争問題の調停のためになされた。また，協定の署名拒否に関して [特別委員会は]，特別償却委員への 1833 年 1 月 21 日付け指令第 114 条[5] に注意を向けさせた。その後，(a) 四季税について徴収される収入役手数料の返還と報告，(b) 漁業用河川，(c) 糺問の費用，(d) 売り台の脂肪，(e) 保護金，(f) [抵当] 承認貢租[6]，および，その他の苦情に関して，当地の騎士領領主の弁明を法的に求める権利，また，このような苦情について自分たちの自然的自由を法的に追求する [権利] が，協定への署名によって少しも損なわれないならば，署名する，と G. F. クンツェと仲間たちは述べた。

それに対して地代管理役ジーゲルトは，彼らがそれを合法的に行うことができる場合に，それは彼らに禁じられていない，また，それへの異議が本償却協定への署名のために唱えられるべきではない，済んでしまった賦役償却は上記の権利と何ら関係がなかった，と当地の騎士領領主の名において述べた。そこで G. F. クンツェと仲間たちは署名事務の短縮化のために，彼らの仲間である，[ノイハウゼン] 村長[2] F. F. シュナイダーと医師 J. G. ハイニッケ [一連番号 16 と 30]，および，家屋・耕地片所有者の [3 人] G. F. ハインリヒ一世 [同 89]，C. F. ザイトラー [同 91] と G. F. ヘーゲヴァルト [同 78] に対して以下を委託した。

第3章　騎士領プルシェンシュタイン（南ザクセン）における封建地代の償却　205

その内容を完全に理解したならば，彼らが自分たちに代わって協定に署名し，彼らの署名によってそれに法的拘束力を与えることを．
　指名された全権委任者はこれを承諾した．次いで，G. F. クンツェと仲間たちが当地の騎士領領主に対してその主張を留保しており，彼らに残されている権利を，根拠がある，とは自分は決して認めず，当地の騎士領領主をそれ［領民の主張］から守る，と地代管理役ジーゲルトは述べた．そこでG. F. クンツェは反対証人によって（repro testand），留保した諸権利に再び立ち止まった．その後，一方の地代管理役ジーゲルトと他方の上記全権委任者，F. F. シュナイダーと仲間たちは，自分と委任した人々とのために，作成された協定4部に署名して，［全国委員会に対して］それの承認を願った．
　朗読の後，この議事録が承認・署名され，これによって審議は午後4時に終了した．

　他の義務者に関する，9月12日（プルシェンシュタイン城），21日（ザイフェン村）と22日（プルシェンシュタイン［城］，以下の追記の一部を除く）の署名集会議事録は紹介を省略する．

　9月22日の追記の一部は次のものである．
　この罰則を含む…召喚状が正確に手交されたにも拘わらず，一連番号27のG. F. ライヒェルト，107のC. G. シュメルラー，151のJ. G. シルマーと154aのC. C. グレーザーは集会に出頭しなかったので，本協定は抗命を理由として，彼らによっても署名された，と見なされるべきである．…

　全国委員会［主任］シュピッツナーはこの協定を1840年9月30日に承認した．同委員会による本協定第3条末尾への追加は前節のそれと同文である．
　本協定の提議者と被提議者は序文には明記されていないけれども，第3条に「［騎士領領主］が提議者のために」の文言があるから，領民が提議者である．

　プルシェンシュタイン城で1840年9月11日午前8時から午後4時に及んだ署名集会の議事録は，既に作成されていた償却協定に，義務者が必ずしも平穏に署名したのではないことを，具体的に示している．また，この償却協定についての交渉は，議事録によれば，一方では32年償却法の公布から，他方では同年のプルシェンシュタイン裁判区訴願共同体請願書[7]の提出から，間もない34年には既に開始されていた．

1) GK, Nr. 2025. この協定は賦役償却協定と名付けられているけれども，その内容は賦役ばかりでなく，現物貢租・貨幣貢租・放牧権などの償却にも係わっている．――松尾，「プルシェンシュタ

イン」．(1)．p. 95は本協定第1条の年地代・一時金一覧表の最初の1ページを示す．
2) この村長は，1838年農村自治体法によって規定された，農村自治体の代表者である．同法は，従来きわめて複雑であった村落制度を単純化した．同法によれば家屋所有者だけが農村自治体公職について選挙権と被選挙権を持つ．有権者はそれぞれの住民階層（フーフェ農，園地農，小屋住農）毎に，農村自治体委員を選挙する．村長，農村自治体長老と農村自治体委員から構成される農村自治体参事会は，任期6年の村長と農村自治体長老を選挙する．正規の構成員が25人以下の農村自治体では，有権者の全員集会が農村自治体参事会に代わる．シュミット1995への訳者補論（同書，p. 179）を参照．——後出の表3-6-1の一連番号175に記されたノイハウゼン村長F. F. シュナイダーは，同表の20にも学校区代表として記載されている．彼は個人としては3, 4と5aであろう．
3) 32年償却法第65条の規定は次のとおりである．償却の際に土地非所有者の給付の代わりに生じた地代は，一時金支払によって償却されうる．それが村落（1838年以後には農村自治体）に係わる場合には，土地非所有者が支払うべき金額について，村落は彼らと協定せねばならない．…土地非所有者の諸給付の償却が完全には実現しない場合には，個々の家屋所有者は，彼らの家屋に現在および将来に居住する土地非所有者の諸給付を，地代あるいは一時金支払によって償却するために，権利者と自由に協定することができる．GS 1832, S. 184.
4) ［第1条］一連番号25（保険番号22）には一時金が記載されていない（後出の表3-6-3参照）．第7条（a）に記された，一連番号25の一時金9AG5APは，［第1条］一連番号22（保険番号19）の一時金9AG5AP（上記表）を指すのではなかろうか．
5) 1833年『指令』第114条は次のように規定している．一人あるいは数人の関係者が協定の署名を拒んだ場合には，…それにも拘わらず協定が彼らに対しても法的効力を持ち，署名の拒否が［協定の］承認を妨げない，と彼らは知らされるべきである．しかし，彼らが拒否する理由と，それに対する決定は実施関係書類に記録されるべきである．Instruction 1833, S. 36. プルシェンシュタイン城での9月11日集会で協定に異議を申し立てた義務者が，協定一連番号1の他に何人いたか，は議事録に記されていない．しかし，「一人あるいは数人の関係者」についての『指令』のこの条文を根拠にして，特別委員（おそらく弁護士ヘフナー）は署名反対者を威嚇しているわけである．
6) これらの苦情項目のうち，(b)，(c) と (f) を1832年のプルシェンシュタイン裁判区訴願共同体請願書は請願の対象としている．松尾2001, pp. 124-127. 本協定で一時金の大部分を負担するノイハウゼン村，フラウエンバッハ村とハイデルバッハ村の住民はこの訴願共同体に参加していなかったかもしれないが，3村住民はその請願事項を熟知していたであろう．「九月騒乱」期にこれら3村が，単独であるいは連合して，提出した請願書は知られていない．当騎士領所属集落のうち，6集落，ディッタースバッハ村（その請願書をIと略記．以下同様），ザイダ市(Ⅱ)，フリーデバッハ村(Ⅲ)，ハイダースドルフ村(Ⅳ)，ケマースヴァルデ村(Ⅴ)とクラウスニッツ村(Ⅵ)は1830年に単独で請願書を提出した．第1に，本署名集会での苦情項目 (a) は，四季税をまず騎士領領主の地代徴収所に引き渡さねばならないが，そのために引き渡し手数料が要求される，との(Ⅱ)と(Ⅲ)の申し立てと同一であろう．第2に，上記 (b) と同じものと考えられる流水貢租と，それに関連する漁業権は，(Ⅲ)，(Ⅳ)，(Ⅴ)と(Ⅵ)で訴えられた．第3に，(c)「糺問の費用」は6通すべての請願書

第3章　騎士領プルシェンシュタイン（南ザクセン）における封建地代の償却　207

で，第4に，(d) 売り台の脂肪は(Ⅱ)で，第5に，(e) 保護金は(Ⅲ)，(Ⅳ)，(Ⅴ)と(Ⅵ)で，第6に，(f) [抵当] 承認貢租は，(Ⅰ)を除く5通の請願書で，請願の対象となった．松尾 2001, pp. 51, 63-66, 73-75, 82-84, 89, 92, 96-97, 100-101, 106-109, 114-117. そればかりではない．三月革命期に30農村自治体は (b) [騎士領領主の] 漁業権，(e) 保護金と (f) [抵当] 承認貢租の存続を批判し，(b) 河川の自由な利用と (c) 「糺問の費用」の免除とを求め，10農村自治体は (e) 保護金と (f) [抵当] 承認貢租の存続を告発し，家産裁判権に基づく諸負担（「糺問の費用」など）の廃止あるいは引き下げ，その他の騎士領特権（狩猟権など）の廃止，さらに，償却地代の合法性の審査などを求めた．上記30農村自治体は本償却協定のノイハウゼン村以外に，同じ騎士領プルシェンシュタインに所属する11村を含んでおり，10農村自治体の多くは当騎士領所属（ただし，本償却協定の3村は含まれない）であった．松尾 2001, pp. 176-177, 180-183, 186, 218-220. ──さらに，当騎士領関連の償却事項を調停し，協定案を作成すべき法律関係特別委員は，本章第1節の協定（1840年承認第1852号）から第17節の協定（1868年承認第16103号）に至るまで，第15節の協定（1848年承認第6827号）の最終段階と第16節の協定（1859年承認第15558号）とを除いて，弁護士A. A. ヘフナー（ノッセン市）であったが，このヘフナーを上記10農村自治体の請願書は名指しで批判した．償却の審議の際に，「騎士領領主からの反対給付の中で廃止されたものが引き合いに出される場合には，[特別] 償却委員会は，『これは騎士領領主の義務ではなく，好意であった』，と答えるのが常であり，こうして，騎士領所有者は補償の要求を拒否した．特別償却委員会がその課題を見出したのは，容易に説き伏せられる村落住民大衆に，可能な限り高い [償却] 地代を売り付けることであった．償却法第63条に予見されていた事例が，フリーデバッハ村でのように生じて，小屋住農が，[償却] 地代も一時金も支払えない，そのような [支払の] 場合には家から出て行かねばならない，と述べると，彼らは，指令されている綿密な吟味 [を受ける] 代わりに嘲笑され，軽蔑された．償却委員である [A. A.] ヘフナー氏（ノッセン市）はこのような場合に [次のように] 答えた．お前たちが家から出て行かねばならないことは，『お前たちにとって丁度良い．所有変更はしばしば起こる．それは全く良いことだ．[家から出て行けば，] 1日に男は手仕事で7.5NGを稼ぎ，女は乞食で10NGを稼ぐ』[ことができる]，と．…そのために，償却を説き勧められ，あるいは，強制された者が，封建的諸負担の束縛に今も耐えている者と全く同じ劣悪な状態にあることは，疑問の余地がない．騎士領領主の諸権利の取得名義に関する吟味は，上に賞賛されたような，償却委員の中立性 [の欠如] の下では，いずれにせよ，期待されないのであるが，殆どの場合に行われなかった．実際，償却委員は，プルシェンシュタイン裁判区で証明されるように，騎士領領主の，いわゆる諸権利の中で，当騎士領の所有者が無造作に落としてしまったほど，殆ど根拠のない諸貢租をも，償却されるべきものに加えた．それに対して，償却委員ヘフナー氏は，これらの全く根拠のない，いわば捏造された，騎士領領主の諸要求の償却をも領民に説き伏せることに，彼の定評ある弁舌の才でもって成功するであろう，との希望を自負していた」．松尾 2001, pp. 183-184. この引用部分の前で同請願書は次のようにも記している．「1832年…償却法はその額に騎士層 [騎士領所有者] の助言者の刻印を持っており，不幸な騎士領領民の状態を改善するよりは，むしろ悪化させた」．「…既にこの法律それ自身が，騎士領所有者のペンからはそれ以外のものが期待されないような，最も不完全な法律と呼ばれるべきものである

とすれば，あの法律の実施はこれらすべてのことを更に凌いでいた…．貧乏な裁判区領民の利益に役立つ諸規定は，順守されなかった」．「特別委員会は，権利者である騎士領領主によって非常に手厚く接遇され，騎士領領主の台所と騎士領領主の葡萄酒蔵がその［特別委員の接遇の］ために蒙る損害を，［それぞれの償却協定に規定される償却費用として，］貧乏な裁判区領民の財布から再び取り返そうとした．特別償却委員は，問題の審議の際に大抵は，権利者である騎士領領主の弁護士となった，と言っても，決して言い過ぎではない」．松尾 2001, pp. 182-183．この引用部分の特別委員も［A. A.］ヘフナーを指すであろう．この請願書とほぼ同じ内容は上記 30 農村自治体請願書にも含まれている．「騎士領領主への貢租の償却の際に，［特別］償却委員は騎士領領主の御館で宿泊し，食事をしたが，彼らはしばしば明白に彼ら［騎士領領主］の弁護士の役を演じた．そして，法律に関して援助を受けない農村住民は，すべてについて善良にも他人［特別委員］の言うとおりにした」．松尾 2001, p. 177．さらに，三月革命期に 6 農村自治体の借家人家屋小屋住農も類似の文言で請願している．「貴族の邦議会によって作成された，1832 年…償却法は当然，騎士領領主の利益になるものであったが，それをなお一層彼らに有利に適用し，解釈することが試みられた．いわゆる義務者には，殆ど調達できないほどに重い償却地代が，中世的な取得名義に基づいて課されたのである」．「実際［それ］以外には，ありえなかった．何故なら，上述の［いわゆる権利者と義務者との間の仲介官庁となるべき特別］償却委員会は常に，殊に当地では，騎士領領主によって選ばれ，［現地］派遣が行われる場合には，そこ［領主御館］に立ち寄り，［そこで］飲み食いし，［現地］派遣について前もって相談したからである．葡萄酒と幾らかのパンも，委員会の後を追って，審理の行われる場所に［領主御館から］送られた．我々，貧乏な被召喚人は，葡萄酒を飲んだ後で，悲惨な過去に由来する，半ば腐爛した証書全部を承認するよう本当に迫られ，我々が同意しない時には，家を取り壊す，とさえ威された．騎士領領主から現になされている諸給付は否認され，あるいは，これが可能でない場合には，純粋の恩恵と見なされ，［こうして，］領民から永久に奪い去られた．しばしば極めて非人間的に振る舞った［特別］委員会について，不信と苦情があちこちで生じたとしても，この訴えは全く顧慮されないか，あるいは，騎士領領主と［特別］委員会に有利に解決された」．「償却法は多くの騎士領領主と多くの特別償却委員会［委員］にとって，致富のための真の独占となった．前者にとっては［償却］地代に関して，後者にとっては［償却］事務費に関して．この事務費は巨大であって，小規模なハイダースドルフ村だけで 250NT 以上を負担せねばならなかった．償却［署名］集会に遅れたために被提議者に課されたが，後に免除された罰［金］を言わずにおくとしても，地代義務者は，貢租［償却地代］のために償却以前より遙かに遙かに困窮している．真の専制が行われたのである．そして，当地の多数の住民が気の進まぬ地代［償却］協定の締結を強いられたのは，［事務］費の累積のためであった」．この 6 村の大部分は当騎士領に所属していたが，本償却協定の 3 村は含まれない．松尾 2001, pp. 187-188, 191．そして，ここで苦情の対象となっている特別委員が，その直前の 1847 年に，ここに言及されているハイダースドルフ村の地代償却をも仲介（本章第 13 節）した［A. A.］ヘフナーであることは明白である．――なお，32 年償却法第 63 条は次のとおりである．小屋住農が，彼らの賦役その他の給付の償却を提議されたが，少なくとも当分は地代も一時金も負担できない，あるいは，償却によって彼らの生存が脅かされる，との理由で償却に反対する場合には，特別委員会は…あの反対の正しさを議論し，

小屋住農の異議が考慮に値するかどうか，…を決定する．賦役その他の給付の当分の間の存続が決定された場合には，5年後に償却が再び提議されうる．GS 1832, S. 183-184.
7) 松尾 2001, pp. 119-128 参照．

(2) 償却一時金合計額

本協定「第2の契約締結者」を以下では第1の義務者と表現し，「第3の契約締結者」を第2の義務者と表現しよう．序文から，第1条を参考にしつつ，これら義務者全員の一連番号，姓名，不動産と保険番号を表示したものが，表3-6-1である[1]．原文では村々がAからDまで，DはさらにD-aからD-gまでに，区分されているけれども，本表では各村をアラビア数字で表示した．なお，144から174までは，ノイハウゼン村，フラウエンバッハ村とハイデルバッハ村の領域（ただし，3村のいずれかは不明）に耕地片のみを所有する他村居住者である．また，学校区を代表する村長155，F. F. アウグスティンは個人としては一連番号147であろう．

表3-6-1 義務者全員の姓名と不動産

(1) 第1の義務者
(1) ノイハウゼン村

[1] Gotthold Friedrich Kunze（世襲村長地〈1〉）
[2] Wilhelm Fürchtegott Kunze（耕地片）
[3] Friedrich Fürchtegott Schneider（$\frac{1}{16}$ フーフェ農地〈2〉）
[4] 同上（家屋〈3〉）
[5a] Friedrich Fürchtegott Schneider（$\frac{1}{16}$ フーフェ農地〈4〉）
[5b] Carl Gottlieb Wagner（林地）
[6] Gotthelf Friedrich Dittrich（$\frac{1}{16}$ フーフェ農地〈5〉）
[7] Carl Gotthelf Weindt（$\frac{1}{16}$ フーフェ農地〈6〉）
[8] Carl Friedrich Hänig（家屋〈8〉）
[9] Carl Friedrich Wilhelm Fischer（借家人家屋〈9〉）
[10] Gottlieb Friedrich Pflugbeil（$\frac{1}{16}$ フーフェ農地〈10〉）
[11a] Christian Friedrich Weindt（$\frac{1}{32}$ フーフェ農地〈11〉・採草地）
[11b] Christian Fürchtegott Weindt（$\frac{1}{32}$ フーフェ農地〈11〉）
[12] Christian Traugott Beer（家屋〈12〉）
[13] Johann Gottfried Wolf（$\frac{3}{16}$ フーフェ農地〈13〉）
[14] Friedrich Leberecht Ulbricht（家屋〈14〉）
[15] J. G. Wolf（[13]と同じ）（$\frac{3}{20}$ フーフェ農地）
[16] 医師 Johann Gottlieb Heinicke（$\frac{1}{10}$ フーフェ農地）
[17] Johanne Christliebe Fischer と [娘] Christliebe Lorenz（$\frac{1}{4}$ フーフェ農地）

[18] G. F. Dittrich（[6] と同じ）($\frac{1}{8}$フーフェ農地〈15〉・耕地片）
[19] Carl Gottlieb Böhme（$\frac{1}{8}$フーフェ農地〈16〉・林地）
[20] ノイハウゼン村学校区（代表者は村長 Friedrich Fürchtegott Schneider）（家屋〈17〉）
[21] Friedrich Fürchtegott Schaab（家屋〈18〉）
[22] Christlieb Friedrich Kirschen（家屋〈19〉）
[23] Christiane Friedericke Schmerler（借家人家屋〈20〉）
[24] Friedrich Fürchtegott Ranft（家屋〈21〉）
[25] Gottlieb Friedrich Reißmüller（搾油水車〈22〉）
[26] Ch. F. Weindt（[11b] と同じ）（家屋・耕地片〈23〉）
[27] Gotthelf Friedrich Reichelt（家屋〈24〉・耕地片）
[28] Gotthold Friedrich Hofmann（家屋〈25〉）
[29] J. Ch. Fischer と［娘］Ch. Lorenz（[17] と同じ）（$\frac{1}{16}$フーフェ農地〈26〉）
[30] J. G. Heinicke（[16 と同じ]）（家屋・園地〈27〉・耕地片）
[31] 領主裁判所長未亡人 Johanne Friedericke Göpfert（家屋・耕地片〈28〉）
[32] F. L. Ulbricht（[14] と同じ）（水車〈29〉）
[33] Wilhelm Fürchtegott Kunze（家屋・耕地片〈30〉）
[34] Lorenz Hille（家屋〈31〉・耕地片）
[35] Gotthelf Friedrich Schlieder（家屋〈32〉・耕地片）
[36] W. F. Kunze（[2] と同じ）（$\frac{1}{8}$フーフェ農地〈33〉）
[37] Christiane Eleonore Thiele（家屋〈34〉）
[38] Carl Friedrich Hofmann（家屋〈35〉）
[39] Carl Friedrich Matthess（家屋〈36〉）
[40] Traugott Friedrich Fischer（家屋〈37〉）
[41] Carl Gottlieb Walther（$\frac{1}{4}$フーフェ農地〈38〉）
[42] Johann Adam Friedrich Weber（家屋・園地〈39〉）
[43] Johann Perner（家屋・耕地片〈40〉）
[44] Heinrich Wilhelm Richter（$\frac{1}{8}$フーフェ農地〈41〉・家屋）
[45] Christian Friedrich Harzer（林地）
[46] Carl Gottlob Meyer（家屋〈42〉）
[47] Carl Friedrich Hänel（$\frac{1}{16}$フーフェ農地）
[48] Carl Friedrich Müller（家屋〈43〉）
[49] Johanne Eleonore Fritzsche と子供1人（借家人家屋〈44〉）
[50] Johanne Eleonore Kaden（$\frac{1}{16}$フーフェ農地〈45〉）
[51] Christian Friedrich Bieber（借家人家屋〈46〉）
[52] Johanne Concordie Mehnert（借家人家屋〈47〉）
[53] Gottfried Israel Kaden（家屋・耕地片〈48〉）
[54] Christiane Friedericke Ruprecht（家屋・耕地片〈49〉）
[55] C. F. Hänel（[47] と同じ）（御館鍛冶場〈50〉）
[56] 同上（$\frac{1}{32}$フーフェ農地）
[57] G. F. Kunze（[1] と同じ）（$\frac{1}{32}$フーフェ農地）
[58] Carl Friedrich Hengst（家屋・耕

地片〈51a〉)
[59] Gotthelf Benjamin Schmolke (家屋・耕地片〈52〉)
[60] Samuel Gottlieb Uhlig (家屋・耕地片〈53〉)
[61] Friedrich Pierschel (家屋・耕地片〈54〉)
[62] Gotthelf Friedrich Lorenz (家屋・耕地片〈55〉)
[63] Traugott Friedrich Schreiber (家屋・耕地片〈56〉)
[64] August Friedrich Herrmann (家屋・耕地片〈57〉)
[65] Gottlieb Leberecht Schneider (家屋2戸・耕地片〈60〉,〈70〉)
[66] Gottlieb Friedrich Schuffenhauer (家屋・耕地片〈61〉)
[67] Gotthold Friedrich Dittrich ($\frac{1}{16}$フーフェ農地〈62〉・耕地片)
[68] Friedrich Fürchtegott Fischer (家屋・耕地片〈65〉)
[69] Johanne Christiane Altmann (家屋・耕地片〈68〉)
[70] Gotthelf Friedrich Drechsel (家屋・耕地片〈69〉)
[71] Gotthelf Friedrich Trampe (家屋・耕地片〈71〉)
[72] Gottlob Friedrich Herklotz (家屋・耕地片〈72〉)
[73] Christian Friedrich Lippmann (家屋・耕地片〈73〉)
[74] Johann Gottlieb Liebscher (家屋・耕地片〈75〉)
[75] Samuel Gottlieb Langer (家屋・耕地片〈76〉)
[76] Christian Gottlieb Fritzsche (家屋・耕地片〈77〉)
[77] Christian Fürchtegott Langer (家屋・耕地片〈78〉)
[78] Gotthelf Friedrich Hegewald (家屋・耕地片〈80〉)
[79] Gotthelf Friedrich Partzsch (家屋・耕地片〈82〉)
[80] Carl Friedrich Helbig (家屋・耕地片〈83〉)
[81] Karl Gottlob Wagner (家屋・耕地片〈84〉)
[82] Johann Ehrenfried Schuffenhauer (家屋・耕地片〈85〉)
[83] Gotthold Friedrich Schneider ($\frac{1}{16}$フーフェ農地〈86〉)
[84] Carl Friedrich Mende (家屋・耕地片〈87〉)
[85] Carl August Neuber (家屋・耕地片〈88〉)
[86] Gotthelf Friedrich Heinrich jun. (家屋・耕地片〈89〉)
[87] Carl Gotthelf Friedrich Müller (家屋・耕地片〈90〉)
[88] Friedrich Fürchtegott Biermann (家屋・耕地片〈91〉)
[89] Gotthelf Friedrich Heinrich sen. (家屋・耕地片〈92〉)
[90] Gotthelf Friedrich Matthes (家屋・耕地片〈94〉)
[91] Carl Fürchtegott Zeidler (家屋・耕地片〈95〉)
[92] Traugott Friedrich Pflugbeil (家屋・耕地片〈100〉)
[93] Johann Friedrich Wilhelm Preißler (家屋・耕地片〈101〉)
[94] August Friedrich Drechsel (家屋・耕地片〈102〉)
[95] Carl Gottlieb Matthes (家屋・耕地

片〈103〉)
[96] C. F. Hänel ([47] と同じ)(家屋〈104〉)
[97] Traugott Friedrich Preißler (借家人家屋〈108〉・耕地片)
[98] Christliebe Wilhelmine Koch (家屋・耕地片〈116〉)
[99] Christian Friedrich Weindt sen. (家屋・耕地片〈117〉)
[100] Christiane Friedericke Hofmann (家屋・耕地片〈118〉)
[101] Traugott David Hofmann (耕地片)
[102] Carl Gottlieb Schmieder (耕地片)
[103] Carl August Schmieder (耕地片)
[104] Carl Friedrich Zimmermann (借家人家屋〈129〉・耕地片)
[105] Johanne Concordie Kluge (家屋・耕地片〈130〉)
[106] Christian Friedrich Matthes (家屋・耕地片〈131〉)
[107] Carl Gottlieb Schmerler (借家人家屋〈133〉)
[108] Gotthelf Friedrich Langer (家屋・耕地片〈136〉)
[109] Gotthelf Friedrich Schramm (耕地片)
[110] Carl Friedrich Wenzel (家屋・耕地片〈145〉)
[111] Immanuel Friedrich Schuffenhauer (家屋・耕地片〈146〉)
[112] Friedrich Fürchtegott Schlieder (耕地片)
[113] Johann Christoph Schlieder (耕地片) (2) フラウエンバッハ村
[114] Friedrich Fürchtegott Kirschen (耕地片)
[115] Christiane Friedericke Storch (家屋・耕地片〈3〉)

[116] August Friedrich Herrmann (家屋・耕地片〈4〉)
[117] Traugott Friedrich Herklotz ($\frac{1}{8}$ フーフェ農地〈5〉・耕地片)
[118] August Fürchtegott Herrmann (家屋・耕地片〈6〉)
[119] Johann Gottlieb Stiehl (家屋・耕地片〈8〉)
[120] Traugott Christlieb Leberecht Wolf (家屋・耕地片〈9〉)
[121] Christian Ehregott Friedrich Ulbricht (家屋・耕地片〈13〉)
[122] Carl Gottlob Stiehl (家屋・耕地片〈15〉)
[123] Gotthelf Friedrich Drechsel (家屋・耕地片〈16〉)
[124] David Fürchtegott Hänig (耕地片) (3) ハイデルバッハ村
[125] 侍従 Heinrich Curt von Schönberg (プファッフローダとデルンタール)(ガラス製造所〈1〉)
[126] Christian Gottlieb Wagner (家屋・耕地片〈3〉)
[127] Traugott Friedrich Pleißler jun. (家屋・耕地片〈5〉)
[128] August Friedrich Fischer (家屋・耕地片〈6〉)
[129] Traugott Friedrich Pleißler sen. (家屋・耕地片〈7〉)
[130] Carl Gottlieb Friedrich Bernhardt (家屋・耕地片〈8〉)
[131] Gottliebe Henriette Haupt (家屋・耕地片〈9〉)
[132] David Friedrich Hetze (家屋・耕地片〈10〉)
[133] Gottlieb Friedrich Wolf (家屋・耕地片〈11〉)

[134] Carl Gotthelf Koch（家屋・耕地片〈12〉）
[135] Gottlob Friedrich Pleißler（家屋・耕地片〈13〉）
[136] Ehregott Friedrich Neuber（家屋・耕地片〈14〉）
[137] Gottlieb Heinrich Biermann（家屋・耕地片〈15〉）
[138] Gottlieb Wolf（家屋・耕地片〈16〉）
[139] Christian Gottlob Schmerler（家屋・耕地片〈17〉）
[140] Karl Friedrich Heinrich（家屋・耕地片〈18〉）
[141] Fürchtegott Friedrich Hetze（家屋・耕地片〈19〉）
[142] Christlieb Friedrich Langer（耕地片）
[143] Christiane Gottliebe Schmerler（耕地片）
　(4) ザイフェン村
[144] Christian Friedrich Hiemann（耕地片）
[145] Carl Heinrich Einhorn（耕地片）
[146] Ehregott Leberecht Kirschen（耕地片）
[147] Ferdinand Friedrich Augustin（耕地片）
[148] Gottlieb Friedrich Hänig（耕地片）
[149] Ehregott Leberecht Hänig（耕地片）
[150] Johann Gottlieb Langer（耕地片）
[151] Johann Gotthelf Schirmer（耕地片）
[152] Johann Friedrich Hiemann（耕地片）
[153] Gottlhelf Friedrich Schneider（耕地片）
[154] Christiane Caroline Gläserと子供4人（耕地片）
[155] ザイフェン村学校区（代表者は村長Ferdinand Friedrich Augustin）（耕地片）
　(5) ハイデルベルク村
[156] August Friedrich Stiehl（耕地片）
[157] Gottlob Friedrich Lorenz（耕地片）
[158] Christian Friedrich Lorenz（耕地片）
[159] Christian Friedrich Müller（耕地片）
[160] Christlieb Friedrich Leberecht Langer（耕地片）
[161] Esther Dorothee Hiemann（耕地片）
[162] Christiane Friedericke Strauß（耕地片）
[163] Gotthold Friedrich Neuber（耕地片）
　(6) アインジーデル村
[164] Christian Gotthelf Kluge（耕地片）
[165] Christian Traugott Kaden（耕地片）
　(7) ニーダーザイフェンバッハ村
[166] Johann Gottreich Hetze（耕地片）
　(8) ディッタースバッハ村
[167] Carl Friedrich Ficke（耕地片）
[168] Christian Friedrich Harzer（耕地片）
[169] Gotthelf Friedrich Kluge（耕地片）
[170] Carl Gottlieb Wenzel（耕地片）
[171] Gotthelf Friedrich Weihrauch（耕地片）
　(9) ケマースヴァルデ村
[172] Christian Gottlieb Löser（耕地片）
　(10) ラウシェンバッハ村
[173] Johanne Christliebe Helmert（耕地片）
　(11) デルンタール村
[174] Christian Friedrich Wilhelm Strauß（耕地片）
　(2) 第2の義務者
[175]［農村］自治体ノイハウゼン（フラウエンバッハ村とハイデルバッハ村を含む．代表者はノイハウゼン村長F. F. Schneider）

本表によれば，(1) 一連番号5と11には，所有者を異にするaとbとがある．
(2) 1と57, 2と36, 3と4, 6と18, 11bと26, 13と15, 14と32, 16と
30，および，17と29の各2個の不動産の所有者は，そして，47, 55, 56と96
の計4個の所有者も，同一人と明記されている．なお，①5aは3+4と，そして，
33は2+36と，同村の同姓同名者であるけれども，協定はそれを同一人と記載
していない．②45と168, 64と116，および，70と123は，同姓同名であるが，
居住村を異にするので，別人と考えられる．(3) 17, 29, 49，および，154の
不動産は，複数者の共有である．しかし，以下では一連番号1個（学校区20と
155を含む）を義務者1人と見なして，本協定の義務者（第2および第3の契約
締結者）総数を174人プラス1農村自治体（175）と考えたい．序文と第1条の
175には，そして，第1条（表3-6-3）の176（農村自治体）にも，不動産の規
模が記載されていないからである．また，aとbで表示された一連番号5と11
は，aの表示の義務者でもって代表させよう．ただし，以下の点は私には理解で
きない．協定序文によれば，一連番号15の不動産は，「かつての$\frac{1}{4}$フーフェ農
地，保険番号14に属し[，それから分離され]た$\frac{3}{20}$フーフェ農地」であり，一
連番号16は，「かつて$\frac{1}{4}$フーフェ農地，保険番号14に属した$\frac{1}{10}$フーフェ農
地」であり，一連番号17は，「かつて保険番号14に属した$\frac{1}{4}$フーフェ農地」で
ある（これらの保険番号は明記されていない）．これら15-17の不動産の合計
は$\frac{1}{2}$フーフェとなるが，「かつての$\frac{1}{4}$フーフェ農地，保険番号14」との文言はど
のように解釈すべきなのであろうか．何故なら，現在の保険番号14[一連番号
14]は家屋であって，フーフェ農地を所有しないからである．

以上の義務者のうち，「家屋・園地」の所有者（30と42）は園地農と考える．
搾油水車屋は水車屋に含ませ，御館鍛冶屋は鍛冶屋と見なす．なお，本協定序文
は「第2の契約締結者」（表3-6-1の第1の義務者）を，a-c（上表では1-3）
の3村の「世襲土地所有者および借家人家屋小屋住農，その他の家屋所有者と耕
地片所有者」に一括している．したがって，これらの3村については，「世襲土
地所有者」は，一方では，借家人家屋小屋住農，小屋住農と耕地片所有者を含ま
ず，他方では，世襲村長地所有者，フーフェ農と園地農を含むであろう．

表3-6-2は，序文（表3-6-1）から保険番号を一連番号と対照させたもので
ある．

第 3 章　騎士領プルシェンシュタイン（南ザクセン）における封建地代の償却　*215*

表 3-6-2　保険番号・一連番号対照表

(1) ノイハウゼン村
⟨1⟩ = [1]；⟨2⟩ = [3]；⟨3⟩ = [4]；⟨4⟩ = [5a]；⟨5⟩ = [6]；⟨6⟩ = [7]；⟨8⟩ = [8]；⟨9⟩ = [9]；
⟨10⟩ = [10]；⟨11⟩ = [11a + 11b]；⟨12⟩ = [12]；⟨13⟩ = [13]；⟨14⟩ = [14]；⟨15⟩ = [18]；
⟨16⟩ = [19]；⟨17⟩ = [20]；⟨18⟩ = [21]；⟨19⟩ = [22]；⟨20⟩ = [23]；⟨21⟩ = [24]；⟨22⟩ = [25]；
⟨23⟩ = [26]；⟨24⟩ = [27]；⟨25⟩ = [28]；⟨26⟩ = [29]；⟨27⟩ = [30]；⟨28⟩ = [31]；⟨29⟩ = [32]；
⟨30⟩ = [33]；⟨31⟩ = [34]；⟨32⟩ = [35]；⟨33⟩ = [36]；⟨34⟩ = [37]；⟨35⟩ = [38]；⟨36⟩ = [39]；
⟨37⟩ = [40]；⟨38⟩ = [41]；⟨39⟩ = [42]；⟨40⟩ = [43]；⟨41⟩ = [44]；⟨42⟩ = [46]；⟨43⟩ = [48]；
⟨44⟩ = [49]；⟨45⟩ = [50]；⟨46⟩ = [51]；⟨47⟩ = [52]；⟨48⟩ = [53]；⟨49⟩ = [54]；⟨50⟩ = [55]；
⟨51a⟩ = [58]；⟨52⟩ = [59]；⟨53⟩ = [60]；⟨54⟩ = [61]；⟨55⟩ = [62]；⟨56⟩ = [63]；⟨57⟩ = [64]；
⟨60⟩ + ⟨70⟩ = [65]；⟨61⟩ = [66]；⟨62⟩ = [67]；⟨65⟩ = [68]；⟨68⟩ = [69]；⟨69⟩ = [70]；
⟨70⟩ + ⟨60⟩ = [65]；⟨71⟩ = [71]；⟨72⟩ = [72]；⟨73⟩ = [73]；⟨75⟩ = [74]；⟨76⟩ = [75]；
⟨77⟩ = [76]；⟨78⟩ = [77]；⟨80⟩ = [78]；⟨82⟩ = [79]；⟨83⟩ = [80]；⟨84⟩ = [81]；⟨85⟩ = [82]；⟨86⟩ = [83]；⟨87⟩ = [84]；⟨88⟩ = [85]；⟨89⟩ = [86]；⟨90⟩ = [87]；⟨91⟩ = [88]；⟨92⟩ = [89]；⟨94⟩ = [90]；⟨95⟩ = [91]；⟨100⟩ = [92]；⟨101⟩ = [93]；⟨102⟩ = [94]；⟨103⟩ = [95]；⟨104⟩ = [96]；⟨108⟩ = [97]；⟨116⟩ = [98]；⟨117⟩ = [99]；⟨118⟩ = [100]；⟨129⟩ = [104]；⟨130⟩ = [105]；⟨131⟩ = [106]；⟨133⟩ = [107]；⟨136⟩ = [108]；⟨145⟩ = [110]；⟨146⟩ = [111]

(2) フラウエンバッハ村
⟨3⟩ = [115]；⟨4⟩ = [116]；⟨5⟩ = [117]；⟨6⟩ = [118]；⟨8⟩ = [119]；⟨9⟩ = [120]；⟨13⟩ = [121]；
⟨15⟩ = [122]；⟨16⟩ = [123]

(3) ハイデルバッハ村
⟨1⟩ = [125]；⟨3⟩ = [126]；⟨5⟩ = [127]；⟨6⟩ = [128]；⟨7⟩ = [129]；⟨8⟩ = [130]；⟨9⟩ = [131]；
⟨10⟩ = [132]；⟨11⟩ = [133]；⟨12⟩ = [134]；⟨13⟩ = [135]；⟨14⟩ = [136]；⟨15⟩ = [137]；
⟨16⟩ = [138]；⟨17⟩ = [139]；⟨18⟩ = [140]；⟨19⟩ = [141]

　一連番号 65 は，保険番号の異なる家屋 2 戸，60 と 70 を所有している．そのために，この小屋住農の保険番号は便宜上，表 3-6-2 に二重に表示した．
　表 3-6-3 は，第 1 条における各義務者の償却年地代と一時金を，一連番号順に表示している．序文で最後の義務者は「第 3 の契約締結者」，175 であるが，第 1 条には，その後に 176，「［農村］自治体ノイハウゼンの課税部分」が記載されている．

表3-6-3　各義務者の償却年地代・一時金額

(1) 第1の義務者
(1) ノイハウゼン村
[1] 年地代5AG
[2] 年地代9AG6AP
[3] 一時金123AT9AG8AP
[4] 一時金37AT2AG5AP
[5a] 年地代1AT11AG2AP+一時金18AG9AP
[5b] 一時金12AG6AP
[6] 年地代1AT11AG2AP
[7] 年地代1AT16AG11AP
[8] 年地代1AT8AG5AP+一時金3AT11AG2AP
[9] 年地代10AG2AP
[10] 年地代1AT13AG3.5AP
[11a] 年地代3AT9AG8AP+一時金37AT18AG8AP
[11b] 年地代3AT9AG6AP+一時金37AT18AG8AP
[12, 20, 24, 28, 34, 38, 48] 年地代1AT8AG5AP+一時金3AT11AG2AP
[13] 年地代6AT18AG5AP+一時金77AT5AG4AP
[14] 年地代1AT10AG5AP+一時金3AT8AG
[15] 年地代3AT7AG+一時金46AT2AG
[16] 年地代2AT1AG6AP+一時金30AT17AG4AP
[17] 年地代5AT10AG9AP+一時金76AT19AG4AP
[18] 年地代2AT2AG2AP+一時金6AT18AG6AP
[19] 年地代6AT14AG2AP+一時金5AT5AG
[21] 年地代10AG2AP+一時金3AT11AG2AP
[22] 年地代1AT8AG5AP+一時金9AG5AP
[23] 年地代10AG2AP
[25] 年地代1AT10AG
[26, 101] 一時金18AG9AP
[27] 年地代1AT8AG5AP+一時金17AT1AG5AP
[29] 年地代14AG11AP+一時金12AT12AG
[30] 年地代1AT8AG5AP+一時金39AT16AG6AP
[31] 年地代11AG+一時金4AT10AG3AP
[32] 一時金4AT6AG4AP
[33, 109, 113] 一時金9AG5AP
[35] 年地代1AT8AG5AP+一時金4AG4AP
[36] 年地代1AT12AG11AP
[37, 40] 年地代1AT8AG5AP+一時金3AG2AP
[39] 年地代1AT8AG5AP+一時金15AG8AP
[41] 年地代5AT11AG8AP+一時金70AT13AG4AP
[42] 年地代1AT8AG5AP+一時金3AT23AG8AP
[43] 一時金21AG11AP
[44] 年地代2AT22AG4AP+一時金5AT8AG2AP
[45, 53] 一時金2AT14AG6AP
[46] 年地代22AG2AP+一時金3AT8AG
[47] 一時金30AT13AG4AP
[49, 51] 年地代10AG2AP+一時金3AT8AG
[50] 年地代1AT13AG2AP+一時金5AT
[52] 年地代10AG2AP+一時金4AT5AG11AP

第3章　騎士領プルシェンシュタイン（南ザクセン）における封建地代の償却　*217*

[54, 68, 69] 一時金 1AT1AG
[55] 一時金 80AT20AG
[56] 一時金 38AT18AG
[57] 年地代 3AG
[58] 一時金 1AT6AG6AP
[59-63, 70, 111, 112] 一時金 3AG2AP
[64, 106] 一時金 1AT13AG6AP
[65] 一時金 5AT11AG3AP
[66] 一時金 2AT2AG
[67] 年地代 1AT11AG2AP+一時金 6AT18AG6AP
[71, 72] 一時金 6AG3AP
[73] 一時金 1AT19AG9AP
[74] 一時金 7AT7AG
[75] 一時金 15AT15AG
[76] 一時金 5AT5AG
[77] 一時金 4AT4AG
[78] 一時金 7AT-AG9AP
[79] 一時金 2AT17AG8AP
[80] 一時金 6AT12AG3AP
[81, 99] 一時金 6AG3AP
[82] 一時金 3AT12AG5AP
[83] 年地代 1AT-AG9AP
[84] 一時金 11AT23AG6AP
[85] 一時金 3AT3AG
[86, 110] 一時金 2AT14AG6AP
[87] 一時金 14AT1AG6AP
[88] 一時金 2AT11AG5AP
[89] 一時金 8AT8AG
[90, 93, 100] 一時金 2AT2AG
[91] 一時金 1AT7AG3AP
[92, 94, 102, 105, 108] 一時金 12AG6AP
[95, 98] 一時金 2AT8AG3AP
[96] 一時金 31AT16AG
[97] 年地代 10AG2AP+一時金 12AG6AP
[103] 一時金 5AT15AG8AP

[104] 年地代 10AG2AP+一時金 1AT4AG2AP
[107] 年地代 10AG2AP+一時金 3AT21AG9AP

　（2）フラウエンバッハ村
[114] 一時金 21AG11AP
[115, 124] 一時金 1AT13AG6AP
[116, 123] 一時金 15AG8AP
[117] 年地代 1AT2AG+一時金 5AT17AG6AP
[118] 一時金 2AT14AG6AP
[119] 一時金 1AT7AG3AP
[120] 一時金 12AT12AG
[121] 一時金 6AG3AP
[122] 一時金 12AG6AP

　（3）ハイデルバッハ村
[125] 一時金 40AT15AG
[126, 137] 一時金 4AT4AG
[127] 一時金 3AT3AG
[128, 129] 一時金 4AT16AG6AP
[130] 一時金 5AT23AG9AP
[131] 一時金 3AT9AG3AP
[132] 一時金 6AT6AG
[133] 一時金 3AT21AG9AP
[134] 一時金 6AT21AG8AP
[135] 一時金 2AT20AG9AP
[136] 一時金 2AT2AG
[138, 142] 一時金 9AG5AP
[139] 一時金 18AG9AP
[140] 一時金 6AG3AP
[141] 一時金 2AT14AG6AP
[143] 一時金 1AT7AG3AP

　（4）ザイフェン村
[144, 149] 一時金 1AT1AG
[145] 一時金 2AT8AG3AP
[146] 一時金 12AG6AP
[147] 一時金 2AT2AG

[148] 一時金 1AT4AG2AP
[150] 一時金 6AG3AP
[151-155] 一時金 18AG9AP
　(5) ハイデルベルク村
[156, 162] 一時金 9AG3AP
[157, 161] 一時金 6AG3AP
[158, 159] 一時金 1AT13AG6AP
[160] 一時金 18AG9AP
[163] 一時金 1AT19AG9AP
　(6) アインジーデル村
[164] 一時金 1AT13AG6AP
[165] 一時金 9AG5AP
　(7) ニーダーザイフェンバッハ村
[166] 一時金 18AG9AP
　(8) ディッタースバッハ村
[167] 一時金 6AG3AP

[168] 一時金 12AG6AP
[169] 一時金 5AT5AG
[170] 一時金 1AT13AG6AP
[171] 一時金 9AG5AP
　(9) ケマースヴァルデ村
[172] 一時金 15AT15AG
　(10) ラウシェンバッハ村
[173] 一時金 3AT3AG
　(11) デルンタール村
[174] 一時金 12AG6AP
　(2) 第2の義務者
[175] 一時金 50AT
[176] 一時金 71AT4AG4AP
以上合計　年地代 85AT7AG10.5AP＋
　　　一時金 1,330AT10AG1AP

　表3-6-4は，第2条（n）の「確定貨幣貢租」を一連番号によって表示している[2]．これはすべてノイハウゼン村の領民である．[ ] 中に2つの一連番号を／でまとめたものは，共同負担を意味する．この場合，11a／11bは便宜上1人の義務者と見なし，15／16は2人の義務者と考えよう．合計は私の計算による．なお，表3-6-1で園地農と見なした一連番号30の不動産は，表3-6-4の基礎となった第2条（n）では，家屋と耕地片，42は家屋のみ，とされている．

表3-6-4　確定貨幣貢租額

(1) 義務者別
[3] (Erz) 3AT9AG
[4, 8, 12, 14, 20, 21, 24, 28, 34, 38, 42, 46, 48, 49, 51, 52] (Erz) 4AG
[11a／11b] (Erz) 12AG＋(Dig) 3AT6AG8AP＝計 3AT18AG8AP
[13, 15／16, 17] (Erz) 13AG6AP＋(Dig) 3AT6AG8AP＝計 3AT20AG2AP
[27] (Erz) 20AG
[29] (Erz) 15AG
[30] (Erz) 1AT18AG
[41] (Erz) 6AG＋(Dig) 3AT6AG8AP＝計 3AT12AG8AP
[50, 103] (Erz) 6AG
[55] (Erz) 1AT1AG＋(Dig) 2AT12AG＋(Spg) 4AG＋(Ewz) 8AG＝計 4AT1AG

[56] (Erz) 10AG + (Dig) 1AT12AG = 計 1AT22AG
[96] (Erz) 1AG + (Dig) 1AT6AG + (Spg) 4AG = 合計 1AT11AG
　(2) 村合計額
① 世襲貢租（フーフェ農9人，園地農2人，小屋住農15人［学校区1を含む］，借家人家屋小屋住農3人，耕地片所有者1人と鍛冶屋1人，計31人）13AT16AG6AP ≒ 13AT16AG = 328AG（38%）
② 賦役代納金（フーフェ農7人，小屋住農1人と鍛冶屋1人，計9人）21AT15AG 4AP ≒ 21AT15AG = 519AG（60%）
③ 紡糸金（小屋住農1人と鍛冶屋1人，計2人）8AG（1%）
④ 世襲河川貢租（鍛冶屋1人）8AG（1%）
⑤ 計（フーフェ農9人，園地農2人，小屋住農15人［学校区1を含む］，借家人家屋小屋住農3人，耕地片所有者1人と鍛冶屋1人，計31人）35AT23AG10AP ≒ 35AT23AG = 863AG（100%）

　表3-6-4に貨幣貢租義務者として記載されているのは，ノイハウゼン村居住者の内，表3-6-1の同村義務者113人の中の31人のみである．貨幣貢租の中では賦役代納金②が最大で，全体の60%に達し，世襲貢租①の38%がそれに次ぐ．この2種類のみでほぼ全体を占めている．

　ところで，既に見たように，本協定第1条は，「第2条に挙げられた，騎士領プルシェンシュタイン＝ザイダの権限を廃止させるために，第2と第3の契約締結者…たちは，上記の騎士領に支払うべく，以下の一時金と年地代の現金支払を，自身と後継所有者のために引き受けた」，と規定した．また，第2条末尾は，「上に［すなわち，同条（n）などに］表示された貨幣貢租」が，「第1条に挙げられた一時金額によって」償還される，と規定した．しかしながら，第2条（n）の貨幣貢租額（表3-6-4）と，第1条（表3-6-3）における一時金額との関係が明らかでない．確かに，第2条（n）の貨幣貢租義務者31人全員は，第1条でも一時金を支払う，とされている．しかし，第2条における4, 8, 12, 14, 20, 21, 24, 28, 34, 38, 42, 46, 48, 49, 51と52の「確定貨幣貢租」は同額であるけれども，第1条の一時金は必ずしも同額ではない．また，第1条は5a, 5b, 18, 19, 22, 25, 26, 31-33, 35, 37, 39, 40, 43-45, 47, 53, 54, 58-82, 84-95, 97-102, および, 104-143に一時金を掲げているが，これらの一連番号は第2条（表3-6-4）に見出されない．ザイフェン村からデルンタール村までの耕地片

所有者（一連番号144-174）と第2の義務者，農村自治体ノイハウゼン（175,176）も同じである．したがって，表3-6-3の中の一時金額すべてが貨幣貢租に基づく，とは断定しにくい．

このように，私には理解しがたい文言が含まれるけれども，第1条の規定を優先させて，本協定の封建地代は第1条の年地代と一時金によって償却された，と考えよう．その上で，表3-6-3から村別の償却年地代・一時金額を求めると，表3-6-5が得られる．その場合，176の一時金はノイハウゼン村のそれに加えている．また，175は，フラウエンバッハ村とハイデルバッハ村を含む，とされているけれども，各村の分担額が明示されていないので，便宜上ノイハウゼン村に加算しよう．

表3-6-5　一時金換算合計額

(1) ノイハウゼン村（一連番号175と176を含む）
①年地代（世襲村長1人，フーフェ農19人，園地農2人，小屋住農18人［学校区1を含む］，借家人家屋小屋住農8人，耕地片所有者1人と水車屋1人，計50人）84AT5AG10.5AP ≒ 84AT5AG {2,105AT5AG ≒ 2,163NT19NG ≒ 2,163NT}
②一時金（フーフェ農16人，園地農2人，小屋住農69人［学校区1を含む］，借家人家屋小屋住農6人，耕地片所有者6人，林地所有者1人，水車屋1人，鍛冶屋1人，以上102人と農村自治体1） {1,100AT16AG9AP ≒ 1,100AT16AG ≒ 1,132NT6NG ≒ 1,132NT}
③合計額（世襲村長1人，フーフェ農22人，園地農2人，小屋住農69人［学校区1を含む］，借家人家屋小屋住農8人，耕地片所有者7人，林地所有者1人，水車屋2人，鍛冶屋1人，以上113人と1農村自治体） {3,295NT}

(2) フラウエンバッハ村
①年地代（フーフェ農1人）1AT2AG {27AT2AG ≒ 27NT24NG ≒ 27NT}
②一時金（フーフェ農1人，小屋住農8人と耕地片所有者2人，計11人） {28AT6AG3AP ≒ 28AT6AG ≒ 29NT}
③合計額（フーフェ農1人，小屋住農8人と耕地片所有者2人，計11人） {56NT}

(3) ハイデルバッハ村（ガラス製造所所有者［貴族］1人，小屋住農16人と耕地片所有者2人，計19人） {98AT13AG9AP ≒ 98AT13AG ≒ 101NT8NG ≒ 101NT}

(4) ザイフェン村（耕地片所有者12人［学校区1を含む]） {12AT9AG3AP ≒ 12AT9AG ≒ 12NT21NG ≒ 12NT}

(5) ハイデルベルク村（耕地片所有者8人） {7AT ≒ 7NT5NG ≒ 7NT}

(6) アインジーデル村（耕地片所有者2人） {1AT22AG11AP ≒ 1AT22AG ≒ 1NT29NG ≒ 1NT}

(7) ニーダーザイフェンバッハ村（耕地片所有者1人） {18AG9AP ≒ 18AG ≒ 23NG ≒

-NT｝
(8) ディッタースバッハ村（耕地片所有者5人）｛7AT22AG8AP ≒ 7AT22AG ≒ 8NT4NG ≒ 8NT｝
(9) ケマースヴァルデ村（耕地片所有者1人）｛15AT15AG ≒ 16NT1NG ≒ 16NT｝
(10) ラウシェンバッハ村（耕地片所有者1人）｛3AT3AG ≒ 3NT5NG ≒ 3NT｝
(11) デルンタール村（耕地片所有者1人）｛12AG6AP ≒ -AT12AG ≒ -NT15NG ≒ -NT｝
(12) 11村合計額
① 年地代（2村の世襲村長1人，フーフェ農20人，園地農2人，小屋住農18人［学校区1を含む］，借家人家屋小屋住農8人，耕地片所有者1人と水車屋1人，計51人）｛2,190NT｝〈63％〉
② 一時金（11村のフーフェ農17人，園地農2人，小屋住農93人［学校区1を含む］，借家人家屋小屋住農6人，耕地片所有者41人［学校区1を含む］，林地所有者1人，水車屋1人，鍛冶屋1人，ガラス製造所所有者［貴族］1人，以上163人と農村自治体1）｛1,309NT｝〈37％〉
③ 合計額（11村の世襲村長1人，フーフェ農23人，園地農2人，小屋住農93人［学校区1を含む］，借家人家屋小屋住農8人，耕地片所有者42人［学校区1を含む］，林地所有者1人，水車屋2人，鍛冶屋1人，ガラス製造所所有者［貴族］1人，以上174人と農村自治体1）｛3,499NT｝〈100％〉

　本協定によって全体では11村174人（2村のフーフェ農23人など）と1農村自治体が，年地代と一時金によって封建地代を償却した．その一時金換算合計額の中で年地代2村合計額は63％を占め，一時金11村合計額は37％を占めた．前者の年地代が地代銀行に委託されたわけである．しかしながら，これらの年地代・一時金合計額がどのような種目別封建地代（賦役，現物貢租，放牧権，貨幣貢租）に基づくか，は明らかでない．

1) 本表［125］のH. C. フォン・シェーンベルクはプファッフローダ村で1782年に生まれ，同地で1843年に没した．彼は有力貴族フォン・シェーンベルク家に属したけれども，彼の家系は，本章で検討している，騎士領プルシェンシュタインを所有する家系とは，別の系統であった．Gotha, Adel 1904. S. 741. なお，プファッフローダ村には騎士領があった．その所有者は，騎士領プルシェンシュタインを所有する系統とは別の系統のフォン・シェーンベルク家であった．Schumann, Bd. 8, 1821, S. 217-218, 220. Vgl. HOS, S. 307.
2) 原表［8］の義務者の姓を私はHänelとしか読めないが，序文と第1条に従ってHänigと解する．名を同じくするC. F. ヘーネルは一連番号の47, 55, 56と96である．

第7節　全国委員会文書第2026号

(1) 賦役・貢租償却協定と償却一時金合計額

　これは第2026号文書,「フライベルク管区・プルシェンシュタイン=ザイダの騎士領領主とノイハウゼン村の製粉水車との間の, 1840年9月21日／9月30日／12月1日の償却協定[1)]」である. 本協定は本章第4-第5節の協定より早く, 第6節の協定より遅くに作成され, これら3協定と同日に承認されたけれども, 通貨制度改革との関連で, ほぼ2月後に再度承認された.

　一方の被提議者, …当騎士領の所有者…と他方の提議者[2)] (その姓名と不動産は表3-7-1) は, 本文書に詳記された相互的権利の廃止に関して, また, 認められるべき補償に関して, 全国委員会の承認を除いて, 一括して次のように協定した. ——なお, 特別委員は前節の協定と同じである.

　第1条　提議者である, ノイハウゼン村の上記水車所有者F. L. ウルブリヒトには
　(a) 当騎士領領主, その家族・家僕と, 穀物を現物給与として受ける下級役人, さらに, [農場] 借地人, その家族・雇人, 並びに, プルシェンシュタインの城で, また, 城の分農場で働く経営用奉公人のために, あらゆる種類の穀物を無料・無償で製粉して, 糠も戻し, パンを焼く,
　(b) 最後に述べられた奉公人のために, 上質のスープ用穀粉を毎週2メッツェずつ無償で供給し, また, 祭日には彼らのために無償で菓子を焼く,
　(c) 当騎士領の御館での [ビール] 醸造, [火酒] 蒸留と家畜肥育のための穀物全部を無償で粗挽きする, そして,
　(d) 当騎士領領主から毎年3マルターのパン穀物を時価で買い取る,
という義務があった. 彼のこの義務を当騎士領の所有者…は, 償却年地代90ATと引き換えに, 1841年初から永久に免除した.
　第2条　親方F. L. ウルブリヒトはこの免除を受け入れた. それに対して彼は, 当騎士領に対して取り決められた償却年地代90ATを, 上記水車と付属地で引き受けた. これは旧通貨で1841年初から… [年4回の分割払いで] 支払われる.
　第3条　同じように, パン焼き用および馬具用の木材への分担として, 伐採夫賃金と森林副収入を支払って, (a) 12クラフター$\frac{6}{4}$エレの軟材薪と (b) それぞれ…外部が2エレのブナ2本とを毎年, 騎士領林地から親方F. L. ウルブリヒトに無料で引き渡し, 差し出す義務が被提議者にあった. [提議者は] 被提議者のこの義務を1841年初から永久に免除した.

第4条　被提議者…[騎士領領主]は，容認されたこの[権利]放棄のために，提議者である親方 F. L. ウルブリヒトの水車から当騎士領に毎年支払われるべき世襲貢租100ATのうち，33AT を1841年初から将来に亘って軽減し，したがって，この時点以後，あの世襲貢租を年100ATから年67ATに引き下げた．
　第5条　[第2条による償却年地代90ATの地代銀行委託および委託地代関連法規定──省略]
　第6条　[償却費用の分担──省略]
　第7条　[同文4部の償却協定──省略]
　プルシェンシュタイン城にて1840年9月21日

　同年9月21日の協定署名集会議事録は紹介を省略する．
　同年9月30日に全国委員会[主任]シュピッツナーはこの協定を承認した．これには同年12月1日の補足が付けられている．「…本償却協定第1条において旧通貨で取り決められた償却地代90ATは，1841年初から回転し始めるので，それは，地代銀行に委託されるためには，1840年7月…の通貨制度関連2法律[通貨制度改正法と通貨制度改正法施行法]に従って，新通貨…に換算されるべきである．それは後者[の通貨]では92NT15NGになる．そのうち92NT14NG8NPは地代銀行に，そして，2NPは直接プルシェンシュタインの騎士領領主に，毎年支払われるべきである．…」．
　本協定の提議者は領民で，被提議者は領主であった．

　表3-7-1は，第1条-第4条を参考にしつつ，協定序文から提議者の姓名と不動産を示す．

表3-7-1　提議者の姓名と不動産

（1）Friedrich Leberecht Ulbricht（ノイハウゼン村の製粉水車，保険番号29，および，数筆の耕地片…）

　この協定によれば，一方では，ノイハウゼン村の水車屋親方は，騎士領領主と騎士領経営に必要な穀物を製粉し，パンを焼き，騎士領における醸造・蒸留・家畜肥育のための穀物を粗挽きし，さらに，騎士領奉公人のスープに用いられる穀粉を供給する，などなどの義務を負っていた．主として賦役と現物貢租と見なされる，これらの義務は騎士領領主に対する1領民の封建地代である．他方で，騎士領領主は，一定量の薪と馬具用木材を騎士領林地から水車屋に提供する義務を負っていた．この義務は領民に対する騎士領領主の封建地代である．

本協定はこれら2種類の封建地代を償却した．第1に，水車屋の義務は90AT（92NT15NG）の年地代でもって償却された．これを年地代（1）とする．第2に，騎士領領主が義務として提供する現物は，年33ATと評価された．そして，この評価額33ATを処理するために，水車屋の世襲貢租が従来の年100ATから年67ATに減額された．つまり，この33ATは年地代として騎士領領主から現実に支払われたわけではない．しかし，これが一時金として支払われた，と想定しよう．この想定額を（2）とする．さらに，水車屋の世襲貢租の残額，67ATは時期不明の後日に償却された，と考えよう．これを（3）とする．これらを表示したものが表3-7-2である．

表3-7-2　一時金換算償却年地代合計額
(1) 水車賦役＋現物貢租（水車屋1人）92NT15NG |2,312NT15NG ≒ 2,312NT|
(2) 現物貢租（騎士領）33AT ≒ 33NT27NG |847NT15NG ≒ 847NT|
(3) 貨幣貢租（水車屋1人）67AT ≒ 68NT25NG《1,720NT25NG ≒ 1,720NT》
(4) 合計額（水車屋1人と騎士領）|4,879NT|

水車屋が支払う年地代（1）は，地代銀行に委託された．これは，主として賦役と現物貢租の償却地代に基づくけれども，両種目の構成比は不明である．騎士領の負担と想定した（2）は，旧来の現物提供義務に基づく．償却時期不明の貨幣貢租（3）が地代銀行に委託されたかどうか，は明らかでない．

1) GK, Nr. 2026. 本協定の表題には償却とだけ記されている．その対象は，第1条と第3条によれば，騎士領に対する水車屋の義務（主として賦役・現物貢租）と水車屋に対する騎士領の義務（現物提供）であった．
2) この水車屋は全国委員会文書第2025号（本章第6節）では一連番号14（家屋）と32（水車）の所有者である．同協定第1条は，前者の不動産について償却年地代1AT10AG5APと一時金3AT8AGを，後者について一時金4AT6AG4APを定めていた．また，第2条には，一連番号14の家屋に確定貨幣貢租として課される世襲貢租4AGが記されているけれども，一連番号32の水車に対する確定貨幣貢租（世襲貢租を含む）は言及されていない．本章第6節，表3-6-1，表3-6-3，表3-6-4を参照．この水車の世襲貢租の一部が本償却協定によって償却されたわけである．

第8節　全国委員会文書第 2027 号

(1) 賦役償却協定

　これは全国委員会文書第 2027 号，「ノッセン市近郊の騎士領プルシェンシュタインとザイフェン村の住民との間の，1840 年 9 月 21 日／30 日の賦役償却協定[1]」である。

　一方の被提議者と他方の提議者は，本協定に詳述される，当騎士領の権限の償却に関して…次のように和解し，協定した．被提議者は…当騎士領の所有者…であり，提議者は，当騎士領領主に属する鉱山市場町ザイフェンの下記の土地所有者，オーバーハウス小屋住農，ウンターハウス小屋住農，家屋所有者と耕地片所有者（義務者全員の姓名と不動産は後出の表 3-8-1) である．——なお，特別委員は前節と同じであった．

　第 1 条　本協定第 2 条に数え上げられている，当騎士領の権限から彼らの所有地を永久に解放するために，提議者 C. A. シュタイネルト［一連番号 1］と仲間たちは以下の一時金あるいは地代あるいは地代と一時金の両者（後出の表 3-8-3) の現金支払を引き受けた．それは，特別に作成された計算方式に従うもので，これを当事者双方は適当として承認した．また，そこでは法律上の控除も，賦役義務者に与えられるべきであった反対給付も，至るところで考慮された．

　第 2 条　被提議者…は，彼に保証された，これらの年地代と一時金支払を受け入れ，それに対して，自身と当騎士領の後継所有者のために，提議者の同意の下で，以下を法的に義務づけられている，と述べた．ザイフェン村の土地所有者，オーバーハウス小屋住農とウンターハウス小屋住農および世襲村長の下記の賦役，すなわち，

　(a) 従来の麦芽運送の代わりに 1769 年…の協定によって導入された犂耕賦役 6 日，

　(b) プルシェンシュタイン城での雪かきの代わりに導入されたパン穀物刈り取り確定賦役，

　(c) 果たされるべき亜麻賦役，

　(d) 確定紡糸賦役，

　(e) 確定羊剪毛賦役，

　(f) 当騎士領のために屋根板を作る不確定賦役，

　(g) 当騎士領世襲台帳第 46 条に基づく，ザイフェン村の錫精錬所へのさまざまな賦役，および，

　(h) 保険番号 40 ［一連番号 35］のオーバー［ハウス小屋住農の］家屋に課される，走り使い，

は永久に消滅する．また，

　(i) 借家人，すなわち，（a）世襲村長地，保険番号1［一連番号1］と農民地，保険番号2a, 3-5, 33, 37, 46, 52, 53および84［一連番号2, 4-6, 27, 31, 41, 47, 48および64］，（β）オーバー［ハウス小屋住農の］家屋，保険番号12, 28, 40, 44, 55, 56, 67, 77, 79および99［一連番号12, 24, 35, 39, 50, 51, 54, 61, 63および70］，そして，（γ）ウンター［ハウス小屋住農の］家屋，保険番号9, 13-18, 21, 23-25, 32, 38, 39, 41-43, 45, 47-51, 54, 60, 66, 68-70, 72-74および123［一連番号10, 13-22, 26, 33, 34, 36-38, 40, 42-46, 49, 52, 53, 55-60および3］の［現在の借家人］，あるいは，これらの所有地に将来新築される家屋を1839年以後に借りる［借家人］からは，狩猟［賦役代納］金8AGと世襲貢租4AG以外は，借家人賦役も騎士領領主への貢租も要求されない．また，

　(k) 各人はその［農民］地で他人のために亜麻を播くことを許される．かつて通例であった亜麻播種貢租，すなわち，亜麻1フィアテル当たり雌鶏1羽あるいは貨幣1AG9APはもはや支払われない．さらに，

　(l) 当騎士領の羊はザイフェン村の領域に再び追い立てられ，放牧されることはない．

　(m) 保険番号17, 40, 44と60［一連番号17, 35, 39と52］の所有地に，また，序文の［一連番号］7aに挙げられたC. F. ミュラー（ハイデルベルク村）の$\frac{1}{16}$フーフェに，課された現物貢租はもはや提供されない．最後に，

　(n) 保険番号40［一連番号35］のオーバー［ハウス小屋住農の］家屋がこれまで毎年支払ってきた世襲貢租4AGは廃止されるべきであり，前条の方式で一連番号35について同意された一時金支払によって償還される．

　第3条　締結した償却協定の実施を当事者双方は，一般的には1837年初と［定め］，償却される借家人賦役に関してだけは，1839年初と定めた．そのために，この時点以後，同意された地代が回転し始め，償却された賦役，貢租と放牧権は停止した．

　第4条　［旧通貨による一時金の支払時期――省略］

　第5条　［旧通貨による年地代の支払時期――省略］

　第6条　［対物的負担としての年地代――省略］

　第7条　［すべての年地代の地代銀行委託――省略］

　第8条　［地代銀行委託額と地代端数――省略］

　第9条　［委託地代関連法規定――省略］

　第10条　［地代端数の償還時期――省略］

　第11条　最後に被提議者…［騎士領領主］は以下を提議者に保証した．自分は当［騎士］領において，(1) 連畜賦役1日を11AG以下の，(2) 婦人の賦役1日を2AG以下の，(3) 麻屑から麻糸1巻を紡糸する［賦役］を，反対給付が同じ場合，3AG以下の，(4) 去勢雄鶏1羽を4AG以下の，(5) 雌鶏1羽を3AG以下の，(6) 鶩鳥1羽を6AG以下の，(7) 若い雌鶏1羽を1AG以下の，(8) 卵1ショックを8AG以下の［年地代では］，そして，(9) 放牧権の事情が同じ場合，犁耕可能な1シェッフェル＝150平方ルーテの土地の羊放牧権を3AP以下の年地代では，協定によって償却させることはないこと，［そのような事情

が生じた場合には，] 本協定で引き受けられた地代を，一層低額の地代に引き下げ，あるいは，過剰支払分を彼らに払い戻すつもりであることを．

この場合に地代の引き下げは，引き下げられるべき地代額を，…［騎士領領主］が提議者のために一時金によって地代銀行に償還し，弁済することによって，行われるべきである．引き下げ額が4APでもって残りなく割り切れない限り，年地代を4APでもって残りなく割り切れるようにするために，残った地代額のうち必要であるだけを，提議者も一時金によって直ちに償還する［べきである］．

第12条　［償却費用の分担――省略］
第13条　［同文4部の償却協定――省略］
騎士領プルシェンシュタイン＝ザイダにて1840年9月21日

本協定の署名集会議事録の内容は本章第6節のそれに類似している．
ザイフェン村にて1840年9月21日
ザイフェン村償却協定の署名のために，召喚状に従って，一方の［被提議者］…当［騎士領領主］と［他方の提議者］K. A. シュタイネルト，一連番号1など70人（筆頭者以外の一連番号と氏名は省略）が本日午前，当地の世襲村長役場に現れた．

協定の朗読と通読の後，当事者双方はすべての項目と条項についてそれを適当と認め，承認した．

しかし，出席した提議者たちは署名の前に，騎士領領主…から以下の保証を要求した．それは，(a) 四季税について徴収される収入役手数料の支払，(b) 漁業用河川，(c)「糾問の費用」，(d) 売り台の脂肪，(e) 保護金と (f) ［抵当］認可料に関して，また，その他の苦情について，当騎士領の他の領民が彼から既に獲得したもの，あるいは，獲得するであろうものを，争うことなく，彼が自分たちにも与えるつもりである，との保証である．これ［この保証］は，償却［交渉］の開始に際して彼の全権委員，当［騎士領］の前の地代管理役ケーラー（Köhler）が自分たちに確約したからであり，自分たちはこれ［この確約］だけに勧められて，最初からこの問題を騎士領領主と争わなかったからである．

しかし，…［騎士領領主］は，要求された約束を述べることもできないし，以前に述べさせたこともない，と返答した．償却［交渉］の開始に際して自分が全権委員，地代管理役ケーラーに指令した確約は，償却の対象だけに係わっていた．それについて自分は残念ながら数人の領民と争っている．そして，［確約は］本協定第11条に詳細かつ確定的に規定されている．自分はこの規定に立ち返り，要求された約束を今一度拒否する，と．

これ［議論］から離れるために，出席した提議者たちは次のように述べた．すなわち，(a) 四季税について徴収される収入役手数料の支払，(b) 漁業用河川，(c)「糾問の費用」，(d) 売り台の脂肪，(e) 保護金，(f) ［抵当］認可料，および，その他の苦情[2]について，自分たちが当地の騎士領領主を法的に告訴する権利，そして，このような苦情についての自分たちの自然的自由を法的に追求する［権利］が，今日提示された協定への署名によって少しも侵害されないならば，自分たちはそれに署名する，と．

彼らがそのような訴えによって自分に対して法的にうまくやれる，と信じているならば，今日提示された償却協定への彼らの署名に基づいて，彼らの訴えの適法性に異議を唱えるつもりはない，と…［騎士領領主］は述べた．そこで，出席した提議者たちは署名事務の短縮化のために，［ザイフェン］村長 F. F. アウグスティン，$\frac{1}{4}$フーフェ農 G. F. ヒーマン（ハイデルベルク村）［一連番号 5］，$\frac{1}{2}$フーフェ農 G. F. L. ハウシュタイン［同 47］，ウンター［ハウス小屋住農の］家屋所有者 J. W. ウルブリヒト［同 55］，オーバー［ハウス小屋住農の］家屋所有者 K. G. ライスナー［同 12］と耕地片所有者 G. F. クルーゲ［同 75, ディッタースバッハ村］を彼らの中から［選び］，以下を委託した．彼ら［全権委任者たち］が自分たちに代わって協定に署名し，彼らの署名によってそれ［協定］に合法的に署名することを．

選出された全権委任者たちはこれを承諾した．…［騎士領領主］は，提議者たちが彼に対して請求権の追求を留保して，それを暗黙に承認したことに抗議した．そこで彼らは再び立ち止まった．しかし，当事者双方はその後，作成された償却協定を承認して，提示された 4 部に自分と委任者たちのために署名し，それの確認を願った．

それについてこの議事録が起草・朗読され，承認・署名された．

ザイフェン村にて 1840 年 9 月 21 日

集会の終了後，以下が書き留められるべきである．G. F. ヒーマン，一連番号 23，E. K. ケンペ，同 51…，J. I. ベーア，同 56，E. F. グレーザー，同 62 と T. F. ビルツ，同 67 は，正確に手交された召喚状に応ぜず，本日の集会に全く出席しなかった．そのために，召喚状に記入された罰則に従って，本協定は彼らに関しては，抗命を理由として，署名された，と見なされた．さらに言えば，署名［集会］議事録にはザイフェン村長 F. F. アウグスティンが，名前を書けない人の名前を書いた．…

この協定を全国委員会［主任］シュピッツナーは同年同月 30 日に承認した．全国委員会による本協定第 11 条末尾への追加は，本章第 4 – 第 6 節で言及したものと同じである．

本協定の提議者は領民であり，被提議者は領主であった．

1) GK, Nr. 2027. なお，この協定は賦役償却協定と題している．償却の対象は第 2 条に規定されており，その主要なものは，確かに連畜賦役 (a) と各種手賦役 (b) – (i) である (ただし，錫精錬所への「さまざまな賦役」(g) には連畜賦役が含まれていたかもしれない). しかし，賦役ばかりではない．亜麻播種貢租 (k), 羊放牧権 (l), 5 人の現物貢租 (m), 1 人の世襲貢租 (n), それに，(i) では，借家人について賦役とともに貢租 (狩猟［賦役代納］金と世襲貢租を除く) も，償却された．すなわち，協定表題の賦役の他に現物貢租，貨幣貢租，放牧権も償却された．――松尾，「プルシェンシュタイン」, (2), p. 97 は本協定第 1 条の最初の 2 ページを示している．

2) ザイフェン村は 1830 年秋に請願書を提出しなかった．しかし，領主裁判所長が参加した，平穏

な集会で当村住民は狩猟（賦役代納）金，城の清掃，道路建設，薪不足などについて苦情を述べた。松尾 2001, p. 46. また，請願書を 1848 年 5 月 28 日に提出した 30 農村自治体と，49 年 2 月 14 日に提出した 6 農村自治体には，ザイフェン村が含まれる。松尾 2001, pp. 181, 191. 1840 年 9 月 21 日の償却協定署名集会の討議事項と関連する，両請願書の内容は本章第 6 節（1）（注 6）を参照。

(2) 償却一時金合計額

表 3-8-1 は協定序文から義務者全員の姓名と不動産を示す[1]。共有者については原則として筆頭者の姓名のみを記した。

表 3-8-1　義務者全員の姓名と不動産

[1] Carl August Steinert（世襲村長地〈1〉）
[2] Johanne Christliebe Kluge と子供たち（(a) $\frac{1}{2}$ フーフェ農地〈2〉, (b) 耕地片）
[3] Christian Friedrich Vogel（ウンター［ハウス小屋住農の］家屋〈123〉）
[4] Gottlieb Friedrich Hänig（$\frac{1}{4}$ フーフェ農地〈3〉）
[5] Gottlieb Friedrich Hiemann（ハイデルベルク村）（$\frac{1}{4}$ フーフェ農地〈4〉）
[6] Carl Friedrich Ulbricht（$\frac{3}{16}$ フーフェ農地〈5〉）
[7] Christian Friedrich Müller（ハイデルベルク村）((a) $\frac{1}{16}$ フーフェ農地（家屋なし），(b) 耕地片）
[8] Wilhelm Heinrich Biermann（家屋・耕地片〈6〉）
[9] Johann Traugott Glöckner（家屋・耕地片〈7〉）
[10] Johann Gotthelf Schirmer（ウンター［ハウス小屋住農の］家屋〈9〉）
[11] Carl Heinrich Einhorn（(a) 家屋・耕地片〈11〉, (b) 耕地片）
[12] Carl Gottlob Leißner（オーバー［ハウス小屋住農の］家屋〈12〉）
[13] Ehrenfried Leberecht Hänig（ウンター［ハウス小屋住農の］家屋〈13〉）
[14] Gotthelf Friedrich Neuber jun.（ウンター［ハウス小屋住農の］家屋〈14〉）
[15] Johann Gottfried Wolf（ウンター［ハウス小屋住農の］家屋〈15〉）
[16] Christian Friedrich Schramm（ウンター［ハウス小屋住農の］家屋〈16〉）
[17] Christian Friedrich Hiemann（ウンター［ハウス小屋住農の］家屋〈17〉）
[18] Gotthelf Friedrich Schneider ((a) ウンター［ハウス小屋住農の］家屋〈18〉, (b) 耕地片）
[19] Wilhelm Friedrich Fischer（ウンター［ハウス小屋住農の］家屋〈21〉）
[20] Christian Gottlieb Müller（ウンター［ハウス小屋住農の］家屋〈23〉）
[21] Johanne Sophie Leister（ウンター［ハウス小屋住農の］家屋〈24〉）
[22] Samuel Gottlieb Ehnert（ウンター［ハウス小屋住農の］家屋〈25〉）
[23] Gotthelf Friedrich Hiemann（家屋・耕地片〈26〉）
[24] Traugott Friedrich Ulbricht（オーバー［ハウス小屋住農の］家屋〈28〉）

[25] Traugott Leberecht Heinrich（$\frac{1}{8}$フーフェ農地〈31〉）
[26] Samuel Gotthelf Glöckner（ウンター［ハウス小屋住農の］家屋〈32〉）
[27] Christian Gottlieb Kaden（$\frac{1}{4}$フーフェ農地〈33〉）
[28] Samuel Gottlob Ruscher（ハイデルベルク村）（$\frac{1}{4}$フーフェ農地）
[29] Carl Gottlieb Helbig（家屋・耕地片〈34〉）
[30] Johann Traugott Hiemann（家屋・耕地片〈36〉）
[31] ザイフェン教区（代表者は2人の村長、ザイフェン村の Ferdinand Friedrich Augustin とハイデルベルク村の Carl Gottlieb Neuber）（$\frac{9}{20}$フーフェ農地〈37〉）
[32] Carl Gottlob Schönherr（$\frac{1}{20}$フーフェ農地（家屋付き）〈100〉）
[33] Carl Friedrich Hiemann（ウンター［ハウス小屋住農の］家屋〈38〉）
[34] Traugott Leberecht Krönert（ウンター［ハウス小屋住農の］家屋〈39〉）
[35] Gotthelf Friedrich Fichtner（オーバー［ハウス小屋住農の］家屋〈40〉）
[36] Gottlieb Friedrich Hiemann（ウンター［ハウス小屋住農の］家屋〈41〉）
[37] Samuel Friedrich Stephani（ウンター［ハウス小屋住農の］家屋〈42〉）
[38] Gotthold Friedrich Kempe jun.（ウンター［ハウス小屋住農の］家屋〈43〉）
[39] Henriette Gottliebe Glöckner（オーバー［ハウス小屋住農の］家屋〈44〉）
[40] Gottlieb Fürchtegott Ludwig（ウンター［ハウス小屋住農の］家屋〈45〉）
[41] Christian Friedrich Müller（$\frac{1}{4}$フーフェ農地〈46〉）

[42] Susanne Therese Richter（ウンター［ハウス小屋住農の］家屋〈47〉）
[43] Wilhelm Friedrich Kaden と Caroline Christliebe Scherwenk（ウンター［ハウス小屋住農の］家屋〈48〉）
[44] Johanne Christliebe Egert（ウンター［ハウス小屋住農の］家屋〈49〉）
[45] Gotthold Friedrich Ulbricht（ウンター［ハウス小屋住農の］家屋〈50〉）
[46] Friedrich Gottlob Fischer（ウンター［ハウス小屋住農の］家屋〈51〉）
[47] Gottlieb Friedrich Leberecht Haustein（$\frac{1}{2}$フーフェ農地〈52〉）
[48] Carl Wilhelm Müller（$\frac{1}{2}$フーフェ農地〈53〉）
[49] Gotthelf Friedrich Kempe（ウンター［ハウス小屋住農の］家屋〈54〉）
[50] Christiane Caroline Gläser と子供たち（オーバー［ハウス小屋住農の］家屋〈55〉）
[51] Esthee Caroline Kempe（$\frac{1}{2}$オーバー［ハウス小屋住農の］家屋〈56〉）
[52] Ferdinand Friedrich Augustin（ウンター［ハウス小屋住農の］家屋〈60〉）
[53] Johanne Juliane Müller（ウンター［ハウス小屋住農の］家屋〈66〉）
[54] Wilhelm Friedrich Müller（$\frac{2}{3}$オーバー［ハウス小屋住農の］家屋〈67〉）
[55] Johann Wilhelm Ulbricht（ウンター［ハウス小屋住農の］家屋〈68〉）
[56] Johann Israel Beer（ウンター［ハウス小屋住農の］家屋〈69〉）
[57] Samuel Friedrich Gläser（ウンター［ハウス小屋住農の］家屋〈70〉）
[58] Julius Fürchtegott Reuther（ウンター［ハウス小屋住農の］家屋〈72〉）
[59] Traugott Leberecht Steinert（ウ

ンター［ハウス小屋住農の］家屋〈73〉）
[60] Ehregott Leberecht Kirschen（ウンター［ハウス小屋住農の］家屋〈74〉）
[61] Gotthelf Friedrich Heinrich（$\frac{1}{3}$オーバー［ハウス小屋住農の］家屋〈77〉）
[62] Ehregott Friedrich Gläser（家屋・耕地片〈78〉）
[63] Carl Gottlob Uhlig（オーバー［ハウス小屋住農の］家屋〈79〉）
[64] C. F. Müller（41と同じ）（$\frac{1}{4}$フーフェ農地〈84〉）
[65] Christian Friedrich Dippmann（家屋・耕地片〈85〉）
[66] Gotthelf Friedrich Kaden（家屋・耕地片〈86〉）
[67] Traugott Friedrich Bilz（家屋・耕地片〈87〉）
[68] Christiane Eleonore Steinert（家屋・耕地片〈88〉）
[69] Gotthelf Friedrich Lorenz（家屋・耕地片〈91〉）
[70] Gottlieb Wilhelm Herrmann（$\frac{1}{2}$オーバー［ハウス小屋住農の］家屋〈99〉）
[71] Johann Gottlieb Langer（家屋・耕地片〈103〉）
[72] Gotthelf Friedrich Müller（ハイデルベルク村）（耕地片）
[73] Traugott Friedrich Kaden（ニーダーザイフェンバッハ村）（耕地片）
[74] Samuel Gottlob Lorenz（ハイデルベルク村）（耕地片）
[75] Gotthelf Friedrich Kluge（ディッタースバッハ村）（耕地片）
[76] Christian Friedrich Dippmann（耕地片）

　本協定は，「…ザイフェン村の住民との間の…協定」の表題を持つけれども，本表によればハイデルベルク村［5，7，28，72，74］，ニーダーザイフェンバッハ村［73］，ディッタースバッハ村［75］の3村7人の義務者も含んでいる．
　本表によれば，41と64は同一人であり，2，43と50は共有であり，31は団体である．しかし，私は便宜上，31をフーフェ農と見なし，41と64の所有者も，2，43と50の所有者も，それぞれ1人と考えたい．そのように想定すると，本協定の義務者は76人となる．その場合，本協定序文は冒頭で義務者を，「土地所有者，オーバーハウス小屋住農，ウンターハウス小屋住農，家屋所有者と耕地片所有者」に概括している．この土地所有者は，本章の他の協定から見ても，世襲村長地所有者とフーフェ農を含むであろう（ただし，本協定第2条冒頭は世襲村長と土地所有者とを区別している）．家屋所有者は小屋住農，耕地片所有者は耕地片の所有者と考えられる（なお，本協定の小屋住農の多くは付加的に耕地片を所有している）．したがって，序文と第1条で一連番号を付けて記載された義務者のうち，オーバー［ハウス小屋住農の］家屋の所有者とウンター［ハウス小屋住農の］家屋の所有者が，序文冒頭と第2条本文におけるオーバーハウス小

屋住農とウンターハウス小屋住農のはずである.

　表3-8-2は序文（表3-8-1）に基づいて，ザイフェン村の保険番号を一連番号と対照させたものである．一連番号5，7と28のフーフェ農地の所有者はハイデルベルク村に居住している．その中で，7は，「家屋なし」と記されているから，ザイフェン村に家屋を持たない．「家屋なし」の注記のない28も同様であろう．保険番号が付記されていないからである．それに対して，保険番号を記された5は，ザイフェン村にも家屋を所有する，と考えられる．

表3-8-2　保険番号・一連番号対照表

⟨1⟩=[1]；⟨2⟩=[2]；⟨3⟩=[4]；⟨4⟩=[5]；⟨5⟩=[6]；⟨6⟩=[8]；⟨7⟩=[9]；⟨9⟩=[10]；
⟨11⟩=[11]；⟨12⟩=[12]；⟨13⟩=[13]；⟨14⟩=[14]；⟨15⟩=[15]；⟨16⟩=[16]；⟨17⟩=[17]；
⟨18⟩=[18]；⟨21⟩=[19]；⟨23⟩=[20]；⟨24⟩=[21]；⟨25⟩=[22]；⟨26⟩=[23]；⟨28⟩=[24]；
⟨31⟩=[25]；⟨32⟩=[26]；⟨33⟩=[27]；⟨34⟩=[29]；⟨36⟩=[30]；⟨37⟩=[31]；⟨38⟩=[33]；
⟨39⟩=[34]；⟨40⟩=[35]；⟨41⟩=[36]；⟨42⟩=[37]；⟨43⟩=[38]；⟨44⟩=[39]；⟨45⟩=[40]；
⟨46⟩=[41]；⟨47⟩=[42]；⟨48⟩=[43]；⟨49⟩=[44]；⟨50⟩=[45]；⟨51⟩=[46]；⟨52⟩=[47]；
⟨53⟩=[48]；⟨54⟩=[49]；⟨55⟩=[50]；⟨56⟩=[51]；⟨60⟩=[52]；⟨66⟩=[53]；⟨67⟩=[54]；
⟨68⟩=[55]；⟨69⟩=[56]；⟨70⟩=[57]；⟨72⟩=[58]；⟨73⟩=[59]；⟨74⟩=[60]；⟨77⟩=[61]；
⟨78⟩=[62]；⟨79⟩=[63]；⟨84⟩=[64]；⟨85⟩=[65]；⟨86⟩=[66]；⟨87⟩=[67]；⟨88⟩=[68]；
⟨91⟩=[69]；⟨99⟩=[70]；⟨100⟩=[32]；⟨103⟩=[71]；⟨123⟩=[3]

　表3-8-3は第1条から各義務者の償却年地代と一時金額のみを義務者の居住村別に示す．

表3-8-3　各義務者の償却年地代・一時金額

(1) ザイフェン村
[1]　年地代2AT3AG7.5AP
[2a] 年地代3AT5AG0.85AP
[2b] 一時金2AT9AG5AP
[3，10，13-16，18a，19-22，26，33，34，36-38，40，42-46，49，53，55-60] 年地代15AG2AP
[4]　年地代2AT23AG10.6AP
[6]　年地代2AT7AG7.375AP
[8]　一時金2AT9AG
[9]　一時金6AG3AP
[11]　一時金1AT15AG10AP
[12, 24, 50, 63] 年地代1AT3AG4AP
[17]　年地代18AG2AP
[18b] 一時金1AG7AP
[23]　一時金1AT1AG
[25]　一時金21AG11AP
[27]　年地代1AT15AG6.8AP
[29, 71, 76] 一時金9AG5AP
[30]　一時金17AG2AP
[31]　年地代2AT11AG11.64AP＋一時金
　　11AT17AG5AP

[32] 年地代6AG7.96AP＋一時金1AT6AG2AP
[35] 年地代2AG＋一時金16AT16AG
[39] 年地代1AT4AG10AP
[41] 年地代3AT-AG7.975AP
[47] 年地代3AT3AG5.16AP
[48] 年地代2AT18AG7.6AP＋一時金8AT6AG10AP
[51，70] 年地代13AG8AP
[52] 年地代17AG2AP
[54] 年地代18AG2.66AP＋一時金12AG6AP
[61] 年地代9AG1.33AP
[62] 一時金2AT8AG3AP
[64] 年地代2AT18AG7.6AP＋一時金5AT9AG8AP
[65] 一時金19AG2AP
[66] 一時金13AG8AP
[67] 一時金12AG6AP
[68] 一時金7AG2AP
[69] 一時金3AG2AP
　(2) ハイデルベルク村
[5] 年地代2AT18AG7.6AP＋一時金6AT18AG6AP
[7a] 年地代1AT5AG7.9AP
[7b] 一時金5AT8AG2AP
[28] 年地代1AT9AG3.8AP＋一時金7AT19AG6AP
[72] 一時金2AT11AG5AP
[74] 一時金9AG9AP
　(3) ニーダーザイフェンバッハ村
[73] 一時金1AT4AG2AP
　(4) ディッタースバッハ村
[75] 一時金6AG3AP
　(5) 4村合計　年地代61AT9AG8.35AP＋一時金82AT22AG8AP

　表3-8-4は，表3-8-3から村別に算出した，一時金換算年地代と一時金との合計額を示す．ザイフェン教区[31]はハイデルベルク村を含むけれども，その地代は便宜上ザイフェン村に算入した．

表3-8-4　一時金換算年地代・想定一時金合計額

(1) ザイフェン村
①年地代（世襲村長1人，フーフェ農10人[教区1を含む]，オーバーハウス小屋住農10人とウンターハウス小屋住農33人，計54人）56AT-AG1.05AP ≒ 56AT {1,400AT ≒ 1,438NT26NG ≒ 1,438NT}
②一時金（フーフェ農6人[教区1を含む]，小屋住農13人，オーバーハウス小屋住農2人，ウンターハウス小屋住農1人と耕地片所有者1人，計23人）{58AT16AG6AP ≒ 58AT16AG ≒ 60NT8NG ≒ 60NT}
③村合計（世襲村長1人，フーフェ農11人[教区1を含む]，小屋住農13人，オーバーハウス小屋住農10人，ウンターハウス小屋住農33人と耕地片所有者1人，計69人）{1,498NT}
(2) ハイデルベルク村
①年地代（フーフェ農3人）5AT11AG7.3AP ≒ 5AT11AG {136AT11AG ≒ 140NT7NG ≒

140NT}
②一時金（フーフェ農3人と耕地片所有者2人，計5人）{22AT19AG9AP ≒ 22AT19AG ≒ 23NT12NG ≒ 23NT}
③村合計（フーフェ農3人と耕地片所有者2人，計5人）{163NT}
(3) ニーダーザイフェンバッハ村
①一時金（耕地片所有者1人）{1AT4AG2AP ≒ 1AT4AG ≒ 1NT8NG ≒ 1NT}
(4) ディッタースバッハ村
①一時金（耕地片所有者1人）{6AG3AP ≒ 6AG ≒ 7NG ≒ -NT}
(5) 4村合計
①年地代（2村の世襲村長1人，フーフェ農12人［教区1を含む］，オーバーハウス小屋住農10人とウンターハウス小屋住農27人，計50人）{1,578NT}〈95%〉
②一時金（4村のフーフェ農9人［教区1を含む］，小屋住農13人，オーバーハウス小屋住農2人，ウンターハウス小屋住農1人と耕地片所有者5人，計30人）{84NT}〈5%〉
③合計額（4村の世襲村長1人，フーフェ農14人［教区1を含む］，小屋住農13人，オーバーハウス小屋住農10人，ウンターハウス小屋住農33人と耕地片所有者5人，計76人）{1,662NT}〈100%〉

4村76人からの合計額のうち，5%だけが一時金によって償還された．そして，残りの95%は年地代によって償却され，地代銀行に委託された．本協定は，賦役（連畜賦役と手賦役）の償却を主要な対象としていたけれども，第2条によれば，賦役の他に現物貢租，貨幣貢租と放牧権も償却した[2]．しかし，償却一時金合計額に占める封建地代各種目の割合も，連畜賦役と手賦役の種類別比率も不明である．

1) 原文では［27］の不動産は，「分割された$\frac{1}{2}$フーフェ農地の主農場」である．そして，次項［28］は，上記農場から分割された$\frac{1}{4}$フーフェ農地である．そのために，［27］は$\frac{1}{2}$フーフェ農地と考える．――本表［31］のザイフェン村村長は一連番号52と同村同姓同名である．ところで，1838年農村自治体法によれば，家屋所有者だけが農村自治体公職について選挙権と被選挙権を持つ．有権者はそれぞれの住民階層（フーフェ農，園地農，小屋住農）毎に農村自治体委員を選挙する．村長，農村自治体長老と農村自治体委員から構成される農村自治体参事会は，任期6年の村長と農村自治体長老を選挙する．シュミット 1995 への訳者補論 (p. 179)．以上の法規定から見ると，ウンターハウス小屋住農である，本協定の一連番号52は，小屋住農と見なされ，村長に選挙された可能性がある．また，同じくハイデルベルク村村長のC. G. ノイベルは本協定の義務者となっていない．
2) 本節 (1)（注1）をも参照．

第3章 騎士領プルシェンシュタイン（南ザクセン）における封建地代の償却　235

第9節　全国委員会文書第3700号

(1) 賦役・貢租償却協定

　これは第3700号文書，「フライベルク市近郊の騎士領プルシェンシュタイン＝ザイダとクラウスニッツ村の住民との間の，1842年9月6日／11月8日／1843年3月3日の償却協定[1]」である．

　一方の被提議者，…当騎士領の所有者…と他方の提議者，クラウスニッツ村の，下記の農民地，耕地片，家屋と借家人家屋の…所有者（義務者全員の姓名と不動産は後出の表3-9-1）は以下の償却について協定した．――特別委員は前節と同じである．

　第1条　本契約第2条に従って廃止される，当騎士領の権限に対して第2の契約当事者，G. F. ヴィルト［一連番号1］と仲間たちは，各人の土地から当騎士領に新通貨換算で支払う，以下の償却年地代と一時金支払（後出の表3-9-3）を引き受けた．それは，審議の過程で作成され，審査のために当事者双方に提出され，確定され，承認された，詳細に亘る計算の基準に従っている．なお，協定序文番号15の耕地片所有者［(b)］と(c)］はその地代額を主農場［15 (a)］に支払う．

　第2条　それに対して…［騎士領領主］はこれらの地代・一時金支払の承諾を受け入れ，自身と当騎士領の後継所有者のために，次のように厳かに言明した．第1条で述べられた償却額の引受に対して，

　(a) 第2の契約当事者に含まれる土地所有者は，順番制猟獣肉運搬賦役ばかりでなく，残りのすべての狩猟賦役をも例外なく，また，

　(b) 小屋住農…J. H. キュマー，保険番号4［一連番号59］は，その家屋に課されていた［賦役］，すなわち，賦役義務者の整理と小物・中物猟獣肉[2]の運搬でもって従来返済されていた走り使いを，

免除される．また，

　(c) 提議者の農民地，家屋と借家人家屋に課され，当騎士領の世襲台帳に基礎を持ち，その後の1737年…，1785年…と1791年…／93年…の3賦役協定によって修正され，大部分は撤回可能な賦役代納金として定められた［賦役］と，これらの契約の作成後に別に取り決められ，あるいは，伝来してきた各種賦役，それとともに，これらの一部に対して従来，毎年支払われてきた，解除可能な賦役代納金，および，

　(d) 第2の契約当事者中の数人が従来その所有地から騎士領に納付すべきであった穀物貢租（パン穀物とライ麦），

は永久に消滅する．さらに，

　(e) 当騎士領の羊は，耕地を所有する，第2の契約当事者の土地で再び放牧されず，第7

条［第6条の誤記である］に従って当分留保される家畜通行権の廃止の後では，再び追い立てられない．最後に，

(f) その［農民］地で他人のために亜麻を播く提議者各人は，1 フィアテルの亜麻について雌鶏 1 羽あるいは 1 AG 9 AP の亜麻播種貢租をもはや支払わず，それは完全に廃止されるべきである，と．

第 3 条 …［騎士領領主］は自身と当騎士領の将来の所有者のために，第 2 の契約当事者が上記の騎士領にこれまで毎年支払うべきであった貨幣貢租すべてについて，一部は，第 1 条で同意された一時金支払によって償還された，と認め，大部分は無償で免除した．ただし，［騎士領領主は］(a) 彼ら［第 2 の契約当事者］の人身的貢租と，騎士領領主の譲渡地に対する譲渡地貢租 (Laßzinsen)，(b) 従来の貢租・賦役代納金の残部および (c) 以下の貨幣貢租（後出の表 3-9-4）の更なる徴収を，承認されているように，留保した．

［彼は］さらに，第 2 の契約当事者に以下の確約（これを彼らは受け入れた）を与えた．彼の当地領民の中の他の者が協定あるいは訴訟によって同じ賦役を一層低い地代で償却する場合には，彼らが引き受けた償却年地代を［彼は］この低い額に引き下げ，その期間に地代として支払われた超過額を，騎士領領主が彼らに返済する，と．しかし，これについては例外がある．すなわち，(a) $\frac{1}{8}$ フーフェ農 T. F. シュナイダー，一連番号 5（併記された保険番号は省略），(b) 協定文文に番号 9 として挙げられた，$\frac{1}{5}$ フーフェ農地の共同所有者 C. G. シュレーゲル，K. F. グレックナーと J. G. ヴェルツナー，(c) 同［一連］番号 10 の耕地所有者 J. C. フィッシャー，ここに記された土地についてのみ，(d) $\frac{3}{4}$（誤記．$\frac{1}{2}$ である ――［特別］委員ヘフナー）フーフェ農 C. G. ヘルクロツ，一連番号 22，(e) 協定序文に番号 32a と 32b として挙げられた分離地所有者 G. F. ミュラーと E. W. シュミット[3]，(f) G. L. エルラー，一連番号 89，(g) A. F. イーレ，一連番号 90，(h) C. G. ミュラー，一連番号 91，(i) S. F. ミュラー，一連番号 92 であり，彼ら［の地代］に対してはこれは確約されない．

償却年地代が第 9 条に従って現在の額で地代銀行に委託されることを考慮して，それの引き下げは，当騎士領の時々の所有者が年地代の引き下げ額の 25 倍を現金で支払い，これによって減少額を地代支払者に与える，という形で行われるべきである．

第 4 条 第 2 の契約当事者は，第 3 条に含まれる確約に彼らが係わる限り，それを受け入れたばかりでなく，それを本契約の一条件であり，それの容認だけがそれ［契約］への同意を彼らに応じさせた，と指摘した．

本契約の第 1 条で同意され，第 9 条によって明白に［地代銀行に］委託される地代の減額という，第 3 条に仮定されている場合が生じても，［地代の］引き下げが一時金支払によってもたらされない限り，地代を課された土地の所有者に対して，地代銀行が地代全額の継続支払を請求し続けることを，彼らは周知のこととして，受け入れた．

しかし，第 3 条に従って地代の減額のために騎士領領主から与えられる一時金額は，地代銀行に支払われるべき地代が，前もっての通知の後で義務者のためにそれだけ (in tantum) 償却されるように，用いられるべきである．この一時金支払は地代銀行にあって

第3章　騎士領プルシェンシュタイン（南ザクセン）における封建地代の償却　237

は，4NPでもって残りなく割り切れる地代償却が，可能である金額において行われねばならない．そのために，騎士領領主の支払う一時金額がこの額に達しない場合には，不足分を義務者は調達する［べきである］．

　第5条　当事者双方の意志に従って本契約の実施は既に開始された．第2条で償却された諸権限は，1837年末に廃止され，第1条で同意された償却地代は，1838年初に回転し始めた．1837年の放牧権妨害に対しては補償金が規定され，追加払いされた．これ［補償金］は，羊放牧権のために同意され，…計算された償却地代の年額である．

　権利者は，一時金支払によって償却される確定貨幣貢租の廃止に関しては，第1条…の償却一時金の完済まで，貢租とその対物的権利の継続を，また，前者［貢租］の支払に代わる一時金に対して，1838年初以後，年4％の利子を留保し，償却する者もこの留保を承認した［関係各人が一時金を支払うべき時期と金額は省略］．

　第6条　耕地を所有する，第2の契約当事者の領域における羊放牧権がこれによって1837年末に消滅したにも拘わらず，クラウスニッツ村の家畜道にある，その他の農民領域で当騎士領が羊放牧権を行使する限り，彼ら［第2の契約当事者］は，家畜道と接した，彼らの土地で，それ［騎士領］の羊群に必要な家畜通行権を許容せねばならない．しかし，それに対しては，利用される土地1シェッフェル当たり年2NG6NPの補償が騎士領から受領されるべきである．

　第7条　［対物的負担としての償却地代──省略］
　第8条　［新通貨による年地代の支払時期──省略］
　第9条　［騎士領領主による年地代全部の地代銀行委託──省略］
　第10条　［地代端数の償還時期──省略］
　第11条　［地代銀行委託額・地代端数・委託地代関連法規定──省略］
　第12条　［償却費用の分担──省略］
　第13条　［同文4部の償却協定──省略］
クラウスニッツ村にて1842年9月6日および11月8日

同年9月6日の協定署名集会議事録要旨．
　騎士領所有者…とクラウスニッツ村の世襲村長G. F. ヴィルト［一連番号1］は，2人の［特別］委員の立会いの下に世襲村長役場で本協定を承認し，4部に署名した．

他の償却義務者の協定署名集会は約2月後に開かれた．その議事録は次のとおりである．
　クラウスニッツ村にて1842年11月8日
　作成された償却協定の署名のために発せられた召喚状に従って，本日午前，当地の世襲村長役場に当地の土地所有者，耕地片所有者，小屋住農と借家人家屋小屋住農，K. G. ゲームリヒ［一連番号］2ほか88人［筆頭者以外の姓名・一連番号は省略．ただし，その中の43と46については「出席せず」の，13，14，52（フリードリヒ・ユーリウス・ツィースラー[4]　Zießler）と93については「認定されず」の，88については「署名せず」の注記

がある．30b，72と96についての注記を私は判読できない］が集まり，名乗り出た．彼らは…協定一連番号を記録され，出席と記された．

作成された償却協定が一語一語ゆっくりと，そして，はっきりと，出席者に朗読された．4時間を費やして，協定の個々の条文の内容と効果が説明され，それについてのあらゆる質問が最大限に明瞭に回答された．その後，彼ら［出席者］全員は，協定をすべての点で理解し，正確に把握した，と述べた．

しかし，［一連番号］5のT. F. シュナイダーと，7，8，18，22-24，29，37，38，40-42，44，45，47-49，50/51，57，61，63，68-70，73，74，76-78，84，95，96，99-101，103と105［筆頭者以外の姓名省略］，および，［以下は姓名なしで番号のみ］16と86［合計40人］は，［協定の］署名を拒んだ．何故なら，当地の法律顧問が…［騎士領領主］に対して…フライベルク特別管区で行っている，賦役代納金と放牧権についての訴訟の結果を彼らは待っているからである．また，T. F. シュミット，一連番号42はその償却一時金を既に支払っており，今しがた朗読された協定の内容に対して，何も反対する必要がないからである．

それに対して，前段の議事録に出席と記された，Ch. ゴットリープ・ミュラー，一連番号43とCh. ゴットロープ・ミュラー，一連番号46は，尋ねてみると，出席していない，と分かった．そして，許されておらず，認定されてもいない全権委任者が，二人と称していた．最後に，

K. G. ゲームリヒ，一連番号2とCh. ゴットロープ・ミュラー，一連番号91は協定の署名の前に，そして，それについての説明が求められる前に，［特別］委員のところから立ち去った．しかも，ミュラーは，自分勝手に立ち去る場合には，抗命を理由として，彼が協定に署名した，と見なされる，と訓戒されたにも拘わらず，である．

協定の署名を拒んだT. F. シュナイダー［一連番号5］と上記の仲間たちは，そこで以下を通知された．彼らの拒絶は，作成された協定の法的有効性に関係せず，本題を外れた根拠に基づくので，それは容認されないこと，そして，それ［拒絶］にも拘わらず，協定は彼らに対しても法的拘束力を持つこと，署名の拒否は［全国委員会による］それの承認を妨げないことを．

この通知は，それがこの議事録に記されているように，彼らに対して口頭で与えられ，朗読された．

契約当事者のこの部分が所定［上述？］の理由で立ち去った後，現れたJ. G. ヘルクロツ，一連番号16も協定の署名を拒絶し，それに対して，T. F. シュナイダーおよび仲間たちと同じ通知を受けた．その後，G. F. ヴァーグナー，一連番号62が現れた．再びT. F. シュナイダー，一連番号5が現れ，自分は考えを変えて，協定に署名する，と述べた．

彼らとその他の出席者は，朗読された協定をすべての項目と条項について今一度承認して，正当と認めた．指名された全権委任者は，次のように述べた．

(1) ゴットホルト・フリードリヒ・ヴェルナー，一連番号30bに関して，本協定に30bとして記されているA. F. ヴェルナーは，そこに記録されている土地を所有しておらず，彼

第3章　騎士領プルシェンシュタイン（南ザクセン）における封建地代の償却　239

の売買［契約書］が承認された時に，土地購入権を父ヨハン・フリードリヒ・ヴェルナーに譲渡したが，後者は死亡した．その遺産からこの土地を G. F. ヴェルナーは購入するであろう．

(2) J. R. F. モルゲンシュテルン［一連番号75］は，…第3条に留保された施療院貢租，11NG6NP の額について彼が申し出た異議を，次のことに限定した．この施療院貢租は彼の家屋ではなく，以前そこにあり，1820年に強制競売され，現在では当地のカルル・ゴットロープ・キュマー[5]（Kümmer）に属する土地に課される．彼［モルゲンシュテルン］は少なくとも，それを調査する［権利］を留保する．しかし，それ［貢租］の年額が 5NG8NP だけである，と彼はもはや主張しない．

(3) J. C. C. ミュラー［一連番号36］と彼女の夫…は，…［騎士領領主］が第3条で留保している製材水車貢租 4NT3NG3NP を承認する前に，…根拠として引用されている，1781年…のディップマン（Dippmann）の承認文書の閲覧を条件とする．

その後，償却協定署名への留保 (2) と (3) は，約定された地代に関係せず，障害にならないので，作成された協定4部が署名のために提出され，関係者が署名した．その場合，文字を書けない人は，署名を仲間の F. J. ツィースラー[4] に明確に委託し，自分の名前に十字3個を自ら記した．

それについて，この議事録が起草され，朗読され，承認され，署名された．
2人の［特別］委員はずっと同席した．…

この議事録には同日付けの追記がある．
クラウスニッツ村にて1842年11月8日
さらに，以下を書き留める必要がある．協定の署名の前に C. F. ノイベルト，一連番号86 は，上記［協定］署名［集会］議事録に記された訴訟が，…フライベルク特別管区で終結するより前には，協定に署名しない，と述べ［た．］その後で，拒絶の理由が償却協定の法的有効性に向けられたものでないので，彼の拒絶にも拘わらず，協定は彼に対して法的拘束力を持ち，彼の署名の欠落は協定の承認を妨げない，との決定を［彼は］受け取った．
G. F. ヴァーグナー，一連番号62 も，協定の署名のために名を呼ばれた時に，自分勝手に立ち去った．一連番号 3, 27b, 39, 43, 46, 53, 56, 71, 98, 102 と 104 ［姓名省略］は，召喚状にも拘わらず，また，全権委任者がその適切な送達を確言したけれども，集会に出席しなかった．それに対して，G. カーデン，一連番号94 は死亡し，彼の遺族は遺産相続について何も決定しておらず，むしろ破産開始が恐れられる，との届け出がなされた．
ここに報告として朗読され，承認され，2人の［特別］委員によって署名される．…

プルシェンシュタイン城のシェーンベルク家裁判所にて1843年1月12日…
クラウスニッツ村の償却問題について昨年11月20日付けで貴下より我々に発せられた要請に従って，我々は以下を謹んで通告します．現在，
(1) ゴットロープ・フリードリヒ・カーデンは［農民］地，保険番号37［一連番号14］

と，C. G. ケンペがかつて所有していた…耕地片，［同］40［一連番号 15b］とを，

(2) フリードリヒ・ユーリウス・ツィースラー[4]（Ziesler）は家屋，［同］12［一連番号 52］を，

(3) ヨハン・ゴットロープ・ミュラーは家屋，［同］83［一連番号 91］を，

(4) ヨハンネ・クリスティアーネ・イルムシャー（Irmscher）は［農民］地，［同］72［一連番号 93］を，
所有する．

次に，「水車の土地」，［同］35［一連番号 13］の所有者，故 A. F. ケーラーの遺族たち…は遺産の不動産を今月 7 日に授封された．

［A. F.］ヴェルナーの地片[6]［一連番号 30b］について我々は本年［昨年］7 月 26 日に報知したが，それは正確でない．その最後の所有者はアウグスト・フリードリヒ［・ヴェルナー］ではなく，ヨハン・フリードリヒ・ヴェルナーであった．現在は後者の遺族たち…が先月 21 日から所有している．…

G. カーデンの遺産，［同］47［一連番号 94］について，なお精算されない負債が生じたので，クラウスニッツ村の世襲村長 G. F. ヴィルト［一連番号 1］が我々の同意の下に農村自治体全権委任者（procurator communis）として，審理中の償却事務においても至るところで彼ら［債権者］の利益を守り，とくに，既に契約された［償却］協定に署名することを，債権者は委託した．

最後に，$\frac{1}{4}$ フーフェ農 C. S. ニッチェ，［同］41［一連番号 96］は，かつての［G. F.］ツェムリヒ[7]の［農民］地から分離された耕地片を所有する，同名の者［一連番号 15c］と同一人である．

昨年 11 月 20 日と 26 日および今月 3 日のご要請は以上によって解決したであろう．最後に我々は下記の費用の精算を願う．…

リヒテンベルクにて 1843 年 1 月 24 日

発せられた召喚状に従って本日午前，当地の受封地[8]に…C. G. ミュラー，保険番号 18，一連番号 46 の後継所有者であるヨハン・ゴットロープ・ミュラー［など 12 人］が出頭し，名乗り出た．

…［出頭した人は協定に署名したが，その中で］唯一の例外は J. G. ミュラーであり，…上記訴訟の終結以前には，協定の承認と署名を望まなかった．…

しかし，J. G. ミュラーは，彼の拒絶の理由が，彼の前所有者の結んだ協定の法的有効性を変更しないので，彼の拒絶にも拘わらず，協定は，［彼によっても］承認されたものとして効力を持ち，彼の署名の欠落はそれの承認を妨げない，と通知された．…

［経済関係特別］委員メルツァーの面前でミュラーは，彼に対する通知に服するか，それを告訴するか，それとも，何も言わないか，と尋ねられて，差し当たり通知に服さず，告訴もせず，訴訟の終結に執着する，と述べた．…

第3章 騎士領プルシェンシュタイン（南ザクセン）における封建地代の償却　*241*

プルシェンシュタイン城のシェーンベルク家裁判所にて 1843 年 2 月 9 日
　今月 1 日と 5 日の貴下の問い合わせに対して，我々が［本年 1 月 12 日の］書簡の（3）で言及した所有変更は，［保険］番号 83 ［一連番号 91 の家屋］ではなく，［保険］番号 18 ［一連番号 46 の家屋］に係わることを，我々は謹んで通告します．

　なお，1842 年 12 月 1 日，43 年 2 月 20 日と 5 月 23 日（プルシェンシュタイン城における一連番号 49 ［これは 53 の誤記であろう］C. G. ヘーベルトの署名）の追加記録は省略する．

　この協定を全国委員会［主任］ミュラーは 1843 年 3 月 3 日に承認した．
　本協定の提議者は領民で，被提議者は領主であった．

1）GK, Nr. 3700. ここには償却の対象が記載されていないが，本協定は第 2 条によれば，賦役，現物貢租，貨幣貢租（賦役代納金を含む），放牧権などを償却した．松尾，「プルシェンシュタイン」，(2)，p. 106 は本協定第 1 条の地代・一時金一覧表の最初の 2 ページを示す．——クラウスニッツ村は 1830 年 10 月 30 日に請願書を提出した．松尾 2001, pp. 111-118. 同村は 1848 年 5 月 28 日の 30 村請願書，49 年 2 月 12 日の 10 村請願書と 49 年 2 月 14 日の 6 村請願書にも署名している．松尾 2001, pp. 181, 186, 191. 特別委員 A. A. ヘフナーに対する両請願書の批判については，本章第 6 節（1）（注 6）を参照．
2）狩猟権は大物・中物・小物狩猟権に 3 分されていた．大物猟の対象は鹿など，中物猟のそれは猪など，小物猟は狐などであった．Römer 1788, S. 780, 783; 松尾 1980, p. 171.
3）ここに記されている分離地は，第 1 条（後出の表 3-9-1）では一連番号 32a が園地であり，32b は $\frac{1}{3}$ フーフェ農地である．
4）42 年 11 月 8 日の協定署名集会議事録の冒頭で「認定されず」とされ，かつ，同日の議事録の末尾で，名前の代書を委託された人物が F. J. ツィースラー（Zießler）である．他方で，これも既に紹介した，プルシェンシュタイン裁判所の 43 年 1 月 12 日付け回答によれば，保険番号 12 ［一連番号 52］の家屋所有者が F. J. ツィースラー（Ziesler）である．したがって，保険番号 12 の家屋の所有者は，本協定の一連番号 52 として記録された C. C. ヴィルスドルフから，協定署名段階には F. J. ツィースラー（Zießler あるいは Ziesler）に移っていた．
5）K. G. キュマーは本協定に記録されていない．
6）ここで耕地片（Gusparzelle）と記されている一連番号 30b は，第 1 条（後出の表 3-9-1）では $\frac{1}{24}$ フーフェ農地である．
7）本節（2）（注 2）を参照．
8）この受封地は，前注から見て，世襲村長役場を意味するであろう．さらに，本書第 1 章第 4 節（4）を参照．

(2) 償却一時金合計額

本協定の序文は記載方式を他の協定と異にして，義務者の階層を記載している．すなわち，フーフェ農地の所有者をフーフェ農（例えば，$\frac{1}{2}$フーフェ農地の所有者を$\frac{1}{2}$フーフェ農），家屋の所有者を小屋住農，借家人家屋の所有者を借家人家屋小屋住農と記している．そこで，表3-9-1[1]は協定序文からではなく，第1条から義務者全員の姓名と不動産を示す．もちろん，序文の姓名・階層と第11条の姓名・不動産が参考にされた．第1条（本表）の付属地の多くは序文においては耕地片と記されている．

表3-9-1 義務者全員の姓名と不動産

[1] Gottlob Friedrich Wirth（世襲村長地〈1〉）
[2] Karl Gottlieb Gehmlich（$\frac{3}{4}$フーフェ農地〈3〉）
[3] Johanne Dorothee Müller（$\frac{1}{2}$フーフェ農地〈8〉）
[4] Friedrich August Wenzer（$\frac{1}{2}$フーフェ農地〈9〉）
[5] Traugott Friedrich Schneider（$\frac{1}{8}$フーフェ農地〈14〉）
[6] Carl Gottlob Friedrich Göpfert（1フーフェ農地〈16〉）
[7] Carl Gottlob Voigtmann（1フーフェ農地〈17〉）
[8] Friedrich Fürchtegott Rupprecht（$\frac{1}{2}$フーフェ農地〈24〉）
[9] Christian Gottlieb Schlegel, Karl Friedrich Glöckner, Johann Gottlob Wärzner（$\frac{1}{5}$フーフェ農地）
[10] Johann Christoph Fischer（$\frac{1}{20}$フーフェ農地）
[11] Gotthelf Friedrich Lippmann（$\frac{1}{2}$フーフェ農地〈31〉）
[12] 同上（$\frac{1}{2}$フーフェ農地〈34〉）
[13] August Friedrich Köhler（世襲水車・$\frac{3}{4}$フーフェ農地〈35〉）
[14] Karl Gottlieb Kempe（$\frac{1}{2}$フーフェ農地〈37〉）
[15] August Friedrich Eckardtと耕地片所有者たち（$\frac{1}{2}$フーフェ農地〈40〉）
[16] Johann Gottfried Herklotz（$\frac{1}{2}$フーフェ農地〈43〉）
[17] Christiane Friedericke Erler（1フーフェ農地〈44〉）
[18] Christian Friedrich Müller（$\frac{3}{4}$フーフェ農地〈57〉）
[19] Traugott Friedrich Merkel（1フーフェ農地〈63〉）
[20] Traugott Friedrich Merkel（水車・$\frac{1}{4}$フーフェ農地〈62〉・付属地）
[21] Christian Gottlob Erler（$\frac{3}{4}$フーフェ農地〈68〉）
[22] Christian Gottlieb Herklotz（$\frac{1}{2}$フーフェ農地〈69〉）
[23] August Friedrich Wagner（$\frac{1}{2}$フーフェ農地〈74〉）
[24] Christian Gottlob Lohse（$\frac{1}{4}$フーフェ農地〈79〉）
[25] Johann Gottlieb Clausnitzer（$\frac{1}{4}$フーフェ農地〈92〉）

第3章　騎士領プルシェンシュタイン（南ザクセン）における封建地代の償却　*243*

[26] Johann Gottlieb Börner ($\frac{3}{4}$フーフェ農地〈95〉)
[27a] Karl Gottlob Braun ($\frac{3}{16}$フーフェ農地〈97〉)
[27b] Christian Friedrich Dietrich ($\frac{3}{32}$フーフェ農地)
[27c] Karl Gottlieb Hegewald ($\frac{3}{32}$フーフェ農地)
[28] Gotthold Friedrich Müller ($\frac{3}{16}$フーフェ農地)
[29] Karl Gottlieb Anders ($\frac{3}{16}$フーフェ農地)
[30a] George Gottlieb Wiegand ($\frac{1}{12}$フーフェ農地)
[30b] August Friedrich Werner ($\frac{1}{24}$フーフェ農地)
[31a] Karl Gottlob Walther ($\frac{3}{10}$フーフェ農地〈105〉)
[31b] Gottlob Friedrich Kaltofen, August Friedrich Dietrich, Karl Friedrich Hegewald ($\frac{1}{5}$フーフェ農地)
[32a] Gotthold Friedrich Müller（分離地）
[32b] Ernst Wilhelm Schmidt ($\frac{1}{3}$フーフェ農地)
[33] Johann Friedrich Göhler ($\frac{1}{4}$フーフェ農地〈126〉)
[34] Johann Samuel Göhler ($\frac{3}{4}$フーフェ農地〈129〉)
[35] Traugott Friedrich Gehmlich（1フーフェ農地〈133〉)
[36] Johanne Christiane Concordie Müller（家屋〈38〉)
[37] Christian Friedrich Müller（家屋〈27〉)
[38] Karl Gottlob Gehmlich（家屋〈28〉)
[39] Karl Friedrich Müller sen.（家屋〈26〉)
[40] Karl Friedrich Müller jun.（家屋〈29〉)
[41] Christian Gottlieb Richter（家屋〈23〉)
[42] Traugott Friedrich Schmidt（家屋〈22〉)
[43] Christian Gottlieb Müller（家屋〈21〉)
[44] Friedrich Fürchtegott Müller（家屋〈19〉)
[45] Friedrich Fürchtegott Wagner（家屋〈45〉)
[46] Christian Gottlob Müller（家屋〈18〉)
[47] Johann Christoph Fischer（水車の土地〈15〉)
[48] Karl Gottlob Schmieder（借家人家屋〈48〉)
[49] Christliebe Beckert（家屋〈13〉)
[50] Carl Gotthold Morgenstern（家屋〈49〉)
[51] 同上（$\frac{1}{8}$フーフェ農地)
[52] Christiane Caroline Wilsdorf（家屋〈12〉)
[53] Karl Gottlob Hebert（家屋〈51〉)
[54] Christian Friedrich Müller（家屋〈52〉)
[55] Gottfried Heinrich Wolf（家屋・御館採草地の一部〈53〉)
[56] Traugott Friedrich Gehmlich（家屋〈54〉)
[57] Karl Wilhelm Lippmann（家屋〈7〉)
[58] Traugott Friedrich Matthes（家屋〈55〉)
[59] Johannes Heinrich Kümmer（家屋〈4〉)

［60］ Karl August Morgenstern（借家人家屋〈61〉）
［61］ Christian Friedrich Kaden（家屋〈134〉）
［62］ Gottlob Friedrich Wagner（家屋〈131〉）
［63］ Traugott Friedrich Wolf（家屋・付属地〈132〉）
［64］ August Friedrich Müller（家屋〈130〉）
［65］ Johann George Morgenstern（家屋〈128〉）
［66］ Christian Friedrich Wagner（家屋〈124〉）
［67］ Adam Traugott Wagner（家屋〈65〉）
［68］ Christiane Dorothee Köhler（家屋〈123〉）
［69］ Johann Gottlob Zemmrich（借家人家屋〈121〉）
［70］ Traugott Leberecht Neubert（家屋〈66〉）
［71］ Karl Gottlieb Thiele（家屋〈119〉）
［72］ Gotthold Friedrich Müller（家屋〈67〉）
［73］ Christian Gottlieb Lohse（家屋〈118〉）
［74］ August Friedrich Schaarschuh（家屋〈117〉）
［75］ Johann Reinhardt Friedrich Morgenstern（家屋〈114〉）
［76］ Karl Gottlieb Anders（家屋〈113〉）
［77］ Friedrich Fürchtegott Ihle（家屋〈70〉・耕地片）
［78］ Friedrich Fürchtegott Lippmann（家屋〈71〉）
［79］ Johanne Caroline Schneider（家屋〈75〉）
［80a］ Karl August Hegewald（家屋〈106〉）
［80b］同上．（林地）
［81］ Christian Friedrich Glöckner（家屋〈103〉）
［82］ Karl Gottlob Tottewitz（家屋〈102〉）
［83a］ Gotthelf Friedrich Köhler（家屋〈101〉）
［83b］同上．（林地）
［84a］ Christian Friedrich Dienel（家屋〈98〉）
［84b］同上．（林地）
［85］ Johann Gottfried Hänel（家屋〈96〉）
［86］ Christian Friedrich Neubert（家屋〈80〉）
［87a］ Gotthelf Friedrich Herklotz（家屋〈94〉）
［87b］同上．（林地）
［88a］ Traugott Friedrich Arnold（家屋〈93〉）
［88b］同上．（林地）
［89］ Gottlob Leberecht Erler（家屋・付属地〈87〉）
［90］ Adam Friedrich Ihle（家屋・付属地〈84〉）
［91］ Christian Gottlob Müller（家屋・付属地〈83〉）
［92］ Samuel Friedrich Müller（家屋・付属地〈82〉）
［93］ Johann Samuel Andreas（$\frac{1}{4}$フーフェ農地〈72〉）
［94］ Gottlob Kaden（借家人家屋〈47〉）
［95］ Johanne Christiane Matthes（借家人家屋〈122〉）
［96］ Karl Samuel Nitzsche（$\frac{1}{4}$フーフェ農地〈41〉）
［97］ Gottlob Friedrich Werner（$\frac{3}{8}$フー

第3章　騎士領プルシェンシュタイン（南ザクセン）における封建地代の償却　*245*

フェ農地〈99〉）
[98] Karl Gottlob Müller（借家人家屋〈39〉）
[99] Karl Gottlob Schmerler（借家人家屋〈64〉）
[100] Christiane Amalie Fischer（借家人家屋〈6〉）
[101] Johanne Christiane Wolf（借家人家屋〈90〉）

[102] Carl Friedrich Wagner（借家人家屋〈11〉）
[103] Carl Gottfried Müller（借家人家屋〈77〉）
[104] Gotthelf Friedrich Müller（借家人家屋〈20〉）
[105] August Friedrich Morgenstern（借家人家屋〈42〉）

　本表に関して，一方では，一連番号9（区分なし）と27（a，bとc）の所有者は3人であり，30と32は2人に分割所有されている．また，15も序文によれば3人に分割所有されている．31はaとbに分割されているばかりでなく，31bは3人の共同所有である（以上のうち，9，15と31bの各3人は表3-9-3によれば償却地代を共同で負担する）．他方では，11と12，19と20（序文のみの記載），および，50と51は，そして，80aと80b，83aと83b，84aと84b，87aと87b，および，88aと88bも，同一人と記載されている．他方で，同一人との記載はないけれども，14と15b，15cと96，32aと72，および，46と91は同村同姓同名である．このように複雑な事情があるけれども，私は本協定の義務者を105人と想定する．その場合，(1) 第1章第4節 (4) に記したように，一連番号がa，bなどに区分されていない場合には，複数の所有者を1人と見なす．(2) 一連番号がa，bなどに区分されている場合には，その一連番号の所有者の階層をaでもって代表させる．ただし，①aが分離地（序文では園地）である32だけは，32bによって代表させ，32をフーフェ農地と考える．②水車とフーフェ農地を所有する一連番号13と20は，フーフェ農と見なす．③序文にケマースヴァルデ村［居住］と追記されている27bと27cについては，義務者の数に算入しないが，表3-9-3と表3-9-5ではケマースヴァルデ村に償却一時金額を計上する．

　表3-9-2は第1条（表3-9-1）に基づいて，クラウスニッツ村の保険番号を一連番号と対照させたものである．

表3-9-2　保険番号・一連番号対照表

⟨1⟩=[1]；⟨3⟩=[2]；⟨4⟩=[59]；⟨6⟩=[100]；⟨7⟩=[57]；⟨8⟩=[3]；⟨9⟩=[4]；⟨11⟩=[102]；⟨12⟩=[52]；⟨13⟩=[49]；⟨14⟩=[5]；⟨15⟩=[47]；⟨16⟩=[6]；⟨17⟩=[7]；⟨18⟩=[46]；⟨19⟩=[44]；⟨20⟩=[104]；⟨21⟩=[43]；⟨22⟩=[42]；⟨23⟩=[41]；⟨24⟩=[8]；⟨26⟩=[39]；⟨27⟩=[37]；⟨28⟩=[38]；⟨29⟩=[40]；⟨31⟩=[11]；⟨34⟩=[12]；⟨35⟩=[13]；⟨37⟩=[14]；⟨38⟩=[36]；⟨39⟩=[98]；⟨40⟩=[15]；⟨41⟩=[96]；⟨42⟩=[105]；⟨43⟩=[16]；⟨44⟩=[17]；⟨45⟩=[45]；⟨47⟩=[94]；⟨48⟩=[48]；⟨49⟩=[50]；⟨51⟩=[53]；⟨52⟩=[54]；⟨53⟩=[55]；⟨54⟩=[56]；⟨55⟩=[58]；⟨57⟩=[18]；⟨61⟩=[60]；⟨62⟩=[20]；⟨63⟩=[19]；⟨64⟩=[99]；⟨65⟩=[67]；⟨66⟩=[70]；⟨67⟩=[72]；⟨68⟩=[21]；⟨69⟩=[22]；⟨70⟩=[77]；⟨71⟩=[78]；⟨72⟩=[93]；⟨74⟩=[23]；⟨75⟩=[79]；⟨77⟩=[103]；⟨79⟩=[24]；⟨80⟩=[86]；⟨82⟩=[92]；⟨83⟩=[91]；⟨84⟩=[90]；⟨87⟩=[89]；⟨90⟩=[101]；⟨92⟩=[25]；⟨93⟩=[88a]；⟨94⟩=[87a]；⟨95⟩=[26]；⟨96⟩=[85]；⟨97⟩=[27a]；⟨98⟩=[84a]；⟨99⟩=[97]；⟨101⟩=[83]；⟨102⟩=[82]；⟨103⟩=[81]；⟨105⟩=[31a]；⟨106⟩=[80a]；⟨113⟩=[76]；⟨114⟩=[75]；⟨117⟩=[74]；⟨118⟩=[73]；⟨119⟩=[71]；⟨121⟩=[69]；⟨122⟩=[95]；⟨123⟩=[68]；⟨124⟩=[66]；⟨126⟩=[33]；⟨128⟩=[65]；⟨129⟩=[34]；⟨130⟩=[64]；⟨131⟩=[62]；⟨132⟩=[63]；⟨133⟩=[35]；⟨134⟩=[61]．

表3-9-3は第1条から各義務者の償却年地代と一時金のみを村別に示す[2]．これらは第2条によれば賦役，現物貢租，貨幣貢租（賦役代納金を含む），放牧権などに基づく．

表3-9-3　各義務者の償却年地代・一時金額

(1)　クラウスニッツ村
[1]　年地代1NT27NG1NP＋一時金35NT3NG5NP
[2]　年地代17NT15NG1NP
[3]　年地代12NT18NG2NP
[4]　年地代12NT22NG2NP
[5]　年地代3NT17NG5NP
[6]　年地代18NT1NG9NP
[7]　年地代17NT-NG8NP
[8]　年地代12NT11NG3NP
[9]　年地代6NT12NG8NP
[10]　年地代1NT18NG2NP
[11]　年地代12NT27NG5NP
[12]　年地代12NT19NG1NP
[13]　年地代23NG7NP＋一時金20NT16NG7NP
[14]　年地代12NT23NG9NP
[15]　年地代11NT15NG7NP
[16]　年地代12NT22NG6NP
[17]　年地代18NT7NG9NP
[18]　年地代14NT19NG8NP
[19]　年地代1NT18NG8NP
[20]　年地代9NG3NP＋一時金53NT15NG9NP
[21]　年地代17NT3NG2NP
[22]　年地代9NT15NG3NP
[23]　年地代12NT1NG5NP
[24]　年地代9NT10NG1NP
[25]　年地代8NT10NG8NP
[26]　年地代14NT1NG9NP
[27a]　年地代4NT5NG9NP
[28, 29]　年地代4TN9NG
[30a]　年地代1NT27NG2NP
[30b]　年地代28NG6NP
[31a]　年地代7NT14NG4NP
[31b]　年地代4NT29NG6NP
[32a]　年地代9NG7NP
[32b]　年地代6NT14NG
[33]　年地代4NT24NG7NP

第3章　騎士領プルシェンシュタイン（南ザクセン）における封建地代の償却　247

[34] 年地代15NT3NG4NP
[35] 年地代18NT2NG2NP
[36-38, 40, 41, 43-46, 49, 50, 52, 53, 56-58, 61, 64-68, 70-80a, 81-83a, 84a, 86, 87a, 88a] 年地代2NT23NG 1NP
[39, 54] 一時金65NT2NG8NP
[42, 62, 85] 一時金23NT29NG4NP
[47] 年地代3NT7NG+一時金31NT25NG
[48, 69, 94, 95, 99, 100, 102, 103] 年地代2NT1NG7NP
[51] 年地代3NT11NG7NP
[55] 一時金44NT16NG1NP
[59] 年地代1NT21NG4NP
[60, 98, 101, 104, 105] 年地代1NT26NG5NP
[63] 年地代2NT23NG6NP
[80b] 年地代5NP
[83b, 88b] 年地代6NP
[84b] 年地代7NP
[87b] 年地代1NG
[89] 一時金3NT22NG4NP
[90] 一時金1NT26NG2NP
[91] 一時金1NT18NG2NP
[92] 一時金3NT3NG
[93] 年地代5NT5NG3NP
[96] 年地代6NT1NG4NP
[97] 年地代8NT12NG3NP
　合計　年地代513NT-NG1NP+一時金398NT-NG8NP
　(2) ケマースヴァルデ村
[27b, 27c] 年地代2NT3NG
　合計　年地代4NT6NG
　(3) 2村合計　年地代517NT6NG1NP+一時金398NT-NG8NP

　さらに，第3条によれば，騎士領領主は「貨幣貢租について，一部は，第1条で同意された一時金支払によって償還された，と認め，大部分は無償で免除した．ただし，［騎士領領主は］(a) 彼ら［第2の契約当事者］の人身的貢租と，［騎士領］領主の譲渡地に対する譲渡地貢租，(b) 従来の貢租・賦役代納金の残部および (c) 以下の貨幣貢租の更なる徴収を，…留保した」．
　貨幣貢租 (a) と (b) の額と義務者は不明である．表3-9-4は貨幣貢租 (c) について各義務者の償却地代額を種類別に示している[3]．合計は私の計算による．なお，この貨幣貢租義務はクラウスニッツ村の領民のみに係わった．

表3-9-4　貨幣貢租額

(1) 義務者別
[2, 4] (Erz) 2NT1NG7NP
[18] (Erz) 2NT1NG7NP+(Smz) 7NG7NP = 2NT9NG4NP
[20] (Spg) 4NG5NP
[21] (Erz) 4NT3NG3NP
[22] (Erz) 6NT25NG6NP
[36] (Erz) 4NT3NG3NP
[42, 55, 62, 85] (Spg) 5NG1NP
[75] (Stz) 11NG6NP
[80a] (Erz) 1NT16NG3NP
[83a] (Erz) 1NT11NG1NP
[84a] (Erz) 1NT6NG
[87] (Erz) 1NT18NG8NP
[88a] (Erz) 1NT26NG5NP
[89] (Dig) 1NT8NG5NP+(Erz) 2NT4NG2NP+(Spg) 5NG1NP = 3NT17NG8NP

[90]（Dig）1NT8NG5NP+（Erz）23NG1NP+（Spg）5NG1NP = 2NT 6NG 7NP
[91]（Dig）1NT8NG8NP+（Erz）2NT6NG8NP+（Spg）5NG1NP = 3NT 20NG4NP
[92]（Dig）1NT8NG5NP+（Erz）7NG7NP+（Spg）5NG1NP = 1NT 21NG 3NP
 (2) 種類別合計
①賦役代納金（小屋住農4人）5NT4NG3NP ≒ 5NT4NG = 154NG（12%）
②世襲貢租（フーフェ農5人と小屋住農10人，計15人）34NT7NG8NP ≒ 34NT7NG = 1,027NG（82%）
③紡糸金（フーフェ農1人と小屋住農8人，計9人）1NT15NG3NP ≒ 1NT15NG = 45NG（4%）
④研磨水車貢租（フーフェ農1人）7NG7NP ≒ 7NG（0%）
⑤施療院貢租（小屋住農1人）11NG6NP ≒ 11NG（1%）
⑥合計（フーフェ農6人と小屋住農15人，計21人）41NT15NG6NP ≒ 41NT15NG = 1,245NG（100%）

　本表の貨幣貢租（義務者21人）の中では世襲貢租②（同15人）が全体の82%に達して，圧倒的である．
　表3-9-3と表3-9-4から一時金換算年地代と一時金との合計額を求める．表3-9-5において，(1) 村の①と②および (2) 村の①は表3-9-3に，(1) 村の③は表3-9-4に基づく．本協定が償却対象から除外した③も，償却時期不明ながら，25倍額の一時金によって償却された，と便宜上，想定する．しかし，第3条における貨幣貢租(a)と(b)の額は不明であるから，無視されている．また，本表の (3) は2村合計額と題したけれども，(2) 村居住の義務者は本節の義務者として見なされないので，義務者数は (1) 村の領民だけが表示されている．

表3-9-5　一時金換算合計額

(1) クラウスニッツ村
①年地代（世襲村長1人，フーフェ農38人，小屋住農42人，借家人家屋小屋住農13人と水車屋1人，計95人）513NT-NG1NP ≒ 513NT-NG ｛12,825NT｝
②一時金（世襲村長1人，フーフェ農2人，小屋住農10人と水車屋1人，計14人）｛398NT-NG8NP ≒ 398NT｝
③貨幣貢租（時期不明）（フーフェ農6人と小屋住農15人，計21人）41NT15NG6NP ≒ 41NT15NG《1,037NT15NG ≒ 1,037NT》
④計（世襲村長1人，フーフェ農38人，小屋住農52人，借家人家屋小屋住農13人と水車

屋1人，計105人）{14,260NT}
(2) ケマースヴァルデ村
①年地代（本節の義務者に加算されない耕地片所有者2人，[27b]と[27c]）4NT6NG {105NT}
(3) 2村合計額
①年地代（1村の世襲村長1人，フーフェ農38人，小屋住農42人，借家人家屋小屋住農13人と水車屋1人，計95人）{12,930NT}〈90%〉
②一時金（1村の世襲村長1人，フーフェ農2人，小屋住農10人と水車屋1人，計14人）{398NT}〈3%〉
③貨幣貢租（時期不明）（1村のフーフェ農6人と小屋住農15人，計21人）《1,037NT》〈7%〉
④計（1村の世襲村長1人，フーフェ農38人，小屋住農52人，借家人家屋小屋住農13人と水車屋1人，計105人）{14,365NT}〈100%〉

　表3-9-5において，各種地代の正確な種目別構成比は不明である．本表(3)の①+②，すなわち，2村合計額の93%は賦役，現物貢租，貨幣貢租，放牧権であるけれども，③の7%はすべてが償却時期不明の貨幣貢租であるから，貨幣貢租が全体の7%を超えることは，確実である．また，(3)の①（合計額の90%）が地代銀行に委託された．

1) ここの記載は序文のそれとはいくらか異なる．序文では一連番号1は世襲村長である．15では義務者15aなど3人の姓名を記載している．すなわち，15a，A. F. Eckardt（Gotthelf Friedrich Zemmrichの$\frac{1}{2}$フーフェ農地〈40〉が分割された後の主農場），15b，Karl Gottlieb Kempe（分離地所有者），15c，Karl Samuel Nitzsche（分離地所有者）である．20の所有者は「同上」，付属地は採草地と記されている．27aは$\frac{3}{8}$フーフェ農の，31aは$\frac{1}{2}$フーフェ農の，［土地］分割後の主農場である．27b，27cと31bの不動産は分離地であり，32aの不動産は園地である．47は家屋・水車である．63と77は単に小屋住農である．さらに，27bと27cはケマースヴァルデ村居住者である．──第11条は15にA. F. Eckardtだけを，20に「水車・$\frac{1}{4}$フーフェ農地」を，31aに$\frac{3}{10}$フーフェ農地を記録している．
2) 第1条によれば，9の共同所有者3人と15の義務者たち（序文によれば前（注1）の3人）は，償却地代を共同で負担した．
3) 本表[36]に記された貢租は，「製材水車からの同」と読める．「同」は，前行（一連番号22）と同じ世襲貢租のはずである．42年11月8日の協定署名集会議事録(3)においても，この一連番号36の義務者は製材水車貢租の根拠に疑問を提出している（本節(1)参照）．しかし，一連番号36の不動産は家屋であって，水車ではない．それにも拘わらず，家屋36について製材水車貢租

が問題にされるのは，何故であろうか．[75] に記された貢租 Stiftzins，あるいは，本節 (1) 署名集会議事録 (2) に記録された貢租 Gestiftzins は，差しあたり施療院貢租と訳しておくが，いかなるものか不明である．

第10節　全国委員会文書第4601号

(1) 貢租償却協定と償却一時金合計額

　これは第4601号文書，「騎士領プルシェンシュタインと同地の義務的都市自治体および靴屋同職組合との間の，1844年2月3日／4月3日の貢租償却・永代借地権廃止協定[1]」である．

　第1の［当事者］は…当騎士領の所有者…であり，第2の［当事者］は都市自治体ザイダであり，第3の当事者は同地の靴屋同職組合である．第2の［当事者］は同地の自治体所有地の所有者であり，ザイダ市のいわゆる「城の土地」の永代借地権所有者でもある．これら3者は，以下の文書に詳細に記された権利と対象の償却について，次の協定を一括して締結した．この協定は，全国委員会の承認を除いて，都市自治体ザイダに権限を持つ官庁によって承認された．(1) 都市自治体ザイダの全権委任者は，ザイダ市の有力な市民であり，家屋・土地所有者である3人，(2) 靴屋同職組合の代表は親方2人である（代表者の姓名は表3-10-1）．

　第1条　契約当事者は次のことで一致した．
　(1) 以下の貨幣貢租，
　(A) (a) ［市］壁と塁壕の土地に関して毎年ヴァルプルギスとミヒャエーリス祭に半額ずつ満期となる世襲貢租[2] 10NT，
　(b) 毎年バルトロメーウス祭に［満期となる］都市貢租10NG6NP，
　(c) ザイダ市の「城の土地」からの年々の永代借地料12NT，と
　(d) ビール醸造1回毎の醸造証拠金2NG8NPは，都市自治体ザイダによって，また，
　(B) 毎年クリスマスに［満期となる］手工業貢租4NGは，同地の靴屋同職組合[2] によって，この職を営む各親方から，
　第3条に記された時期以後，当騎士領に支払われる必要がない．また，
　(2) 都市自治体ザイダが同地の「城の土地」に対して持つ永代借地権は，完全な所有権に転化され，それについて当騎士領に従来帰属した所有権は，すべて消滅するべきである．
　第2条　この貢租償却と永代借地権廃止を実現するために，権利ある当騎士領への補償として，

(1) 都市自治体ザイダは583AT11AG10APの一時金に［同意した］．これは1838年の聖ヨハネ祭とクリスマスに半額ずつ支払われるべきであり，年5％の利子が付けられる．これの内訳は第1条［(1)］(a)の世襲貢租10ATについての200AT，同(b)の都市貢租10AG6APについての8AT18AG，同(c)の［永代］借地料12ATと第1条(2)の永代借地権廃止とについての252AT，および，第1条［(1)］(d)の醸造証拠金［2AG8AP］についての122AT17AG10APである．

(2) 靴屋同職組合は，1835年聖ヨハネ祭に支払われるべき一時金55ATに同意した．

第3条 当騎士領の所有者は，この一時金によって示談にした，と述べ，彼の騎士領に帰属していた，第1条の年貨幣貢租の廃止を確約した．その場合，靴屋同職組合については1835年からであり，従来の残金すべては免除された．しかし，都市自治体ザイダについては，約束された一時金の完全な支払の下において，である．また，永代借地権の廃止と，騎士領に従来支払われた，年12ATの永代借地貢租の免除の下で，［騎士領領主は］ザイダの「城の土地」についての完全な所有権を1838年から上記自治体に認めた．

第4条 ［償却費用の分担と同文5部の償却協定──省略］
プルシェンシュタイン城にて1844年2月3日

同年2月3日の協定署名集会議事録は紹介を省略する．
この議事録の謄本をA. A. ヘフナーがノッセン市で1844年2月27日に確認した[3]．
44年4月3日に全国委員会［主任］ミュラーはこの協定を承認した．
本協定の提議者と被提議者は明記されていない．

表3-10-1は義務者代表の姓名を示す．

表3-10-1 義務者代表の姓名

(1) [1] August Wilhelm Schlesinger
   [2] Christian Sigismund Homilius
   [3] Samuel Friedrich Butter
(2) [1] 上級親方・長老 Carl Christian Gottlieb Schubert
   [2] 同 Carl Gotthelf Wagner

本償却協定は1844年に署名され，承認されたけれども，償却地代・一時金は第2条によって旧通貨で計算され，一時金は1838年以前に支払われていた．このうち，第1条(A)(d)と(2)は貨幣貢租であるけれども，第2条におけるそれらの一時金額は，算出根拠が明らかでないので，協定の文言のままにしておく．しかし，(A)の(a)，(b)と(c)は年貨幣貢租と見なしうる．それらの

252

一時金額を年地代の25倍額と想定した場合の一時金額は，表3-10-2のようになる．

表3-10-2　貨幣貢租償却一時金合計額
(1)（A）ザイダ市
　①(a)＋(b)＋(c) 22AT10AG6AP ≒ 22AT10AG {560AT10AG ≒ 575NT28NG ≒ 575NT}
　②(d) {122AT17AG10AP ≒ 122AT17G ≒ 126NT2NG ≒ 126NT}
　③合計 {701NT}
(2)（B）同職組合 {55AT ≒ 56NT15NG ≒ 56NT}
(3) 合計額
　①年地代 {575NT}（76%）
　②一時金 {182NT}（24%）
　③合計額 {757NT}〈100%〉

　都市自治体ザイダは貨幣貢租4種を一時金換算701NTによって，同市の靴屋同職組合は貨幣貢租1種を一時金換算56NTによって，償却した，と想定される．本表 (3) ② (合計額の24%) は一時金によって償還され，(3) ① (同76%) が地代銀行に委託されたであろう．

1) GK, Nr. 4601. ただし，表題の「同地の義務的…」は「ザイダ市の義務的…」とされるべきであろう．また，貢租は貨幣貢租であった．
2) ザイダ市は1830年に長大な請願書を提出した．松尾 2001, pp. 58-74. その中の [Ⅱ] (6) は，パン屋・肉屋（以上については本章第15節を参照）・靴屋などの同職組合が負担すべき貢租について苦情を述べ，(9) は，市民が市壁と塁濠を取り壊して耕地を造成したにも拘わらず，それに対して騎士領領主が賦課する世襲貢租10ATについて，訴えている．松尾 2001, pp. 66-68.
3) この議事録を確認したA. A. ヘフナーは，本協定序文に明記されていないけれども，法律関係特別委員であった，と考えられる．

第3章　騎士領プルシェンシュタイン（南ザクセン）における封建地代の償却　253

第11節　全国委員会文書第5777号

(1) 賦役・貢租償却協定

　これは第5777号文書，「フライベルク市近郊の騎士領プルシェンシュタインとクラウスニッツ村の土地所有者との間の，1846年2月13日／3月16日の賦役・貢租償却協定[1)]」である．

　第1の［当事者］，…当騎士領の所有者…と第2の当事者（義務者全員の姓名と不動産は後出の表3-11-1）は…以下の償却協定を正当に締結した．──特別委員は本章第9節のそれと同じであった．

　第1条　第2の契約当事者，A. F. ケンペ［一連番号1］と仲間たちは従来，その土地から毎年一定の賦役，狩猟賦役，穀物貢租（パン穀物とライ麦），いわゆる亜麻播種貢租，および，さまざまな定額貨幣貢租（世襲貢租，打穀金，警衛金と紡糸金）を当騎士領に給付する義務を負っていた．賦役については，［彼らは，］彼ら，領民が解除を告知するまで，賦役の大部分を，1737年…，1785年…，1791年…の協定の基準に従って，一定の賦役代納金として，当騎士領領主に毎年支払うべきであった．

　第2条　これらのさまざまな義務のうち，賦役代納金に関する［義務は］，…フライベルク特別管区に提起された不法占有不動産取り消し訴訟（Negatoriensache）において，最近1841年3月10日，41年12月10日と44年2月13日に通告された判決によって維持されている．それら［の義務］はこの償却によって永久に廃止される．すなわち，義務者は賦役，狩猟賦役と現物貢租に対して，本協定第7条に記載された年地代を，あるいは，それらと，償却されるべき貨幣貢租とに対して，そこに記載された一時金を，当騎士領領主に約束し，これと引き換えに…［騎士領領主］は彼らの上記義務を免除し，亜麻播種貢租を無償で放棄する．

　第3条　この免除は賦役，狩猟賦役，現物貢租と亜麻播種貢租に関しては既に1844年末に実現した．毎年…支払われるべき，新しい償却地代は1845年初から回転し始めた．そして，J. C. レシュナー［一連番号17］は，狩猟賦役に対して同意した一時金を…［騎士領領主］に既に1844年9月2日に支払った．

　第4条　貨幣貢租について本協定第7条一覧表の貨幣額第1欄に記載されている償却一時金は，遅くとも1846年末までに支払われるべきである．しかし，償却する者は，それを一層早期に，任意かつ自由に支払うことができる．とくにG. F. リップマン［二世，一連番号13］は，4分割した一時金をこの期限内に任意かつ自由に償還できる．一時金が完全に支払われるまでは，従来の世襲貢租，打穀金，警衛金と紡糸金は引き続き支払われる．部分

的な，あるいは，1年以内での，一時金支払の場合にのみ，時期と一時金の額に比例して，[それは] 分割・減額される．
　第5条　G. L. キュマー［一連番号6と7］が当騎士領領主に対して世襲林地…と御館採草地…［の一部，2筆］からヴァルプルギスに毎年支払うべき世襲貢租3NT10NG2NP，および，御館採草地…［の一部，3筆］からミヒャエーリス祭に［毎年支払うべき世襲貢租］2NT1NG7NPはこの償却から除外される．
　第6条　［償却地代の地代銀行委託――省略］
　第7条　［償却地代・一時金額は後出の表3-11-2．地代銀行委託額と地代端数は省略．］それらは［特別］委員によって作成され，当事者双方によって承認された，特別の計算を基礎にしている．
　第8条　［対物的負担としての償却地代と関係法規定――省略］
　第9条　［償却費用の分担と同文4部の償却協定――省略］
　プルシェンシュタイン［城］にて1846年2月13日．

　同年2月13日の協定署名集会議事録は省略する．
　これを全国委員会［主任］ミュラーは同年3月16日に承認した．
　本協定の提議者と被提議者は明記されていない．

1)　GK, Nr. 5777. ここで貢租と呼ばれているものは，第1条によれば現物貢租と貨幣貢租である．――松尾,「プルシェンシュタイン」, (2), p. 121は本協定第7条一覧表の最初の2ページを示す．

(2) 償却一時金合計額

　表3-11-1は序文から，第7条を参考にしつつ，義務者全員の姓名と不動産を示す[1]．保険番号は，本協定条文の中では記述されないけれども，第6476号協定（本章第14節）との関連で付記した．

表3-11-1　義務者全員の姓名と不動産

[1] Traugott Friedrich Lippmann の遺族（Amalie Friedericke Kempeと子供たち）（$\frac{3}{4}$フーフェ農地〈10〉）

[2] Müller家5兄弟（そのうち，後に記載される2人のみを挙げると，aはTraugott Friedrich, cはAugust Friedrich）（1 フーフェ農地〈25〉）

[3] Johann Christoph Adam Hänel（1 フーフェ農地〈33〉）

[4] Johanne Christiane Lohse（(a) $\frac{1}{2}$フーフェ農地〈76〉, (b) 上手の世襲採草地…［の一部］）

[5] Karl August Schneider（$\frac{1}{4}$フーフェ農地〈78〉）

[6] Gottlob Leberecht Kümmer（(a) 1 フーフェ農地〈81〉, (b) 上手の世襲採草地…［の一部］）

[7] 同上（$\frac{1}{6}$フーフェ農地…）

第3章　騎士領プルシェンシュタイン（南ザクセン）における封建地代の償却　255

[8] Gottlob Friedrich Zemmrich ($\frac{3}{4}$フーフェ農地〈107〉)
[9] Johanne Eleonore Clausnitzerと子供（$\frac{1}{4}$フーフェ〈100〉）
[10] Carl Gottlob Weidensdörfer（$\frac{1}{2}$フーフェ農地〈110〉）
[11] Gottlob Friedrich Herklotz（$\frac{1}{2}$フーフェ農地〈115〉）
[12] Traugott Friedrich Wolf（1フーフェ農地［分割後］の主農場〈120〉. 本来の［農民］地負担の$\frac{13}{20}$）
[13] Gottlob Friedrich Lippmann jun.（$\frac{3}{4}$フーフェ農地〈111〉）
[14] Johann Gottlob Müller（家屋〈36〉）
[15] August Friedrich Müller（[2c]）（家屋〈73〉）
[16] Christian Gottlob Müller（$\frac{1}{2}$フーフェ農地〈46〉）
[17] Johann Christoph Löschner（1フーフェ農地〈30〉）
[18] Friedrich Fürchtegott Böttrich（$\frac{3}{4}$フーフェ農地〈89〉）
[19] Karl Gottlieb Müller（(a)家屋〈109〉, (b)林地）

　本表の不動産1, 2と9の所有者は複数である．そのうち，2の共同所有者の1人は15と同姓同名である．また，6と7は同一人と記されている．しかし，私は本協定の義務者を19人と見なしたい．
　表3-11-2は，第7条の一覧表から各義務者の償却年地代と一時金だけを抜き出したものである．

表3-11-2　各義務者の償却年地代・一時金額

[1, 18] 年地代14NT24NG9NP＋一時金17NT16NG
[2, 3] 年地代19NT5NG3NP＋一時金19NT2NG
[4a]　年地代13NT1NG2NP＋一時金16NT
[4b, 6b]一時金5NT4NG
[5]　年地代9NT23NG2NP＋一時金8NT4NG
[6a]　年地代19NT5NG3NP＋一時金21NT10NG
[7]　年地代4NT15NG＋一時金5NT2NG
[8, 13]年地代18NT10NG6NP＋一時金17NT16NG
[9]　年地代6NT3NG8NP＋一時金5NT24NG
[10, 11, 16]年地代13NT13NG6NP＋一時金16NT
[12]　年地代13NT＋一時金11NT12NG
[14, 15, 19a]年地代3NT5NG1NP＋一時金6NT
[17]　一時金17NG5NP
[19b]一時金15NT12NG
　合計　年地代220NT6NG2NP＋一時金268NT7NG5NP

　表3-11-3は，表3-11-2の合計欄に基づいて，一時金換算年地代と一時金の合計額を示す．ただし，本協定第5条は［6］(b)と［7］の採草地・林地の世

襲貢租，合計 5NT11NG9NP を償却から除外した．それがいつ償却されたか，は不明であるけれども，それの想定額も (3) として計上しておこう．

表 3-11-3　一時金換算合計額

(1) 年地代（フーフェ農 15 人と小屋住農 3 人，計 18 人）220NT6NG2NP ≒ 220NT6NG ⦅5,505NT⦆〈93%〉
(2) 一時金（フーフェ農 16 人と小屋住農 3 人，計 19 人）⦅268NT7NG5NP ≒ 268NT⦆〈5%〉
(3) 貨幣貢租（フーフェ農 2 人）（時期不明）5NT11NG9NP ≒ 5NT11NG《134NT5NG ≒ 134NT》〈2%〉
(4) 合計額（フーフェ農 16 人と小屋住農 3 人，計 19 人）⦅5,907NT⦆〈100%〉

合計額の 5% だけが一時金によって償還され，貨幣貢租 2% は償却時期不明である．残りの 93% は年地代によって償却され，地代銀行に委託された．しかしながら，貨幣貢租は合計額の 2% を超えるはずであるが，封建地代 3 種目（賦役・現物貢租・貨幣貢租）の正確な種目別内訳は不明である．

1) 序文では，[1] は故 T. F. リップマン，$\frac{3}{4}$ フーフェ農民の遺族…と記されているけれども，第 7 条一覧表に従って $\frac{3}{4}$ フーフェ農地とする．序文では，また，本協定第 7 条一覧表においても，[4] の不動産は 1 フーフェ農地と記されているが，「この所有地は裁判所の報告によれば $\frac{1}{2}$ フーフェ農地である」，と全国委員会が欄外に注記しているので，私はその記述に従う．

第 12 節　全国委員会文書第 5778 号

(1) 賦役償却協定と償却一時金合計額

　これは第 5778 号文書，「フライベルク市近郊の騎士領プルシェンシュタインと [6] 村，フリーデバッハ，クラウスニッツ，ケマースヴァルデ，ハイダースドルフ，ウラースドルフおよびピルスドルフとの間の，1846 年 2 月 13 日／3 月 16 日の道路建設賦役償却協定[1]」である．本協定の表題に列挙された 6 村のうち，ウラースドルフ村とピルスドルフ村は第 2 条では義務を共同で負担している．また，ディッタースバッハ，ノイハウゼンとザイフェンの 3 村は，協定表題

に挙げられていないけれども，序文と本文には記載されている．

　ザイダ市からノイハウゼン村とアインジーデル村を経て，ボヘミアのブリュックス[2] (Brüx) に通じる舗装道路が建設されるまでは，以前そこにあった街道，普通はアインジーデル [街道] あるいは中部 [エルツ] ゲビルゲ街道と呼ばれていた [街道]，を建設・維持する義務が当騎士領に課されていた．1700年…に作成され，1701年…に領邦君主によって承認された世襲台帳…第40条によれば，この義務はフリーデバッハ，クラウスニッツ，ケマースヴァルデ，ハイダースドルフ，ウラースドルフ，ピルスドルフ，ディッタースバッハ，ノイハウゼンとザイフェンの [9] 村，および，プファフローダ領のいくらかの領民に再び移された．さらに，上記世襲台帳…第42条によれば，ノイハウゼン，ディッタースバッハとザイフェンの [3] 村は街道と溝での雪かきを義務づけられていた．
　プファフローダ領領民の道路建設義務とノイハウゼン村の雪かき義務[3]が既に以前に償却された後，残りの村々のそれも本契約によって両種とも完全に廃棄・廃止された．
　第1の [当事者] である，当騎士領の所有者…と，第2の当事者である，[1] フリーデバッハ，[2] クラウスニッツ，[3] ケマースヴァルデ，[4] ハイダースドルフ，[5] ウラースドルフ，[6] ピルスドルフ，[7] ディッタースバッハ，[8] ノイハウゼンと [9] ザイフェンの [9] 村は，この [特別] 委員会が作成した計算と，それが与えた，法律上有効な決定に基づいて，それについて次のように協定した．各村の村長の姓名は表3-12-1に示されている．——特別委員は前節の協定と同じであった．

　第1条　…[騎士領領主] は，あの道路を建設・維持し，道路と溝との雪かきをする，という，契約上の上記義務から…[上記9] 村をここに免除する．この免除は1844年から生じた，と見なされる．
　第2条　上記の村々はその [村] 長を通じてこの免除を受け入れ，この義務を国家に対して償却した当騎士領に弁償するために，1844年から次の償却年地代 (その地代額は後出の表3-12-2．ただし，[7] の地代額5NT11NG2NP 中の1NT20NG7NP と [9] の4NT14NG2NP 中の1NT24NG は雪かきのためである) を承認する．それは合計して，29NT26NG6NP である．
　[1] から [8] までの [8] 村はその地代を村有地 [その土地台帳番号は省略] で [対物的負担として] 引き受ける．[関係法規定——省略]
　第3条　上記の年地代は…4分割して毎年…当騎士領領主に支払われるべきである．しかし，[1] から [8] までの [8] 村の地代，…合計25NT12NG は本協定承認直後…に当騎士領領主から地代銀行に委託される．[委託地代額・地代端数・関係法規定——省略]
　本償却協定が承認され…ると直ちに，[9] ザイフェン村が引き受けた地代4NT14NG2NP は，当騎士領領主に対して1846年復活祭に111NT25NG の一時金でもって償還される．

258

第4条 ［償却費用の分担——省略］
第5条 ［同文11部の償却協定——省略］
プルシェンシュタイン［城］にて1846年2月13日

同年2月13日の協定署名集会議事録は省略する．
これを全国委員会［主任］ミュラーは1846年3月16日に承認した．
本協定の提議者と被提議者は，また，特別委員も明記されていない．

表3-12-1は本協定序文から各村の村長の姓名（前任者は省略）を示す[4]．

表3-12-1　各村の村長の姓名

[1] フリーデバッハ村　Karl Gottlob Böttger
[2] クラウスニッツ村世襲村長　Gottlob Friedrich Wirth
[3] ケマースヴァルデ村　Johann Gottlob Müller
[4] ハイダースドルフ村　Karl Wilhelm Tiänkner
[5] ウラースドルフ村・[6] ピルスドルフ村　Fürchtegott Friedrich Schneider
[7] ディッタースバッハ村世襲村長　Gottlieb Friedrich Wenzel
[8] ノイハウゼン村　Wilhelm Fürchtegott Kunze
[9] ザイフェン村　Gottlieb Friedrich Leberecht Haustein

表3-12-2は，道路建設・維持賦役償却年地代額（第2条）と，それから計算された村別償却一時金額を示す．｛｝の合計額は，各村の年地代額（第2条）から計算したものではなく，各村の一時金額の合計である．

表3-12-2　村別賦役償却一時金額

(1) フリーデバッハ村　5NT12NG8NP ≒ 5NT12NG ｛135NT｝
(2) クラウスニッツ村　5NT17NG3NP ≒ 5NT17NG ｛139NT5NG ≒ 139NT｝
(3) ケマースヴァルデ村　4NT15NG5NP ≒ 4NT15NG ｛112NT15NG ≒ 112NT｝
(4) ハイダースドルフ村　1NT6NG ｛30NT｝
(5) ウラースドルフ村 + (6) ピルスドルフ村　1NT6NG ｛30NT｝
(7) ディッタースバッハ村　5NT11NG2NP ≒ 5NT11NG ｛134NT5NG ≒ 134NT｝
(8) ノイハウゼン村　2NT3NG6NP ≒ 2NT3NG ｛52NT15NG ≒ 52NT｝
(9) ザイフェン村　｛111NT25NG ≒ 111NT｝
(10) 9村合計額
　①年地代（8農村自治体）｛632NT｝（85％）

②一時金（1農村自治体）|111NT|（15％）
③合計額（9農村自治体）|743NT|（100％）

　本表によれば，合計額 (10) ③のうち，②の15％が一時金で償還され，①の85％が地代銀行に委託された．

1) GK, Nr. 5778.
2) ブリュックスは現在のチェコ領モスト（Most）である．ザクセン州立中央文書館回答．
3) ノイハウゼン村の雪かき賦役は，全国委員会文書第2025号（本章第6節）第2条（b）に記された，「…新分農場の傍の家畜用小桶までのノイハウゼン村の道路の雪かき…」であろう．
4) ハイダースドルフ村の村長の姓名を私はK. W. Tiänknerとしか読めないが，約1年後の第6308号文書（本章第13節）で一連番号［78］の同村村長はK. W. Tränknerとなっている．

第13節　全国委員会文書第6308号

(1) 賦役・放牧権・貢租償却協定

　これは第6308号文書，「フライベルク市近郊の騎士領プルシェンシュタインとハイダースドルフ村およびニーダーザイフェンバッハ村の土地所有者との間の，1847年2月20日／3月31日の賦役・放牧権・貢租などの償却協定[1])」である．

　(I)第1の［当事者］，…当騎士領の所有者…，
　(II)第2の［当事者］，ハイダースドルフ村の下記の土地所有者，耕地片所有者，小屋住農と借家人家屋小屋住農，一連番号1−37，
　(III)第3の［当事者］，ニーダーザイフェンバッハ村のG. F. キルシェン，一連番号38，および，
　(IV)第4の当事者，ハイダースドルフ村の以下の土地所有者，小屋住農，耕地片所有者と借家人家屋小屋住農，一連番号39−78（義務者全員の姓名と不動産は後出の表3-13-1）は…，賦役，貨幣貢租，現物貢租，放牧権その他の給付を協定の方式で以下のように償却した．ただし，(II)［37］の借家人家屋小屋住農A. F. シュレーゲルに関しては［償却は］，法的効力のある判決に従っている．――特別委員は前節のそれと同じであった．
　第1条　この償却によって廃止される対象は次のものである．
　(1) 序文一連番号1，2a/b，3b，6b，9，10b，11−13，14a，21，27−31，33，35と

37-70の土地に課される，以下の［義務，すなわち，］その一部は，直接に当騎士領に，あるいは，それに属する，ハイダースドルフ村の分農場に給付される，生の賦役全部であり，他は，1737年…，1785年…と1791年…の協定に従って，各種賦役について領民の側から解約可能な賦役代納金として，当騎士領に支払われる賦役代納金である．

(2) 協定序文の番号1, 2a/b, 3b, 6b, 9, 10b, 11-13, 35, 39-51, 58b, 68と69の土地から当騎士領に毎年給付される穀物貢租（パン穀物・燕麦），

(3) 序文番号1, 2a/b, 3b, 6b, 9, 10b, 11-13, 14a, 16, 21, 27-30, 33-35, 39-41, 45, 47, 50, 52, 54, 56, 58a/b, 59-61, 68と69の土地から当騎士領に毎年届けられる確定貨幣貢租（賦役代納金，世襲貢租，クリスマス貢租，打穀金，警衛金と紡糸金），

(4) ハイダースドルフ村所属の土地に対して，当騎士領の羊に帰属した羊放牧権，

(5) 協定序文番号2b, 3b, 6bと58bの土地の所有者があの羊放牧権のために許容せねばならなかった家畜通行権，

(6) 当騎士領領主から肥育のために毎年与えられる豚1頭を，「水車の土地」，序文番号36の所有者が肥育させる，あるいは，後者［騎士領領主］の選択によっては，その代わりに現金5NT2NG5NPを支払う，という義務，

(7) 当騎士領の林地に放牧地がある場合，そこで雌牛4頭と，子を産まない家畜2頭とを自由に放牧させうる，と上記「水車の土地」，保険番号70［一連番号36］の所有者が主張する権利，および，

(8) ハイダースドルフ村の各人がその［農民］地で他人のために亜麻を播く場合に，世襲台帳に従って当騎士領に帰属する亜麻播種貢租．

第2条　前条1，2と4-6項に挙げられた対象の廃止に対して，また，一部は第1条3項の貨幣貢租に対して当騎士領は，第7条記載の年地代と一時金支払によって［補償される］．それら［年地代と一時金］は，協定あるいは法的効力ある判決を通じて確定され，当事者双方によって承認された，特別の計算に基づいて記入された．貨幣貢租は専ら一時金によって償還される．また，第1条7項に記された放牧権に対して，ハイダースドルフ村の「水車の土地」，保険番号70の所有者A. F. トリンクス［一連番号36］は，彼自身の土地に課される，当騎士領の羊放牧権からの無償の解放，および，1838年4月10日に支払われた一時金5NT4NG2NPによって補償された．それに対して，第1条8項に記された亜麻播種貢租と，協定序文番号1, 2a/b, 3b, 6b, 9, 10b, 11-13, 14a, 21, 27-30および58bの土地の貨幣貢租を，当騎士領領主は無償で廃止させる．

第3条　本契約実施の時点と定められるのは，(a) 第2の契約当事者に関しては1838年初，(b) 第3の契約当事者については1837年初，(c) 第4の契約当事者と，第2の契約締結者中の［一連］番号31および35の土地の放牧権とに対しては1845年初である．第1条1，2と4-8項の償却対象は，その時点で廃止されたと見なされ，それ以後には，約定された地代が支払われるべきである．しかし，第1条3項の貨幣貢租は，それが第2条に従って無償で廃止されない限り，1838年初に実施された，と見なされるべきであるけれども，

それは，それに対して定められた一時金の支払以前には，廃止されない，と規定された．
　第4条　［償却地代の支払時期──省略］
　第5条　［償却地代の地代銀行委託と地代端数──省略］
　第6条　［償却一時金の支払時期──省略］
　第7条　［償却地代と一時金（後出の表3-13-2）］．［地代銀行委託額と地代端数──省略］
　第8条　［対物的負担としての償却地代──省略］
　第9条　償却の費用は当騎士領領主と第2，第3および第4の契約締結者とで折半される．…［同文4部の償却協定──省略］
　ハイダースドルフ村にて1847年2月20日

協定署名集会議事録と付属記録は省略する．
この協定を全国委員会［主任］ミュラーは1847年3月31日に承認した．
本協定の提議者と被提議者は明記されていない．

1) GK, Nr. 6308. 本協定の表題で貢租と記されているものは，第1条によれば現物貢租と貨幣貢租である．なお，(1) 松尾，「プルシェンシュタイン」，(3)，p. 76は第7条一覧表の最初の2ページを示す．(2) ハイダースドルフ村は単独で「九月騒乱」期に請願書を提出し，同村とニーダーザイフェンバッハ村は三月革命期には30村・10村・6村共同請願書に署名した．松尾2001, pp. 95-101, 175-191.

(2) 償却一時金合計額

表3-13-1は，第7条を参考にしつつ，序文から義務者全員の姓名と不動産を示している[1)]．

表3-13-1　義務者全員の姓名と不動産

(Ⅱ) ハイダースドルフ村
[1] 故Friedrich Gottlieb Wilhelm Glöcknerの遺族たち（$\frac{1}{4}$フーフェ農地〈18〉）
[2] Carl Gottlieb August Sättler（(a) $\frac{1}{4}$フーフェ農地〈26〉，(b) $\frac{1}{4}$フーフェ農地）
[3] August Friedrich Reichelt（(a) $\frac{1}{4}$フーフェ農地〈28〉，(b) $\frac{1}{4}$フーフェ農地〈家屋なし〉）
[4] Carl Heinrich Fischer（$\frac{1}{4}$フーフェ農地〈29〉）
[5] Karl August Hieckel（$\frac{1}{4}$フーフェ農地〈30〉）
[6] August Friedrich Gräfner（(a) $\frac{1}{4}$フーフェ農地〈31〉，(b) $\frac{1}{2}$フーフェ農地〈34〉）
[7] Christian Friedrich Müller（$\frac{1}{4}$フーフェ農地〈32〉）
[8] Karl Gottlieb Schlegel（$\frac{1}{4}$フーフェ農地〈33〉）
[9a] Karl Gottlob Glöckner sen.（1フーフェ農地分割後の主農場〈39〉）

[9b] 同上（耕地片）
[9c] Carl Gottlob Glöckner jun.（隠居者家屋・耕地片）
[9d] Carl Friedrich Schlegel（耕地片）
[9e] Samuel Gottlieb Beer（分離地片）
[9f] Carl Friedrich Wilhelm Heym（分離地片）
[9g] Johanne Eleonore Müller（分離地片）
[9h] Karl Friedrich Herklotz（耕地片）
[9i] Ehregott Adolph Friedrich Heim（耕地片）
[9k] August Friedrich Schubert（耕地片）
[9l] Gotthelf Friedrich Kuhnert（耕地片）
[9m] Esaias Friedrich Benjamin Brückner（耕地片）
[9n] Karl Gottlieb Oehme（分離地片）
[10] Gotthelf Friedrich Zänker（(a) 世襲村長地〈43〉, (b) 1フーフェ農地〈44〉）
[11] Ehregott Friedrich Wilhelm Göpfert（$\frac{1}{2}$フーフェ農地〈42〉）
[12] Carl Wilhelm Tränkner（1フーフェ農地〈58〉）
[13] Gotthelf Friedrich Tränkner（耕地片）
[14] K. F. Schlegel [9d]（(a) 家屋〈46〉, (b) 世襲林地）
[15] Fürchtegott Leberecht Kaden（耕地片〈69〉）
[16] Karl Friedrich Kaden（耕地片〈68〉）
[17] Christian Gottlieb Heinrich（家屋2戸・耕地片〈65/66〉）
[18] Ernst Wilhelm Herrmann（家屋・耕地片〈87〉）
[19] Karl Friedrich Schneider（耕地片〈88〉）
[20] Christian Friedrich Müller（$\frac{1}{4}$フーフェ農地〈94〉）
[21] G. F. Kuhnert [9l]（小屋住農家屋〈63〉）
[22] Christian Friedrich Tränkner（耕地片〈74〉）
[23] Fürchtegott Friedrich Beer（耕地片〈75〉）
[24] Gottlieb Fürchtegott Wilhelm Eulenberger（耕地片〈73〉）
[25] Carl Friedrich Tränkner（耕地片〈72〉）
[26] David Leberecht Friedrich Philipp（耕地片〈86〉）
[27] Carl Friedrich Wilhelm Reichelt（小屋住農家屋〈2〉）
[28] Karl Gottlieb Hengst（小屋住農家屋〈38〉）
[29] Friedrich Fürchtegott Illing（借家人家屋〈41〉）
[30] Karl Wilhelm Beer（借家人家屋〈5〉）
[31] Johann Gottlieb Schneider（小屋住農家屋〈77〉・耕地片）
[32] Heinrich Albrecht Schmieder（家屋・耕地片〈45〉）
[33] Johanne Eleonore Reichelt（小屋住農家屋〈3〉）
[34] Christiane Gottliebe Beer（小屋住農家屋〈15〉）
[35] Gotthelf Friedrich Neubauer（$\frac{1}{2}$フーフェ農地〈14〉）
[36] August Friedrich Trinks（水車・採草地・耕地片〈70〉）

第3章　騎士領プルシェンシュタイン（南ザクセン）における封建地代の償却　*263*

［37］August Friedrich Schlegel（借家人家屋〈6〉）

(Ⅲ)ニーダーザイフェンバッハ村

［38］Gottlieb Friedrich Kirschen（鍛冶場・耕地片〈28〉）

(Ⅳ)ハイダースドルフ村

［39］Johanne Christliebe Heinrich と子供たち（$\frac{1}{4}$フーフェ農地〈9〉）

［40］Karl Gotthelf Böttger（$\frac{1}{2}$フーフェ農地〈13〉）

［41］George Karl Göhler（$\frac{1}{4}$フーフェ農地〈19〉）

［42］August Friedrich Schlegel（$\frac{1}{2}$フーフェ農地〈20〉）

［43］Carl Gottlieb Hetzel（$\frac{1}{2}$フーフェ農地〈22〉）

［44］Johann Gotthelf Friedrich Fleischer（$\frac{1}{4}$フーフェ農地〈23〉）

［45］Samuel Gottlieb Beer（$\frac{1}{4}$フーフェ農地〈27〉）

［46］Gottlob Friedrich Müller（$\frac{1}{2}$フーフェ農地〈24〉）

［47］Gottlieb Ehregott Kaden（$\frac{1}{2}$フーフェ農地〈57〉）

［48］Christian Friedrich Pönig（$\frac{1}{4}$フーフェ農地〈59〉・耕地片）

［49］Christian Friedrich Hiemann（$\frac{1}{4}$フーフェ農地〈家屋なし〉）

［50］Johanne Beate Wagner（1フーフェ農地〈61〉）

［51a］Karl Gottlieb Seifert（$\frac{1}{2}$フーフェ農地分割後の主農場〈64〉）

［51b］Karl Friedrich Kaden（アイゼンツェッへ村）（耕地片）

［51c］Fürchtegott Leberecht Kaden（アイゼンツェッへ村）（耕地片）

［51d］Karl August Pierschel（アイゼンツェッへ村）（耕地片）

［51e］August Friedrich Ferdinand Hetze（ニーダーザイフェンバッハ村）（耕地片）

［51f］Karl Wilhelm Tränkner（ハイダースドルフ村）（耕地片）

［51g］Gotthelf Friedrich Tränkner（ハイダースドルフ村）（耕地片）

［52］Christiane Friedericke Hartwig（小屋住農家屋〈40〉）

［53］Christiane Friedericke Brückner（小屋住農家屋〈17〉）

［54］Friedrich Fürchtegott Rauer（小屋住農家屋〈16〉）

［55］J. E. Müller［9g］（小屋住農家屋〈12〉）

［56］Christiane Eleonore Rauer（小屋住農家屋〈49〉）

［57］Karl Friedrich Herklotz（小屋住農家屋〈10〉）

［58］Samuel Friedrich Beer（(a)小屋住農家屋〈50〉, (b)耕地片）

［59］Friedrich Fürchtegott Stiel（小屋住農家屋〈52〉）

［60］Carl Friedrich Leberecht Schlegel（小屋住農家屋〈8〉）

［61］K. G. Glöckner［9c］（小屋住農家屋〈53〉）

［62］K. G. Oehme［9n］（小屋住農家屋〈54〉）

［63］S. G. Beer［9e］（小屋住農家屋〈55〉）

［64］Johanne Rosine Fritzsche（小屋住農家屋〈60〉）

［65］Gotthold Friedrich Kempe（小屋住農家屋〈79〉・耕地片）

［66］Johann Fürchtegott Ramm（小屋住農家屋〈80〉・耕地片）

［67］Gotthelf Friedrich Walther（小屋

住農家屋〈84〉）

[68] Johann Gotthold Kirchhübel（耕地片〈83〉）

[69] Johann Gottlieb Friedrich Philipp（世襲手賦役農地〈85〉）

[70] K. F. W. Heym [9f]（借家人家屋〈11〉）

[71] August Friedrich Beer（$\frac{1}{4}$フーフェ農地〈25〉）

[72] Gotthold Friedrich Kempe II（家屋〈78〉・付属地）

[73] Karl Ehregott Ficke（家屋〈81〉・付属地）

[74] Ehregott Adolph Friedrich Philipp（家屋〈82〉・付属地）

[75] Karl Gotthold Hahn（搾油水車〈90〉・付属地）

[76] Christian Gottlieb Reichelt（家屋〈98〉・付属地）

[77] Karl Gottlieb Wenzel（ディッタースバッハ村）（耕地片）

[78] [農村] 自治体ハイダースドルフ（代表は村長 Karl Wilhelm Tränkner）（耕地片）

　本協定表題はハイダースドルフ村とニーダーザイフェンバッハ村の土地所有者のみを義務者として記載している．確かに前者の村の領民が義務者の大部分を占め，後者の村の領民は，序文によれば，一連番号 38 と 51e だけである．しかし，序文によれば，アイゼンツェッへ村（同 51b-51d）とディッタースバッハ村（同 77）の耕地片所有者も本協定に参加している．

　本表によれば，1，9，39 と 51 の所有者は複数である．また，9c と 61 のように，複数の一連番号を持つ義務者もいる．しかし，私は本協定の義務者を便宜上，78 人（耕地片所有者としての農村自治体 1 を含む）と考えたい．a, b などに細分されている一連番号のうち，9a は 1 フーフェ農地の，51a は $\frac{1}{2}$ フーフェ農地の分割後の主農場と記載されているだけであるけれども，それらの主農場を私はフーフェ農地と見なす．以下の表 3-13-2 によれば，前者の年地代は 6NT3NG9NP，後者のそれは 5NT9NG2NP であって，同村の $\frac{1}{4}$ フーフェ農地の中で年地代と一時金を同時に負担するものを除外すると，1，2a，44，48，49 の年地代にほぼ匹敵するからである（同村の $\frac{1}{4}$ フーフェ農地であっても，2b，3a，3b，4，5，6a，7，8，20 と 71 の年地代は異常に低い）．なお，51 の複数所有者 7 人中の 4 人，および，38 と 77 だけがハイダースドルフ村以外の住民である．

　本協定は，耕地片を除く義務的不動産の大部分を一連番号でもって記録している．例外はハイダースドルフ村について，序文一連番号 [13] の中の保険番号〈64〉と第 1 条（7）の保険番号〈70〉だけであり，その一連番号は前者が

第3章　騎士領プルシェンシュタイン（南ザクセン）における封建地代の償却

51aであり，後者が36である．

本協定は第1条によって賦役，現物貢租，貨幣貢租（賦役代納金と亜麻播種貢租を含む），放牧権などを償却した．表3-13-2は第7条から各義務者の償却年地代と一時金のみを村別に示す．

表3-13-2　各義務者の村別償却年地代・一時金額

(1) ハイダースドルフ村
[1]　年地代 5NT26NG1NP
[2a]　年地代 6NT7NG2NP
[2b]　年地代 2NT13NG8NP
[3a]　年地代 12NG8NP
[3b]　年地代 2NT28NG8NP
[4, 7, 19] 年地代 11NG6NP
[5]　年地代 11NG9NP
[6a]　年地代 11NG8NP
[6b]　年地代 5NT27NG6NP
[8]　年地代 10NG6NP
[9a]　年地代 6NT3NG9NP
[9b, 9c] 年地代 26NG3NP
[9d, 9m] 年地代 17NG5NP
[9e]　年地代 1NT5NG
[9f]　年地代 8NG8NP
[9g]　年地代 1NT22NG6NP
[9h]　年地代 13NG1NP
[9i, 9k, 9l] 年地代 4NG4NP
[9n]　年地代 1NT13NG8NP
[10a] 年地代 15NG4NP
[10b] 年地代 17NT14NG8NP
[11]　年地代 11NT21NG2NP
[12]　年地代 17NT3NG2NP
[13]　年地代 1NT8NG1NP
[14a, 21, 28] 年地代 2NT23NG1NP
[14b] 年地代 9NP
[15]　年地代 3NP
[16]　年地代 4NG5NP + 一時金 64NT14NG8NP
[17, 20, 26] 年地代 5NG8NP
[18, 22] 年地代 3NG5NP
[23]　年地代 2NG2NP
[24]　年地代 6NG4NP
[25]　年地代 6NG1NP
[27]　年地代 3NT16NG2NP
[29, 70] 年地代 2NT1NG7NP
[30]　年地代 2NT7NG7NP
[31]　年地代 18NG9.6NP
[32]　年地代 6NP
[33]　年地代 3NT5NG1NP + 一時金 5NT29NG9NP
[34]　一時金 44NT16NG1NP
[35]　年地代 3NT20NG8NP + 一時金 74NT28NG3NP
[36]　年地代 3NT2NG5NP
[37]　年地代 5NG1NP
[39]　年地代 12NT24NG9NP + 一時金 15NT28NG
[40]　年地代 14NT26NG1NP + 一時金 15NT28NG
[41]　年地代 7NT7NG7NP + 一時金 7NT22NG
[42]　年地代 11NT2NG7NP
[43]　年地代 11NT14NG5NP
[44]　年地代 7NT17NG4NP
[45]　年地代 7NT19NG7NP + 一時金 7NT28NG
[46]　年地代 8NT6NG4NP
[47]　年地代 13NT24NG7NP + 一時金

13NT24NG
［48］年地代 5NT25NG1NP
［49］年地代 5NT25NG
［50］年地代 19NT15NG1NP＋一時金 15NT28NG
［51a］年地代 5NT9NG2NP
［51f］年地代 8NG
［51g］年地代 14NG8NP
［52, 54, 58a, 59－61］年地代 3NT5NG1NP＋一時金 6NT
［53, 55, 57, 62－64, 67］年地代 3NT5NG1NP
［56］年地代 3NT9NG5NP＋一時金 6NT
［58b］年地代 15NG
［65］年地代 3NT26NG4.4NP
［66］年地代 3NT24NG2.5NP
［68］年地代 1NT20NG5NP＋一時金 2NT4NG
［69］年地代 1NT22NG6NP＋一時金 2NT4NG
［71］年地代 21NG6NP
［72］年地代 5NP
［73］年地代 6NG9NP
［74］年地代 6NG6NP
［75］年地代 0.6NP
［76］年地代 1NG0.1NP
［78］年地代 14NG0.5NP
　（2）ニーダーザイフェンバッハ村
［38］年地代 1NT-NG8NP
［51e］年地代 6NG8NP（義務者数に計上されない耕地片所有者）
　（3）ディッタースバッハ村
［77］年地代 7.9NP
　（4）アイゼンツェッヘ村（義務者数に計上されない耕地片所有者）
［51b］年地代 14NG4NP
［51c］年地代 10NG8NP
［51d］年地代 6NG
　（5）合計　年地代 311NT16NG7.6NP＋一時金 313NT15NG1NP

　表 3-13-2 から，年地代一時金換算額と一時金との概算額を村別に算出しよう．その場合，第 1 条 7 項は，騎士領林地における水車所有者の放牧権も償却した．これについて第 2 条は次のように規定した．「第 1 条 7 項に記された放牧権に対して，ハイダースドルフ村の「水車の土地」…の所有者…は，…騎士領プルシェンシュタインの羊放牧権からの無償の解放，および，1838 年 4 月 10 日に支払われた一時金 5NT4NG2NP によって補償された」．この「一時金 5NT4NG2NP」は本協定第 7 条一覧表には明示されていないけれども，私はこれを水車屋に対する騎士領からの償却一時金と見なす[2]．その結果が表 3-13-3 である．なお，水車屋は搾油水車を含む．

第3章　騎士領プルシェンシュタイン（南ザクセン）における封建地代の償却　267

表3-13-3　一時金換算合計額

(1) ハイダースドルフ村
①年地代（世襲村長1人，フーフェ農27人，小屋住農30人，世襲手賦役農1人，耕地片所有者10人（農村自治体1を含む），借家人4人と水車屋2人，計75人）309NT13NG9.7NP ≒ 309NT13NG |7,735NT25NG ≒ 7,735NT|
②一時金（フーフェ農7人，小屋住農10人，世襲手賦役農1人と耕地片所有者1人，計19人）|313NT15NG1NP ≒ 313NT|
③合計（世襲村長1人，フーフェ農27人，小屋住農31人，世襲手賦役農1人，耕地片所有者10人（農村自治体1を含む），借家人4人と水車屋2人，計76人）|8,048NT|
(2) ニーダーザイフェンバッハ村
①年地代（鍛冶屋1人と義務者数に計上されない耕地片所有者1人）1NT7NG6NP ≒ 1NT7NG |28NT25NG ≒ 28NT|
(3) ディッタースバッハ村
①年地代（耕地片所有者1人）7.9NP ≒ -NG |-NT|
(4) アイゼンツェッヘ村
①年地代（義務者数に計上されない耕地片所有者3人）1NT1NG2NP ≒ 1NT1NG |25NT25NG ≒ 25NT|
(5) 騎士領
②一時金（表3-13-1に表示されない騎士領）|5NT4NG2NP ≒ 5NT|
(6) 合計額
①年地代（3村の世襲村長1人，フーフェ農27人，小屋住農30人，世襲手賦役農1人，耕地片所有者11人（農村自治体1を含む），借家人4人，水車屋2人と鍛冶屋1人，計77人）|7,788NT|（96%）
②一時金（1村のフーフェ農7人，小屋住農10人，世襲手賦役農1人と耕地片所有者1人，以上19人と騎士領）|318NT|（4%）
③合計額（3村の世襲村長1人，フーフェ農27人，小屋住農31人，世襲手賦役農1人，耕地片所有者11人（農村自治体1を含む），借家人4人，水車屋2人と鍛冶屋1人，以上78人および騎士領）|8,106NT|（100%）

　本表(6)によれば，一時金によって償還された部分は②の4%だけであり，残りの96%は地代銀行に委託された．
　本協定は賦役，現物貢租，貨幣貢租と放牧権を償却したけれども，負担各種目が償却一時金合計額の中でどのような割合を占めるか，は不明である．ただし，騎士領が負担する一時金，(5)②は，水車屋の放牧権（第1条7項）を償還したけれども，それは微少にすぎなかった．

1) 第7条では，9b, 9c, 9d, 9h, 9i, 9k, 9l と 9m は分離地，16 は家屋・耕地片，31, 65 と 66 は単に小屋住農家屋，36 は水車・分離地，48 は $\frac{1}{2}$ フーフェ農地［分割後］の主農場，51b, 51c, 51d, 51e, 51f と 51g は分離地片，78 は村有地と記されている．なお，序文の Grundstückswirthschaft のうち，16 は第7条では家屋・耕地片と表現され，19, 22-26, 68 は序文でも第7条でも Grundstückswirthschaft である．
2) この金額は第7条一覧表に表示されていない．

第14節　全国委員会文書第6476号

(1) 放牧権償却協定

　これは第6476号文書，「フライベルク市近郊の騎士領プルシェンシュタインとクラウスニッツ村の土地所有者との間の，1847年9月10日／30日の放牧権償却協定[1]」である．

　　第1の［当事者］，…当騎士領の所有者…と第2の当事者，クラウスニッツ村の下記の耕地所有者[2]（義務者全員の姓名と不動産は後出の表3-14-1）は…，全国委員会の承認を除いて，以下の…償却協定を合法的に締結した．序文に続く本文は次のとおりである．なお，特別委員は前節と同じであった．

　　第1条　第2の契約締結者の土地について当騎士領に帰属した羊放牧権は，その全範囲において，ここに償却され，永久に消滅する．
　　第2条　それに対して，本協定第5条に挙げられる年地代が，当騎士領領主に帰属する．それは，相互に計算され，適切としてここに今一度承認される．
　　第3条　この償却は既に1845年初に発効した．毎年…払い込まれるべき地代は，同年初から回転し始めた．
　　第4条　［年地代の地代銀行委託――省略］
　　第5条　［年地代額は後出の表3-14-2］．［地代銀行委託額と地代端数――省略］
　　第6条　［対物的負担としての償却地代――省略］
　　第7条　償却の費用について，本協定の起草までは半分が…［騎士領領主］によって［負担され］，残りの半分はクラウスニッツ村の上記耕地所有者[2]によって，フリーデバッハ村，ケマースヴァルデ村とハイダースドルフ村の…耕地所有者[2]と共同して[3]，協定された放牧権償却地代額に比例して，負担される．したがって，クラウスニッツ村のそれは全体の $\frac{6383}{39009}$ である．協定の起草以後［の費用］は序文の契約締結者のみによって折半される．第2の契約締結者の負担となる費用すべては，地代に比例して集められる．［同文4部の償却

第3章　騎士領プルシェンシュタイン（南ザクセン）における封建地代の償却

協定——省略]
[騎士領] プルシェンシュタインとクラウスニッツ村にて1847年9月10日

協定署名集会議事録は省略する.
全国償却委員会［主任］ミュラーは47年9月30日に本協定を承認した.
本協定の提議者と被提議者は明記されていない.

1) GK, Nr. 6476. ——松尾，「プルシェンシュタイン」，(3), p. 83は本協定第5条の地代一覧表を示す.
2) 本協定の義務者は，表紙ではGrundstücksbesitzerと記され，序文ではFeldbegüterhteと概括され，第7条によれば序文と同じFeldbegütherte（ただし，クラウスニッツ村以外の3村の義務者についてはFeldbesitzer）である．義務者の不動産すべては第5条一覧表においてはGrundstückに分類されている．その大部分はフーフェ農地であり，13だけが小屋住農家屋である（6の教区封地は，保険番号を持つから，耕地片ではないであろうが，所有地規模は不明である）．ところで，本協定序文と第5条が記録する，最小のフーフェ農地は$\frac{1}{6}$フーフェ農地，9cである．しかし，2aから2eまでの不動産（後出の表3-14-1参照）は第5条で$\frac{1}{5}$フーフェ農地とされているけれども，序文では耕地片と記されている．この2a（保険番号25）の所有者は，1846年作成の第5777号協定（本章第11節を参照）において，一連番号2の1フーフェ農地（保険番号25）を共同で所有する兄弟5人の中のaである．したがって，1847年に本協定が作成される直前に，遺産の均分相続が完了した，と考えられる．いずれにしても，本協定序文が2の不動産5個を$\frac{1}{5}$フーフェ農地でなく，耕地片と記した理由は不明である.
3) ここで指摘された放牧権は，第1条では羊放牧権と書かれている．それは，フリーデバッハ村に関しては1840年の全国委員会文書2023号（本章第4節）第2条(7)によって，ケマースヴァルデ村では1840年の同2024号（本章第5節）第2条(e)によって，そしてハイダースドルフ村では1847年の同6308号（本章第13節）第1条(4)によって，償却された.

(2) 償却一時金合計額

表3-14-1は協定序文から，第5条を参考にしつつ，義務者全員の姓名と不動産[1]を示す.

表3-14-1　義務者全員の姓名と不動産

[1] 故 Traugott Friedrich Lippmannの遺族たち（$\frac{3}{4}$フーフェ農地〈10〉）
[2a] Traugott Friedrich Müller（耕地片・家屋〈25〉）
[2b] Karl Friedrich Müller（耕地片）
[2c] August Friedrich Müller（耕地片）
[2d] Gottlob Friedrich Fürchtegott Müller（耕地片）
[2e] Christian Gottlieb Müller（耕地片）
[3] Johann Christoph Löschner（1フー

フェ農地〈30〉)
[4] Samuel Friedrich Butter (フーフェ農地〈33〉)
[5] 故 Christian Gottlob Müller の遺族たち ($\frac{1}{2}$ フーフェ農地〈46〉)
[6] クラウスニッツ村の教区封地〈58〉
[7] Johanne Christiane Lohse ((a) フーフェ農地〈76〉, (b) 上手の世襲採草地の一部)
[8] Gottlieb Friedrich Richter ($\frac{1}{4}$ フーフェ農地〈78〉)
[9] Gottlob Leberecht Kümmer ((a) 1 フーフェ農地〈81〉, (b) 上手の世襲採草地の一部, (c) $\frac{1}{6}$ フーフェ農地, (d) 世襲林地, (e) 御館採草地の一部)
[10] Friedrich Fürchtegott Böttrich ($\frac{3}{4}$ フェ農地〈89〉)
[11] Johanne Eleonore Clausnitzer と子供 ($\frac{1}{4}$ フーフェ農地〈100〉)
[12] Gottlob Friedrich Zemmrich ($\frac{3}{4}$ フーフェ農地〈107〉)
[13] Karl Gottlieb Müller (家屋付き林地〈109〉)
[14] Karl Gottlob Weidensdörfer ($\frac{1}{2}$ フーフェ農地〈110〉)
[15] Gottlob Friedrich Lippmann jun. ($\frac{3}{4}$ フーフェ農地〈111〉)
[16] Gottlob Friedrich Herklotz ($\frac{1}{2}$ フーフェ農地〈115〉)
[17] Traugott Friedrich Wolf (1 フーフェ農地 [分割後] の主農場〈120〉)

本表において一連番号1, 2, 5と11の所有者は複数であり, 6の所有者は, 土地面積の記載されていない教区であるけれども, 私は本協定の義務者を便宜上16人と1団体と見なす. 義務者の階層区分に際しては, 第5条に従って, 2aの不動産所有者 (2を代表させる) は $\frac{1}{5}$ フーフェ農, 13は小屋住農と見なす. なお, 保険番号は, 本協定本文では記述されていないが, 本章第11節との関連で付記した.

表3-14-2 償却年地代・一時金額

[1] 2NT25NG3NP	[7b] 2NG1NP	[14] 1NT11NG4NP
[2a] 18NG4NP	[8] 1NT14NG3NP	[15] 2NT11NG7NP
[2b] 19NG	[9a] 3NT2NG6NP	[16] 1NT14NG7NP
[2c] 21NG9NP	[9b] 3NG8NP	[17] 2NT28NG7NP
[2d] 19NG1NP	[9c] 19NG5NP	合計 (フーフェ農15人と
[2e] 21NG	[9d] 2NG8NP	小屋住農1人, 以上16人,
[3] 3NT2NG	[9e] 4NG7NP	および, 教区 [所有地規模
[4] 3NT10NG3NP	[10] 2NT5NG4NP	不明) 1) 38NT8NG9.46NP
[5] 2NT4NG9NP	[11] 1NT1NG3NP	≒ 38NT8NG |956NT20
[6] 1NT24NG2NP	[12] 2NT15NG6NP	NG ≒ 956NT|
[7a] 2NT3NG5NP	[13] 7.46NP	

第3章　騎士領プルシェンシュタイン（南ザクセン）における封建地代の償却　271

　表3-14-2は第5条から各義務者の償却年地代額のみを，合計は村全体の一時金額をも示す．

　表3-14-2の合計額から見て，年地代の償却一時金は956NTとなり，そのすべてが地代銀行に委託された．これはすべて騎士領の放牧権に基づく[2]．

1) 序文では，一連番号1は $\frac{3}{4}$ フーフェ農民と記されているが，第5条一覧表によって，その不動産を $\frac{3}{4}$ フーフェ農地とした．2aから2eまでの不動産が第5条においてはいずれも $\frac{1}{5}$ フーフェ農地と記されていることは，既に前小節（注2）で指摘した．6はここでは Pfarrlehn であり，第5条では教区所有地 Pfarrgut である．13は第5条では小屋住農家屋 Häuslernahrung と記されている．
2) 本協定の16人と1教区は第5777号協定（本章第11節）の19人（その中の2人は同一人）とほぼ重なる．ただし，前者には保険番号36と73［表3-11-1の14と15］が含まれず，後者には保険番号58［表3-13-1の6］が含まれない．この村は第5777号協定（本章第11節を参照）によって賦役，現物貢租と貨幣貢租を償却し，本節の協定によって放牧権を償却したわけである．

第15節　全国委員会文書第6827号

(1) 賦役・貢租償却協定と償却一時金合計額

　これは第6827号文書，「フライベルク市近郊の騎士領プルシェンシュタインとザイダ市のパン屋同職組合，肉屋同職組合，皮剥所およびノイハウゼン村の土地所有者シュナイダーとの間の，1848年9月4日／20日の現物貢租・貨幣貢租・賦役償却協定[1]」である．

Ⅰ．第1の［当事者］，…当騎士領の所有者…，
Ⅱ．第2の［当事者］，ザイダ市のパン屋同職組合，
Ⅲ．第3の［当事者］，ザイダ市の肉屋同職組合，
Ⅳ．第4の［当事者］，ザイダ市の皮剥所[2]所有者，
Ⅴ．第5の当事者，ノイハウゼン村のF. W. F. シュナイダー（本協定ⅡとⅢの代表者の姓名とⅣの姓名，および，Ⅴの姓名と不動産は後出の表3-15-1）
は，…全国委員会の承認を除いて，以下の償却協定を合法的に締結した．特別委員は前節と同じであった．

第1条 これ［本協定］によって以下が償却される．

Ⅱについて，ザイダ市のパン屋同職組合[3]に所属し，そこに居住するパン屋親方各人が，毎年クリスマスに，「クリスマスの編みパン」1個，あるいは，それの代わりに7NG7NP（旧通貨で6AG）を，また，聖ヤコブ祭に売り台貢租6NG5NP（旧通貨で5AG）を，当騎士領に納付する義務，

Ⅲについて，ザイダ市の肉屋同職組合[3]が毎年，聖アンドレーアス祭に良質の牛脂10シュタインの残りとして6シュタインを，あるいは，権利ある騎士領領主の選択によっては牛脂1シュタインにつき2NT9NG4NP（旧通貨で2AT6AG）を，上記騎士領に納める義務，

Ⅳについて，ザイダ市の皮剝所所有者が毎年，皮剝人貢租として馬の頸肉の脂肪1缶，犬の脂肪1缶と犬の皮3枚を本騎士領に引き渡す義務，最後に，

Ⅴについて，(a) 現在ノイハウゼン村のシュナイダー［に属する］住宅，保険番号122と耕地片の時々の所有者が，騎士領の建物に［必要な］，また，それと分農場の経営に必要な，すべての板，その他の木材を一般に低価格で［切り］，板・半丸太材・柱については，これまで永久に定められた報酬で，切り，丸太から樹皮を無償で切り離し，さらに，切った木材すべてを無償で積み重ね，掛ける，という義務[4]．(b) ノイハウゼン村の上記シュナイダーの所有地，保険番号122が［支払う世襲貢租］13NT15NG，および，シュナイダーのその他の土地…［表3-15-1のⅤの(b)，(c)と(d)]］が当騎士領に毎年支払う世襲貢租，合計1NT13NG8NP．

第2条 これらの義務と世襲貢租の消滅に対して当騎士領領主は次のように補償される．すなわち，

Ⅱについて，ザイダ市のパン屋同職組合から一時金100NT，

Ⅲについて，同地の肉屋同職組合から年地代10NT，

Ⅳについて，ザイダ市の皮剝所所有者から同じく1NT24NG，そして，

Ⅴについて，ノイハウゼン村の水車所有者F. W. F. シュナイダーから(a) 年地代2NT14NG8NPと(b) 世襲貢租に代わる一時金374NT[5]，

をそれ［騎士領領主］は受け取る．

さらに，ザイダの肉屋同職組合は，当騎士領領主によるザイダ市の肉切り台の維持を，［義務に対する］反対給付として主張したが，それ［その主張］を放棄する．

第3条 …［騎士領領主］はこれらの補償と［権利］放棄を受け入れ，それに対して第1条Ⅱ，Ⅲ，ⅣとⅤ(a) の義務を1846年から永久に消滅させる．また，［騎士領領主は］Ⅴ(b) の世襲貢租を，それが，協定された，25倍額の償却一時金の現実の支払いによって次第に償還されるに比例して，また，その時点から，［消滅させる］．そればかりでなく，［騎士領領主は］ザイダ市のパン屋同職組合と肉屋同職組合に対して，償却される貢租に関して，1845年末までに満期となったが，従来滞納されている，すべての給付を免除する．

第4条 第2条Ⅲ，ⅣとⅤ[a] の上記年地代は1846年初から回転し始めた．［この年地代の支払時期および第2条（ⅡとⅤb）の一時金の支払時期——省略］

第5条 ［第2条ⅣとⅤ(a) の年地代の地代銀行委託——省略］

第6条　[対物的負担としての償却地代と関係法規定——省略]
第7条　[償却費用の分担——省略]
第8条　[同文4部の償却協定——省略]
[騎士領] プルシェンシュタインにて1848年9月4日，および，ザイダ市にて4日／12日

　騎士領プルシェンシュタインにおける1848年9月4日およびザイダ市における同月12日の協定署名集会議事録は省略する．ただし，4日と12日の署名欄には法律関係特別委員としてエルンスト・クレムが，4日には経済関係特別委員としてC. G. T. メルツァーが署名している．したがって，法律関係特別委員は，協定序文に記されたヘフナーから，1848年9月初めにはE. クレムに交代していた（メルツァーは留任）．

　本協定を全国償却委員会 [主任] ミュラーは1848年9月20日に承認した．
　本協定の提議者と被提議者は明示されていない．

　表3-15-1は本協定ⅡとⅢの代表者の姓名とⅣの姓名，および，Ⅴの姓名と不動産[6]を示す．

表3-15-1　代表者の姓名と不動産

Ⅱ（1）上級親方 Carl Wilhelm Zienert jun.
　（2）長老 Friedrich Gottlieb Teichmann
Ⅲ（1）上級親方 Johann Gottlob Drechsel
　（2）長老 Friedrich Wilhelm Hönicke
Ⅳ Joseph Friedrich Wotruba
Ⅴ Friedrich Wilhelm Fürchtegott Schneider（(a) ノイハウゼン村の住宅，保険番号122と納屋，製材水車，園地および耕地片…，(b) 耕地片…，(c) 世襲林地…，(d) 林地…）

　本協定第2条はⅢの貢租を年10NT，Ⅳの現物貢租を年1NT24NG，Ⅴ(a) の水車賦役を年2NT14NG8NPと評価している．また，第1条によればⅤ(b) の貨幣貢租は合計して年14NT28NG8NPとなる．さらに，Ⅲの上記貢租を貨幣貢租と想定する．第2条はⅡの貨幣貢租の償却一時金を100NTと定めているが，その根拠が明らかでない[7]ので，この額をそのまま採用する．以上の想定に基づいて作成されたのが，表3-15-2である．

表3-15-2　想定一時金合計額

(1) ザイダ市
　①現物貢租(Ⅳ)年地代（1皮剥所）1NT24NG |45NT|
　②貨幣貢租(ⅰ)(Ⅱ)一時金（パン屋同職組合）|100NT|
　　　　　　(ⅱ)(Ⅲ)年地代（肉屋同職組合）10NT |250NT|
　　　　　　(ⅲ)計（パン屋・肉屋同職組合）|350NT|
　③計（パン屋・肉屋同職組合と1皮剥所）|395NT|
(2) ノイハウゼン村
　①水車賦役（Ⅴa）年地代（水車屋1人）2NT14NG8NP ≒ 2NT14NG |61NT20NG ≒ 61NT|
　②貨幣貢租（Ⅴb）一時金（水車屋1人）4NT28NG8NP |374NT|
　③計（水車屋1人）|435NT|
(3) 一時金合計
　①年地代（1市の1同職組合と1皮剥所および1村の水車屋1人）|356NT| (43%)
　②一時金（1市の1同職組合と1村の水車屋1人）|474NT| (57%)
　③合計（1市の2同職組合と1皮剥所および1村の水車屋1人）|830NT| (100%)

　本表（3）によれば，地代銀行委託額が一時金合計額に占める比率は，多くの協定より低く，43％のみであり，57％は一括して償還された．

1) GK, Nr. 6827.
2) ここにScharfrichtereiと記された不動産は，48年9月4日の協定署名集会においてCavillereiと表現されており，ザクセン州立中央文書館の回答を参考にして，皮剥所と訳した．なお，第1条はその義務を皮剥人貢租Cavillerzinsと記している．
3) 1830年のザイダ市請願書は(Ⅱ)(6)において，パン屋・肉屋などの同職組合に課される貢租について訴えていた．松尾 2001, pp. 66-67.
4) ここに記載された賦役は，この製材水車に課された水車賦役と解される．
5) 第1852号協定第1条（16）は一時金額を貨幣貢租の20倍額と規定したが，本協定のこの一時金額は世襲貢租の正確な25倍額である．
6) Ⅴの納屋はScheuneと記載されている．
7) 2種類の貢租の貨幣換算額合計は1人当たり14NG2NP，その一時金は11NT25NGとなる．親方が8人だとすれば，合計は94NT20NGとなり，9人だとすれば，合計は106NT15NGとなる．これらの貨幣貢租の一時金額が，第2条の記すように，100NTとなる根拠は不明である．

第16節　全国委員会文書第15558号

(1) 貢租償却協定と償却一時金合計額

　これは第15558号文書,「騎士領プルシェンシュタインとナッサウ村の水車所有者ランガーに関する信用組合との間の, 1859年3月8日／30日の貨幣貢租償却協定[1)]」である.

　ナッサウ村の「水車の土地」…から当騎士領に支払われるべき流水貢租の償却に関して, 当騎士領の所有者…と弁護士 M. W. テンツラーとの間で…和解が成立し, …次の協定が作成された. M. W. テンツラーは, 上記［水車］の所有者, W. F. ランガーの財産について成立した信用組合によって任命された財産［代理人］・法定代理人である. 仲介したのは, 1853年12月9日の指令によって法律関係特別委員に任命されたエルンスト・クレム（フライベルク市の弁護士）である（義務者の姓名・不動産と代理人の姓名は表3-16-1）. ──法律関係特別委員 E. クレムは, ここでは「1853年12月9日」任命と記されている. しかし, 前節の協定署名集会（48年9月）においても彼はこの地位を占めていた.

　第1条　当騎士領への流水貢租, 年額5NT11NG8NPがランガーの「水車の土地」に課されていることを, 弁護士テンツラーは認める.
　第2条　それの償却のために彼はこの貢租を地代銀行に委託し, 必要な場合には当騎士領に現金を支払う. 銀行は, 4NPで割り切れる限り, 25倍額の地代銀行証券を承認する. ［地代銀行委託額, 地代端数と関係法規定──省略］
　第3条　…［騎士領領主］はこれを受け入れ, それ［流水貢租］に代わる貨幣地代が土地・抵当権登記簿のランガーの土地の部分に記載されると同時に, 弁護士テンツラーがそれの抹消を申請し, 償却される流水貢租が消滅することに同意する.
　第4条　当事者双方は, この協定の結果として必要になる, 土地・抵当権登記簿への記入・抹消についての通知を前もって断念する.
　第5条　［償却費用の分担──省略］
　　…［同文4部の償却協定──省略］
　フラウエンシュタイン市とドレースデン市にて1958年3月8日

　協定署名集会議事録は省略する.
　この協定を全国委員会［主任］シュピッツナーは1859年3月30日に承認した. 本協定の提議者と被提議者は記録されていない.

表3-16-1　義務者の姓名・不動産と代理人の姓名

義務者 Wilhelm Friedrich Langer（ナッサウ村の「水車の土地」，保険番号39，［土地・］抵当権登記簿[2]　37）

代理人 Moritz Wilhelm Tenzler（フラウエンシュタイン市の弁護士）

　本協定は，ナッサウ村の「水車の土地」に課される貨幣貢租5NT11NG8NPを償却した．この貨幣貢租の償却一時金は，本書の他の節に倣えば，5NT11NG8NP ≒ 5NT11NG ｛134NT5NG ≒ 134NT｝ となる．これの全額が地代銀行に委託された．

1）　GK, Nr. 15558.
2）　原文は Hypothekenbuch である．これは，第3条と第4条に記された土地・抵当権登記簿の省略形であろう．

第17節　全国委員会文書第16103号

(1)［抵当］認可料償却協定

　これは第16103号文書，「プルシェンシュタインの騎士領領主とフリーデバッハ村の数人の土地所有者との間の，1868年10月8日／11月9日の［抵当］認可料・［土地］売買承認料償却協定[1]」である．

　一定の機会に当騎士領に支払われるべき［抵当］認可料と［土地］売買承認料・［土地］分割承認料の償却を，当騎士領領主はフリーデバッハ村・領域（現在ザイダ司法管区[2]）のすべての土地所有者に対して，既に1847年2月に提議した．この提案に対して…全国委員会は47年3月15日の指令でもって，A. A. ヘフナー（ノッセン市の弁護士）とK. G. T. メルツァー（ラウエンシュタイン市の農業者）から成る特別委員会を任命した．提案された償却についての主協定が，当騎士領領主とフリーデバッハ村のすべての土地所有者との間で47年9月9日／11日に締結され，その実施のために必要とされるものは，［抵当］認可料と［土地］売買承認料の貢租に対して手掛かりとして調停される償却地代の計算だけであった．

　特別委員会法律関係委員［ヘフナー］が自由意志によって引退した後，1848年にエルンスト・クレム（フライベルク市の弁護士）が代わりとなった．57年に特別委員会経済関係委員［メルツァー］が願い出によってこの件の任務を解かれ，その継続は，追って沙汰のあ

第3章　騎士領プルシェンシュタイン（南ザクセン）における封建地代の償却　277

るまで，法律関係委員だけに委ねられた．当騎士領領主が調停において義務者に対するそれ［土地分割承認料］の無償廃止を言明したことを度外視しても，提議に含まれていた［土地］分割承認料の廃止に関して，［騎士領領主は］1851年…［償却法補充法］第6条に従って国庫から補償された．その後に続く［償却］審議の過程で，冒頭に掲げられた償却提議の対象は，大抵の義務的土地については，一部は免除によって，一部は償却一時金の支払によって解決された[3]．しかし，本協定第5条一覧表に詳記された土地に関しては，事態は別の経過を辿った．E. クレム（フライベルク市の弁護士）が死亡したために，事態の継続は67年5月13日の指令によってかつての特別委員 A. A. ヘフナー（ノッセン市の弁護士）に再び委ねられた後，関係者間で生じた係争問題は，それについて第1，第2と第3審で…67年7月22日，68年2月26日と6月6日に下された判決によって，法的効力のある決定に達した．これらの判決に基づいて事態を終結させるために，一方の［当事者］である被提議者，すなわち，当騎士領，かつ，当家族世襲財産地の…所有者…と，他方の当事者である提議者，すなわち，本協定第5条一覧表に名を挙げられた，フリーデバッハ村の土地所有者，K. A. D. ベルナー［一連番号1］および仲間たちとの間で，全国委員会の承認を除いて，本協定が作成された．

第1条　償却の対象は，当騎士領領主に帰属した権利，すなわち，
（a）フリーデバッハ村の提議者の土地に対する貸付の抵当保証に際して，保証された貸付金額の2％の［抵当］認可料［を徴収する権利］，および，
（b）それが［農民］地であれ，家屋であれ，このような土地の売買の場合に，裁判所によるそれの承認に際して，［土地］売買承認料の名を持つ貢租（8AG）を徴収する権利である．

第2条　これら2種の貢租のうち，第2の［土地］売買承認料は騎士領領主の権利放棄によって，義務者からの一切の反対給付なしに解決され，後者［義務者］はそれを受け入れた．

第3条　それに対して，［抵当］認可料の徴収は1848年初から停止され，第5条一覧表に記された土地については，それ以後，各人の5a欄に記入された年地代が，それに代わった．［対物的負担としての年地代——省略］

第4条　［年地代の支払時期——省略］

1848年初から協定承認までの時期に未納となっている地代は，［協定］承認の通知が得られた直後の地代支払時期に，支払われるべきである．それに対して，25倍額の一時金によるこれらの地代の完全な償還は1832年…の法律［32年償却法］第42-第44条[4]に従う．
引き受けられた地代に対しても，1832年…償却法第40条と第41条[5]が適用される．

第5条　［義務者全員の姓名と不動産は後出の表3-17-1，年地代額は後出の表3-17-3］．

第6条　［償却費用の分担——省略］

第7条　［同文4部の償却協定——省略］

フリーデバッハ村にて 1868年10月8日

協定本文に続くのは，長い署名集会議事録である．
フリーデバッハ村にて1868年10月8日
　本日午前10時に私［特別委員A. A. ヘフナー］は当地の宿屋に到着した．発せられた召喚状に従って，フリーデバッハ村の［義務者］13人，(1) K. A. D. ベルナー，$\frac{1}{2}$フーフェ農地〈13〉［一連番号1］，(2) A. O. ハインツマン，フーフェ農地〈18〉［同2］，(3) H. H. フリッチェ，$\frac{3}{4}$フーフェ農地〈26〉［同3］，(4) ゴットヘルフ・フリードリヒ・フリッチェ，フーフェ農地〈44〉［同4］と$\frac{1}{4}$フーフェ農地〈79〉——修正，ヘフナー，(5) K. F. マッテス，小屋住農家屋〈52〉［同5］，(6) K. G. フリッチェ，小屋住農家屋〈60〉［同6］，(7) K. F. ヴィッケ，搾油水車〈64〉［同7］，(8) K. A. F. フリッチェ，小屋住農家屋〈71〉［同8］と耕地片，(9) K. G. マイアー (Meyer)，フーフェ農地〈73〉［同9］，(10) K. H. ミュラー，フーフェ農地〈74〉［同10］，(11) K. E. フィリップ，$\frac{1}{2}$フーフェ農地〈108〉［同12］，(12) ゴットヘルフ・フリードリヒ・フリッチェ (隠居者であり，H. H. ブラウン，$\frac{1}{2}$フーフェ農地〈120〉［一連番号13］の幼者後見人である)，(13) 村長G. F. ノイベルト ((a) 村有地〈75〉［同15］，(b) 耕地片…［同16］) が出席した (〈　〉は保険番号を示し，耕地片の土地・抵当権登記簿番号は省略した)．同様に召喚された，当騎士領領主に関しては，午前11時まで誰も出席しなかった．
　本日と定められた審議の目的と，それが辿るべき経過，そして，関係者による署名による協定の実施か，それとも，彼らによるそれの拒絶か，が上記の土地所有者に対して説明された．
　出席者たちは以前の異議に再び立ち戻った．村長ノイベルト［集会出席者番号13］によれば，フリーデバッハ村は［抵当］認可料の義務に服していなかった．彼とその他［の出席者］によれば，［第1–第3審の裁判所で］下された判決は，［未払いの抵当］認可料が協定署名時に後払いされるべきである，という点において特に不法である．
　彼らの異議については，法的効力をもって既に判決されており，そのために，それに立ち戻るべきでなく，本日の審議もそのために定められていないことを，私は彼らに通告した．私は，作成された協定をゆっくりと，そして，はっきりと朗読し，協定を承認して署名するかどうか，を各人に尋ねた．
　その際に明らかになったのは，1フーフェ農地，保険番号44［一連番号4］の所有者，ゴットヘルフ・フリードリヒ・フリッチェ［集会出席者番号4］が$\frac{1}{4}$フーフェ農地，保険番号79［一連番号11］の所有者ではないことである．本協定が誤ってそのように記載しているだけであり，$\frac{1}{4}$フーフェ農地，保険番号79の所有者は［1フーフェ農地，保険番号44の所有者と］同じ名前を持っているだけである[6]．［H. H.］ブラウンの幼者後見人として上に挙げられたゴットヘルフ・フリードリヒ・フリッチェ［集会出席者番号12］は，次のように述べた．この［農民］地は元来，自分に属していた．自分は，1866年の協定に従って67年初に一時金6NT4NGを支払い，これによって［抵当］認可料を償却した．［自分は，］手に持っている領収書によっても，この一時金をプルシェンシュタインの騎士領領主に支払った．

これらの申し立ての正しさは特別委員会文書…からも明らかになる．唯一の例外は，[幼者後見人G. F. フリッチェによって] 主張された一時金支払である．
　上記の G. F. フリッチェは彼の被後見人 H. H. ブラウンに関して，さらに次のように述べた．自分は被後見人の [農民] 地 [$\frac{1}{2}$ フーフェ農地]，保険番号120 [一連番号13] の年地代1NT6NG2NP の取り消しをここに通告し，そのために69年3月末に一時金30NT5NG を支払うつもりであるので，この [農民] 地の地代を対物的負担として土地・抵当権登記簿に登記することを思いとどまるよう願う，と，彼は，1ページのこの追加を含めて，提出され，朗読された本協定に署名する用意がある，とも述べた．
　それに対して，他のすべての土地所有者は協定の承認と署名を拒絶した．多くの者がそうしたのは，問い合わせに対して彼らが述べたように，1848年初からの地代が後払いされるべきであるからである．ベルナー [集会出席者番号1] が [拒絶] したのは，彼は [抵当] 認可料免除の [農民] 地を購入したのであり，いかなる新しい地代もこれに課したくないからである．マイアー [集会出席者番号9]，ノイベルト [同13] とフリッチェ [同3，4，6，8の中の1人であろう] にとっては，本協定が，協定された地代を地代銀行に委託することにしていた1847年の協定に符合していないからである．この言明に他の者も同意した．ノイベルトは，地代が高すぎること，また，資本還元は20倍 [額] で十分であるのに，25倍額で行われねばならないことを，[農村] 自治体の名において [拒絶の] 理由とした．
　その後，A. O. ハインツマン [集会出席者番号2] は，協定に署名する用意がある，と述べた．自分に係わる地代は，68年4月3日からだけであり，[農民] 地の貢租で68年4月3日まで未払いになっているものはない，と前所有者アウグスト・フリードリヒ・フリッチェが売買 [契約書] において自分に明確に保証したからである．また，未払い地代は [農民] 地の対物的負担であるので，自分はそれを権利者に支払い，代理せねばならないが，これについて前所有者に補償を求めることは，売買 [契約書] によれば少しも妨げられないであろう，との質問に対して自分が保証されたからでもある．
　議事録の朗読の後，数人の関係者はさらに付け加えた．48年初からの地代の後払いは自分たちに特に不法である．それは，地代の計算が1858年まで延期されたからである．また，1847年以後に初めて現れ [＝土地を購入し] た土地所有者は，事態を全く知らず，あれの計算までは，払い残しの発生を避けるための何事もなしえなかったからである．計算が適時に行われていたならば，地代は地代銀行に行った [委託された] であろう．これが行われなかったことは，自分たちの落ち度ではなく，特別委員会の責任である．
　この補遺も朗読され，承認された．さらに，1847年の協定は村有地，保険番号75に係わっておらず，それに対する [抵当] 認可料の償却は提議されていない，と前村長ベットガー（Böttger）が自分に述べた，と追加することも村長ノイベルトは要求した．
　ここで私はベットガー [の意見] について，彼 [現村長] は拒絶の理由を要約すべきであり，朗読の後に追加を持ってくるべきでない，と要求した．
　しかし，自分にはそれができない，自分は調査していない，そのためには時間が必要である，と彼 [現村長] は返答した．それに対して，中断なしに既に2時間以上も審議され，議

事録が作成されたから，彼はそれ［時間］を持っていた，と私は彼を制止した．
　しかし，ノイベルトはなおも，自分は本日の審議の準備を全くしていないし，何が審議されたか，を農村自治体参事会[7]に報告せねばならない，と反対した．それに対して，審議は，協定の署名に対する彼らの拒絶理由の調査だけに限定されており，準備が必要な，新しい確認を目的としていない，と彼は制止され［私は彼を制止し］た．
　付録が朗読され，それに対しては何も指摘されなかった．
　そこでG. F. フリッチェとA. O. ハインツマンが，前者は被後見人H. H. ブラウンのために，清書された協定4部に署名し，彼らと被後見人に係わる限りで，その内容と自分の署名とを容認し，議事録のこの部分も朗読の後に承認し，…［2人］は署名し，解放された．
　次に，他の関係者に関しては，第5条一覧表の一連番号11に含まれる，誤った記載は，記入されたと見なされず，それを取り去ることによって，作成された協定は正されるべきである，と決定された．
　また，当騎士領領主…は，…的確に手交された召喚状によって，本日午前10時フリーデバッハ村の宿屋での協定署名に召喚されており，抗命の場合には，彼が協定を署名した，と見なされる，と警告されていた．しかし，集会の審議が終了するまで，彼は現れなかった．そのために，召喚状に従って，本協定は彼によって承認・署名された，と見なされるべきである．
　さらに，協定第5条一覧表の一連番号1，3-10，12，14-16に挙げられた土地所有者が，協定署名の拒否のために主張した拒絶理由は，［序文で言及された］…法的効力のある諸判決を無効にするのに，適当ではない．また，その多くはこれらの判決において既に吟味され，却下された．さらに，地代の一時金償還のためには25倍額が払い込まれるべきである，との本協定第4条の確定は1851年…の法律［51年償却法補充法］の第14条と第21条の規定[8]に照応している．それ故に，異議が唱えられているけれども，本協定は，抗命を理由として，彼ら［義務者］も承認し，署名したと見なされるべきである．彼らの署名の欠落は，［全国委員会による］協定の承認を妨げえない．［協定は］作成され，朗読によって公にされ，必要な限りで説明された．それと同時に，これに対して許された上訴が，10日以内に申し立てられないならば，この決定は法的効力を発生させる，と述べられ［私は述べ］た．
　ここに審議は閉じられた．問い合わせに対して議事録の署名は拒絶された［彼らは拒絶した］．しかし，この決定に関わる関係者たちは，議事録への何らかの同意（?）も述べなかったので，［彼らの署名が］必要である，とは考えられない．
　報告として記す．特別委員ヘフナー

　これまでの11ページを占める，68年10月8日の議事録と決定の写しは，特別委員会文書…の原本…に従って認定される．［それは］また，本協定第5条一覧表の一連番号1，3-10，12，14-16に挙げられた土地所有者が，同年同月同日に作成された決定を承認せず，関連事項について王国政府に直接に異議を申し立てる，と言明［したこと］，しかし，…同

年同月17日に［，すなわち］，控訴期限の終了までに，上訴がなされなかったこと，その限りで，この決定は法的効力を発生させたこと，を証明する．
　ノッセン市にて1868年11月3日
　［騎士領］プルシェンシュタインに関する特別委員ヘフナー

　全国委員会［主任］シュピッツナーは1868年11月9日に本協定を承認した．
　序文冒頭の文章では，本協定を1847年に提議したのは，権利者である．しかし，提議者は序文第2段落（1860年代）では義務者とされている．

　本協定は，本書第2章の第2－第9節で，また，本章の前節まで検討してきた諸協定，さらに，先取りして言えば，第4章の諸節の諸協定とは，大きく異なる．
　第1に，フリーデバッハ村の［土地］分割承認料・［土地］売買承認料・［抵当］認可料の償却は，序文によれば既に1847年に権利者によって提議され，法律関係特別委員としてA. A. ヘフナーが任命された．しかし，恐らく三月革命のためであろう，償却協定の成立は頓挫した．担当する法律関係特別委員は，48年にA. A. ヘフナーからE. クレムに交代し，償却を提議された義務の一つ，［土地］分割承認料は51年償却法補充法によって国庫負担で廃止された．E. クレムは59年の償却協定（本章第16節）においても特別委員であり，本書第1章第4節（1）で記したように，66年にも存命であったが，その後，死亡し，67年に彼に代わったのは，かつての特別委員ヘフナーであった．しかも，償却対象について関係者は裁判所で争い，67年に第1審の，翌68年6月には遂に第3審の判決が下された．それに基づいて本協定が同年10月に作成され，翌月に全国委員会によって承認されたのである．この時には，協定の提議者は義務者，被提議者は権利者となっていた．このように，償却の最初の提議から本協定作成，全国委員会による承認までに要した期間は，20年を超えている．なお，［土地］売買承認料は本協定第2条によって義務者にとって無償で廃棄されたので，本償却協定が有償で償却すべきものは［抵当］認可料だけとなった．
　第2に，協定署名集会に権利者（あるいは代理人）が出席しなかった．——しかし，召喚状が的確に手交されたにも拘わらず，権利者が欠席したのであるから，彼の署名の欠落は本協定の成立を妨げない，と特別委員は解釈した．
　第3に，協定署名集会に出席した義務者，13人のうち，本協定を承認して，それに署名したのは2人だけであり，他の義務者は様々な角度から本協定に異議

を唱え，署名を拒絶した．——しかし，これらの異議は上記訴訟の判決によって既に却下されているので，多くの義務者の署名の欠落は，裁判所の判決に基づく本協定の成立を妨げない，と特別委員は解釈した．

第4に，本協定の作成・承認が1868年まで遅延したために，本協定に基づく償却地代は地代銀行に委託されえなかった．地代銀行は償却地代の受託業務を既に59年3月末に終了[9]していたからである．義務者にとってこのように不利益な事態の責任は特別委員にある，と義務者は協定署名集会で批判した．

第5に，義務者の多くは，本協定を承認しなかったけれども，控訴期限の終了までに中央政府に上訴もしなかった．「その限りで，この決定［協定］は法的効力を発生させた」，と特別委員ヘフナーは68年11月3日に記して，全国委員会に本協定の承認を求め，後者は協定を承認した．したがって，本協定は発効した，と考えておく．

1) GK, Nr. 16103. 松尾，「プルシェンシュタイン」，(3), p. 91 は本協定第5条の2ページを示す．——51年5月15日の法律（51年償却法補充法）によって無償で廃棄された，と本協定序文が記している貨幣貢租 Theilschilling は，［土地］分割承認料であろう．本書第1章第2節参照．本協定が償却対象としている貢租のうち，Gunstgeld は，本協定第1条 (a) から見て，［抵当］認可料であり，Kaufschilling は，同 (b) から見て，［土地］売買承認料である．後者は本協定第2条によって義務者に無償で廃棄された．
2) 1856年に家産裁判権を廃止して，国家の司法・行政権限に統合した司法管区について，シュミット 1995, p. 95（私は従来これを管区（GA）と訳していた）を参照．
3) この文章は，1847年の提議に含まれていた［土地］分割承認料が，1851年償却法補充法に基づいて国庫補償によって廃棄された後，当村の「大抵の義務的土地」に関しては，［抵当］認可料と［土地］売買承認料が一部は免除によって，一部は償却一時金の支払によって消滅した，との意味であろう．しかし，フリーデバッハ村の［抵当］認可料・［土地］売買承認料に関する償却協定は，全国委員会文書としては本協定以外に存在しない．それ以外にフリーデバッハ村について承認された協定は，賦役，現物貢租，貨幣貢租，放牧権などを償却の対象とした，1840年のそれ（本章第4節）だけである．そして，40年の協定の貨幣貢租は世襲貢租などの恒常的確定貢租であって，本節の協定が対象とする［抵当］認可料・［土地］売買承認料，すなわち，非恒常的貨幣貢租を含んでいなかった．
4) ここに指摘されている，32年償却法の規定は次のとおりである．「地代銀行に委託されなかった償却貨幣地代は，義務者側からの前もっての予告の後，［25倍額の］一時金の支払によって何時でも償却される．…」（第42条）．このような「一時金の［支払］通告は復活祭の4週間前かミヒャエーリス祭の4週間前に制限される．…」（第43条）．「償却されるべき地代の一時金の全額につい

第3章　騎士領プルシェンシュタイン（南ザクセン）における封建地代の償却　283

ても，それの一部のみについても，義務者は［支払を］通告できる．しかし，後者の場合に権利者が受け入れる義務を負うのは，100AT 以上で，50AT で割り切れる額の分割払いだけである」（第44条．GS 1832, S. 177-178. Vgl. Judeich 1863, S. 69; Groß 1968, S. 105）．

5)　ここに指摘されている，32年償却法の規定（GS 1832, S. 177）は次のとおりである．「権利者は，各期限の地代をその支払期限の直後に支払わせる権限を持つばかりでなく，義務者が…丸1年分の金額を滞らせると，前もって予告した後に，地代の資本価値（第35条）の支払を要求する権利をも…得る．…」（第40条）．「一度発せられた予告は，義務者が予告期限の経過前に地代残額全部を支払うことによっては，無効にはならない．予告によって得られた権利を留保せずに，権利者が受領した場合でも，そうである．既に得られた予告権を行使する以前に，義務者が滞納地代を支払うと，権利者は滞納額の受領の際に，あるいは，受領文書において，既に得られた予告権を留保せねばならない．この留保を怠った場合には，彼は予告権を失う．獲得された予告権は，残額の支払から2年の経過後に失われる」（第41条）．

6)　特別委員によるこの文言は，ここに記された不動産2個中の後者が，同姓同名の別人によって所有されている，と協定署名集会で指摘された事態に基づくものであろう．

7)　農村自治体参事会について，本章第6節（1）（注2）を参照．

8)　51年償却法補充法の第14条と第21条は次のとおりである．「かつての生の諸給付あるいは現物諸負担の代わりに引き受けられた貨幣貢租からの土地所有の解放に関しては，以下のものが区別されるべきである．(a) これまでの償却諸法に従う償却地代として土地に課され，地代銀行に委託され，［同銀行によって］既に実際に受託されたもの．これについては1832年…地代銀行法第8条以下と1837年…［地代銀行法補充］令第12条以下の諸規定のままである．これは名目額の25倍額の現金あるいは地代銀行証券の支払によってのみ縮小あるいは償還されうる．ただし，その間に進められた償却による控除は考慮される．(b) 1832年以後の償却諸法に従って締結された協定によって，償却地代として引き受けられ，地代銀行に委託されえたにも拘わらず，それについて定められた期限内に，実際には委託されなかったもの．このような償却地代は，…期限の遅延にも拘わらず，本法第21条の規定する地代銀行閉鎖まで，それ［同銀行］に委託されうるし，［同銀行によって］受託されるべきである．この場合に，権利者は名目額の25倍額の地代銀行証券によって支払われ，それを受領せねばならない．最後に，(c) 償却諸法の公布以前に，かつての生の諸給付あるいは現物諸負担の代わりに既に生じていた［貨幣貢租］，あるいは，何かの貨幣給付の代わりに確定的・恒常的な地代として引き受けられていた貨幣貢租（第13条を参照）．このような貨幣貢租には以下の諸規定が適用される」（第14条．GS 1851, S. 132-133. Vgl. Judeich 1863, S. 67; Groß 1968, S. 120）．「従来の諸法律に従って許された，償却地代のすべての［地代銀行］委託および，本法によって生じる，貨幣貢租の地代銀行委託の最終期限として1856年4月1日がここに定められる．これら諸法律に従ってそこに委託されうるが，上記時点に実際には銀行に受託されなかった償却地代すべて，あるいは，貨幣貢租は，現金支払による直接的償却の方法によってのみ償還されうる．義務者が前もって3月前に告知した場合に，権利者はそれ［直接的償却］を容認せねばならない．1846年7月21日の法律［46年地代銀行閉鎖法］第4条および50年1月24日の法律［地代銀行証券受領義務法］に従って，地代銀行の現金支払に対して確証された権利を既に有

する者は，この特典を持ち続ける」(第21条．GS 1851, S. 135)．――ただし，地代銀行の閉鎖時期について次注を参照．

9)　地代銀行は1855年地代銀行閉鎖法（最終法）に基づいて，59年3月末に委託地代の受託を最終的に停止した．Judeich 1863, S. 72; 本書第1章第2節．Vgl. Groß 1968, S. 141.

(2) 償却一時金合計額

義務者全員の姓名と不動産を第5条から引き抜いたものが，表3-17-1である[1]（本協定序文は全員の姓名と不動産を記載していない）．耕地片などの土地・抵当権登記簿番号は省略した．

表3-17-1　義務者全員の姓名と不動産

[1]　Karl August David Börner（$\frac{1}{2}$フーフェ農地〈13〉）
[2]　Anton Oskar Heinzmann（フーフェ農地〈18〉）
[3]　Heinrich Herrmann Fritzsche（$\frac{3}{4}$フーフェ農地〈26〉）
[4]　Gotthelf Friedrich Fritzsche（フーフェ農地〈44〉）
[5]　Karl Friedrich Matthes（小屋住農家屋〈52〉）
[6]　Karl Gotthelf Fritzsche（小屋住農家屋〈60〉）
[7]　Karl Friedrich Wicke（搾油水車〈65〉）
[8]　Karl August Fürchtegott Fritzsche（小屋住農家屋〈71〉）
[9]　Karl Gottlieb Meier（フーフェ農地〈73〉）
[10]　Karl Heinrich Müller（フーフェ農地〈74〉）
[11]　G. F. Fritzsche（[4]と同じ）（$\frac{1}{4}$フーフェ農地〈79〉）
[12]　Karl Ernst Philipp（$\frac{1}{2}$フーフェ農地〈108〉）
[13]　Heinrich Hermann Braun（$\frac{1}{2}$フーフェ農地〈120〉）
[14]　K. A. F. Fritzsche（[8]と同じ）（「耕地片・採草地・林地」）
[15]　フリーデバッハ村（代表は村長Gotthold Friedrich Neubert）（村有地〈75〉）
[16]　同上（「耕地片・採草地・林地」）

本表によれば，一連番号4と11，および，8と14は同一人物とされており，15と16の所有者も同じ（農村自治体）である．しかし，68年10月8日の協定署名集会議事録の中で，「他の関係者に関しては，第5条一覧表の一連番号11に含まれる，誤った記載は，…，それを取り去ることによって，作成された協定は正されるべきである，と決定された…」．また，第5条の一覧表の[11]も「削除」と追記されている．したがって，本協定の義務者は1だけ減少する．その

第3章　騎士領プルシェンシュタイン（南ザクセン）における封建地代の償却　285

ために，私は義務者を14人（耕地片所有者としての農村自治体16を含む）と1団体（農村自治体15）と想定する．

表3-17-2は保険番号を協定番号と対照させたものである．

表3-17-2　保険番号・協定番号対照表

〈13〉=［1］；〈18〉=［2］；〈26〉=［3］；〈44〉=［4］；〈52〉=［5］；〈60〉=［6］；〈65〉=［7］；〈71〉=［8］；〈73〉=［9］；〈74〉=［10］；〈75〉=［15］；〈79〉=［11］；〈108〉=［12］；〈120〉=［13］

表3-17-3は第5条から［抵当］認可料の償却年地代額のみを，合計（18）は一時金額をも示す．

表3-17-3　［抵当］認可料の償却年地代・一時金額

［1］18NG	［14］3NG9NP	②一時金（所有規模不明の
［2］1NT11NG2NP	［15］1NT6NG7NP	村有地1［農村自治体］）
［3］28NG3NP	［16］4NG4NP	1NT6NG7NP≒1NT6NG
［4］16NG6NP	（17）合計 10NT14NG9NP	｝30NT｛（12%）
［5］1NG2NP	（18）合計額の修正値	③合計額（フーフェ農8人，
［6］1NG8NP	①年地代（フーフェ農8人，	小屋住農3人，耕地片所
［7］8NG2NP	小屋住農3人，耕地片所有	有者2人［農村自治体1
［8］1NG7NP	者2人［農村自治体1を	を含む］と水車屋1人，
［9］1NT22NG9NP	含む］と水車屋1人，計	以上14人と所有規模不明
［10］6NG9NP	14人）10NT14NG9NP−	の村有地1［農村自治体］）
［11］9NG2NP	（9NG2NP+1NT6NG7NP）	｝254NT｛（100%）
［12］1NT17NG7NP	=8NT29NG　｝224NT5NG	
［13］1NT6NG2NP	≒224NT｛（88%）	

本協定が発効した，と見なした上で，表3-17-3の各人の年地代額を見る．同表に表示された（17）合計額10NT14NG9NPは，一連番号［11］の年地代額を加算したものである．しかし，上記のように，一連番号11の地代を取り去ると，想定償却一時金額合計は，上表（18）③の254NTとなる．なお，［15］については，「一時金でもって解消．S. K.［特別委員］ヘフナー」の追記がある．したがって，償却一時金全体の12%が一時金によって償還されたことになる．残りの一時金換算額の88%は，地代銀行に委託されえないので，年地代として

納付されねばならなかった.

1) 本表 [11] は斜線で抹消され, ザクセン州立中央文書館の教示によれば, 「1868年10月8日の決議に従って除去. 特別委員ヘフナー」と, 薄い文字で記されている. [14] と [16] の不動産, 「耕地片・採草地・林地」は, 署名集会出席者名簿, (8) の一部および (13) の一部では, 「踊る土地」と表現されている.

第18節 償却一時金の種目別・集落別合計額と償却の進行過程

(1) 償却一時金の種目別・協定別合計額

　全国委員会が承認した, 騎士領プルシェンシュタインと所属領民との間の償却協定は, 1840年から68年までの29年間に合計17編であった[1]. それらを協定番号順に表示したものが, 表3-18-1である.

　本表で協定承認年月日の後の [ ] は, 本節における当該協定の略号, 関係する義務者が居住する村の数と義務者の数 (場合によっては団体と騎士領) を示す. 各行最後の〈 〉は, その協定を分析した本章の節と当該協定の償却対象を表し, 〈 〉内の [ ] は, 協定の表題には記されていないけれども, 協定本文で償却の対象となっている封建地代を示す. 以下では各協定をP1協定のように略記する. [ ] 内の, 関係する村の数と義務者の数 (場合によっては団体と騎士領) に関して言えば, 多くの義務者は, 義務的不動産の所在する集落に居住していた. しかし, 義務的不動産の所在集落の外部に居住する義務者も, いくらかいた. このような村外居住者の義務的不動産は大抵の場合に耕地片であったけれども, 村外居住の義務者が細分フーフェ農地を所有する事例も, P8協定に見いだされる. いずれにせよ, 村外居住者が当該償却協定に独自の一連番号を持つ場合には, 彼らの村も村数に加算した. ただし, (1) P9協定のケマースヴァルデ村の耕地片所有者2人とP13協定のアイゼンツェッヘ村の耕地片所有者3人は, 独自の一連番号を持たず, 義務者数に計上しなかったので, これら2村は本表ではP9協定とP13協定の村としては算入しなかった. (2) P13協定では, 騎士領は, 義務者一覧表に記載されていないけれども, 水車屋の放牧権に対して一時金を, 僅少ながら, 支払うことが, 同協定第2条に定められているので, 義務者

第3章　騎士領プルシェンシュタイン（南ザクセン）における封建地代の償却　*287*

として掲げた．

表 3-18-1　本章関係償却協定一覧

(1) Nr. 1852 (1840年8月21日) ［P1協定，2村の25人］〈第1節；(現物・貨幣) 貢租 [・賦役・放牧権]〉
(2) Nr. 1853 (1840年8月21日) ［P2協定，1村の1人］〈第2節；賦役・(現物) 貢租・貨幣貢租 [・放牧権]〉
(3) Nr. 1892 (1840年9月7日) ［P3協定，2村の50人］〈第3節；賦役・(現物・貨幣) 貢租 [・放牧権]〉
(4) Nr. 2023 (1840年9月30日) ［P4協定，1村の10人］〈第4節；賦役・(現物・貨幣) 貢租 [・放牧権]〉
(5) Nr. 2024 (1840年9月30日) ［P5協定，1村の46人］〈第5節；賦役・(現物・貨幣) 貢租 [・放牧権]〉
(6) Nr. 2025 (1840年9月30日) ［P6協定，11村の174人と1農村自治体］〈第6節；賦役 [・現物・貨幣貢租・放牧権]〉
(7) Nr. 2026 (1840年9月30日) ［P7協定，1村の1人と騎士領］〈第7節；[賦役・現物貢租]〉
(8) Nr. 2027 (1840年9月30日) ［P8協定，4村の76人］〈第8節；賦役 [・現物貢租・貨幣貢租・放牧権]〉
(9) Nr. 3700 (1843年3月3日) ［P9協定，1村の105人］〈第9節；[賦役・(現物・貨幣) 貢租・放牧権]〉
(10) Nr. 4601 (1844年4月3日) ［P10協定，1都市自治体と1同職組合］〈第10節；貨幣貢租〉
(11) Nr. 5777 (1846年3月16日) ［P11協定，1村の19人］〈第11節；賦役・(現物・貨幣) 貢租〉
(12) Nr. 5778 (1846年3月16日) ［P12協定，9農村自治体］〈第12節；賦役〉
(13) Nr. 6308 (1847年3月31日) ［P13協定，3村の78人と騎士領］〈第13節；賦役・(現物・貨幣) 貢租・放牧権〉
(14) Nr. 6476 (1847年9月30日) ［P14協定，1村の16人と教区1］〈第14節；放牧権〉
(15) Nr. 6827 (1848年9月20日) ［P15協定，1市の2同職組合と皮剥所，および，1村の1人］〈第15節；賦役・現物・貨幣貢租〉
(16) Nr. 15558 (1859年3月30日) ［P16協定，1村の1人］〈第16節；貨幣貢租〉
(17) Nr. 16103 (1868年11月9日) ［P17協定，1村の14人と1農村自治体］〈第17節；保有移転貢租〉

本表によって，当騎士領で償却された封建地代を，〈　〉内の［　］を加え

て，種目別に見てみる．①賦役はP1-P9，P11-P13とP15の13協定によって，すなわち，1840年から1848年までに償却された．②現物貢租はP1-P9，P11，P13とP15の12協定によって，すなわち，1840年から1848年までに償却された．③保有移転貢租はP17協定によって1868年に償却された．ただし，この協定の対象は本来の保有移転貢租ではなく，（抵当）認可料であった．④貨幣貢租はP1-P6，P8-P11，P13，P15とP16の13協定によって，すなわち，1840年から1859年までに償却された．⑤放牧権はP1-P6，P8，P9，P13とP14の10協定によって，すなわち，1840年から1847年までに償却された．このように，本騎士領の償却対象は封建地代5種目であった．

協定の提議者はP1，P2，P4-P9の8協定では領民であり，P3協定では騎士領所有者である．また，P10-P16の7協定では提議者が不明である．さらに，P17協定の序文冒頭には，1847年に騎士領所有者が提議した，と記されているけれども，第2段落では，1860年代に領民が提議した，と書かれている．

以上の諸協定からまず，当騎士領における種目別・協定別償却一時金額を集計しよう．その場合，P3-P5協定は，各協定における諸義務の基準評価額が当騎士領と他の村との償却協定において引き下げられる場合には，当該協定の償却地代額を減額する，と規定している．しかし，償却地代額を修正する協定が存在しないので，償却地代額は各協定の成立以後に変更されなかった，と想定する．

表3-18-2は，当騎士領における償却一時金合計額を，種目別・協定別に新通貨概算額で集計したものである．本表の（9）は，各種目（1）-（8）の償却一時金合計を合算した全種目合計額である．各種目合計に関しては，そして，賦役では小区分についても，一時金合計額（9）に占める百分率を（　）に算出した．なお，(1) P17協定においては，貢租の一部分だけが一時金によって償還され，残りの大部分は年地代として納付されねばならなかったのであるが，ここでは便宜上，年地代の想定一時金換算額を問題にする．(2) 本表の（7）と（8）の賦役は未区分賦役である．

表3-18-2　償却一時金の種目別・協定別合計額

(1) 賦役
　①連畜賦役（P1協定）（1村のフーフェ農8人）|989NT|（2%）
　②手賦役（P1協定）（フーフェ農9人など，1村の20人）|504NT|（1%）
　③水車賦役（P15協定）（1村の水車屋1人）|61NT|（0%）
　④未区分賦役（P12協定）（9農村自治体）|743NT|（1%）
　⑤賦役合計
　　（i）（P1協定）（フーフェ農9人など，1村の20人）|1,493NT|
　　（ii）（P12協定）（9農村自治体）|743NT|
　　（iii）（P15協定）（1村の水車屋1人）|61NT|
　　（iv）賦役合計　|2,297NT|（4%）
(2) 現物貢租
　①（P1協定）（1村のフーフェ農9人など，2村の19人）|2,909NT|
　②（P7協定）（騎士領）|847NT|
　③（P15協定）（1市の1皮剥所）|45NT|
　④現物貢租合計　|3,801NT|（6%）
(3) 保有移転貢租（P17協定）（1村のフーフェ農8人など14人と農村自治体1）|254NT|
　　（0%）
(4) 貨幣貢租
　①（P1協定）（フーフェ農1人など，1村の2人）|78NT|
　②（P2協定）（1村の水車屋1人）|1,383NT|
　③（P4協定）（フーフェ農2人など，1村の3人）|313NT|
　④（P4協定）（時期不明，1村のフーフェ農1人）《315NT》
　⑤（P7協定）（時期不明，1村の水車屋1人）《1,720NT》
　⑥（P9協定）（時期不明，フーフェ農6人など，1村の21人）《1,037NT》
　⑦（P10協定）（1都市自治体と1同職組合）|757NT|
　⑧（P11協定）（時期不明，1村のフーフェ農2人）《134NT》
　⑨（P15協定）（1市の2同職組合と1村の水車屋1人）|724NT|
　⑩（P16協定）（1村の水車屋1人）|134NT|
　⑪貨幣貢租合計　|6,595NT|（11%）
(5) 放牧権
　①（P1協定）（1村のフーフェ農9人など，2村の20人）|165NT|
　②（P13協定）（騎士領）|5NT|
　③（P14協定）（1村のフーフェ農15人など16人と教区1）|956NT|
　④放牧権合計　|1,126NT|（2%）
(6) 水車賦役＋現物貢租（P7協定）（1村の水車屋1人）|2,312NT|（4%）
(7) 賦役＋現物貢租＋貨幣貢租（P11協定）（フーフェ農16人など，1村の19人）|5,773NT|

(9%)
(8) 賦役＋現物貢租＋貨幣貢租＋放牧権
　①(P3協定)（2村のフーフェ農24人など，2村の50人）|6,502NT|
　②(P4協定)（フーフェ農8人など，1村の10人）|2,222NT|
　③(P5協定)（フーフェ農10人など，1村の46人）|4,957NT|
　④(P6協定)（2村のフーフェ農23人など，11村の174人と1農村自治体）|3,499NT|
　⑤(P8協定)（2村のフーフェ農14人など，4村の76人）|1,662NT|
　⑥(P9協定)（フーフェ農38人など，1村の105人）|13,223NT|
　⑦(P13協定)（1村のフーフェ農27人など，3村の78人）|8,101NT|
　⑧賦役＋現物貢租＋貨幣貢租＋放牧権の合計 |40,271NT|（65%）
(9) 全協定・全種目合計
　①(P1協定)（1村のフーフェ農9人など，2村の25人）|4,645NT|（7%）
　②(P2協定)（1村の水車屋1人）|1,383NT|（2%）
　③(P3協定)（2村のフーフェ農24人など，2村の50人）|6,502NT|（10%）
　④(P4協定)（フーフェ農8人など，1村の10人）|2,850NT|（5%）
　⑤(P5協定)（フーフェ農10人など，1村の46人）|4,957NT|（8%）
　⑥(P6協定)（2村のフーフェ農23人など，11村の174人と1農村自治体）|3,499NT|
　　（6%）
　⑦(P7協定)（1村の水車屋1人と騎士領）|4,879NT|（8%）
　⑧(P8協定)（2村のフーフェ農14人など，4村の76人）|1,662NT|（3%）
　⑨(P9協定)（フーフェ農38人など，1村の105人）|14,365NT|（23%）
　⑩(P10協定)（1都市自治体と1同職組合）|757NT|（1%）
　⑪(P11協定)（フーフェ農16人など，1村の19人）|5,907NT|（9%）
　⑫(P12協定)（9農村自治体）|743NT|（1%）
　⑬(P13協定)（1村のフーフェ農27人など，3村の78人と騎士領）|8,106NT|（13%）
　⑭(P14協定)（1村のフーフェ農15人など16人と教区1）|956NT|（2%）
　⑮(P15協定)（1市の2同職組合と1皮剥所および1村の水車屋1人）|830NT|（1%）
　⑯(P16協定)（1村の水車屋1人）|134NT|（0%）
　⑰(P17協定)（1村のフーフェ農8人など14人と1農村自治体）|254NT|（0%）
　⑱全協定・全種目合計 62,429NT（100%）

　本表から償却一時金の種目別金額が判明するのは，P1，P2，P10，P12，P14－P17協定と，P4，P7，P9，P13協定の各一部においてだけである．それらに基づく一時金のうち，(1) 賦役はP1，P12，P15協定に含まれる．その合計は，本表 (9) ⑱に示される全協定一時金合計額の中で，4%である．(2) 現物貢租はP1，P7，P15協定の合計で一時金合計額の6%，(3) 保有移転貢租がP17

協定のみで一時金合計額の 0%, (4) 貨幣貢租が P1, P2, P4, P7, P9 - P11, P15, P16 協定の合計で一時金合計額の 11%, (5) 放牧権が P1, P13, P14 協定の合計で一時金合計額の 2% である. 以上の合計額は全協定一時金合計額の 23% を占めるにすぎない.

それに対して, P3, P5, P6, P8, P11 協定は, 賦役, 現物貢租, 貨幣貢租, 放牧権の償却一時金を種目別に区分することなく, また, 賦役を小区分することなく, 4 種目 (P11 協定のみは, 放牧権を除く 3 種目) について一括して記載している. また, P9 協定の定めた一時金額は, 本章の諸協定の中で最大 (全協定一時金合計額の 23%) であり, P13 協定のそれは第 2 位 (同 13%) であるにも拘わらず, これら 2 協定の一時金額の大部分について, 賦役, 現物貢租, 貨幣貢租, 放牧権の種目別金額が不明である. したがって, 本騎士領に関しては償却一時金の種目別構成比を, そしてまた, 各種目の年次別償却過程を明らかにすることはできない. ただし, 5 種目中で唯一の例外は P17 協定による (3) 保有移転貢租であるけれども, その一時金は全協定一時金合計額の 0.5% にも達しなかった.

表 3-18-4 の一時金合計額から騎士領負担額 (合計額の 1%) を差し引いた部分は, 61,577NT である. これを騎士領は 1840-68 年に受け取った. 他方で当騎士領の「地租単位」は 28,074 であった[2]. したがって, その年間純益は 84,222NT となる.

1) 騎士領プルシェンシュタインとその所属集落に関連した全国委員会文書として, 第 4895 号, 第 11969 号と第 14778 号の 3 償却協定がある. このうち, 第 11969 号協定は国庫と騎士領との協定であり, 他の 2 協定は聖界の土地と住民との協定である. これら 3 協定は騎士領と領民との間の協定ではないので, 本章はこれらを検討しない.
2) 松尾 2001, p. 22.

(2) 地代償却の進行過程

表 3-18-3 は地代償却の進行過程を示す. 作表の方式は本書第 2 章第 10 節と同じである.

本表②によれば, 全協定一時金合計額の 45% が 1840 年に P1-P8 協定によって一挙に償却された. 一時金の累積比率は 1843 年には 66% に, 47 年には 92% に達した. 当騎士領では三月革命前に償却がほぼ完了していたことになる. ま

表3-18-3　地代償却の進行過程

	①	②			③		④		⑤	
1840年（P1－P8協定）	|28,342NT|	(45%)	〈45%〉	4,595NT	(7%)	23,747NT	(38%)	45%	〈 45%〉
1843年（P9協定）	|13,328NT|	(21%)	〈66%〉	398NT	(1%)	12,930NT	(21%)	25%	〈 70%〉
1844年（P10協定）	|757NT|	(1%)	〈67%〉	182NT	(0%)	575NT	(1%)	1%	〈 71%〉
1846年（P11＋P12協定）	|6,516NT|	(10%)	〈77%〉	379NT	(1%)	6,137NT	(10%)	12%	〈 83%〉
1847年（P13＋P14協定）	|9,062NT|	(15%)	〈92%〉	318NT	(1%)	8,744NT	(14%)	17%	〈100%〉
1848年（P15協定）	|830NT|	(1%)	〈93%〉	474NT	(1%)	356NT	(1%)	1%	〈101%〉
1859年（P16協定）	|134NT|	(0%)	〈93%〉	―		134NT	(0%)	0%	〈101%〉
1868年（P17協定）	|254NT|	(0%)	〈93%〉	30NT	(0%)	―		―	
時期不明合計（4協定）	《3,206NT》		(5%)	〈98%〉	?		?		?	
全協定一時金合計額	|62,429NT|	(100%)	〈100%〉	6,376NT	(10%)	52,623NT	(84%)	100%	〈101%〉

た．本表③と④によれば，全協定一時金合計額の10％が一時金によって償還され，84％が地代銀行に委託された．なお，(1) 償却時期不明の貨幣貢租が，表3-18-2に示されたように，P4，P7，P9，P11の4協定にあり，その合計額は本表3-18-3②の計によれば，全協定一時金合計額の5％に相当した．(2) P17協定においては，一時金換算で224NTの地代は，地代銀行に委託されえず，年地代として支払われねばならなかったので，本表④には記載できなかった．

(3) 償却一時金の集落別・種目別合計額

　表3-18-4は償却一時金の集落別・種目別合計額を示す．本表の各集落の (1) －(8) の種目区分は，(9) が各集落の合計額を示すのを除けば，本節の表3-18-2のそれと同じである．集落はアルファベット順に配列した．1種目のみが記録されている集落では，合計欄を省略した．ある協定に封建地代が記載されているけれども，その地代の償却年が不明の場合には，協定の次に時期不明と追記した．ただし，(1) 本章第12節の表3-12-2はP12協定に従って，ウラースドルフ村とピルスドルフ村の償却一時金（P12協定による一時金合計額の4％と計算される）を一括表示した．この2村の一時金は本表においては便宜上，両村で折半した．P12協定の一時金合計額が全協定一時金合計額に占める比率は，本節の表3-18-2の (9) ⑫によれば，僅か1％である．そのために，原表のこの変更は一時金合計額の構成比にとっては大きな意味をもたない．(2) 本節の表3-18-2のP13協定について，村数と義務者数に算入しなかったアイゼンツェッヘ村も，

本表では1村として掲げた.

表3-18-4 償却一時金の集落別・種目別合計額

(A) ケマースヴァルデ村
  (1) 賦役④未区分賦役（P12協定，農村自治体）|112NT|
  (8) 賦役＋現物貢租＋貨幣貢租＋放牧権
  ①(P5協定，世襲村長1人，上級村長1人，フーフェ農10人，小屋住農25人，借家人家屋小屋住農4人，耕地片所有者4人と水車屋1，計46人) |4,957NT|
  ②(P6協定，耕地片所有者1人) |16NT|
  ③(P9協定，協定の義務者に算入されない耕地片所有者2人) |105NT|
  ④計 |5,078NT|
  (9) 計 |5,190NT|（8％）
(B) クラウスニッツ村
  (1) 賦役④未区分賦役（P12協定，農村自治体）|139NT| ［1％］
  (4) 貨幣貢租
  ①(P9協定，時期不明，フーフェ農6人と小屋住農15人，計21人)《1,037NT》
  ②(P11協定，時期不明，フーフェ農2人)《134NT》
  ③計 |1,171NT| ［6％］
  (5) 放牧権（P14協定，フーフェ農15人と小屋住農1人，以上16人，および，教区1）|956NT| ［4％］
  (7) 賦役＋現物貢租＋貨幣貢租（P11協定，フーフェ農16人と小屋住農3人）|5,773NT| ［27％］
  (8) 賦役＋現物貢租＋貨幣貢租＋放牧権（P9協定，世襲村長1人，フーフェ農38人，小屋住農52人，借家人家屋小屋住農13人と水車屋1人，計105人) |13,223NT| ［62％］
  (9) 計 |21,262NT| ［100％］（34％）
(C) ディッタースバッハ村
  (1) 賦役
  ①連畜賦役（P1協定，フーフェ農8人) |989NT| ［21％］
  ②手賦役（P1協定，フーフェ農9人，小屋住農9人と借家人家屋小屋住農2人，計20人) |504NT| ［11％］
  ③未区分賦役（P12協定，農村自治体）|134NT| ［3％］
  ④計 |1,627NT| ［34％］
  (2) 現物貢租（P1協定，世襲村長1人，フーフェ農9人，小屋住農5人と借家人家屋小屋住農1人，計16人) |2,890NT| ［61％］
  (4) 貨幣貢租（P1協定，世襲村長1人とフーフェ農1人，計2人) |78NT| ［2％］
  (5) 放牧権（P1協定，世襲村長1人，フーフェ農9人，小屋住農5人，借家人家屋小屋

住農1人と耕地片所有者1人，計17人）｛164NT｝［3%］
　（8）賦役＋現物貢租＋貨幣貢租＋放牧権
　①(P6協定，耕地片所有者5人）｛8NT｝
　②(P8協定，耕地片所有者1人）｛-NT｝
　③(P13協定，耕地片所有者1人）｛-NT｝
　④計 ｛8NT｝［0%］
　（9）計 ｛4,767NT｝［100%］（8%）
(D) デルンタール村
　（8）賦役＋現物貢租＋貨幣貢租＋放牧権（P6協定，耕地片所有者1人）｛-NT｝（0%）
(E) アインジーデル村
　（8）賦役＋現物貢租＋貨幣貢租＋放牧権（P6協定，耕地片所有者2人）｛1NT｝（0%）
(F) アイゼンツェッヘ村
　（8）賦役＋現物貢租＋貨幣貢租＋放牧権（P13協定，協定の義務者数に算入されない耕地片所有者3人）｛25NT｝（0%）
(G) フラウエンバッハ村
　（8）賦役＋現物貢租＋貨幣貢租＋放牧権（P6協定，フーフェ農1人，小屋住農8人と耕地片所有者2人，計11人）｛56NT｝（0%）
(H) フリーデバッハ村
　（1）賦役④未区分賦役（P12協定，農村自治体）｛135NT｝［4%］
　（3）保有移転貢租（P17協定，フーフェ農8人，小屋住農3人，耕地片所有者2人［農村自治体1を含む］と水車屋1人，以上14人と農村自治体）｛254NT｝［8%］
　（4）貨幣貢租
　①(P4協定，世襲村長1人とフーフェ農2人，計3人）｛313NT｝［10%］
　②(P4協定，時期不明，フーフェ農1人）《315NT》［10%］
　③計 ｛628NT｝［19%］
　（8）賦役＋現物貢租＋貨幣貢租＋放牧権（P4協定，世襲村長1人，フーフェ農8人と水車1人，計10人）｛2,222NT｝［69%］
　（9）計 ｛3,239NT｝［100%］（5%）
(I) ハイデルバッハ村
　（8）賦役＋現物貢租＋貨幣貢租＋放牧権（P6協定，ガラス製造所所有者［貴族］1人，小屋住農16人と耕地片所有者2人，計19人）｛101NT｝（0%）
(J) ハイデルベルク村
　（8）賦役＋現物貢租＋貨幣貢租＋放牧権
　①(P6協定，耕地片所有者8人）｛7NT｝
　②(P8協定，フーフェ農3人と耕地片所有者2人，計5人）｛163NT｝
　③計 ｛170NT｝（0%）

(K) ハイダースドルフ村
　(1) 賦役④未区分賦役 (P12協定，農村自治体) ¦30NT¦ ［0％］
　(4) 貨幣貢租 (P2協定，水車屋1人) ¦1,383NT¦ ［15％］
　(8) 賦役＋現物貢租＋貨幣貢租＋放牧権 (P13協定，世襲村長1人，フーフェ農27人，小屋住農31人，世襲手賦役農1人，耕地片所有者10人（農村自治体1を含む），借家人4人と水車屋2人，計76人) ¦8,048NT¦ ［85％］
　(9) 計 ¦9,461NT¦ ［100％］ (15％)
(L) ナッサウ村
　(4) 貨幣貢租 (P16協定，水車屋1人) ¦134NT¦ (0％)
(M) ノイハウゼン村
　(1) 賦役
　③水車賦役 (P15協定，水車屋1人) ¦61NT¦
　④未区分賦役 (P12協定，農村自治体) ¦52NT¦
　⑤計 ¦113NT¦ ［1％］
　(2) 現物貢租 (P1協定，耕地片所有者3人) ¦19NT¦ ［0％］
　(4) 貨幣貢租
　①(P7協定，時期不明，水車屋1人) 《1,720NT》
　②(P15協定，水車屋1人) ¦374NT¦
　③計 ¦2,094NT¦ ［27％］
　(5) 放牧権 (P1協定，耕地片所有者3人) ¦1NT¦ ［0％］
　(6) 水車賦役＋現物貢租 (P7協定，水車屋1人) ¦2,312NT¦ ［30％］
　(8) 賦役＋現物貢租＋貨幣貢租＋放牧権 (P6協定，世襲村長1人，フーフェ農22人，園地農2人，小屋住農69人［学校区1を含む］，借家人家屋小屋住農8人，耕地片所有者7人，林地所有者1人，水車屋2人，鍛冶屋1人，以上113人と1農村自治体) ¦3,295NT¦ ［42％］
　(9) 計 ¦7,834NT¦ ［100％］ (13％)
(N) ニーダーザイフェンバッハ村
　(8) 賦役＋現物貢租＋貨幣貢租＋放牧権
　①(P6協定，耕地片所有者1人) ¦-NT¦
　②(P8協定，耕地片所有者1人) ¦1NT¦
　③(P13協定，鍛冶屋1人と義務者数に計上されない耕地片所有者1人) ¦28NT¦
　④計 ¦29NT¦ (0％)
(O) ピルスドルフ村
　(1) 賦役④未区分賦役 (P12協定，農村自治体) ¦15NT¦
　(8) 賦役＋現物貢租＋貨幣貢租＋放牧権 (P3協定，世襲村長1人，フーフェ農6人，小屋住農6人と借家人家屋小屋住農1人，計14人) ¦1,516NT¦
　(9) 計 ¦1,531NT¦ (2％)

(P) 騎士領プルシェンシュタイン
　(2) 現物貢租（P7協定，騎士領［水車屋1人に］）｜847NT｜
　(5) 放牧権（P13協定，騎士領［水車屋1人に］）｜5NT｜
　(9) 計 ｜852NT｜（1%）
(Q) ラウシェンバッハ村
　(8) 賦役＋現物貢租＋貨幣貢租＋放牧権（P6協定，耕地片所有者1人）｜3NT｜（0%）
(R) ザイダ市
　(2) 現物貢租（P15協定，1皮剥所）｜45NT｜
　(4) 貨幣貢租
　①（P10協定，都市自治体と1同職組合）｜757NT｜
　②（P15協定，2同職組合）｜350NT｜
　③計 ｜1,107NT｜
　(9) 計 ｜1,152NT｜（2%）
(S) ザイフェン村
　(1) 賦役④未区分賦役（P12協定，農村自治体）｜111NT｜
　(8) 賦役＋現物貢租＋貨幣貢租＋放牧権
　①（P6協定，耕地片所有者12人［学校区1を含む］）｜12NT｜
　②（P8協定，世襲村長1人，フーフェ農11人［教区1を含む］，小屋住農13人，オーバーハウス小屋住農10人，ウンターハウス小屋住農33人と耕地片所有者1人，計69人）｜1,498NT｜
　③計 ｜1,510NT｜
　(9) 計 ｜1,621NT｜（3%）
(T) ウラースドルフ村
　(1) 賦役④未区分賦役（P12協定，農村自治体）｜15NT｜
　(8) 賦役＋現物貢租＋貨幣貢租＋放牧権（P3協定，フーフェ農18人，小屋住農7人，借家人家屋小屋住農10人と水車屋1人，計36人）｜4,986NT｜
　(9) 計 ｜5,001NT｜（8%）
(U) 全集落合計額 ｜62,429NT｜（100%）

　本表が示す義務的集落は，次の3種に分類されうる．まず第1は市場町ザイフェン（S）と17村落共同体である．これらは1838年農村自治体法成立以降，すべて農村自治体とされた．この18集落を本章は，1838年以前についても以後についても，村と略記している．第2はザイダ市（R）であり，第3は騎士領プルシェンシュタイン（P）である．

　このうち，特徴的な義務者は第2と第3である．第3の騎士領（P）はすべての協定において償却地代を受け取ったが，P7協定とP13協定の各一部では償却

第3章　騎士領プルシェンシュタイン（南ザクセン）における封建地代の償却　*297*

地代を支払った．しかし，その償却一時金（2村の水車屋2人に対する負担）は，全集落一時金合計額の1%を占めただけである．その1%の中で，P13協定による一時金（放牧権）は微少であり，P7協定に基づく一時金（現物貢租）がほとんど全部を占めている．後者の一時金はノイハウゼン村（M）の水車屋1人に対して支払われた．第2のザイダ市（R）においては都市自治体，3同職組合と1皮剥所が，P10協定とP15協定によって騎士領プルシェンシュタインに償却地代を義務づけられた．この事態は，ザイダ市が，1832年都市自治体法によって都市自治体となったけれども，同法制定までは騎士領所属都市であった事情に起因するであろう．もっとも，同市の一時金額は全集落一時金合計額の2%を占めるにすぎない．その2%の中で，P15協定による現物貢租は微少であり，大部分は，P10協定とP15協定に基づく貨幣貢租であった．同市が義務づけられたのは，この2種目のみ（しかも，その大部分が貨幣貢租）であり，賦役，保有移転貢租と放牧権は同市には存在しなかった．

　その他の18村が全集落一時金合計額の97%を負担した．18村の中で最大額を負担したのはクラウスニッツ村（B）で，全体の34%を占め，次が15%のハイダースドルフ村（K）であり，13%のノイハウゼン村（M）がそれに続く．さらに，ケマースヴァルデ村（A），ディッタースバッハ村（C）とウラースドルフ村（T）はそれぞれ8%であり，フリーデバッハ村（H）は5%である．以上の7村だけで全体の91%を占める．ザイフェン村（S）（3%）とピルスドルフ村（O）（2%）は一層小さく，2村合わせて5%である．それに対して，デルンタール村（D），アインジーデル村（E），アイゼンツェッヘ村（F），フラウエンバッハ村（G），ハイデルバッハ村（I），ハイデルベルク村（J），ナッサウ村（L），ニーダーザイフェンバッハ村（N），ラウシェンバッハ村（Q）の9村はいずれも0%である．

　一時金合計額に占める比率が8%のディッタースバッハ村（C）に関しては，同村の (9) 合計額 [100%] に占める封建地代4種目の比率が確定されうる．すなわち，諸種目中の第1位は (4) 現物貢租であり，同村合計額の61%を占め，(1) 賦役は第2位であり，合わせて (1) ④ [34%] である．(1) ①連畜賦役の一時金21%は (1) ②手賦役のそれ11%のほぼ2倍であった．連畜賦役と手賦役のこの大まかな関係は，(1) ③未区分賦役 [3%] の小区分が判明すると，いくらか変動するかもしれない．いずれにせよ，賦役と現物貢租の合計は村合計額

の95%に達する．それに対して，(5) 放牧権［3%］と (4) 貨幣貢租［2%］は小さい．他のすべての村に見られる (8) 賦役＋現物貢租＋貨幣貢租＋放牧権は，この村では0%である．

　一時金合計額に占める比率が最大 (34%) のクラウスニッツ村 (B) では，同村の (5) 放牧権は (9) 同村合計額の4%を占めた．また，同村 (4) 貨幣貢租は，時期不明ながら，6%である．しかし，同村 (8)（村合計額の62%）は放牧権を含み，同村 (7)［27%］と (8)［62%］は貨幣貢租が含むから，この村の貨幣貢租と放牧権の比率は上記ディッタースバッハ村 (C) のそれを上回るはずである．

　フリーデバッハ村 (H)（一時金合計額の5%）について P17 協定だけが償却した (3) 保有移転貢租は，当騎士領では当村でのみ見られた地代種目であり，その一時金は村合計額の8%に相当する．この比率は変動しない．(4) 貨幣貢租は19%を占めるが，その比率は，(8)［69%］が貨幣貢租を含むので，さらに高まるはずである．

　一時金合計額の15%のハイダースドルフ村 (K) では，(4) 貨幣貢租は村合計額の15%であるけれども，(8)［85%］に貨幣貢租がいっているので，貨幣貢租の比率は15%以上になる．

　ノイハウゼン村 (M)（一時金合計額の13%）では，(4) 貨幣貢租は (9) 同村合計額の27%を占めたが，同村 (8)［42%］も貨幣貢租を含むので，貨幣貢租が27%を超えるのは確実である．他の種目の地代については，確定的な比率は算出できない．――特殊な事情として当村の水車屋は，P7 協定に基づいて騎士領 (P) から 847NT の一時金を受け取った．これは，当村が支払う一時金合計額の11%に相当した．

　以上の5村はいずれも (1) 賦役，(2) 現物貢租，(4) 貨幣貢租と (5) 放牧権の4種目を，フリーデバッハ村 (H) だけはさらに (3) 保有移転貢租をも，義務づけられていた．この4種目がこれら5村の合計額に占める比率は，貨幣貢租についてのみ，ある程度の計算・比較が可能である．その比率はノイハウゼン村で27%以上，フリーデバッハ村で19%以上，ハイダースドルフ村で15%以上，クラウスニッツ村で6%以上であり，ディッタースバッハ村では僅か2%（確定値）であった．このように，貨幣貢租だけに関しても，その比率は村によって大きく異なっていた．

一時金合計額の8%のケマースヴァルデ村（A），同8%のウラースドルフ村（T），同3%のザイフェン村（S），同2%のピルスドルフ村（O）ばかりでなく，同0%の9村にも，賦役・現物貢租・貨幣貢租・放牧権の4種目が課されていたけれども，一時金の4種目別構成比は不明である．

償却時期不明の4協定による貨幣貢租を考慮しないで，償却の年次別経過を集落別に見ると，フリーデバッハ（H），ナッサウ（L），ノイハウゼン（M），ザイダ（R）の1市・3村を除く，15村と1騎士領では，償却が既に1847年までに終了しており，ノイハウゼン村とザイダ市では1848年に完了した．フリーデバッハ村においても1846年までに村合計額の［82%］の償却が進行していた．しかし，本書第17節（1）で見たように，抵当認可料の償却地代額，場合によっては，この権利＝義務の存在そのもの，を巡る対立のために，それの償却に関するP17協定が作成・承認されたのは，ようやく1868年である．これが当騎士領関係償却協定の最後であった．なお，ナッサウ村の償却は1水車屋による1859年の償却であるが，その一時金は一時金合計額の0.5%に達しない．

第4章　騎士領ヴィーデローダ（北ザクセン）における封建地代の償却

第1節　全国委員会文書第1020号

(1) 共同地分割・放牧権償却協定と償却一時金合計額

　騎士領ヴィーデローダ（北ザクセン）の封建地代償却に係わる全国委員会文書の紹介と，それらの協定によって成立した償却年地代・一時金合計額の確定・推定，これが本章の課題である．なお，本章において史料のいくつかの文言を，第1章第4節（2）のものに加えて，以下のように略記する．すなわち，(1)「ヴィーデローダ領域」を当騎士領領域，(2)「騎士領ヴィーデローダに統合された，マネヴィッツ村の2農民地」を「当騎士領に統合された2農民地」，(3)「マネヴィッツ村に属し（あるいは，マネヴィッツ村領域にあり），リプティッツ村にある（あるいは，リプティッツ村の）世襲酒屋」を，「リプティッツ村の世襲酒屋」，(4)「[協定]序文に[義務者]各人の（あるいは，その）名前で記された土地の（あるいは，当該土地の）後継所有者」を後継土地所有者とする．

　当騎士領とその領民の間の償却について全国委員会が最初に承認した協定は，第1020号文書である．文書の表題は，「マネヴィッツ村村民相互間の，また，彼らとムッチェン市近郊の騎士領ヴィーデローダとの間の，1838年11月30日／1839年2月1日の共同地分割・放牧権償却協定[1]」である．

　まず序文を紹介しよう．
　以下に詳述されるマネヴィッツ村村有地の分割と，それ[村有地]に対して当騎士領に帰属する放牧権の償却について，下記の契約締結者の間で，以下の撤回不可能な協定が，和解による一致に基づいて，作成された．仲介したのは，1833年4月26日と1838年5月16

第4章　騎士領ヴィーデローダ（北ザクセン）における封建地代の償却　*301*

日の…全国委員会指令がこの整理事務の指導を委任した特別委員，［1］ベンヤミン・エーレンフリート・ミールス（財務監督官，ライスニヒ市）とその後任者，アウグスト・ハインリヒ・ミュラー（弁護士，グリマ市），および，［2］エルンスト・アウグスト・フュルヒテゴット・バイアー（［農民］地所有者，ハウスドルフ村）である．［本協定の］第1［の当事者］は，騎士領領主である．彼は，［1］当騎士領，［2］この騎士領に統合された，マネヴィッツ村の2農民地，すなわち，かつてのショイフラー（Scheufler）の［農民地］とクルト（Curth）の［農民］地，［3］リプティッツ村の世襲酒屋，の所有者である．第2［の当事者］は，マネヴィッツ村の下記の村民（関係村民の姓名と不動産は表4-1-1の「第2の当事者」に表示）である．第3の当事者は，リプティッツ村・マネヴィッツ村教区・学校封地[2]であり，これは…，リプティッツ地区宗教監督委員会が任命した管財人（表4-1-1の第3の当事者）によって代表される．なお，本協定に登録され，下記第1条に言及される村有地に対する，下記第2条の請求権の放棄に関して，上記［マネヴィッツ村］の農村土地所有者はレクヴィッツ村民に補償を承認した．この補償に関して以下のレクヴィッツ村民［馬所有農3人と園地農6人［その姓名と不動産は省略］］は本協定に賛成している．

表4-1-1は，本協定序文に記載された，第2の当事者（マネヴィッツ村民）の一連番号，姓名と不動産，〈　〉内に不動産の保険番号[3]，および，第3の当事者を示す．遺族各人と前所有者の姓名，および，村民の租税台帳番号は省略した．

表4-1-1　本協定第2・第3の当事者

(1) 第2の当事者（マネヴィッツ村民）
［1］Johann Christoph Stein の遺族3人（馬所有農地〈30〉）
［2］Johann Gottfried Kretzschmar（馬所有農地〈26〉）
［3］Johann Gottlieb Kunze（馬所有農地〈25〉）
［4］Carl August Zieschner（馬所有農地〈21〉）
［5］Christian Gottlieb Andrä（園地〈31〉）
［6］Johann Gottfried Gaitzsch（園地〈29〉）
［7］Johann Jacob Oehmigen（園地〈28〉）
［8］Johann Gottfried Weißhorn（園地〈23〉）
［9］Johanne Christiane Döbler（水車〈33〉）
［10］Johann Heinrich Hauswald（雌牛所有家屋〈34〉）
［11］Johann Gottlob Bairich（雌牛所有家屋〈35〉）
［12］Johann Gottlob Borrmann（雌牛所有家屋〈4〉）

(2) 第3の当事者代表
Johann David Singer（弁護士，ムッチェン市），その死後は Franz Ernst Nicolai（弁護士，ヴェルムスドルフ村）（教区・学校封地管財人）

序文に続く本文は次のとおりである［地図は省略］．
第1条　この整理事務の対象をなすマネヴィッツ村村有地は，以下のものである．
(A) いわゆるハイデ山，あるいは，マネヴィッツ村［集落中心部］から東に約$\frac{1}{4}$時間

離れた,「大きな」村有荒蕪地, 別添地図 A. このハイデ山は東は, 当騎士領所属 [林地], いわゆるローベン谷林地に, 南はマネヴィッツ村領域といわゆる「領主の岩山」に, 西は同じくマネヴィッツ村領域に, 北はレクヴィッツ村領域に接している.

(B) いわゆる豚牧場, 別添地図 B. これは東はマーリス村領域に, 南はマネヴィッツ村領域といわゆる石切場に, 西は同じくマネヴィッツ村領域に, 北はいわゆるデルツ小川に接している.

(C) マネヴィッツ村の傍の, いわゆる村有採草地と園地, 別添地図 C.

第2条 これらの村有地に関して, 本協定序文に第1の協定締結者として挙げられた当騎士領所有者と, そこ [序文] に…挙げられ, 本協定に賛成しているレクヴィッツ村民 [9人] とは, 以下を請求した. すなわち,

(a) 当騎士領所有者は, これらの村有地に対して数も, 種類も無制限の騎士領羊放牧権を持ち, 他の羊群についても自由な家畜通行権を持つ, と主張した. マネヴィッツ村民はこれ [この権利] を明確には承認しなかった. しかし, この放牧権と家畜通行権が当騎士領によって40年来, 現実に行使されてきたことを, 彼らは否認しなかった.

(b) レクヴィッツ村民は, 上記第1条 (A) のハイデ山の中の, シュトライト地片と呼ばれる荒蕪地 (面積2アッカー90平方ルーテ) に対して, 放牧権を持つ, と主張した. マネヴィッツ村民はこの権限も明確には容認しなかった.

第3条 第1条に記された村有地に対する上記請求権は, 協定によって次のように調停された.

(a) について. マネヴィッツ村の村有採草地に対して当騎士領が行使する羊放牧権, および, 上記村有地を除く, 他のマネヴィッツ村領域に対する同騎士領の放牧権を, それの特別の償却が実施されない限り, 協定序文一連番号1-12の村民は, 各人についても後継土地所有者についても, 将来に亘って当騎士領所有者に明確に容認した.

次に, 当該村有地の共同地分割 (第5条) に際して当騎士領所有者は, マネヴィッツ村の2農民地とリプティッツ村の世襲酒屋との所有者 (序文) の資格で彼に与えられるよりも, 大きな持ち分を配分され, 受け取った. それに対して彼は, 騎士領所有者としての彼が, 分割される村有地に対して持つ, 上記第2条の放牧権と家畜通行権を, 自身についても当騎士領の後継所有者についても, 明確に放棄した.

(b) について. 別添地図 A, ハイデ山北東側の家畜道は, ローマ数字ⅦとⅩⅤで記され, …面積は2アッカー70平方ルーテである [境界石の番号は省略]. [この家畜道を] 序文のマネヴィッツ村民すべては, 各人についても後継土地所有者についても, 地役権 [に服する土地] としてレクヴィッツ村民に容認した. しかし, そこにある樹木は, 自由な所有物としてレクヴィッツ村に委ねられている.

この家畜道は断然マネヴィッツ村民によって平坦にされ, 両側に幅2.5エレ, 深さ1.5エレの溝が設置されるべきである. そのうち, ハイデ山の他の部分に接する, 上手の溝は, 家畜道から取り除かれるべきでなく, この家畜道に接して, ハイデ山に属する, マネヴィッツ村の土地に設置されるべきである. したがって, マネヴィッツ村のこの土地に向かう堤は,

家畜道の外に作られるべきである．それに対して，レクヴィッツ村領域に接する，下手の溝は家畜道から取り除かれ，その堤はこの家畜道に加えられるべきである．

また，マネヴィッツ村境からオーシャッツ市＝ヴェルムスドルフ村郵便馬車道までの道路の維持に必要な砂利を，上記レクヴィッツ村民が砂利坑から無償で取る権利は，上記マネヴィッツ村民によって，自身についてもすべての後継土地所有者についても，容認された．［砂利坑は］上記の家畜道に接して，別添地図Aのハイデ山にあり，ローマ数字Vで記されている．

それに対して，上記［レクヴィッツ］村民は，いわゆるハイデ山の［シュトライト］地片，2アッカー90平方ルーテについての請求権（第2条）を，自身についても後継土地所有者についても，明確に放棄した．

第4条　上記第1条の村有地に対する当騎士領所有者とレクヴィッツ村民との請求権が清算された後，この村有地そのものの分割が，下記第5条に記される仕方で行われた．このために村有地はフリードリヒ・ヴィルヘルム・ヒーマン（ラウジック市の測量技師）によって測量され，地図が作成された．地図の写しは本協定に添付されている．この測量によれば，これ［村有地］は以下を含む．
(A) 第1条 (A) のいわゆるハイデ山，66アッカー134.90平方ルーテ．
(B) 同じく (B) の豚牧場，4アッカー225.16平方ルーテ．
(C) 同じく (C) の村有採草地，1アッカー170.93平方ルーテ．
合計して，72アッカー230.99平方ルーテ．
　この総面積から以下が分割を除外された．
(1) 既に第3条で述べられ，別添地図Aのハイデ山にある砂利坑（ローマ数字V），70平方ルーテ．
(2) 既に第3条で述べられ，レクヴィッツ村民に譲渡された家畜道（地図の同所，ローマ数字VII），2アッカー70平方ルーテ．
(3) 当騎士領とマネヴィッツ村民のために留保されたが，…［騎士領領主］に所有地として譲渡される家畜道（地図の同所，ローマ数字VI），2アッカー130平方ルーテ．
(4) 村有地を通る街道，道路と溝（別添地図IXとXIからXVIIまで．ただし，測量されなかった街道Xを除く），合わせて1アッカー93平方ルーテ．
合計して，6アッカー83平方ルーテ．
　したがって，上記村有地面積のうち合計66アッカー147.99平方ルーテが分割される．

　第5条　これらの村有地は，地味の差を考慮して，以下のように区分・分割される．
(A) 本協定序文の第1の協定締結者…は，［1］村有地に対する，当騎士領所有者としての放牧権と家畜通行権の請求を放棄（第3条）した賠償のために，また，［2］当騎士領に統合された2農民地…と，リプティッツ村の世襲酒屋に関して，この［村有地］分割に三たび関与したマネヴィッツ村民として，別添地図Aのハイデ山に②の土地（面積合計31アッカー90平方ルーテ）を得る．［境界石の位置などは省略］

　しかし，再度の測量によれば，…［騎士領領主］の持ち分が30アッカー282平方ルー

テに減少しているので，この不足分［108平方ルーテ］は次のようにして調整された．すなわち，…［騎士領領主］は補償として，［第1に，］別添地図，ローマ数字Ⅵの家畜道を所有地として［得る］．ただし，そこでの家畜通行権と，妨げられることなく車行する権限は，マネヴィッツ村に留保される．また，［第2に，彼は］マネヴィッツ村の石切場における放牧権と，豚牧場からマネヴィッツ村に通じる街道の横の，「狭い」道路[4]［における放牧権］とを得る．…［この放牧権の］償却をマネヴィッツ村の側が提議する場合に，彼には1AT12AGの年地代が［村から］与えられ，騎士領側が提議する場合には，マネヴィッツ村は…［騎士領領主］に18AGの年地代を支払うべきである．

上記に従って一部は当騎士領所有者として，一部はマネヴィッツ村の農村土地3個[5]の所有者として…［騎士領領主］に譲渡される面積のうち，(a) 農村土地3個の各々に2.5アッカー，合わせて7.5アッカーは，マネヴィッツ［村］ハイデ山地片に接する，ハイデ山の西側に［配分されて，］南北の直線の畦によって区分され，(b) 残りの23アッカー132平方ルーテは当騎士領所有者への放牧権の補償として，当騎士領［所属］林地（ローベン谷）に接する，［ハイデ山の］東側に配分された．

(B) マネヴィッツ村民（序文一連番号1-12）は，別添地図にローマ数字，アラビア数字あるいは字母で記された土地から，その名前で記された農村土地所有者として，以下を得る．［各人に配分される，地片の位置・面積は省略］

(C) リプティッツ村・マネヴィッツ村教区・学校封地（序文の第3の契約締結者）はハイデ山に，別添地図AのⅢの分割地片を得る．すなわち，…［教区封地が5筆，学校封地が16筆］，合計して，4アッカー8平方ルーテ…が配分される．［境界石の記号などは省略］

第6条 帰属する放牧権の廃止のために当騎士領に譲渡された，合計31アッカー90平方ルーテの土地（第5条A）は1832年…償却法第12条[6]の規定に服さねばならない．

それに対して，この分割によって序文の第1，第2と第3の契約締結者に与えられる，残りすべての分割地片は，所有地を顧慮して，配分されたが，これらの分割地片と分離地片は上記法律第10条[7]に従って，各分割地片取得者の所有地の付属地となる．これらの分割地片と分離地片は本整理協定承認の時点に，当該の主所有地の［と同じ］法的性格と資格を受け取る．

村有地から配分された分割地片についての排他的所有権と自由な利用権は，各人に帰属する．従来そこで共同で行使された権限は，すべて廃止される．

第7条 その次に，序文の協定締結者たちは，この分割後も存続する［家畜道］と，新設される家畜道に関して，次のように協定した．

(I) マネヴィッツ村民（序文の第2の契約締結者）各人は，自身についてもその後継所有者についても，この騎士領のために，また，彼［騎士領領主］の所有する農民的土地のために，以下の家畜道と道路を当騎士領所有者に容認した．

(1) ［「羊橋」を通り，…［騎士領領主］の土地」に接している家畜道と車道．地図のⅥ］．これは既に第5条Aで考慮された．しかし，…［騎士領領主］の所有にとどまる，この家畜

道で［家畜を］追い，車行する権限を，マネヴィッツ村の土地所有者は持つ．
  (2)［地図，XIVの家畜道と車道］．
  (3)［「羊橋」を通り，ヴェルムスドルフ村に通じる車道．地図のX］．
  (4)［ローベン谷に至る家畜道．地図のXI］．
  (5)［地図，XIIの家畜道と車道］．
  (6)［当騎士領からヴェルムスドルフ村に通じる車道と家畜道．地図のXIII．この並木道は現状のままにとどまるべきであり，車行用に修復されるべきではない．
  (II) それに対して，序文の第1の契約締結者は，当騎士領所有者として，また，それと統合された2農民地とリプティッツ村の世襲酒屋［との所有者］として，自身についても，当騎士領と上記土地との後継所有者についても，マネヴィッツ村民（第2の契約締結者）とリプティッツ村・マネヴィッツ村教区・学校封地（第3の契約締結者）に対して，以下の家畜道と道路を承認し，容認した．
  (1)［「羊橋」を通る家畜道と車道．地図のVIとXIV］．
  (2)［ヴェルムスドルフ村に至る歩道．地図のIX］．
  (3)［フーベルトゥスベルク城[8]］に至る車道．地図のX］．
  (4)［地図のXIとXIIの家畜道と道路］．
  (5)［ローベン谷に至る木材運搬道と羊道．地図のXVI］．
  (6)［マーリス村に至る歩道．地図のXVII］．
  第8条　当騎士領所有者は，マネヴィッツ村村有地（第1条）に対する放牧権と家畜通行権を放棄した（第3条）ほかに，これらの村有地の一部が彼に譲渡された（第5条）後には，当騎士領に統合された2農民地（序文）とリプティッツ村の世襲酒屋の所有者としての彼が，現在なお分割されていない，その他のマネヴィッツ村村有地に対して持つ放牧権とその他の共同利用権すべてを，自身についても上記土地の後継所有者についても，ここに明確に放棄する．
  第9条　次に，マネヴィッツ村の土地所有者が家畜を採草地に追い立てる秋期に，マネヴィッツ村のこれらの採草地で放牧する共同利用権と，マネヴィッツ村の砂利坑の共同利用権とが，リプティッツ村・マネヴィッツ村教区・学校封地に対して序文の管財人を通じて，将来に亘って明確に留保された．マネヴィッツ村民すべては，自身についても彼らの後継所有者についても，これらの権限を上記教区・学校封地に明確に承認した．同時に［彼らは，］「羊橋」の傍にある砂利坑からの砂利の無料採取が彼らに承認されたので，この砂利を…［騎士領領主］の指示に従ってのみ採取する，と述べた．
  第10条　［整理事務費用の分担——省略］
  第11条　［同文3部の協定——省略］
  騎士領ヴィーデローダとマネヴィッツ村にて1838年11月30日

  協定署名集会議事録は次のとおりである．
  リプティッツ村にて1838年11月30日

発せられた召喚状に従って，周知の委員会当地事務所に本日，特別委員会に周知である，当騎士領所有者…（など11人）が出席し，名前を告げた．召喚状は正当に送達されたにも拘わらず，…J. G. クンツェ［一連番号3］…（など5人）は欠席した．そのために，召喚状に含まれ［記され］ている法的不利益が，彼らに生じる．また，彼らの署名の欠落にも拘わらず，協定は彼らによって承認され，彼らに対して［も］拘束力がある，と見なされる．

その後，出席者に対して協定がゆっくりと，そして，はっきりと朗読され，個々の部分について説明された．その機会に次の意見が述べられた．

(1) 協定第3条の文言は，「レクヴィッツ村に委ねられた家畜道にある樹木は，レクヴィッツ村に委ねられる[9]」である．しかし，これは誤記であろう．なぜなら，協定の端に引用された議事録には，それについて何も含まれ［記され］ておらず，むしろ，ここに言及された樹木をマネヴィッツ村は既に切り落としたからである．そのために，協定には，レクヴィッツ村の代わりに「マネヴィッツ村」と言われるべきであろう．委員会は，述べられた文言が正しく，レクヴィッツ村は「マネヴィッツ村」と読むべきである，との上記議事録の見解を確信した．

(2) …［騎士領領主］の許可を得た後に，必要な砂利をマネヴィッツ村の砂利坑から無償で取ってよい，と当地の教区・学校封地は第9条によって承認された．これと同じ許可をさらにマネヴィッツ村民にも承認する，と本議事録に注釈として書き記すように，…出席者は要請した．…［騎士領領主］は，自身についても当騎士領の後継所有者についても，これに同意する，と述べた[10]．

(3) 最後に，マネヴィッツ村の石切場の傍にあり，「羊橋」まで，そこからヴェルムスドルフ村車道まで，さらに，レクヴィッツ村耕地境界までに至る家畜道，33番を，マネヴィッツ村民の協力なしで，建設・改良する義務が…［騎士領領主］にはある．それに対して彼は，その他すべての道路改良と雪かきを［免れ］，［マネヴィッツ］村が共同で建設・改良すべき，道路の新規建設も免れており，彼に帰属する限りの村小路を除けば，聖職者の耕地［教区・学校封地］に接する道路の建設だけを援助した．［草案］第1巻第14葉のこの規定は［本］協定の一部であることを，委員会は出席者に気付かせた．各方面の出席者はこれに同意し，これを議事録に収めるよう願った．

マネヴィッツ村のJ. G. クンツェ［一連番号3］が顔を出し，協定の内容を伝えられた．彼と，以前から出席していた，他の者とはこの議事録の朗読の後，これ［議事録］と，作成された協定とを承認し，署名した．

比較の後に，5ページのこの写しが署名［集会］議事録原本と逐語的に一致すること，を［私は］証明して，特別委員会の印章を押印し，法律関係特別委員［の名前］を署名する．

グリマ市にて1838年12月5日　マネヴィッツ村共同地分割のための特別委員会特別委員　弁護士 A. H. ミュラー

本協定を全国委員会［主任］ノスティッツは1839年2月1日に承認した．ただし，本文

書の表題は「共同地分割・償却協定」であるけれども，本協定の末尾に全国委員会は単に「共同地分割協定」と記している．すなわち，「第1の［当事者］，騎士領ヴィーデローダ…，第2の当事者，マネヴィッツ村民…および第3の当事者，…教区・学校封地の管財人…の間で1838年11月30日に作成され，我々に3部…提出された共同地分割協定」としてである．既に特別委員 A. H. ミュラーも38年12月5日に「マネヴィッツ村共同地分割のための特別委員会特別委員」と署名していた．

本協定の提議者と被提議者は明示されていない．

当騎士領とマネヴィッツ村民との間に発生する償却一時金の観点から，本協定を考察してみる．本協定の対象は3個のマネヴィッツ村村有地（第1条）であり，その面積は66アッカー余りであった（第4条）．この村有地を分割して，騎士領に配分される土地は，31アッカー90平方ルーテと定められた．ところが，再度の測量では，騎士領には30アッカー282平方ルーテのみが配分されていた．そのうち，23アッカー132平方ルーテは村有地における騎士領放牧権の廃止に対する補償としてであり，7アッカー150平方ルーテは，騎士領が所有する農村土地3個のためである．この不足分［単純計算では108平方ルーテ］への補償として，①騎士領は家畜道1本（2アッカー130平方ルーテ——第4条3）を所有として与えられた．②騎士領はまた，「石切場」と「狭い道路」とにおける放牧権を得た．放牧権②の償却年地代は，それをマネヴィッツ村が提議する場合には，1AT12AGであり，騎士領が提議する場合には，18AGであるべきである（以上，第5条 A）．このように，本協定が対象とした村有地に対する騎士領の放牧権は，騎士領への償却地代の支払によってではなく，村有地の5割弱を騎士領に割譲することによって主として廃止された．この土地配分に付随して生じた，上記の放牧権②は，少額の年地代（農民側提議の場合に1AT12AG，騎士領側提議の場合に18AG）でもって将来，償却される，と規定されただけである．なお，第8条によれば，騎士領は未分割の村有地に対する放牧権を放棄したけれども，第3条aは，マネヴィッツ村領域に対する騎士領の放牧権が，それの償却まで存続する，と定めていた．——ある時期に上記の放牧権②の償却を農民側が提議したと想定して，年地代から償却一時金額を新通貨で求めてみると，それは《37AT12AG ≒ 38NT16NG ≒ 38NT》となる．これらの放牧権の義務者は，表4-1-1に示されるように，馬所有農4人，園地農4人，雌牛所有小屋住農3人と水車屋1人，計12人であった．しかし，この放牧権償却を承認

する全国委員会文書は，存在しない．

　なお，この村有地は「所有地を顧慮して，配分され」(第6条) た，とされているけれども，村有地から各人が配分された土地面積は，2アッカー109.8平方ルーテ (≒約710平方ルーテ) から2アッカー280.71平方ルーテ (≒約881平方ルーテ) までの間にあった．ところで，これらの12人の村民の所有地面積は階層別に差違があり，特に馬所有農と雌牛所有小屋住農との間では大きく異なっていたであろうけれども，配分された土地面積は比較的接近しており，最小を1とすると，最大は1.24であった．

1) GK, Nr. 1020.
2) 本協定において教区・学校封地は「リプティッツ村・マネヴィッツ村の」と表現される場合と，「リプティッツ村の」と表現される場合とがある．──教区教会はリプティッツ村にあり，その教区はマネヴィッツ村と騎士領ヴィーデローダを含んでいた．HOS, S. 232.
3) 本表 [6] の所有者の姓は第5条 (B) では Gatzsche と書かれている．
4) 原文を私は dem "holen" Wege としか読めないが，この文字を "hohlen" と解する．
5) マネヴィッツ村の農村土地「3個」は，①「当騎士領に統合された，マネヴィッツ村の2農民地」(本節の「当騎士領に統合された2農民地」) と，②「マネヴィッツ村に属し (あるいは，マネヴィッツ村領域にあり)，リプティッツ村にある (あるいは，リプティッツ村の) 世襲酒屋」(本節の「リプティッツ村の世襲酒屋」) との合計を意味するであろう．これは第5条Aの文言，「[2] 当騎士領に統合された2農民地…と，リプティッツ村の世襲酒屋に関して，この [村有地] 分割に三たび関与したマネヴィッツ村民として」，と関連する．
6) 32年償却法第12条は次のように規定した．償却の手段として取得された，「生の地代」が一方の当事者の提議に基づいて償却されうるのは，償却実施から12年後である．GS 1832, S. 169.
7) 32年償却法第10条の規定は次のとおりである．共同地が分割される場合，あるいは，償却の際に補償手段として土地が譲渡される場合，取得者はその土地を，分配の基礎となった所有地の増加地・付属地として，受け取る．この地片は分割あるいは償却協定の承認の時点に，あらゆる点において主所有地の [と同じ] 法的性格と資格を受け取る．そのために，それに対立する，1817年…の通則の規定…は，ここに廃止される．GS 1832, S. 169.
8) これを私は Hubertusberg としか読めないが，-burg と解する．フーベルトゥスブルクはザクセン国王の狩猟用城館であり，ヴェルムスドルフ村にある．Vgl. HOS, S. 229. なお，第7条の(I)(3)「[羊橋」を通り，ヴェルムスドルフ村に通じる車道．地図，X」は同条(II) (3) [フーベルトゥスベルク城に至る車道．地図，X] と同じ道路である．地図上のローマ数字が同じであるからである．フーベルトゥスブルク城はヴェルムスドルフ村に属するので，本注冒頭のように，-berg は -burg の誤記と見なしうる．
9) このように議事録に記録されている文章は，協定第3条本文と厳密に同じではない．

10) 騎士領領主がここで同意した権限は，協定本文第9条後半に既に明文化されている，と考えられる．

第2節　全国委員会文書第1389号

(1) 賦役・貢租・放牧権償却協定

　当騎士領に関して全国委員会が承認した，第2の償却文書は第1389号，「(I)グリマ市近郊の騎士領ヴィーデローダ，(II)リプティッツ村，マネヴィッツ村およびニーダーグラウシュヴィッツ村の住民と，(III)リプティッツ村の聖界封地との間の，1839年9月9日／30日の賦役・貢租・放牧権償却協定[1]」である．

　［協定の］第1の［当事者］は当騎士領所有者…，第2の［当事者］は，リプティッツ村，マネヴィッツ村およびニーダーグラウシュヴィッツ村の下記住民（義務者全員の姓名と不動産は表4-2-1の(II)），第3の当事者は…リプティッツ村の教会・教区・学校封地[2]の管財人（表4-2-1の(III)）である．第2の契約締結者によって当騎士領に給付されるべき賦役，支払われるべき現物貢租と，存続している放牧権関係について，これらの契約締結者の間で，…一契約が締結され，それ［その契約］と…特別委員会の文書とに基づいて，本償却協定が作成された．以上の序文に本文が続く．本文に姓名で記された義務者には，一連番号を付記する．

　　第1条（償却の対象）　償却の対象は次のとおりである．
(1) 協定序文，IIの1-11に名前を挙げられた，リプティッツ村とマネヴィッツ村の馬所有農地所有者が当騎士領に給付すべき，すべての連畜賦役・手賦役．
(2) 序文，IIの23-60に名前を挙げられた契約締結者が，上記騎士領に給付すべき，すべての手賦役（建築賦役・紡績賦役を含む）．
(3) 協定序文，IIの1-22の契約締結者が，当騎士領に支払うべき現物貢租（パン穀物，雌鶏，去勢鶏，卵，燻製豚肩肉，小麦粉）．
(4) 第2と第3の契約締結者に属する，リプティッツ村・マネヴィッツ村領域内の土地に対して，また，いわゆるハイデ山の土地に対して，当騎士領が持つ放牧権．——この規定は，マネヴィッツ村領域に関しては，第1020号協定（本章第1節参照）第3条aによって存続していた，当騎士領の放牧権を償却したはずである．
(5) 当騎士領の採草地と，それ［騎士領］が取得した農民地の［採草地］に対して，第2の契約締結者が持つ放牧権．

(6) 賦役・現物貢租の給付義務ある契約締結者に与えられるべき反対給付（食事と給金）．

償却を除外されるものは，次のとおりである．

(a) 当騎士領領域内で当騎士領に帰属する放牧権．「遺産耕地」と呼ばれるリプティッツ村教区封地所属耕地（面積4.5アッカー）でのそれを含む．

これらの権限は以下のとおりである．

当騎士領領域内にあるけれども，当騎士領に所属しない，すべての土地は当騎士領の排他的羊放牧権に服する．放牧権を許容する土地所有者は，あらゆる共同放牧権から明確に排除される．

[当騎士領領域の] 耕地は3種類として維持されるべきである．

休閑区は，播種されたクローヴァーを含めて，春には新暦ヴァルプルギス祭まで放牧される．新暦ヴァルプルギス祭以後，休閑区の半分は，クローヴァー［畑］を含めて，夏期栽培に利用される．この時以後に初めて，肥料をこの土地に散布し，犂で埋め込むことが許される．ただし，それ［肥料］を前もってそこに運ぶことは可能である．

休閑地の残りの半分は聖ヨハネの日まで犂き返されないで，放牧権に服する．この時以後にそこは初めて，犂き返され，肥料が散布されてよい．ただし，放牧権を許容する者は，それ［肥料］を聖ヨハネの日以前に耕地に運びうる．

冬［穀］刈後地は作物取り入れの直後から放牧される．旧暦ミヒャエーリス祭前にそこを犂耕してはならない．耕地を粗犂きした後，そこは次の播種耕まで放牧される．

最後に，夏［穀］刈後地は冬［穀］刈後地と同じように，作物取り入れの直後から放牧権のために開放され，冬が始まるまで，それ［放牧権］に服する．それを一部でも犂き返すことは許されず，播種されたクローヴァーも保護されない．

(b) 協定序文，Ⅱの14-22の園地農地所有者9人が，1808年4月10日作成・1809年2月23日承認の協定に従って，当騎士領のいわゆる大採草地に対して給付すべき手賦役．

(c) 支払われるべき世襲貢租と警衛金．

第2条（権利者の［権利］放棄）…当騎士領所有者は，第2の契約締結者，Ⅱの［1］-［64］…とその後継所有者を，…第1条（1）と（2）の賦役給付義務および現物貢租支払［義務］から解放し，それら［の義務］と，第1条（4）…の放牧権とを，後に第3条・第5条で約定される補償と引き換えに，自身についても後継所有者についても，法律上有効に放棄する．そして，その権利が将来も存続すべきである放牧権，賦役と貨幣貢租（第1条末尾の (a)，(b) と (c)）以外は，第2の契約締結者すべてが当騎士領への賦役給付・現物貢租支払義務から一切免除されている，と彼は言明する．

第3条　第2の契約締結者（序文，Ⅱの1-64）はこの解放と［権利］放棄（第2条）を受け入れ，賦役給付と現物貢租支払の際に彼らに与えられるべきであった反対給付，および，第1条（5）によって彼らが持つ放牧権を，自身についても後継所有者についても放棄し，年償却地代（第5条）の引受と支払によって騎士領領主に補償する義務を負う．

次にまた，当騎士領領域内に土地を持つ［，第2の］契約締結者は，当騎士領に帰属する放牧権が，第1条末尾の (4) で言及・記述されているように，今後も行使されることに

同意する．これらの土地の所有者が将来，この放牧権の償却を希望し，提議する限り，年償却地代21AT6AGを当騎士領に支払わねばならないこと，そして，放牧権を許容する者がそれ［地代額］を，土地面積に比例して，彼らの間で配分すべきであること，に当事者双方は合意した．それに対して，権利者が償却を提議する場合には，放牧権の価値が委員によって調査されるべきである．

第1条末尾の（c）に記された世襲貢租と警衛金は，毎年4回…第5条［一覧表］第12・第13欄に挙げられた額ずつ，当騎士領に支払われるべきである．

第4条 ［年地代の地代銀行委託］．ただし，例外として，契約締結者［序文，Ⅱの］23－25は各人2AGを，［同］64のリプティッツ村は10AG5APを，ニーダーグラウシュヴィッツ村のJ. G. シュプロース［同61］は4APを，J. G. ミュラー［同62］は8APを，A. R. クンツェ［同63］は3AG4APを，一時金支払によって償還する．

第5条 年地代あるいは一時金および世襲貢租・警衛金として支払われるべきものは，次のとおりである（後出の表4-2-3）．

(1) 一連番号，(2) 保険番号，(3) 地代支払義務者姓名，［さらに，］年地代の額，すなわち，(4) 連畜賦役＋手賦役（第1条1），(5) 手賦役（第1条2），(6) 現物貢租（第1条3），(7) 放牧権（第1条4），(8) 年地代合計，(9) 地代銀行委託額，(10) 騎士領領主に支払われるべき地代端数の額[3]，(11) 協定承認後に支払われるべき一時金の額，(12) 世襲貢租額，(13) 警衛金額［最後に,］(14) 注．契約締結者15, 17と18が支払う現物貢租の価値は，それに対する反対給付の価値よりもそれぞれ2AG3APだけ小さい．そのために，それ［不足額］は放牧権地代から差し引かれている．

第6条 第1条(1)で言及された賦役［連畜賦役＋手賦役］の，生の給付は，1836年2月15日から，また，［同条］(2)の手賦役と［同条］(3)の現物貢租のそれは，1836年初から，最後に，放牧権［同条(4)と(5)］のそれは1836年6月末日から廃止されている．したがって，前条で約定された地代（［第5条一覧表］第4－第7欄）も，それぞれ…［上記期日］から回転し始めた．

第7条 ［旧通貨による第5条(4)－(7)および(12)と(13)の支払時期──省略］

第8条 ［協定承認前後の地代銀行委託地代の支払先と地代端数の取扱──省略］

第9条 ［対物的負担としての地代，および，地代銀行委託地代・地代端数関係法規定──省略］

第10条A 上述（第4条）のように，協定序文，23－25の小屋住農，J. G. ボルマン，J. H. ハウスヴァルトと…J. R. M. バイリヒは，引き受けた地代，各人につき2AGを，本協定承認の通告後に一時金支払によって減額する義務を負う．

そのために，彼らは，

(a) 第5条第8欄の彼らの名前の所で挙げられた，すべての地代額を，一時金支払によってそれが減額されるまで，したがって，彼らが協定承認の通知を得る時点まで，騎士領領主に［支払い，］

(b) それ以後は，第5条第9，第10欄に挙げられた地代額のみを，協定承認後の最初の復

活祭期あるいはミヒャエーリス祭期まで，後者［騎士領領主］に支払い，
(c) 後者［本条(b)］の期日以後は，第5条第9欄の地代を地代銀行に，第10欄の地代端数を騎士領領主に支払わねばならない．
(d) 協定承認の通知が得られた後，各人は2AT2AGの一時金を権利者に支払わねばならない．

［同条］B さらに，本協定承認の通知が得られる時点まで，(1) リプティッツ村［一連番号64］は10AG5APを，(2) ニーダーグラウシュヴィッツ村のJ. G. シュプロース［同61］は4APを，(3) 同, J. G. ミュラー［同62］は8APを，(4) 同, A. R. クンツェ［同63］は3AG4APを，放牧権地代として騎士領領主に全額支払うこと，その通知が得られた後に，その地代の償還のために25倍額［第11欄］を騎士領領主に支払うこと，を誓約する．

第11条 第2条の内容に従って当騎士領所有者は，当騎士領領域にある「遺贈耕地」における放牧権を除いて，リプティッツ村・マネヴィッツ村領域にある，リプティッツ村教会・教区・学校封地所属地に対する放牧権を放棄した．「遺産耕地」での放牧権のほかに，
(a) 羊道と木材運搬車道として大昔から続いている，いわゆる羊道の存続を彼はなお明確に留保する．これ［いわゆる羊道］は，ローベン谷と呼ばれる当騎士領所属林地に通じ，そこから発するものである．それは教区［所属］林地と，それに隣接し，牧師山の傍にある教区［所属］耕地とから，壕によって区切られている．この羊道は従来どおり当騎士領の無償の利用に留まるべきである．
(b) 次に彼は，…［教会祭壇下の地下納骨室の引き渡しと，］代々墓所建設用地（リプティッツ村教会の塔の北側の広場．長さ12エレ，幅8エレ）の譲与を留保する．
(c) 最後に［彼は］，教区［所属］林地における排他的羊放牧権を従来どおり留保する．これは，騎士領所属林地（ローベン谷）に隣接し，牧師山と呼ばれている．
　放牧権行使の際に，若木は法的規定に従って保護されるべきである．
　(a),(b) と (c) の諸条件と諸留保のほかは，教会・教区・学校の土地に対する当騎士領の放牧権は，無償で廃止されるべきである．
　上記聖界封地の管財人はこの［権利］放棄を受け入れ，…前述 (a),(b) と (c) の諸条件と諸留保を容認する．

第12条 リプティッツ村の園地農J. G. ロッホマン，保険番号10［一連番号17］は，当騎士領領域にある騎士領所属耕地の間に，シャーデ畝と呼ばれる耕地を持つ．ここで農具を修復する権利が，当騎士領所有者に従来，帰属していた．彼［騎士領領主］はこの権利を放棄し――これ［この作業］は今後，騎士領所属耕地で行われるべきである――，彼［上記園地農］に以下を確約する．すなわち，後者は，当騎士領領域内の彼の耕地に播いたクローヴァーについて，春のヴァルプルギス祭前の8日間，羊放牧権を免除される．また，彼は休閑地の半分にクローヴァーを播くことを許される．

第13条 当騎士領所有者はまた，提議者たちの土地に対する［騎士領の］家畜通行権が，以下の (a) の羊道と (b) の家畜道を除いて，彼に帰属しないこと，そして，リプティッ

第4章　騎士領ヴィーデローダ（北ザクセン）における封建地代の償却　313

ツ村・マネヴィッツ村領域にある，彼の採草地に，そこへの家畜道を彼は持っていないので，彼が羊を放牧してはならないことを，認める．(a)は，騎士領耕地から車道を通って，マネヴィッツ村の石切場とかつての豚牧場に，さらに「羊橋」に通じる．(b)は，ローベン谷〔騎士領所属林地〕に通じる，幅16エレの家畜道であり，今後も存続する．

　第14条　〔償却費用の分担と同文5部の協定――省略〕

　騎士領ヴィーデローダ，リプティッツ村とマネヴィッツ村にて1839年9月9日

　協定署名集会議事録は次のとおりである．

　リプティッツ村にて1839年9月9日

　当地の委員会事務所に本日 J. G. シュプロース〔一連番号61〕と J. G. ミュラー〔同62〕が現れて，訴えた．〔ニーダーグラウシュヴィッツ村居住の〕彼らは邦議会〔下院〕議員選挙のための選挙人の選挙[4]に本日ポムリッツ村に召喚されている．彼らは，直ぐに去らねばならないので，他の被召喚人の出席を待たないで，協定の署名を願い出る，と．

　この申請は聴許され，出頭者は，協定の中で彼らに関連する内容を通知された．彼らはそれを承認し，協定に署名し，また，これについて作成された議事録を，朗読の後で承認し，署名した．

　リプティッツ村にて1839年9月9日

　召喚状に従って本日，委員会事務所に(I)当地の教区・教会・学校封地の管財人，F. E. ニコライ，(II)当騎士領所有者…，(III)義務者，F. W. トーマス（〔農民〕地2個に関して），C. A. ツィーシュナー[5]…（など57人）が出頭した．

　召喚状に警告が述べられており，召喚状の送達は適切に行われたにも拘わらず，A. R. クンツェ〔一連番号63〕…（ほか8人）は出席しなかった．そのために，署名されるべき協定は，〔欠席者によって〕署名された，また，彼らに対して〔も〕拘束力を持つ，と見なされる．

　出席者に対して協定がゆっくりと，そして，はっきりと朗読され，その内容が解説された．その後，〔特別委員は，一連番号〕36の J. G. フンガーが警衛金4AGを支払わねばならない，と述べた．出席しているフンガーが同意を表明したので，この金額が協定に追加的に挿入された．

　さらに，第1条6項(a)[6]の内容について長く協議された．義務者たちは次のように主張した．償却について以前に討議した際に，当騎士領領域内の耕地は，協定にあるように，半分しか夏期栽培されてはならない，と規定された．〔けれども，〕すべての休閑地で夏期栽培することが，あの討議の後で自分たちに許された，と．しかし，騎士領所有者…はそれに反論した．協定の内容はそのままにしておかねばならない，と〔特別〕委員会は反論者〔義務者〕たちに通知した．なぜなら，異議の提起のために定められた，最後の期限までに彼らはこの異議を提出しなかったからである．それはそうとして，重大な規定が彼らの気に入らないならば，既に規定された地代を踏み砕くことが，彼らには許されている，と．

この討議の際に，同席していたJ. G. ガイチュ［一連番号20］は協定の内容を，豚にも等しいこと，と言った．［特別］委員会は，この不法な言辞を処罰するために，正規の官憲に彼を告発する，と決定した．

朗読の後，出席者は議事録を承認し，それと協定に署名した．…

協定の朗読の間にニーダーグラウシュヴィッツ村のA. R. クンツェ［一連番号63］が現れ，それ［協定］と作成された議事録とを承認し，両者に署名したことが書き付けられるべきである．

さらに，［上記］J. G. ガイチュは，討議中に用いた，あの不法な表現について悔悟を表明して，特別委員会に許しを乞い，この誤りを告訴しないよう願った．［特別］委員たちは，彼の悔悟を考慮して，予告した告発を思いとどまる，と彼に約束した．…

最後に以下が書き留められるべきである．報告の［署名集会出席者］(39) に挙げられたJ. C. ヴァーデヴィッツ［一連番号37の共同所有者］は，審議に出席したが，議事録と協定に署名しないで去ったこと．したがって，予告されているように，彼女の署名の欠落にも拘わらず，協定は彼女に対して［も］法的拘束力を持つ，との不利益を彼女は蒙ること．…

［法律関係］特別委員・義務の記録担当者A. H. ミュラー
経済関係特別委員E. A. F. バイアー

上記を比較して，ここまでの11ページの写しが署名［集会］議事録…と逐語的に一致すること，を［私は］証明して，特別委員会の印章を押印し，法律関係特別委員［の名前］を署名する．
グリマ市にて1839年9月21日　騎士領ヴィーデローダの償却に関する特別委員会特別委員　弁護士A. H. ミュラー

全国委員会［主任］ノスティッツはこれを1839年9月30日に承認した．
なお，本協定の提案者は，第13条の冒頭に，「当騎士領所有者はまた，提案者たちの土地に対する［騎士領の］家畜通行権が…彼に帰属しないこと，…」と記されているので，領民である．

1) GK 1389.──なお，以下を付記する．①この表題における貢租は，協定本文第1条 (3) によれば現物貢租である．貨幣貢租である世襲貢租・警衛金は，第5条一覧表に表示されているけれども，償却の対象としてではない．②特別委員の氏名は協定序文には明示されていないが，協定署名集会議事録から見て，法律関係がA. H. ミュラー（記録担当者兼任）であり，経済関係がE. A. F. バイアーであった．これは第1020号協定（本章第1節）の協定署名時における特別委員と同じである．③松尾，「ヴィーデローダ」，p. 103は第5条一覧表の第1ページを示す．
2) この教会・教区・学校封地は，本協定の表題などでは聖界封地と表現されている．

第 4 章　騎士領ヴィーデローダ（北ザクセン）における封建地代の償却　*315*

3) 本表によれば，(8) の合計額は 650AT7AG1AP，(9) は 649AT6AG4AP，(10) は 4AG である．
4) 1831 年憲法において下院は騎士領所有者議員（20 人），都市議員（25 人），農民議員（25 人）と商工業議員（5 人）から構成された．下院議員選挙権の条件は年齢 25 歳以上の男子などである．騎士領所有者はその代表を直接に選挙し，他の 3 階級は第二次選挙人を通じて間接的に選挙した．騎士領所有者も農民議員になりえた．ただし，商工業議員は当初は国王任命であり，第二次選挙人の選挙は 1839 年選挙法に基づいて初めて実施された．シュミット 1995, pp. 67, 157-158．
5) この中で［署名集会出席者］(11) と同 (24) は同姓同名の C. A. ツィーシュナーである．(24) については，「村を代表して村長」と付記されているから，彼が村長として出席したのは，一連番号 [64] の村有地のためである．そして，同 (11) の場合には一連番号 [11] の馬所有農としてである．——彼が署名集会出席者として 2 回記されているので，署名集会開会時に出席していた義務者は 56 人となる．
6) これは，第 1 条 (6) の (a) ではなく，第 1 条の (a) と記されるべき条項であろう．

(2) 償却一時金合計額

表 4-2-1 は，本協定序文における第 2 の当事者，その中の(Ⅱ)については賦役・現物貢租・放牧権義務者全員の一連番号，姓名[1]と不動産を，〈 〉内に保険番号を示している．

表 4-2-1　義務者全員の氏名と不動産

(Ⅱ) 第Ⅱの当事者
(1. リプティッツ村)
[1] Friedrich Wilhelm Thomas（馬所有農地〈24〉）
[2] Johann Gottlob Keller（馬所有農地〈22〉）
[3] Johann Gottfried Wolf（馬所有農地〈19〉）
[4] Johann George Junghanns（馬所有農地〈15〉）
[5] Johann David Wetzold（馬所有農地〈14〉）
[6] Johann Gottfried Hessel（馬所有農地〈12〉）
[7] Johann Gottfried Risse（馬所有農

地〈11〉）
(2. マネヴィッツ村)
[8] Anne Christine Stein と子供たち（馬所有農地〈30〉）
[9] Johann Gottlieb Kunze jun.（馬所有農地〈25〉）
[10] Johann Gottfried Kretzschmar（馬所有農地〈26〉）
[11] Carl August Zieschner（馬所有農地〈27〉）
[12] Johanne Christiane Döbler（「沼の水車」〈33〉）
(1. リプティッツ村)
[13] Johann Carl Gottlieb Weber（挽き割り水車〈13〉）

[14] Carl Gottlob Plänitz（園地〈23〉）
[15] Johann Gottlieb Wolf（園地〈21〉）
[16] Friedrich Wilhelm Thomas（園地〈20〉）
[17] Johann Gottlieb Lochmann（園地〈10〉）
[18] Johann August Kretzschmar（園地〈7〉）
　（2．マネヴィッツ村）
[19] Christian Gottlieb Andrä（園地〈31〉）
[20] Johann Gottfried Gaitzsche（園地〈29〉）
[21] Johann Jacob Oehmichen（園地〈28〉）
[22] Johann Gottfried Weißhorn（園地〈23〉）
[23] Johann Gottlob Borrmann（雌牛所有家屋〈4〉）
[24] Johann Heinrich Hauswald（雌牛所有家屋〈34〉）
[25] Johanne Rosine Marie Beirich（雌牛所有家屋〈35〉）
　（1．リプティッツ村）
[26] Johann Gottfried Dämmig（旧家屋〈25〉）
[27] Carl Friedrich Müller（旧家屋〈8〉）
[28] Rosine Marie Landrock（旧家屋〈4〉）
[29] Johann Gottlieb Busch（旧家屋〈3〉）
[30] Johann Gottfried Schreiber（旧家屋〈2〉）
[31] Johann Gottlob Albrecht（旧家屋〈1〉）
　（2．マネヴィッツ村）
[32] Traugott Kötitz（旧家屋〈1〉）
[33] Carl Gottlieb Krebs（旧家屋〈2〉）
[34] Johann Gottfried Möbius（旧家屋〈3〉）
[35] Johanne Sophie Plänitz（旧家屋〈5〉）

[36] Johann Gottlob Hunger（旧家屋〈6〉）
[37] Johanne Christiane Wadewitz と子供たち（旧家屋〈7〉）
[38] Johann Christian Hiersemann（旧家屋〈8〉）
[39] Johann Andreas Wadewitz（旧家屋〈9〉）
[40] Johann Gottfried Zschau（旧家屋〈10〉）
[41] Christiane Friedericke Gasch と子供たち（旧家屋〈12〉）
[42] Johann Gottlob Wittig（旧家屋〈13〉）
[43] Johanne Veronicka Oelschig（旧家屋〈20〉）
[44] Johann Gottlieb Kretzschmar（旧家屋〈21〉）
[45] Carl August Richter（旧家屋〈22〉）
[46] Johann Gottfried Kirchhof（旧家屋〈24〉）
[47] Johann Andreas Gregor（旧家屋〈37〉）
[48] Johann Christian Herschel（旧家屋〈36〉）
[49] Johann Gottlob Heidel（新家屋〈32〉）
[50] Carl Christian Streil（新家屋〈14〉）
[51] Johann Andreas Schramm（新家屋〈18〉）
[52] Johann Gottlob Felgner（新家屋〈19〉）
[53] Johann Gottfried Geyler（新家屋〈15〉）
[54] Johann Friedrich Heinicke（新家屋〈16〉）
[55] Johann Gottlob Richter（新家屋〈17〉）
　（1．リプティッツ村）
[56] Ernst Ferdinand Becker（新家屋〈18〉）
[57] Carl Gottlob Bautze（新家屋〈17〉）

第4章　騎士領ヴィーデローダ（北ザクセン）における封建地代の償却　317

[58] Johann Gottfried Naumann（新家屋〈5〉）
[59] Johann Gottlieb Zimmermann（新家屋〈6〉）
[60] Johann Gottfried Mann（新家屋〈16〉）（3. ニーダーグラウシュヴィッツ村）
[61] 同村の［農民］地所有者 Johann Gotthelf Sproß（リプティッツ村領域の耕地片）
[62] 同村の園地農地所有者 Johann Gottlob Müller（リプティッツ村領域の耕地片）
[63] 同村の水車所有者 Anne Rosine Kunze（リプティッツ村領域の採草地・耕地片）
（1. リプティッツ村）
[64] リプティッツ村（リプティッツ村領域の耕地片・採草地）（代表は村長 Carl August Zieschner）
（Ⅲ）　第Ⅲの当事者
Franz Ernst Nicolai（物品税監視官・弁護士，ヴェルムスドルフ村）（教会・教区・学校封地管財人）

　第Ⅱの当事者，一連番号1から64までのうち，8, 37と41の所有者は複数である．また，64の耕地片・採草地の所有者はリプティッツ村である．さらに，一連番号1（馬所有農地）の所有者と同16（園地）の所有者とは同村の同姓同名者である．これと同姓同名の人物が，既に本節（1）で訳出したように，9月9日の協定署名集会に，「［農民］地2個に関して」参加していた．したがって，一連番号1の所有者と16のそれとは同一人であろう．しかし，私は本協定の義務者を便宜上，Ⅱの64人と見なしたい．なお，リプティッツ村に耕地片を所有するニーダーグラウシュヴィッツ村住民（61-63）は，保険番号を省略した．
　第5条一覧表から，(2), (3), (8)-(11) を除いて示したものが，表4-2-2である．すなわち，本表第1行の(1), (4)-(7), (12), (13) は原表の番号と同じである．なお，数字がゼロのところは，省略している．

表 4-2-2　義務者各人の償却地代額と世襲貢租額・警衛金額

(1)	(4)	(5)	(6)	(7)	(12)	(13)
[1]	48AT	—	4AT20AG	3AT1AG4AP	1AT11AG6AP	4AG
[2]	48AT	—	16AG6AP	2AT20AG	22AG6AP	4AG
[3]	48AT	—	4AT20AG	3AT2AG10AP	22AG6AP	4AG
[4]	48AT	—	4AT20AG	2AT1AG6AP	22AG6AP	4AG
[5]	48AT	—	4AT8AG	2AT9AG	22AG6AP	4AG
[6]	48AT	—	4AT17AG	4AT4AG6AP	1AT4AG6AP	4AG
[7]	48AT	—	18AG	2AT22AG10AP	1AT4AG6AP	4AG

[8]	48AT	—	4AT11AG	1AT17AG10AP	22AG	4AG
[9]	48AT	—	4AT14AG	3AT17AG	9AG	4AG
[10]	48AT	—	4AT11AG	2AT23AG2AP	18AG	4AG
[11]	48AT	—	4AT11AG	2AT23AG6AP	6AG	4AG
[12]	—	—	1AT17AG	18AG2AP	14AT4AG	—
[13]	—	—	2AT5AG4AP	3AG7AP	7AT17AG6AP	—
[14]	—	—	9AP	16AG4AP	5AG6AP	4AG
[15]	—	—	—	7AG11AP	5AG	4AG
[16]	—	—	9AP	10AG2AP	5AG	4AG
[17]	—	—	—	3AG11AP	5AG	4AG
[18]	—	—	—	10AG7AP	7AG	4AG
[19]	—	—	1AT16AG9AP	1AT-AG6AP	9AG6AP	4AG
[20]	—	—	1AT16AG9AP	1AT3AG10AP	9AG6AP	4AG
[21]	—	—	1AT16AG9AP	1AT5AG4AP	9AG6AP	4AG
[22]	—	—	15AG3AP	11AG2AP	—	4AG
[23]	—	1AT2AG	—	1AG	2AT	4AG
[24]	—	1AT2AG	—	1AG10AP	2AT	4AG
[25]	—	1AT2AG	—	4AG6AP	4AT6AG	4AG
[26]	—	16AG	—	—	7AG6AP	4AG
[27]	—	16AG	—	—	6AG8AP	4AG
[28]	—	16AG	—	—	13AG3AP	4AG
[29]	—	16AG	—	—	8AG4AP	4AG
[30]	—	16AG	—	2AP	12AG2AP	4AG
[31]	—	16AG	—	—	14AG	4AG
[32]	—	16AG	—	—	16AG	4AG
[33]	—	16AG	—	—	10AG8AP	4AG
[34]	—	16AG	—	—	16AG	4AG
[35]	—	16AG	—	—	9AG	4AG
[36]	—	16AG	—	—	8AG6AP	4AG
[37]	—	16AG	—	—	16AG	4AG
[38]	—	16AG	—	—	16AG	4AG
[39]	—	16AG	—	—	12AG	4AG
[40]	—	16AG	—	—	12GA	4AG
[41]	—	16AG	—	—	21AG	4AG
[42]	—	16AG	—	—	15AG8AP	4AG
[43]	—	16AG	—	—	16AG	4AG
[44]	—	16AG	—	—	16AG	4AG

第4章　騎士領ヴィーデローダ（北ザクセン）における封建地代の償却　*319*

[45]	−	16AG	−	−	14AG	4AG
[46]	−	16AG	−	−	15AG4AP	4AG
[47]	−	8AG	−	−	6AG2AP	2AG
[48]	−	8AG	−	−	6AG2AP	2AG
[49]	−	1AT	−	−	2AT15AG	4AG
[50]	−	1AT	−	−	10AG	−
[51]	−	1AT	−	−	10AG	−
[52]	−	1AT	−	−	10AG	−
[53]	−	1AT	−	−	10AG	−
[54]	−	1AT	−	−	10AG	−
[55]	−	1AT	−	−	10AG	−
[56]	−	1AT	−	−	−	−
[57]	−	1AT	−	−	−	−
[58]	−	1AT	−	−	−	−
[59]	−	1AT	−	−	−	−
[60]	−	1AT	−	−	−	−
[61]	−	−	−	4AP	−	−
[62]	−	−	−	8AP	−	−
[63]	−	−	−	3AG4AP	−	−
[64]	−	−	−	10AG5AP	−	−
計	528AT 22AG	29AT 15AG10AP	52AT 17AG3AP	39AT 12AG5AP	59AT 16AG	7AT

　表4-2-2から種目別償却一時金額を算出したものが，表4-2-3である．ただし，本協定第5条一覧表には，一連番号15，17と18に関して，現物貢租の評価額がその反対給付の評価額よりも小さいために，その額が放牧権償却地代から差し引かれた旨，注記されている．この注に従って記載された原表の地代額の表示，したがって，表4-2-2のそれは，本節のように，各村・騎士領全体における種目別一時金額の確定を目的とする場合には，適当でない．そのために，本表では，上記の3人に関して，放牧権償却地代額として原表の地代にあの差引額を加え，現物貢租地代額はマイナス額として計算した．なお，本表（A）は，まず，本協定によって実際に償却された種目別・村別年地代を，次に，その一時金額を｜｜で表し，(B)は，本協定一覧表に記載されているけれども，償却協定も償却時期も確認されない封建地代の一時金額を《　》で表示した．そのうち，貨幣貢租は，表4-2-2には四半期毎の地代が記されているので，その4倍が年額と

なる．(C) は種目別合計額である．

表4-2-3　種目別・村別償却一時金額

(A) 本協定によって償却された地代
(1) 賦役
　①連畜賦役＋手賦役
　　（i）リプティッツ村（馬所有農7人）336AT ¦8,400AT ≒ 8,635NT14NG ≒ 8,635NT¦
　　　　［36%］
　　（ii）マネヴィッツ村（馬所有農4人）192AT ¦4,800AT ≒ 4,933NT8NG ≒ 4,933NT¦
　　　　［20%］
　　（iii）計（2村の馬所有農11人）¦13,568NT¦ ［56%］
　②手賦役のみ
　　（i）リプティッツ村（旧小屋住農6人と新小屋住農5人，計11人）9AT ¦225AT ≒
　　　　231NT6NG ≒ 231NT¦ ［1%］
　　（ii）マネヴィッツ村（雌牛所有小屋住農3人，旧小屋住農17人と新小屋住農7人，計
　　　　27人）20AT22AG ¦522AT22AG ≒ 537NT11NG ≒ 537NT¦ ［2%］
　　（iii）計（2村の雌牛所有小屋住農3人，旧小屋住農23人と新小屋住農12人，計38人）
　　　　¦768NT¦ ［3%］
　③計
　　（i）リプティッツ村（馬所有農7人，旧小屋住農6人と新小屋住農5人，計18人）
　　　　¦8,866NT¦ ［37%］
　　（ii）マネヴィッツ村（馬所有農4人，雌牛所有小屋住農3人，旧小屋住農17人と新小
　　　　屋住農7人，計31人）¦5,470NT¦ ［23%］
　　（iii）計（2村の馬所有農11人，雌牛所有小屋住農3人，旧小屋住農23人と新小屋住農
　　　　12人，計49人）¦14,336NT¦ ［59%］
(2) 現物貢租
　①リプティッツ村（馬所有農7人，園地農2人と水車屋1人，計10人）26AT23AG
　　7AP ≒ 26AT23AG ¦673AT23AG ≒ 692NT20NG ≒ 692NT¦ ［3%］
　②マネヴィッツ村（馬所有農4人，園地農4人と水車屋1人，計9人）25AT9AG6AP ≒
　　25AT9AG ¦634AT9AG ≒ 651NT29NG ≒ 651NT¦ ［3%］
　③計（2村の馬所有農11人，園地農6人と水車屋2人，計19人）¦1,343NT¦ ［6%］
(5) 放牧権
　①リプティッツ村（馬所有農7人，園地農5人，旧小屋住農1人，耕地片所有者1人（農
　　村自治体）と水車屋1人，計15人）23AT11AG10AP ≒ 23AT11AG ¦586AT11AG
　　≒ 602NT21NG ≒ 602NT¦ ［2%］
　②マネヴィッツ村（馬所有農4人，園地農4人，雌牛所有小屋住農3人と水車屋1人，

計12人）16AT7AG10AP ≒ 16AT7AG |407AT7AG ≒ 418NT17NG ≒ 418NT|［2%］
③ニーダーグラウシュヴィッツ村（耕地片所有者3人）4AG4AP ≒ 4AG |4AT4AG ≒ 4NT8NG ≒ 4NT|［0%］
④計（3村の馬所有農11人，園地農9人，雌牛所有小屋住農3人，旧小屋住農1人，耕地片所有者4人［農村自治体1を含む］と水車屋2人，計30人）|1,024NT|［4%］
(B) 本協定一覧表に記載されているけれども，償却時期不明の地代
(4) 貨幣貢租
　①世襲貢租
　　（ⅰ）リプティッツ村（馬所有農7人，園地農5人，旧小屋住農6人と水車屋1人，計19人）19AT1AG5AP × 4 = 76AT6AG《1,906AT6AG ≒ 1,958NT28NG ≒ 1,958NT》［8%］
　　（ⅱ）マネヴィッツ村（馬所有農4人，園地農3人，雌牛所有小屋住農3人，旧小屋住農17人，新小屋住農7人と水車屋1人，計35人）40AT11AG × 4 = 161AT20AG《4,045AT20AG ≒ 4,168NT5NG ≒ 4,168NT》［17%］
　　（ⅲ）計（2村の馬所有農11人，園地農8人，雌牛所有小屋住農3人，旧小屋住農23人，新小屋住農7人と水車屋2人，計54人）《6,126NT》［25%］
　②警衛金
　　（ⅰ）リプティッツ村（馬所有農7人，園地農5人と旧小屋住農6人，計18人）3AT × 4 = 12AT《300AT ≒ 308NT10NG ≒ 308NT》［1%］
　　（ⅱ）マネヴィッツ村（馬所有農4人，園地農4人，雌牛所有小屋住農3人，旧小屋住農17人と新小屋住農1人，計29人）4AT16AG × 4 = 18AT16AG《466AT16AG ≒ 479NT18NG ≒ 479NT》［2%］
　　（ⅲ）計（2村の馬所有農11人，園地農9人，雌牛所有小屋住農3人，旧小屋住農23人と新小屋住農1人，計47人）《787NT》［3%］
　③貨幣貢租計
　　（ⅰ）リプティッツ村（馬所有農7人，園地農5人，旧小屋住農6人と水車屋1人，計19人）《2,266NT》［9%］
　　（ⅱ）マネヴィッツ村（馬所有農4人，園地農4人，雌牛所有小屋住農3人，旧小屋住農17人，新小屋住農7人と水車屋1人，計36人）《4,647NT》［19%］
　　（ⅲ）計（2村の馬所有農11人，園地農9人，雌牛所有小屋住農3人，旧小屋住農23人，新小屋住農7人と水車屋2人，計55人）《6,913NT》［29%］
(5) 放牧権
　①〈村数・人数不明〉21AT6AG《531AT6AG ≒ 545NT29NG ≒ 545NT》［2%］
(C) 種目別合計額
(1) 賦役
　①連畜賦役＋手賦役 |13,568NT|［56%］
　②手賦役のみ |768NT|［3%］

③賦役計 |14,336NT| ［59％］
(2) 現物貢租 |1,343NT| ［6％］
(4) 貨幣貢租《6,913NT》［29％］
(5) 放牧権 |1,024NT| +《545NT》= |1,569NT| ［6％］
(6) 計 |24,161NT| ［100％］

　本表（B）の（5）放牧権について，留意すべきことがある．これは本協定第3条後半の規定に係わる．すなわち，「当騎士領領域内に土地を持つ［，第2の］契約締結者は，当騎士領に帰属する放牧権が，第1条末尾の（4）で言及・記述されているように，今後も行使されることに同意する．これらの土地の所有者が将来，この放牧権の償却を希望し，提議する限り，償却年地代21AT6AGを当騎士領に支払わねばならないこと，…に当事者双方は合意した．…」との文言である．「当騎士領領域内で当騎士領に帰属する放牧権」は，本協定第1条（a）による償却から除外されたのであるが，それの償却年地代を本条文は予め決定していたのである．義務者が償却を提議した場合として，ここに規定された放牧権償却年地代が，21AT6AGであり，それから求めた償却一時金額が，放牧権（5）《545NT》である．しかし，それを負担する村数・人数は不明である．さらに，この放牧権ばかりでなく，（4）貨幣貢租も，償却された時期が知られていない．

　本表（B）の封建地代は（A）のそれと加算可能である，と想定して，それの合計額を算出したものが，上表の種目別（C）（6）の数値である．ただし，本協定第1条（b）によれば，両村のすべての園地農，一連番号14-22の9人は当騎士領の「大採草地」で手賦役を果たすべきであったけれども，この賦役は本協定の償却対象から除外されていた．この賦役が償却された地代額と時期も，不明である．これを差しあたり除外して，上表の種目別（C）（6）の中で，償却一時金による償還がどれほどであったか，を計算してみよう．本協定第4条によれば，一連番号23-25は年地代の一部を，61-64は全額を一時金によって償還した．それらを全種目について概算すれば，20AG9AP ≒ 20AG |20AT20AG ≒ 21NT12NG ≒ 21NT| となる．これは償却一時金合計額の0％である．したがって，償却時期不明の貨幣貢租29％と放牧権2％を除いて，償却一時金合計額の69％が1839年に地代銀行に委託された，と想定できよう．

1) ①本表［8］の不動産，馬所有農地〈30〉とその共同所有者（Anne Christiane Stein, Carl Friedrich Stein, Christian Gottlob Stein）は，前節第1表［1］に記された不動産，馬所有農地〈30〉とその共同所有者（Johann Christoph Stein の遺産所有者，(a) 再び未亡人となった Anne Christiane …. Berger，(b) Carl Friedrich Stein，(c) Christian Gottlob Stein）と同一人，すなわち，本表の A. Ch. Stein は前節の女性，"再び未亡人となった A. Ch. …. Berger" と同一人であろう．②本協定第5条一覧表では（以下同じ），［14］の名は Johann Gottlob，［21］の姓は Oehmigen，［22］の姓は Weishorn，［48］の姓は Henzschel，［49］の姓は Heydel，［57］の名は Carl Gottlieb，［58］の名は Johann Gottlieb と記されている．

第3節　全国委員会文書第8137号

(1) 保有移転貢租償却協定

　ここで問題となる全国委員会文書は，「ムッチェン市近郊の騎士領ヴィーデローダと，マネヴィッツ村の土地所有者およびリプティッツ村，騎士領ヴィーデローダ並びにデーベルン村領域のそれ［土地所有者］との間の，1851年9月29日／11月13日の保有移転貢租償却協定[1]」である．

　本協定序文には，「一方における…［当］騎士領所有者と，他方における，マネヴィッツ村にある［土地］の，並びに，マネヴィッツ村，リプティッツ村，当騎士領およびデーベルン村の領域にある土地の，下記の所有者…（一連番号，義務者全員の姓名と不動産は後出の表4-3-1）との間で…司法管区[2]ムッチェンの仲介によって，本協定に告知される契約が，当事者双方とその後継所有者のために，法的拘束力のあるものとして締結された」，と簡潔に記されている．

　本文は次のとおりである．
　第1条　当騎士領は，一連番号1-23に記された土地の売却の度毎に，代金の5％の保有移転貢租の支払を［土地］取得者から要求する権限を持つ．当事者双方は，［一方の］当騎士領所有者…も，上記の土地の所有者である，他方の契約締結者も，この保有移転貢租の償却に際して他方の契約締結者が支払うべき年地代の計算に当たって，保有移転の場合を百年に2回と計算し，採用することに，契約によって一致した．
　第2条　一方の契約締結者は当騎士領に関して，上記の土地とその付属物から1848年初以後，いかなる所有変更の場合にも保有移転貢租を要求する権利を，将来に亘って放棄する．
　第3条　それに対して，他方の契約締結者は自身とその後継所有者に関して，以下の年

地代を支払う義務を負う．その地代はその時々の所有者の上記の土地その他の財産に対して，…対物的負担と同じように保証され，優遇されるべきである．（一覧表は一連番号，保険番号，土地台帳番号，土地，所有者姓名に続いて，(1) 年地代額，(2) 地代銀行委託額，(3) 地代端数，(4) 地代端数の一時金額を示す．義務者各人の姓名と不動産は後出の表 4-3-1 を，償却地代額は後出の表 4-3-2 を参照）

　第 4 条　地代は 1848 年初に回転し始める．そのために，他方の契約締結者は，1848 年，49 年と 50 年に既に満期となった地代を，後払いして，当騎士領に支払う義務を負う．彼らは，最後から二番目の欄に記された，総額 3NG5NP の地代端数を，本協定承認の報告を受けた直後に，25 倍額，計 2NT27NG5NP の支払によって完全に償還する義務を負う．それに対して，最後から三番目に挙げられた，残りの年地代額，合計 15NT24NG4NP は地代銀行に委託され，後者は当騎士領に 25 倍額の 395NT10NG を，387NT15NG は地代銀行証券で，7NT25NG は現金で，与えるであろう．

　第 5 条　個々の地代額は，地代銀行への委託が実現するまでは，当騎士領に，それ以後は，地代銀行管理部の定める受領官庁に支払われるべきである．

　第 6 条　［地代銀行への支払期日と関連法規定――省略］
　第 7 条　［償却事務費用の分担――省略］
　第 8 条　当事者双方は上記の確約を相互に承認した．［同文 4 部の協定――省略］
騎士領ヴィーデローダとマネヴィッツ村にて 1851 年 9 月 29 日

協定署名集会議事録は以下のとおりである．

　リプティッツ村にて 1851 年 9 月 29 日
　マネヴィッツ村の土地の保有移転貢租義務償却協定に署名するために，本日午後，司法管区長グレックナー（Glöckner）は，署名した書記とともに，リプティッツ村に赴いた．マネヴィッツ村の下記の土地所有者…，［一連番号］1-4，7，8，10-23 が上記出張事務所に出頭した．裁判所は全員に面識があった．

　計 4 部作成された協定が，彼らに朗読され，説明された．義務者たちは，［地代銀行］委託の費用と釣り合わない少額地代の，一時金支払による償還を，今一度要請された．出席者たちは協定の内容に至るところで同意し，それを例外なく承認して，自ら署名した．しかし，2，7，8，19，20 として挙げられた者は，手を取られて署名し，その署名を法律上認証した．

　［一連番号］3 と 17，および，その間に出頭した 6 は，上記の要請に従って，引き受けた地代を地代銀行に委託せず，一時金支払によって償還する，と述べた．

　これについて作成された議事録が朗読され，承認された．出席者たちは，彼らのために定められた協定 1 部が，［J. J.］エーミゲン［一連番号 13］に手交されるべきである，と述べた．…

　ヴェルムスドルフ村のムッチェン［司法］管区にて 1851 年 9 月 30 日

第4章　騎士領ヴィーデローダ（北ザクセン）における封建地代の償却　*325*

　裁判所に面識のある，当騎士領所有者…（陪席判事，［騎士領］ヴィーデローダ）が本日，管区役所に出頭した．作成された協定4部が，朗読された．彼はその内容に同意し，署名し，彼の署名を自筆のものとして認証した．…

　ヴェルムスドルフ村のムッチェン［司法］管区にて1851年11月4日
　協定序文一連番号3，5，6，9と17に挙げられた人々が，引き受けた地代を一時金支払によって償還し，地代銀行に委託される地代を，減少させる，と協定署名の際に申し出たので，本協定の第3条第2，第3および第4欄に挙げられた金額は，第2欄15NT5NG2NP，第3欄2NG9NP，第4欄2NT12NG5NPに修正される．また，第4条［後半］は［次のように修正される］．「最後から二番目の欄に記された，総額2NG9NPの地代端数は25倍額，計2NT12NG5NPの支払によって償還されるべきである．最後から三番目に挙げられた年地代額，合計15NT5NG2NPが地代銀行に委託され，後者は当騎士領に合計379NT10NGを，375NTは地代銀行証券で，4NT10NGは現金で，与えるであろう」．
　報告として…記す．…

　なお，小屋住農C. A. リヒター［一連番号9］は同年10月10日に，［一連番号］5の小屋住農F. ミュラー…（現在シェルビッツ村に居住）は同年10月28日に出頭し，協定に署名するとともに，一時金支払による地代償還を申し出た．その議事録は省略する．

　全国委員会［主任］シュピッツナーがこの協定を承認したのは，51年11月13日であった．ここでは騎士領所有者の名はゲオルクとされている．なお，本協定において提議者と被提議者は明記されていない．

1）　GK Nr. 8137.──松尾，「ヴィーデローダ」，p. 117は本協定第3条を示す．
2）　1780年代に設置され，領主裁判所の廃止とともに1856年に廃止された司法管区について，シュミット1995, pp. 92, 95, 163を参照．

（2）償却一時金合計額

　表4-3-1は序文から，第3条を参考にしつつ，一連番号，保有移転貢租義務者全員の姓名と不動産を，〈　〉は保険番号を示す[1]．土地・抵当権台帳番号と耕地片・採草地の土地台帳番号は省略した．

表 4-3-1　義務者全員の姓名と不動産

[1] Traugott Kötitz（家屋〈1〉）
[2] Johann Gottlob Hunger（家屋〈6〉）
[3] Johann Christian Hiersemann（家屋〈8〉・耕地片）
[4] Carl Traugott Lutze（家屋〈13〉）
[5] Friederike Müller（家屋〈14〉）
[6] Andreas Schramm（家屋〈18〉）
[7] Amalie Auguste Naumann（家屋〈19〉）
[8] Eva Rosine Kretzschmar（家屋〈21〉・耕地片）
[9] Carl August Richter（家屋〈22〉・耕地片）
[10] Johann Gottfried Weißhorn（園地〈23〉・採草地）
[11] Christian Gottlob Stein（馬所有農地〈25〉）
[12] Carl Friedrich Kretzschmar（馬所有農地〈26〉）
[13] Johann Jacob Oehmigen（園地〈28〉）
[14] Johann Gottfried Gaitzsche（園地〈29〉）
[15] Friedrich Ernst Wolf（馬所有農地〈30〉）
[16] Carl Gottlob Wetzig（園地〈31〉）
[17] Johann Gottlob Heidel（家屋〈32〉）
[18] Heinrich Fürchtegott Mannewitz（水車の土地〈33〉）
[19] Johanne Rosine Hauswald（雌牛所有家屋〈34〉・園地〈31b〉・耕地片）
[20] Johanne Christiane Kretzschmar（雌牛所有家屋〈35〉）
[21] Johann Christlieb Thierbach（家屋〈36〉・耕地片・採草地）
[22] Johann Christian Leberecht Fischer（家屋〈37〉）
[23] Johanne Jänke（風車の土地〈39〉・耕地片）

　本協定の義務者，23人の不動産に付記された保険番号は，マネヴィッツ村のそれであり，不動産はマネヴィッツ村に属する，と想定する．ただし，本協定の表題は義務者として「マネヴィッツ村の土地所有者」の他に，「リプティッツ村，騎士領ヴィーデローダ並びにデーベルン村領域のそれ［土地所有者］」を記しており，序文では「マネヴィッツ村にある土地［の下記の所有者］」の他に，「マネヴィッツ村，リプティッツ村，当騎士領およびデーベルン村の領域にある土地の，下記の所有者」が記されている．「マネヴィッツ村の土地所有者」あるいは「マネヴィッツ村にある土地［の下記の所有者］」以外の土地所有者がいかなるものか，は不明である．いずれにせよ，同名と記された義務者はいないし，同姓同名者もいないので，本協定の義務者を私は23人と考える．
　表4-3-2は第3条から義務者各人の保有移転貢租償却地代額を示す．地代銀行委託額，地代端数と地代端数の一時金額などは省略した．

第 4 章　騎士領ヴィーデローダ（北ザクセン）における封建地代の償却　*327*

表 4-3-2　義務者各人の保有移転貢租償却年地代額

[1] 2NG7NP	[11] 1NT18NG1NP	[22] 3NG1NP
[2] 5NG	[12] 1NT23NG6NP	[23] 27NG5NP
[3, 17] 4NG	[13] 1NT10NG6NP	合計（馬所有農 3 人，園
[4] 3NG2NP	[14] 1NT20NG5NP	地農 4 人，雌牛所有小屋
[5] 2NG6NP	[15] 2NT19NG6NP	住農 2 人，小屋住農 12
[6] 5NG8NP	[16] 24NG7NP	人，水車屋 2 人，計 23 人）
[7] 8NG6NP	[18] 1NT19NG7NP	15NT27NG9NP ≒ 15NT
[8] 7NG8NP	[19] 15NG6NP	27NG {397NT15NG ≒
[9] 3NG4NP	[20] 7NG1NP	397NT}
[10] 24NG6NP	[21] 6NG1NP	

　マネヴィッツ村の合計 23 人は保有移転貢租を 397NT で償却した．なお，園地農の 1 人は採草地を，雌牛所有小屋住農の 1 人は「園地の一部と耕地片」を，水車屋の 1 人は耕地片を所有する．また，小屋住農の中の 3 人は耕地片を，他の 1 人は耕地片・採草地を持つ．さらに，水車は風車を含む．

　本協定第 4 条は償却地代全額の地代銀行委託を規定した．しかし，51 年 11 月 4 日の管区報告によれば，協定署名集会において一連番号 3，5，6，9 と 17 は一時金による償還を申し出た．彼らの地代額の合計 19NG8NP ≒ 19NG {15NT25NG ≒ 15NT} が一時金によって償還されたわけである．これは一時金合計額の 4％ に相当する．したがって，地代銀行への委託金額は，合計額の 96％ に相当する 382NT となる．

1) 本表の一連番号 [19] の不動産は，園地の一部分〈31b〉を付記されているけれども，雌牛所有家屋と見なす．一連番号 [16] が園地〈31〉の主要部分を所有しているのに対して，その園地の一部分〈31b〉を [19] が所有する，と推定されるからである．

第4節　償却一時金の種目別合計額と償却の進行過程

(1) 償却一時金の種目別・協定別合計額

　本章は, 騎士領ヴィーデローダに関する全国委員会文書3編[1]を検討してきた. 協定番号順に, ( ) に協定承認年月日を, [ ] に当該協定の本節における略号, 関係する集落数・関係者数を, 〈 〉に, それを検討した本章の節, 償却される封建地代を表示したものが, 表4-4-1である. 〈 〉中の [ ] は, 協定が地代額を明記しているけれども, 償却の時期が記されていない封建地代を示す.

表 4-4-1　関係償却協定一覧

(1) Nr. 1020 (1839年2月1日) [W1協定, 1村の12人] 〈第1節 [; 放牧権]〉
(2) Nr. 1389 (1839年9月30日) [W2協定, 3村の64人] 〈第2節 ; 賦役・(現物) 貢租・放牧権 [・貨幣貢租・放牧権]〉
(3) Nr. 8137 (1851年11月13日) [W3協定, 1村の23人] 〈第3節 ; 保有移転貢租〉

　本表によれば, W2協定によって賦役, (現物) 貢租と放牧権 (の一部) が, W3協定によって保有移転貢租が償却された. さらに, 将来償却されるべき封建地代として, W1協定は放牧権を, W2協定は貨幣貢租と放牧権 (の一部) を記録している. 最後に記した, W1とW2協定の2種目の封建地代も, 時期不明ながら, 償却された, と想定すると, 当騎士領で償却された封建地代は, 5種目となる.

　償却の提議者はW2協定では義務者であるが, 他の2協定では明記されていない.

　表4-4-2は, 当騎士領における種目別償却一時金合計額を, 協定別に新通貨概算額で示したものである. なお, W2協定第1条 (b) はリプティッツ村とマネヴィッツ村の園地農9人の手賦役を償却から除外したけれども, この賦役は, その償却時期ばかりでなく, 評価額も記載されていない. そのために, この賦役は本表 (1) ②に表示されていない.

表4-4-2　償却一時金の種目別・協定別合計額

(1) 賦役
　①連畜賦役＋手賦役
　　（W2協定）（2村の馬所有農11人）｜13,568NT｜（55％）
　②手賦役のみ
　　（W2協定）（2村の旧小屋住農3人など，2村の38人）｜768NT｜（3％）
　③賦役合計　｜14,336NT｜（58％）
(2) 現物貢租
　　（W2協定）（2村の馬所有農11人など，2村の22人）｜1,343NT｜（5％）
(3) 保有移転貢租
　　（W3協定）（1村の馬所有農3人など，1村の23人）｜397NT｜（2％）
(4) 貨幣貢租
　　（W2協定）（2村の馬所有農11人など，2村の55人）《6,913NT》（28％）
(5) 放牧権
　①（W1協定）（1村の馬所有農4人など，1村の12人）《38NT》（0％）
　②（W2協定）（2村の馬所有農11人など，3村の30人）｜1,024NT｜（4％）
　③（W2協定）（村数・人数不明）《545NT》（2％）
　④放牧権合計　｜1,607NT｜（7％）
(6) 5種目合計　｜24,596NT｜（100％）

　本表（6）の償却一時金5種目合計額の中で最大の封建地代は，(1) 賦役であり，全体の58％に達する．しかも，比較的少数の馬所有農に課される (1) ①「連畜賦役＋手賦役」だけで，55％を占めている．ただし，これは馬所有農の賦役の償却地代額合計のみを示すので，厳密に連畜賦役と手賦役とに区分した一時金額は，明らかでない．別言すれば，連畜賦役は55％よりも小さく，手賦役は (1) ②の3％よりも大きくなるであろう．第2位は (4) 貨幣貢租，28％である．この2種目だけで全種目合計の86％に達している．(5) 放牧権は7％で，小さく，(2) 現物貢租と (3) 保有移転貢租の比率はさらに小さい．

　表4-4-2の合計額が示すように，当騎士領の領民は賦役・現物貢租・貨幣貢租・保有移転貢租・放牧権の償却のために1839年，51年と不明年に償却一時金換算で合計約24,595NTを騎士領に支払うことになった．もちろん，貨幣地代を20倍額の一時金によって一括償還した義務者もいたから，騎士領所有者の実際の受取額は上記金額よりも小さかったであろう．他方で，この騎士領の地租単

位は 7,400 であった[2]．したがって，その年間純益は 22,200NT となった．

1) 騎士領ヴィーデローダ所属集落に関する全国委員会文書としてさらに，第 5004 号（1844 年 5 月 30 日／45 年 1 月 20 日），第 5005 号（1844 年 5 月 30 日／45 年 1 月 20 日），第 6519 号（1847 年 7 月 16 日／11 月 27 日），第 15809 号（1862 年 1 月 24 日／4 月 11 日），第 16312 号（1872 年 11 月 4 日／73 年 2 月 11 日）の 5 協定が存在する．しかし，これらは，教会・学校への賦役の償却についての協定，および，共同地の分割ないし土地の交換分合についての協定であった．すなわち，それらは，本章が検討する封建地代償却協定ではなかった．
2) 松尾 2001, p. 33.

（2）地代償却の進行過程

表 4-4-3 は封建地代償却の進行過程を示す．

表 4-4-3　地代償却の進行過程

	①	②		③		④		⑤
1839 年（W2 協定）	¦16,703NT¦	(68%)	〈68%〉	¦21NT¦	(0%)	¦16,682NT¦	(68%)	98% 〈98%〉
1851 年（W3 協定）	¦397NT¦	(2%)	〈70%〉	¦15NT¦	(0%)	¦382NT¦	(2%)	2% 〈100%〉
時期不明（W1 協定）	《38NT》	(0%)	〈70%〉	?		?		
時期不明（W2 協定）	《7,458NT》	(30%)	〈100%〉	?		?		
3 協定合計	¦24,596NT¦	(100%)	〈100%〉	¦36NT¦	(0%)	¦17,064NT¦	(69%)	100% 〈100%〉

表 4-4-3 の②によれば，1839 年に最高額が償却され，それは全協定合計額の 68% に相当した．三月革命前に封建地代の $\frac{2}{3}$ が償却されていたわけである．それに次ぐのが時期不明の 30% である．

償却一時金の中で，一時金による償還部分は，本表③が示すように，(1) W2 協定においては 21NT であった．(2) W3 協定においては，第 4 条の規定にも拘わらず，5 人の義務者が地代銀行委託から一時金による償還に方式を変更した．彼らの一時金合計額は 15NT であった．両者を合わせても，地代銀行委託額は全体の 0.5% に達しない．(3) 償却時期不明の地代のうち一時金によって償還された部分，逆から表現すれば，地代銀行委託額，は不明である．その結果として，償却地代の少なくとも 69% は地代銀行に委託されたことになろう．

（3）償却一時金の集落別・種目別合計額

　表4-4-4は償却一時金の集落別・種目別合計額を示す．各行最後の（％）は3村合計額に対する比率である．

表4-4-4　償却一時金の集落別・種目別合計額

(A) リプティッツ村
(1) 賦役（W2協定）
　①連畜賦役＋手賦役（馬所有農7人）¦8,635NT¦［69％］（35％）
　②手賦役のみ（旧小屋住農6人と新小屋住農5人，計11人）¦231NT¦［2％］（1％）
　③計 ¦8,866NT¦［71％］（36％）
(2) 現物貢租（W2協定）（馬所有農7人，園地農5人と水車屋1人，計13人）¦692NT¦［6％］（3％）
(4) 貨幣貢租（W2協定）（馬所有農7人，園地農5人，旧小屋住農6人と水車屋1人，計19人）《2,266NT》［18％］（9％）
(5) 放牧権（W2協定）（馬所有農7人，園地農5人，旧小屋住農1人，耕地片所有者1人と水車屋1人，計15人）¦602NT¦［5％］（2％）
(6) 合計 ¦12,426NT¦［100％］（51％）

(B) マネヴィッツ村
(1) 賦役（W2協定）
　①連畜賦役＋手賦役（馬所有農4人）¦4,933NT¦［42％］（20％）
　②手賦役のみ（雌牛所有小屋住農3人，旧小屋住農17人と新小屋住農7人，計27人）¦537NT¦［5％］（2％）
　③計 ¦5,470NT¦［47％］（22％）
(2) 現物貢租（W2協定）（馬所有農4人，園地農4人と水車屋1人，計9人）¦651NT¦［6％］（3％）
(3) 保有移転貢租（W3協定）（馬所有農3人，園地農4人，雌牛所有小屋住農2人，小屋住農12人と水車屋2人，計23人）¦397NT¦［3％］（2％）
(4) 貨幣貢租（W2協定）（馬所有農4人，園地農4人，雌牛所有小屋住農3人，旧小屋住農17人，新小屋住農7人と水車屋1人，計36人）《4,647NT》［40％］（19％）
(5) 放牧権
　①（W2協定）（馬所有農4人，園地農4人，雌牛所有小屋住農3人と水車屋1人，計12人）¦418NT¦［4％］（2％）
　②（W1協定，時期不明）（12人）《38NT》［0％］（0％）
　③計 ¦456NT¦［4％］（2％）
(6) 合計 ¦11,621NT¦［100％］（47％）

(C) ニーダーグラウシュヴィッツ村

(5) 放牧権（W2協定）（耕地片所有者3人）|4NT| (0%)
(D) 上記3村
(5) 放牧権（W2協定）（人数不明）《545NT》(2%)
(E) 3村合計額 |24,596NT| (100%)

　本表には義務者としての騎士領がないから，封建地代全体を負担したのは，領民だけである．
　本表（D）の放牧権は3村に区分できないが，その金額は3村合計額の2%を占めるにすぎないから，大勢に影響することはないであろう．
　3村合計額の0%を占めるに過ぎない（C）ニーダーグラウシュヴィッツ村を無視して，残りの2村を村別・種目別に比較すると，リプティッツ村（A）とマネヴィッツ村（B）は一時金3村合計額のほぼ同量を負担する．しかし，両村で事情は同じではない．確かに，「手賦役のみ」，現物貢租，放牧権，保有移転貢租（B村にのみある）の地位はいずれも低いけれども，A村では「連畜賦役＋手賦役」が圧倒的に大きく，第2位の貨幣貢租の約2倍に達する．それに対して，B村では，「連畜賦役＋手賦役」が第1位であることに違いないけれども，第2位の貨幣貢租もそれに極めて近い．
　償却の時期を見ると，A村は，1839年にW2協定を締結しただけである．同協定によって封建地代の82%が償却された．それに対して，B村は，1839年に2協定を，1851年に1協定を締結した．そのうち，1839年のW2協定によって同村合計額の55%が償却された．したがって，両村ともに三月革命前の1839年に，A村では地代の大部分が，そして，B村でも過半が償却されたわけである．1851年のW3協定によってB村では同村合計額の3%が償却されたけれども，3村合計額の28%の貨幣貢租（W2協定）と2%の放牧権（W1，W2協定）が償却時期不明なので，A村についてもB村についても償却の正確な進行時期は確定できない．
　これらA村とB村の領民は「九月騒乱」期に共同請願書を提出し，さまざまな封建地代を列挙している．具体的に挙げられているものは，馬所有農の連畜賦役，園地農・小屋住農・間借人の手賦役，領民子弟の奉公人強制奉公，現物貢租（穀物など），貨幣貢租（世襲貢租と警衛金），保有移転貢租，羊放牧権と旧小屋住農の保護金である[1]．このうち，奉公人強制奉公は，1832年償却法によっ

て無償で廃止された．また，領主裁判権に基づく，すべての人身的貢租・給付は51年償却法補充法によって，義務者にとっては無償で，廃止された．そのような貢租・給付の一部として，請願された保護金も無償で廃止されたであろう．三月革命期にも両村住民は共同請願書を提出した．請願書は，現在の保有移転貢租請求権が合法的であるかどうかを検証すること，また，それが合法的と立証された場合でも，保有移転貢租償却地代額を軽減すること，を要請している[2]．この請願書に関連して，50年償却法補充法は保有移転貢租の償却条件を義務者にとって有利に変更した．なお，三月革命期の請願書と封建地代償却の進行との関連に関しては第5章第2節で言及する．

1) 松尾 2001, pp. 128-134, 153-154.
2) 松尾 2001, pp. 212-217, 221-222.

第5章　全国委員会文書の問題点

第1節　関係3騎士領における封建地代の償却過程と種目別構成

　本書第2-第4章は全国委員会文書のうち，ザクセン本領地域に所在するリンバッハ，プルシェンシュタインおよびヴィーデローダの3騎士領とその領民との間の償却協定すべてを調査した．その結果に基づいて，これら3騎士領における封建地代の償却過程と種目別構成を，ザクセン全体と対比しつつ，大づかみに取りまとめてみる．

　第1に，年次別の全国償却決済件数と3騎士領の協定数を百分率で比較しよう．表5-1-1は年次別償却決済件数・協定数の比率を示す．本表の②は，本書第1章の表1-2-1の⑦における年次別償却件数全国比率であり，③は騎士領リンバッハ，④は騎士領プルシェンシュタイン，⑤は騎士領ヴィーデローダに関する償却協定の年次別比率である．〈　〉はそれぞれの累積比率を表す．

　既に第2-第4章の各最終節で述べたように，3騎士領における償却協定承認の時期は概して，極めて早い．全国（本表の②．本領地域の他にオーバーラウジッツを含む）で承認件数が50％を超えたのは，1852-53年であった．それに対して，三月革命直前の1847年までに承認された協定数は，騎士領プルシェンシュタインでは83％に，リンバッハで64％に達しており，他方で，ヴィーデローダでは50％であった．しかも，協定の承認が最も早く完了したのは，最後に挙げた騎士領ヴィーデローダで1851年であり，リンバッハでは54年であった．1847年までに大半の協定が承認されていたプルシェンシュタインでは，少額の償却地代を内容とする1協定について，審議の中断があったことなどのために，協定承認は1868年まで遅延した．

　このことは，地代銀行の年次別委託額にも表現されていた．表5-1-2は地代

第5章　全国委員会文書の問題点　*335*

表 5-1-1　年次別・種目別償却決済件数・協定数（全国と3騎士領）

①	②	③	④	⑤
1833	0% 〈0%〉			
1834	0% 〈0%〉			
1835	0% 〈0%〉			
1836	1% 〈1%〉			
1837	2% 〈3%〉			
1838	2% 〈5%〉	13% 〈13%〉		
1839	3% 〈8%〉	13% 〈26%〉		
1840	3% 〈11%〉	25% 〈51%〉	47% 〈47%〉	
1841	4% 〈15%〉			
1842	4% 〈19%〉			
1843	4% 〈23%〉		6% 〈53%〉	
1844	3% 〈26%〉		6% 〈59%〉	
1845	3% 〈29%〉			
1846	3% 〈32%〉		12% 〈71%〉	
1847	2% 〈34%〉	13% 〈64%〉	12% 〈83%〉	50% 〈50%〉
1848	3% 〈37%〉	13% 〈77%〉	6% 〈89%〉	25% 〈75%〉
1849–50	4% 〈41%〉			
1851	3% 〈44%〉	13% 〈90%〉		25%〈100%〉
1852–53	14% 〈58%〉			
1854	10% 〈68%〉	13%〈103%〉		
1855	9% 〈77%〉			
1856	7% 〈84%〉			
1857	5% 〈89%〉			
1858–59	8% 〈97%〉		6% 〈95%〉	
1860	0% 〈97%〉			
1861	0% 〈97%〉			
1862–1917	1% 〈98%〉		6%〈101%〉	
合計	100%〈100%〉	100%〈100%〉	100%〈100%〉	100%〈100%〉

銀行の年次別委託額を示す．本表の②は本書第1章の表1-3-1の③と④を合わせたもので，地代銀行受託額全国合計に占める，各年の比率とその累積数字である．表5-1-2の③は，騎士領リンバッハからの，④は騎士領プルシェンシュタインからの，⑤は騎士領ヴィーデローダからの，地代銀行委託額の各年比率とその累積数字を表す．

表 5-1-2　年次別地代銀行受託額（全国と3騎士領）

①	②	③	④	⑤
1834	0.0%　〈0.0%〉			
1835	0.0%　〈0.0%〉			
1836	0.5%　〈0.5%〉			
1837	1.3%　〈1.8%〉			
1838	2.6%　〈4.4%〉	0%　〈0%〉		
1839	4.3%　〈8.7%〉	22%　〈22%〉		98%　〈98%〉
1840	5.7%　〈14.4%〉	19%　〈41%〉	45%　〈45%〉	
1841	5.1%　〈19.5%〉			
1842	4.9%　〈24.4%〉			
1843	5.3%　〈29.7%〉		25%　〈70%〉	
1844	4.1%　〈33.8%〉		1%　〈71%〉	
1845	2.5%　〈36.3%〉			
1846	2.3%　〈38.6%〉		12%　〈83%〉	
1847	1.6%　〈40.2%〉	18%　〈59%〉	17%〈100%〉	
1848	1.0%　〈41.2%〉	1%　〈60%〉	1%〈101%〉	
1849	0.7%　〈41.9%〉			
1850	1.1%　〈43.0%〉			
1851	1.8%　〈44.8%〉	3%　〈63%〉		2%〈100%〉
1852	4.8%　〈49.6%〉			
1853	7.8%　〈57.4%〉			
1854	9.6%　〈67.0%〉	38%〈101%〉		
1855	8.9%　〈75.9%〉			
1856	7.9%　〈83.8%〉			
1857	8.7%　〈92.5%〉			
1858	4.6%　〈97.1%〉			
1859	2.9%〈100.0%〉		0%〈101%〉	
合計	100%　〈100%〉	100%〈100%〉	100%〈100%〉	100%〈100%〉

　地代銀行への委託額が50%を超えたのは，全国では1853年であったのに対して，騎士領ヴィーデローダでは1839年（しかも，ほぼ全額）であり，プルシェンシュタインでは43年，リンバッハでは47年であった．

　これらの2表が示すように，3騎士領における償却は全国平均よりも早期に完了した．封建地代の地代銀行委託は騎士領ヴィーデローダでは1839年に98%が実現し，騎士領プルシェンシュタインでも1848年に完了した．さらに，騎士

領リンバッハでは償却一時金委託額の累計は三月革命直前の1847年に合計額の60%近くに達しており，委託は54年に完了した．

　もちろん，償却を全体として考える場合，一時金支払による一括償還も無視されるべきではない．一時金による一括償還額は，リンバッハでは一時金の7%（1847年以前分は5%），プルシェンシュタインでは10%（同10%）であり，ヴィーデローダでは0%であった．それに対して，地代銀行への委託部分はリンバッハで93%，プルシェンシュタインで84%，ヴィーデローダでは70%であった．その他に，プルシェンシュタインで5%の，ヴィーデローダで30%の一時金が，償却時期不明のまま残っている．

　一時金支払による一括償還を加えると，1847年までに騎士領リンバッハで58%が，プルシェンシュタインで92%が，ヴィーデローダで68%の償却が終了していたことになる．

　第2に，地代種目別全国決済件数と3騎士領における償却一時金額を百分率で比較しよう．全国委員会による種目別決済件数（本書第1章の表1-2-1）によれば，件数合計の高い比率から順に，現物貢租（28%），貨幣貢租（27%），賦役（15%），保有移転貢租（14%），放牧権（10%），それに，狩猟権（「その他の地役権」，製粉強制権とビール販売権を含む）（7%）であった．放牧権までの上位5種目合計で94%を占めるわけである．それに対して，本書第2章の騎士領リンバッハでは封建地代一時金合計額の5種目別比率が確定された．貨幣貢租37%が第1位で，それよりやや小さいのが賦役35%である．この賦役は主として連畜賦役19%，手賦役15%である．第3位の保有移転貢租24%を加えた3種目合計は，96%に及び，現物貢租3%と放牧権1%は極めて小さい．

　本書第4章の騎士領ヴィーデローダでは償却一時金5種目合計額の中で最大の封建地代は，賦役であり，全体の58%に達した．しかも，比較的少数の馬所有農に課される「連畜賦役＋手賦役」だけで，55%を占めていた．ただし，これは馬所有農の賦役の償却地代額合計のみを示すので，厳密に連畜賦役と手賦役とに区分した一時金額は，明らかでない．別言すれば，連畜賦役は55%よりも小さく，手賦役は，小屋住農だけに課された「手賦役のみ」の3%よりも大きくなる．第2位は貨幣貢租，28%である．この2種目だけで全種目合計の86%に達している．放牧権は7%で，小さく，現物貢租5%と保有移転貢租2%の比率はさらに小さい．

他方で，本書第3章の騎士領プルシェンシュタインで種目別一時金額が判明するのは，一部にとどまった．すなわち，全協定一時金合計額の中で，貨幣貢租が11%，現物貢租は6%，賦役4%，放牧権2%，保有移転貢租（正確には抵当認可料）0%，である．以上5種目の合計額は全協定一時金合計額の23%を占めるにすぎない．他方で，多くの協定，特に巨額の償却地代に関わる協定は，賦役，現物貢租，貨幣貢租，放牧権の償却地代・一時金を4種目別に区分せず，また，賦役も小区分していない．したがって，本騎士領に関しては封建地代の種目別構成比を明らかにすることは不可能である．5種目中で比率が明らかになる，唯一のものは保有移転貢租であるけれども，その一時金は全協定一時金合計額の0%に過ぎなかった．

　このように，私が全国委員会文書を検討した3騎士領において，第1に，封建地代償却一時金合計額の種目別構成は決して同一ではなかった（第2-第4章の最後の部分で言及した，各所領に所属する諸集落の間で，種目別構成に大きな差異があったことについては，ここでは言及しない）．賦役が圧倒的で，合計額の58%に達する騎士領ヴィーデローダもあれば，貨幣貢租の37%が最大であり，賦役がそれよりやや小さい35%（両者合計72%）を占める騎士領リンバッハもある．しかし，3騎士領の中で償却一時金合計額が最大であった騎士領プルシェンシュタインでは，償却一時金合計額の77%について種目別構成が判明しないからである．

　第3に，従来の研究史では，償却地代は，したがって，委託地代は，騎士領支配下の領民だけが負担した，すなわち，封建地代の権利者は領主であり，義務者は領民である，と主張されてきた．確かに，騎士領ヴィーデローダでは償却一時金の中に領主負担分は存在しない．しかし，一時金合計額の僅か1%についてではあるけれども，騎士領は，リンバッハでは放牧権を買い戻した[1]し，プルシェンシュタインでも現物貢租の買い戻しが，事実上実施された．

　以上を考慮すれば，ザクセンの封建制終末期における償却の時間的経過と封建地代の種目別構成とを，さらには，封建地代負担者の諸階層（騎士領領主を含む）を一層具体的に解明するためには，上記3騎士領以外の騎士領についても償却協定＝全国委員会文書の調査がなお一層必要である．

　そればかりではない．第4に，騎士領ヴィーデローダに関する全国委員会文書3編に関して，以下の疑問も浮かび上がって来る．すなわち，これらの封建地

代償却協定3編は，1832年償却法の規定どおりに，同騎士領と所属領民とが締結した償却協定のすべてであるか，との疑問である．

1) その他に，第2章第9節の協定（1853／54年）では，オーバーフローナ村の1農民地の貨幣貢租が極く少額の償却地代によって償却された．その農民地の所有者は騎士領領主自身である．また，第6節の協定（1838／39年）はケーテンスドルフ村の酒屋，連畜所有農地1個と手賦役農地1個の賦役を無償で廃止した．無償廃止であるから，これらの不動産は同協定に償却義務者として記載されてはいない．しかし，これらの不動産の所有者も領主自身であった．

第2節　騎士領ヴィーデローダに関する全国委員会文書を巡って

　本書第4章は3編の全国委員会文書を検討した．そのうち，(1) 第1020号協定（以下ではW1協定と言う）は，表題に償却の語句を含むけれども，マネヴィッツ村村有地の分割を主たる目的とした．ところが，村有地分割・配分の不手際から，同協定は次の2点を追加的に規定せざるをえなかった．第1は，小面積の村民所有地に対して騎士領の放牧権を新たに設定した規定であり，第2は，この小規模な放牧権の償却年地代（村民側提議の場合に1AT12AG，騎士領側提議の場合に18AG）を予め決定した規定である．しかし，この放牧権を償却する協定は，全国委員会文書として存在しない．

　(2) 全国委員会文書第1389号（W2協定）は，騎士領に対するリプティッツ村・マネヴィッツ村住民の賦役・現物貢租・放牧権償却協定である．しかし，その第1条は，(a) 当騎士領領域内で当騎士領に帰属する放牧権，(b) 園地農9人が当騎士領の「いわゆる大採草地」に対して給付すべき手賦役，および，(c) 領民が支払うべき世襲貢租と警衛金，を償却対象から除外していた．それにも拘わらず，(a)，(b) と (c) を償却する協定は，全国委員会文書として存在しない．

　もっとも，(a) の放牧権に関しては第3条が以下のように償却を予め規定していたのであるが．「…当騎士領領域内に土地を持つ［，第2の］契約締結者［＝領民］は，当騎士領に帰属する放牧権が，第1条末尾の (4) で言及・記述されているように，今後も行使されることに同意する．これらの土地の所有者が，将来この放牧権の償却を希望し，提議する限り，償却年地代21AT6AGを

当騎士領に支払わねばならないこと，そして，放牧権を許容する者がそれ［地代額］を，土地面積に比例して，彼らの間で配分すべきであること，に当事者双方は合意した．それに対して，権利者が償却を提議する場合には，放牧権の価値が委員によって調査されるべきである」，と．

(3) 全国委員会文書第8137号（W3協定）は，マネヴィッツ村土地所有者の保有移転貢租を償却した．それに対して，同一騎士領所属のリプティッツ村に関しては，保有移転貢租償却協定が全国委員会文書として存在しない．

以上のように，W1協定とW2協定が騎士領ヴィーデローダに対する領民の一定の義務を明示しているにも拘らず，その義務を償却する協定は，全国委員会文書として現存しない．また，マネヴィッツ村（W3協定）と同じ保有移転貢租支払義務があった，とリプティッツ村についても推定されるけれども，この貢租の償却協定が全国委員会文書として存在しない．

償却一時金額から見ると，事態はどうなるか．

(1) W1協定によって新たに設定された放牧権の償却一時金は，当騎士領の償却一時金合計額の1%に満たない．

(2) W2協定で償却を除外された (a) と (b) を検討してみる．

まず，W2協定第3条が放牧権，(a) について規定した償却年地代（農民側提議の場合）は，一時金に換算すると，531AT ≒ 545NTになる．この額は償却一時金合計の2%に相当する．

次に，手賦役，(b) はどうか．W2協定において，馬所有農地（計11個）に課された賦役，「連畜賦役＋手賦役」の償却一時金2村合計額は，3種の家屋（旧家屋，新家屋と雌牛所有家屋，計38戸）の賦役，「手賦役のみ」の一時金2村合計額の約18倍にも上った．W2協定の (b) も，それが手賦役であり，その賦役対象地は「いわゆる大採草地」に限定されていたから，その償却一時金2村合計額も上記「連畜賦役＋手賦役」のそれよりも遙かに小さかった，と判断される．それにも拘らず，手賦役 (b) の償却一時金額の追加によって，両村の「手賦役のみ」の一時金額がいくらか増加し，それに応じて，両村の賦役全体の一時金額がそれだけ増大する．

(3) マネヴィッツ村土地所有者がW3協定によって償却一時金2村合計額の2%でもって保有移転貢租を償却したように，リプティッツ村土地所有者も保有

移転貢租を償却したとすれば，その償却一時金額は2村合計額の2％余りと想定できよう．償却一時金2村合計額の中で両村はほぼ同額を占めたからである．

　以上から，協定に明示された封建地代，および，存在が推定される封建地代について，償却協定が締結されたとすると，それらの償却一時金額は，本書第4章第4節が償却一時金合計額として示した金額に，どのような変化をもたらすであろうか．第1に，(1)(1％)と(2)(a)(3％)の追加によって放牧権の償却一時金がいくらか増加する．第2に，(2)(b)の追加（金額は不明）によって「手賦役のみ」の償却一時金が，それにつれて，賦役全体のそれがいくらか増大する．第3に，(3)によって保有移転貢租のそれも若干増大する（約2％）．このように推定される．しかし，それらの増加は，その結果として償却一時金合計額の種目別構成を大きく変化させることはないであろう．とりわけ，馬所有農地の「連畜賦役＋手賦役」の償却一時金合計額は，その圧倒的地位をいくらか低下させるとしても，依然として一時金合計額の過半を占め続ける，と考えられる．

　償却の進行過程への影響はどうであろうか．(1)と(2)(a)の放牧権と(2)(b)の手賦役，および，(3)リプティッツ村の保有移転貢租は，ある時期に償却されたとしても，これらの封建地代は，償却一時金合計額に占める割合が小さいので，既述の傾向を大きく変動させることはないであろう．それに対して，W2協定(c)の貨幣貢租は一時金合計額の28％（償却一時金不明の封建地代を合わせると，28％弱）に達するから，これがいつ償却されたか，はこの騎士領における償却の進行過程にとって重大な意味を持つ．これらの貨幣貢租が51年償却法補充法によって償却されたとすると，本騎士領では1851年以後に合計額の28％弱が償却されたことになる．以上に基づくと，第4章第4節の記述を若干変更して，一時金合計額の68％弱について1839年に償却が実現した，と言うべきであろう．

　騎士領ヴィーデローダの封建地代償却について今一つ顧慮すべきは，一方で，1830年代初頭の「九月騒乱」期および1848／49年の三月革命期に同騎士領所属2村住民が請願した諸要求[1]と，他方で，既述3協定によって償却された封建地代，および，上記のように償却協定が確認されない封建地代，との関連である．

　第1に，1831年1月の2村共同請願書[2]はさまざまな封建地代を列挙してい

る．その中で以下のものは具体的に記述されている．馬所有農の連畜賦役は，各人が，馬車1台に馬2頭を付け，積込み人夫2人を添えて，毎週2日，提供する義務であり，この馬車は，収穫された穀物，一番草と二番草を［騎士領の納屋に］搬入するばかりでなく，騎士領の羊毛と木材をも，時には遠方の市場まで，運送せねばならなかった［請願項目1］．また，騎士領耕地の犂耕は，深耕が要求されるために，馬所有農の馬を疲弊させた［請願項目6］．さらに，園地農の賦役は広大な領主採草地における牧草の刈取りと乾燥であるが，これは［1年に］8日，場合によっては14日を要した［請願項目3］．最後に，騎士領の羊放牧権は，一方では農民耕地における休閑地栽培を阻み，他方では農民から家畜の飼料を奪った［請願項目2］．このうちの請願項目3が，W2協定において償却対象から除外された手賦役であろう．

もちろん，2村請願書で訴えられた封建地代と，実際に償却されたそれとが，いくらか異なる場合もある．まず，この請願書が言及する世襲貢租は，水車屋のそれ［請願項目8の一部］のみである．しかし，本書第4章第2節の表4-2-2によれば，両村のほとんどすべての不動産は世襲貢租を賦課されていた．もっとも，水車屋の世襲貢租は両村の他の不動産のそれよりも遙かに重かったのであるが．次に，ここに請願された警衛金は，馬所有農・園地農のそれ［請願項目5］のみである．ところが，上記の表4-2-2によれば，両村の大部分の不動産は警衛金を賦課されていた．

この請願書で償却に関して特に注目されるのは，請願項目11である．ここには，「リプティッツ村とマネヴィッツ村の馬所有農と園地農の所有地あるいはその他の土地のすべての買い手は，買入額100ATについて5ATの保有移転貢租を…ヴィーデローダの裁判所に支払わねばならない…」と，記されている．すなわち，マネヴィッツ村ばかりでなく，リプティッツ村の不動産も地価の5％の保有移転貢租を裁判領主＝騎士領に対して課されていたのである．したがって，リプティッツ村領民は，マネヴィッツ村領民と同じように，この義務を償却せねばならなかったはずである．また，請願項目9cに挙げられた，旧小屋住農の保護金も，少額の貨幣貢租であるかもしれないが，償却の一対象であろう．

第2に，「三月革命」期にも2村住民は2通の共同請願書を提出した．具体的な内容を含む，1849年2月の請願書において，特に留意すべき文言・記述とそれの問題点は次のとおりである．

(A)「我々は，[保有移転貢租の]償却についてヴィーデローダの我々の騎士領領主と交渉してきたが，協定は未だなお締結されていない[3]」．この文章によれば，両村住民は保有移転貢租の償却について騎士領所有者と交渉してきたけれども，この請願書が作成された1849年2月までには，協議が妥結していなかった．そして，ようやく51年になって，マネヴィッツ村だけは償却協定（W3協定）を成立させた．リプティッツ村の保有移転貢租償却協定はいつ作成され，いつ全国委員会によって承認されたのであろうか[4]．

(B)「保有移転貢租以外にも我々は，封建的・隷農制的諸関係に由来して，ヴィーデローダの騎士領領主に支払い，給付すべき，他の種類の，夥しい対物的貢租と負担によって圧迫されている．それらは付録として，1［農民］地に関して個々的に列挙されている」．この「馬所有農地（666地租単位）」について付表に列挙された諸貢租・負担のうち，地代銀行と騎士領へのそれを整理したものが，表5-2-1である．なお，両者以外（グリマ地代管区，リプティッツ村の教会・牧師・学校教師）への義務は省略した．これらの義務を負担するのは，リプティッツ村の1馬所有農地である[5]．

表5-2-1　1馬所有農地の所有者と諸負担

［リプティッツ村］保険番号15号．これに属するものは，土地台帳15aの住宅・農舎と15b，…の耕地片［合計27筆］，および，マネヴィッツ村の土地台帳298，…［耕地片合計5筆］である．
これから支払われるべきものは，以下のとおりである．
(I)地代銀行に対する年地代
　(1) 56NT12NG4NP　　1839年9月30日の協定による
　(2) 25NG2NP　　　　1844年3月30日の協定による
　(3) 3NT　　　　　　1845年1月20日の協定による
　(4) 3NT14NG4NP　　 1845年9月30日の協定による
　(5) 10NT25NG6NP　　1847年6月7日の協定による
(II)騎士領ヴィーデローダに対する保有移転貢租
　この貢租は譲渡の度毎に買入額の5％ずつ支払われるべきものであるが，[本農民地]所有者は［土地台帳への］この貢租の登記に反対している．
(III)騎士領ヴィーデローダに対して毎年
　(1) 28NG　　　世襲貢租
　(2) 5NG1NP　　警衛金

所有者

1843年6月19日にフリードリヒ・ヴィルヘルム・ニコライは，この［農民］地をクリスティアーネ・ゾフィー・ユンクハンスから1843年6月19日の売買［契約書］によって4,715NTで購入した．

この記載について以下が注目される．①1831年の2村共同請願書の請願項目［4］で言及されたヨハン・ゲオルク・ユンクハンス[6]は，W2協定（1839年）の一連番号［4］（本書第4章第2節の表4-2-1の［4］）のヨハン・ゲオルゲ・ユンクハンスと同一人物であろうが，この馬所有農地を1843年6月19日（土地売買契約成立日）の直前に所有していた女性，Ch. S. ユンクハンスは，彼の娘であろう．この所有者は，ヨハン・ゲオルゲ（あるいはヨハン・ゲオルク）の妻であったならば，他の文書と同じように，「未亡人」と付記されたはずである．②請願書が作成された49年2月には，この馬所有農地の貨幣貢租(Ⅲ)（世襲貢租と警衛金）はまだ償却されていなかった．③保有移転貢租(Ⅱ)を巡って，この農民は49年2月に騎士領と対立していた．彼は保有移転貢租請求権を非合法的と見なしていたのであろう．④地代銀行に対して5件の償却地代(Ⅰ)が既に委託されていた．その中の (1) は，W2協定に基づく地代であった．また，(3) は，全国委員会第5004号協定と第5005号協定（いずれも1845年1月20日承認）の償却地代を一括したものであろう．しかし，この委託地代 (3) の基礎となった上記2協定は，騎士領ヴィーデローダへの封建地代償却協定ではなく，教会・学校への賦役の償却協定であった[7]から，委託地代 (3) は本章の対象にはならない．それに対して，(Ⅰ)の (2)，(4) と (5) の3個の委託地代については，以下の疑問が生じてくる．

第1に，これら3個の委託地代の基礎となった償却協定とは，いかなるものか．第2に，これらの3償却協定が全国委員会文書として存在しないのはなぜか．第3に，それらの償却協定はこの馬所有農と騎士領ヴィーデローダとの間の協定ではないか[8]．第4に，これら3編の償却協定はこの農民のみでなく，彼を含むリプティッツ村（あるいは，リプティッツ村・マネヴィッツ村）住民と騎士領との間の協定ではないか．

さらに問題を付け加えれば，保有移転貢租(Ⅱ)と貨幣貢租(Ⅲ)を償却する協定は，本節 (2) (c) と (3) で述べたように，全国委員会文書として存在しない

が，それらの貢租はいつ，いかなる協定によって償却されたか．

1) 本書で取り上げた3騎士領に所属する領民は，「九月騒乱」期と三月革命期にさまざまな要求を提起した．
   ① 「九月騒乱」期に，騎士領リンバッハ所属村落の村民集会では賦役と貢租（あるいは貨幣貢租）の廃止が要求された．松尾 2001, p. 44. 騎士領プルシェンシュタイン所属集落（騎士領所属都市ザイダを含む）は，賦役（畜賦役，手賦役，奉公人強制奉公），現物貢租，放牧権，多様な貨幣貢租，家産裁判権に基づく負担（「糺問の費用」など）と商工業規制（製粉強制など）を訴えた．松尾 2001, pp. 149-153. 騎士領ヴィーデローダに属する2村は，賦役（畜賦役，手賦役，奉公人強制奉公），現物貢租，保有移転貢租，貨幣貢租と放牧権について請願した．松尾 2001, pp. 153-154.
   ② 三月革命期の請願書の内容は直接的に封建地代に関しては以下のとおりである．騎士領プルシェンシュタインの村々は，合法的と証明されない封建的諸負担，ないし，封建制から発生する負担すべて，の無償廃止，家産裁判権に基づく負担（「糺問の費用」など）の廃止あるいは引き下げ，その他の騎士領特権（狩猟権など）の廃止を求めた．松尾 2001, pp. 218-219. 騎士領ヴィーデローダの領民も領主的諸負担の軽減を要請した．松尾 2001, p. 221.
   　以上の請願内容は「九月騒乱」期と類似している．しかし，1832年償却法の実施を踏まえて，三月革命期の請願書に付け加わった要求項目もあった．騎士領プルシェンシュタイン所属農村は，償却地代の合法性を審査する委員会の設置，償却地代の廃止・引き下げないし返還，償却費用の国庫負担を要望した．松尾 2001, p. 219. 騎士領ヴィーデローダ所属領民は，保有移転貢租徴収権の見直しに加えて，合法的とされた保有移転貢租償却地代についても，それを現行法規定よりも低額にすること，そして，地代銀行への委託地代（1農民地について請願書付表に記載）の軽減を請願した．松尾 2001, p. 221.
   　そればかりではない．騎士領プルシェンシュタインについて償却協定の作成を仲介する法律関係特別委員 A. A. ヘフナーが，名指しで批判された．本書第3章第6節（1）（注6）を参照．もっとも，償却協定審議の際に領主＝農民関係をこのように農民に不利に判定したヘフナーは，第15節の償却協定（1848年9月承認）においても当初，特別委員であった．しかし，1848年9月の同協定署名集会では，法律関係特別委員はヘフナーからフライベルク市の弁護士エルンスト・クレムに交代していた．本書第3章第15節参照．第16節の償却協定（1859年承認）においても特別委員は上記 E. クレムであった．本書第3章第16節参照．ところが，第17節の償却協定（1868年承認）については事情の変化が記録されている．この協定の特別委員には，序文によれば，当初1847年にヘフナーが任命された．しかし，彼は「自由意志によって引退した後」，48年に上記のクレムが彼に代わった．ところが，クレムの死亡のために67年に再度ヘフナーが特別委員に任命された．本書第3章第17節参照．ヘフナーが，恐らく48年に，特別委員を辞任したのは，「自由意志によって」（第17節の協定の序文）というよりも，むしろ，上記3請願書に示される，関係領民の厳しい批判に基づいていたのであろう．もっとも，反革命の勝

利の後にヘフナーは再び特別委員に任命されたのであるが．

2) 松尾 2001, pp. 128-134, 153-154. ——領主は31年1月のこの請願書に関して，「領民の苦情書は彼らの諸義務の列挙以外の何物でもなく，圧制についての苦情を含んでいない」と，同年4月に政府に回答し，政府は同年11月に，「本来の苦情ではなく，『義務的諸負担』の列挙を含むにすぎない」，との理由でこの請願書を却下した．松尾 2001, p. 134. したがって，この請願書に記された諸義務は，騎士領に対する両村領民の諸負担の一覧表と見なしうるであろう．これらの諸負担は，本書第4章第2節，第3節（マネヴィッツ村の保有移転貢租）が，そして，本節（ただし，49年2月請願書付表(I)の (2) と (4) – (5) を除く）が問題にしたものと，ほぼ重なる．

3) 松尾 2001, p. 215.

4) ザクセン州立中央文書館によれば，これら3協定は検索されえない．ザクセン州立ライプツィヒ文書館によれば，①同文書館のムッチェン司法管区関係文書446号は，騎士領ヴィーデローダ所属リプティッツ・マネヴィッツ村の保有移転貢租償却と題している．しかし，そこには第2巻のマネヴィッツ村の協定のみが収められていて，リプティッツ村についての第1巻は欠けている．②同司法管区関係文書には1844年，45年と47年の償却協定も含まれていない．

5) 松尾 2001, pp. 216-217.

6) 松尾 2001, p. 130.

7) 本書第4章第4節 (1)（注1）を参照．

8) この馬所有農地の保険番号は，第2の償却協定（1839年）の一連番号 [4]（本書第4章第2節，表4-2-1 [4]）の不動産（リプティッツ村）のそれと同じであるから，二つの農民地は同一である．本書第4章第2節，表4-2-2は3種の償却地代額などを示したが，地代銀行委託額を省略していたので，第2の償却協定の第5条一覧表から一連番号 [4] の地代銀行委託額 (a) を取り出してみる．それは54AT21AGAPである．その他の負担は世襲貢租 (b) の22AG6APと警衛金 (c) の4AGである．これらの金額を新貨幣制度の金額に換算すると，(a) は56NT12NG4NP, (b) は28NG9NP, (c) は5NG1NPとなる．したがって，(b) の金額は，請願書付表の(Ⅲ) (1) より僅かに大きいけれども，(a) の金額は請願書の(I) (1) と一致し，(c) は(Ⅲ) (2) と一致している．それから類推して，請願書付表(I)の (2), (4) と (5) の金額も信頼しうるであろう．

これら3個の委託地代の基礎となった償却協定は，(I) (1) と同じようにこの馬所有農と騎士領ヴィーデローダとの間の協定であり，これら3個の委託地代は騎士領への義務に基づく，と想定すると，(I)の (1), (2), (4) と (5) の合計は71NT17NG6NPに，その償却一時金は約1,789NTになる．また，請願書提出以後に(Ⅲ)の (1) と (2) も償却され，25倍額が地代銀行に委託された，と仮定すると，それの一時金合計額は約27NTである．さらに，(Ⅱ)も①償却され，それの25倍額が地代銀行に委託された，②マネヴィッツ村の馬所有農地3個の保有移転貢租償却年地代が1TN18NG1NP（約48NG）から2NT19NG6NP（約79NG）の間であった（本書第4章第3節，表4-3-2を参照）ことから，本請願書付表記載の馬所有農地の保有移転貢租償却年地代は2NT（60NG）であった，と想定してみる．このように想定すると，(Ⅱ)の地代銀行委託額は50NTとなる．したがって，(I), (Ⅱ)と(Ⅲ)を加算した，この農民地の償却一時金合計額は約1,866NTとなる．この一時金合計額の中で(Ⅱ)保有移転貢租が占める割合は3%，(Ⅲ)貨幣貢租のそれは1%であり，

(I)は96%に達する．この(I)の中で(2),(4)と(5)の合計額は約15NT4NG，それの一時金額は約378NTであり，この額は償却一時金合計額の20%を占める．ただし，その負担種目は不明である．(I)(1)は，第2の協定の第5条一覧表から見て，「連畜賦役＋手賦役」の年地代48AT（一時金としては1,200AT≒1,233NT），現物貢租4AT20AG（一時金としては約119NT）と放牧権2AT1AG6AP（一時金としては約52NT）を含む．そのために，「連畜賦役＋手賦役」の償却一時金は，この農民地の償却一時金合計額の少なくとも66%に及び，現物貢租は少なくとも6%を，放牧権は少なくとも3%を占める（種目不明の上記20%はこれら3種目のいずれかに，特に現物貢租と放牧権に付加されるであろう）．この農民の農地はリプティッツ村・マネヴィッツ村領域に32個の耕地片として散在する，と請願書付表冒頭に記されているから，騎士領領域に耕地片を持たない，この農民地について，上記の放牧権地代の他に，第2の償却協定の第3条に従う，不明額の放牧権償却地代がさらに付け加わることはない（本書第4章第2節(2)を参照）．この農民地の償却一時金合計額の種目別構成は，一時金合計額の20%を占める(I)(2),(4)と(5)が追加されたために，本書第4章第4節，4-4-4表(A)に示されたリプティッツ村全体のそれとは，いくらか異なってくる．とくに，種目不明の20%があるために，「連畜賦役＋手賦役」に基づく償却一時金の比率は，村全体よりも3%小さく，貨幣貢租は17%も小さい．

この農民地における償却の時間的経過を検討すると，1839年に償却一時金合計額の75%以上が，44-47年に20%が，そして，三月革命後（時期不明）に4%が償却された．この農民地の封建地代償却が三月革命前にほぼ完了していたことは確実である．

第3節　全国委員会文書の問題点

このように，1849年の騎士領ヴィーデローダ所属2村共同請願書に添えられた付表（表5-2-1）は，全国委員会文書に含まれない償却協定が，既に三月革命以前に締結されていたのではないか，と推測させる．騎士領リンバッハに関する全国委員会文書についても，L6協定に若干の問題がある．そこで留保された権利を償却する協定が存在しないからである[1]．特に，同委員会文書の騎士領プルシェンシュタイン関連協定については，疑わしい点がある．第1に，P1協定とP4協定にもL6協定と同種の問題がある[2]．第2に，P3協定第3条は次の規定を含む．騎士領領主「に対して目下［諸義務を］否認している者が…問題となっている賦役，賦役代納金と羊放牧権を現在の［本協定の］提議者よりも低い地代で償却する場合には，本契約で提議者が認めた償却地代は，この一層低い額に削減される…[3]」．この規定あるいは同種の規定はP4協定第3条とP5協定第3条にも認められる．ここに記された，騎士領領主「に対して目下［諸義務を］否認

している者」が，いかなる償却協定を締結したか，は明らかでない．第3に，ドイッチュ・アインジーデル（ただし，アインジーデルとして）とドイッチュ・ノイドルフの両村は，償却地代の合法性の審査を要求し，「償却委員」（法律関係特別委員ヘフナーを指す）を批判する1848年30村共同請願書に，署名していた[4]．したがって，この2村は同年以前に，プルシェンシュタイン関係償却協定の作成準備過程に関与していた可能性が高い．しかも，この両村は18世紀には騎士領プルシェンシュタインに所属していた[5]．この2村の償却協定が，騎士領プルシェンシュタイン関係全国委員会文書の中に全く確認されない事態は，全国委員会文書がすべての償却協定を網羅していないのではないか，との疑念をさらに強める．

　この疑念を一層大きくするものが，1851年償却法補充法の条文にある．32年償却法第239条と第261条は，償却・共同地分割に関する，すべての協定を承認し，発効させる権限を全国委員会に与えていた．そして，これらの協定の中には，同委員会への一方的提議に基づいて作成された協定はもちろん，当事者相互間の合意のみによって作成された協定も含まれていた[6]．ところが，51年償却法補充法第32条と第33条は上記の償却協定公認方式に重大な変更を加えた．「今後，一時金による償却に当たっては，償却協定の作成と全国委員会によるそれの承認は必要でなく，償却を登記するためには，一時金の受領と，それによって償却された，自分の権利の放棄とに関する権利者の証明［だけ］で十分である」．「権利者のこの証明は，義務を課された土地の土地登記官庁に提出されるべきであり，それに基づいてこの官庁は，土地登記簿に記入されている諸負担から，償却されたものを抹消する[7]」．なお，土地登記官庁は，その土地の非訴事件を管轄する裁判官庁であった[8]．

　他方で，1846年償却法補充法施行令第3条は，「裁判官庁は，各種の償却，共同地分割あるいは耕地整理に関する私的協定の登記を関係者から求められた場合，あるいは，それに関する仲介を自ら行った場合，それについてこの官庁に届けられた提議を，その都度直ちに，遅くとも4週間以内に全国委員会に報告し，後者の発した処置に従わねばならない…[9]」と規定していた．しかし，1851年償却提議報告義務令は，上記46年施行令の上記条文を繰り返した後，次のように追加規定している．「このような報告は…多くの場合に行われなかったので，上の規定への留意がここに促される．そして，違反1件について全国委員会への

第5章　全国委員会文書の問題点　349

5NTの秩序罰が定められる[10]」．

　これらの条文を考慮すると，全国委員会による承認を受けないで締結された私的償却協定のすべてが，とくに，51年償却法補充法以後の，一時金による償却のすべてが，上記裁判官庁から全国委員会に報告された，とは断定しがたくなってくる．換言すれば，全国委員会の年次別・種目別償却提議・決済件数統計表に，私的協定による償却と51年以後の一時金による直接的償却のすべてが含まれている，と確言することは困難になる[11]．また，これらの償却が全国委員会に報告されたとしても，その償却協定自体は全国委員会文書室に収められてはいないのではなかろうか．

　以上から，騎士領ヴィーデローダについては，全国委員会文書に含まれない償却協定（ないし，51年以後の一時金支払いによる直接的償却）が存在する，と見なされるべきであろう．騎士領リンバッハと騎士領プルシェンシュタインに関連する償却協定の一部についても，事情はほぼ同じと考えられる．そうだとすると，本書第2－第4章は全国委員会文書を基礎として，3騎士領の封建地代償却一時金の種目別構成と償却の時間的経過を検討したけれども，検討結果が確実である，とは断定できなくなる．

　さらに，狩猟権償却の問題がある．

　同時代文献によれば，騎士領ヴィーデローダは狩猟権を保持していなかった[12]から，この点では問題にならない．また，騎士領リンバッハは7村の狩猟権を把持していた[13]．また，「リンバッハ裁判所の諸権利についての1802年の台帳」によれば，当騎士領は狩猟権を把持し，領民は狩猟賦役をも果たさねばならなかった[14]．この狩猟権は下級行政官庁への提議を通じて償却されたのであろう．しかし，それに関する償却協定は，全国委員会文書としては存在しない．さらに，騎士領プルシェンシュタインは「すべての狩猟権」を所有していた[15]．これに関して九月騒乱期の農民請願書は賦役として，勢子賦役と猟獣搬出を挙げていた[16]．三月革命期にも狩猟権の廃止が請願されている[17]．これらの賦役の中，本書第3章第1，第3，第5，第6，第9，第11節の協定はディッタースバッハ村，ウラースドルフ村・ピルスドルフ村，ケマースヴァルデ村，ハイダースドルフ村，クラウスニッツ村の狩猟賦役（一部は猟獣運搬賦役）を廃止した．ただし，第4節の協定では狩猟賦役は除外されている．しかし，これら6協定における狩猟賦役の廃止は狩猟権の廃止を意味しない．同騎士領におけるすべての狩

350

猟権の廃止は，全国委員会ではなく，地方行政官庁への申告と，それに基づく償却によって実施されたのではなかろうか．

このように見てくると，ザクセン封建地代償却史なる研究領域には，重大な問題がなお残されているわけである．

1) 1848年のL6協定第6条は，リンバッハ村の1農民が領主の池の堤防を運搬用に，また，家畜道として利用する権利，および，同村の2農民の土地に対する騎士領の一定の権利が存続する旨，定めている（第2章第8節を参照）．この権利・義務を廃止する協定は見出されない．
2) 1840年のP1協定第3条には，騎士領領主は，同協定第2条に「明確に放棄されていない，あるいは，特別に償却されていない，あらゆる賦役とあらゆる権限を，当騎士領に今後も留保した」，と規定されている（第3章第1節 (1) を参照）．これらについて，それ以後のP6, P8, P13協定が償却したものは，合計8NTにすぎなかった．また，同年のP4協定第2, 第6条は家畜通行権を留保した（ただし，騎士領からの年補償額は定められている）し，同協定第13条は「本契約の第2条に明示されていない，残りすべての賦役・貢租・権限」を騎士領に留保した．しかし，これらの権限を廃止する協定は見出されない．
3) 本書，第3章第3節 (1) 参照．
4) 松尾 2001, p. 181. さらに，本書，第3章第6節 (1)（注6）も参照．
5) 松尾 2001, p. 24.
6) 本書，第1章第2節 (1) 参照．
7) GS 1851, S. 137. 松尾 1990, p. 270, を参照．
8) 1843年土地登記法第127条．GS 1843, S. 213. 松尾 1990, p. 270, を参照．
9) GS 1846, S. 238. 松尾 1990, p. 270, を参照．
10) GS 1851, S. 298. 松尾 1990, p. 270, を参照．
11) 松尾 1990, p. 270.
12) 松尾 2001, p. 35 を参照．
13) Schumann 1830, S. 916; Schiffner 1839, S. 47; 松尾 2001, p. 33.
14) Seydel 1908, S. 395. ――狩猟賦役は，それの償却に関する協定が存在しないので，1849年の「ドイツ国民の基本権公布令」に基づいて無償で廃止されたのかもしれない．
15) Schumann 1821, S. 641; Schiffner 1840, S. 635; 松尾 2001, p. 29.
16) 松尾 2001, p. 149.
17) 松尾 2001, p. 219.

史　　料

Sächsisches Hauptstaatsarchiv Dresden, 10737, Generalkommission für Ablösungen und Gemeinheitsteilungen.
各償却協定表紙のタイトルは年月日で改行され，その下に，権利者と義務者が（∽）で結ばれて，記されている。以下では，年月日の後に zwischen を記入し，権利者と義務者を und で表示した。

Nr. 902. Fronablösungsrezeß vom 31. 5. 1837/5. 10. 1838 zwischen dem Rittergut Limbach bei Chemnitz und den Einwohnern in Niederfrohne, Reichenbrand, Grüna und Braunsdorf.

Nr. 1020. Gemeinheitstheilungs- und Hutungsablösungsreceß vom 30. 11. 1838/1. 2. 1839 zwischen den Gemeindemitgliedern zu Mannewitz unter sich und dem Rittergut Wiederoda bei Mutzschen.

Nr. 1163. Fronablösungsrezeß vom 29. 6. 1838/26. 4. 1839 zwischen dem Rittergut Limbach bei Chemnitz und den Einwohnern in Limbach, Oberfrohne, Mittelfrohne, Köthensdorf und Kändler.

Nr. 1389. Frohn- Zins- und Hutungsablösungsreceß vom 9./30. 9. 1839 zwischen dem Rittergut Wiederoda bei Grimma, den Einwohnern zu Liptitz, Mannewitz und Niedergrauschwitz und der geistlichen Lehnen zu Liptitz.

Nr. 1659. Fronablösungsrezeß vom 21. 6. 1839/28. 3. 1840 zwischen dem Rittergut Limbach bei Chemnitz und den Einwohnern in Limbach, Köthensdorf und Kändler.

Nr. 1660. Frohn- und Zinsablösungsrezeß vom 20. 6. 1839/28. 3. 1840 zwischen dem Rittergut Limbach bei Chemnitz und den Einwohnern in Oberfrohne, Mittelfrohne, Mohsdorf, Bräunsdorf, Burkersdorf und Göppersdorf.

Nr. 1852. Zinsablösungsrezeß vom 11. 6./21. 8. 1840 zwischen dem Ritttergut Purschenstein bei Freiberg und den Einwohnern zu Dittersbach.

Nr. 1853. Frohn- Zins- und Dienstgelder-Ablösungsrezeß vom 31. 7./21. 8. 1840 zwischen dem Erb- und Allodialgut Purschenstein mit Sayda und einem Einwohner zu Heidersdorf.

Nr. 1892. Frohn- und Zinsablösungsrezeß vom 4. 7./7. 9. 1840 zwischen dem Ritttergut Purschenstein bei Nossen und den Einwohnern zu Ullersdorf und Pillsdorf.

Nr. 2023. Frohn- und Zins-Ablösungsrezeß vom 22./30. 9. 1840 zwischen dem

Ritttergut Purschenstein bei Nossen und den Einwohnern zu Friedebach.

Nr. 2024. Frohn- und Zinsablösungsrezeß vom 22./30. 9. 1840 zwischen dem Ritttergut Purschenstein bei Nossen und den Einwohnern zu Kämmerswalde.

Nr. 2025. Frohnablösungsrezeß vom 12. 9./30. 9. 1840 zwischen dem Ritttergut Purschenstein bei Nossen und den Einwohnern zu Neuhausen, Frauenbach u. Heidelbach.

Nr. 2026. Ablösungs-Rezeß vom 21. 9./30. 9./1. 12. 1840 zwischen der Rittergutsherrschaft Purschenstein mit Sayda/Freiberger Amtsbez. und der Mühle zu Neuhausen.

Nr. 2027. Frohnablösungsrezeß vom 21./30. 9. 1840 zwischen dem Ritttergut Purschenstein bei Nossen und den Einwohnern zu Seiffen.

Nr. 3700. Ablösungsrezeß vom 6. 9. u. 8. 11. 1842 und vom 3. 3. 1843 zwischen dem Rittergut Purschenstein mit Sayda bei Freiberg und den Einwohnern zu Claussnitz.

Nr. 4601. Zinsablösungs- und Erbpachtaufhebungs-Rezeß vom 3. 2./3. 4. 1844 zwischen dem Rittergut Purschenstein und den Verpflichteten Stadtgemeinde und Schuhmacherinnung daselbst.

Nr. 5777. Frohn- und Zinsablösungsrezeß vom 13. 2./16. 3. 1846 zwischen dem Rittergut Purschenstein bei Freiberg und den Grundstücksbesitzern zu Claussnitz.

Nr. 5778. Straßenbaudienstablösungsrezeß vom 13. 2./16. 3. 1846 zwischen dem Rittergut Purschenstein bei Freiberg und den Gemeinden zu Friedebach, Claussnitz, Kämmerswalde, Heidersdorf, Ullersdorf und Pillsdorf.

Nr. 6308. Frohn- Hutungs- Zins- pp. Ablösungsrezeß vom 20. 2./31. 3. 1847 zwischen dem Rittergut Purschenstein bei Freiberg und den Grundstücksbesitzern zu Heidersdorf und Niederseifenbach.

Nr. 6470. Lehngeldablösungsrezeß vom 17. 5./30. 9. 1847 zwischen dem Rittergut Limbach bei Chemnitz und den Grundstücksbesitzern zu Limbach, Kändler, Oberfrohne, Bräunsdorf, Köthensdorf, Mittelfrohne und Burkersdorf.

Nr. 6476. Huthungsablösungsrezeß vom 10./30. 9. 1847 zwischen dem Rittergut Purschenstein bei Freiberg und den Grundstücksbesitzern zu Claussnitz.

Nr. 6827. Natural- und Geldzins- sowie Dienstablösungsrezeß vom 4./20. 9. 1848 zwischen dem Rittergut Purschenstein bei Freiberg und der Bäcker- und Fleischerinnnung sowie der Scharfrichterei zu Saida und dem Grundstücksbesitzer Schneider zu Neuhausen.

Nr. 6834. Teichhutungs- und Ablösungsrezeß vom 4./22. 9. 1848 zwischen dem Rittergut Limbach bei Chemnitz und den Gutsbesitzern Friedemann und

Zwingenberger daselbst.

Nr. 8137. Lehngeldablösungsrezeß vom 29. 9./13. 11. 1851 zwischen dem Rittergut Wiederoda bei Mutzschen und den Grundstücksbesitzern zu Mannewitz sowie ds. in Liptitzer, Wiederodaer und Döberner Flur.

Nr. 8173. Lehngeldablösungsrezeß vom 6. 10./31. 12. 1851 zwischen dem Rittergut Limbach und den Grundstücksbesitzern zu Limbach, Kändler und Köthensdorf.

Nr. 10677. Geldgefälle-Ablösungsvertrag vom 12. 5. 1853/12. 1. 1854 zwischen dem Rittergut Limbach und den Grundstücksbesitzern daselbst etc.

Nr. 15558. Geldgefälle-Ablösungsrezeß vom 8./30. 3. 1859 zwischen dem Rittergut Purschenstein und dem Creditwesen des Mühlenbesitzers zu Nassau.

Nr. 16103. Receß über Ablösung von Gunstgeld und Kaufschilling vom 8. 10./9. 11. 1868 zwischen der Gutsherrschaft zu Purschenstein und mehreren Grundstücksbesitzern Friedebach.

引用法令

1831年内閣諸省設置令. Verordnung, die Einrichtung der Ministerial-Departements und die darauf Bezug habenden provisorischen Vorkehrungen betr., vom 7. 11. 1831.

1832年償却法（償却・共同地分割法）. Gesetz über Ablösungen und Gemeinheitstheilungen, vom 17. 3. 1832.

1832年地代銀行法. Gesetz über die Errichtung der Landrentenbank, vom 17. 3. 1832.

1832年償却法補充令［建築賦役評価令］. Verordnung, die Rechnung bei der Abschätzung abzulösender Baudienste betr., vom 5. 4. 1832

1833年農業奉公期間廃止法. Gesetz, die Aufhebung des Mandats vom 6. 11. 1766 und des Erläuterungs-Generalis vom 31. 3. 1767, wegen der vierjährigen Dienstzeit bei der Landwirthschaft betr., vom 15. 6. 1833.

1833年地代銀行一般令. Generalverordnung der Ministerien des Innern und der Finanzen, die Landrentenbank betr., vom 30. 1. 1833.

1834年耕地整理法. Gesetz über Zusammenlegung der Grundstücke, vom 14. 6. 1834.

1837年農民地取得法. Gesetz, die Erwerbung von Bauergrundstücken betr., vom 13. 6. 1837.

1837年地代銀行法補充令. Verordnung［der Ministerien der Finanzen und des Innern］über den Beginn der Amortisation bei der Landrentenbank und den Wegfall einiger, wegen Ueberweisung von Ablösungsrenten an dieselbe, und wegen der Annahme von Abschlagszahlungen, zeither stattgefundenen Beschränkungen, vom 9. 3. 1837

1838年農村自治体法. Landgemeindeordnung für das Königreich Sachsen, vom 7. 11. 1838.

1840年通貨制度改正法施行法施行令. Verordnung zu Ausführung des Gesetzes vom 21. dieses Monats, das in Folge der neuen Münzverfassung festzustellende Verhältniß der künftigen Landesmünzen zu den zeitherigen, ingleichen zu andern Währungen, sowie die daraus für den Geldverkehr im Allgemeinen abzuleitenden Verbindlichkeiten betr., vom 23. 7. 1840.

1840年地代銀行法補充令. Verordnung, einige Modification beziehendlich des Instituts der Landrentenbank in Folge der neuen Münzverfassung betr., vom 19. 8. 1840.

1842年地代銀行法補充令．Verordnung wegen Verlängerung der Frist zur Ueberweisung von Ablösungsrenten an die Landrentenbank von Seiten der Verpflichteten, vom 22. 12. 1842.
1843年地租法．Gesetz, die Einführung des neuen Grundsteuersystems betr., vom 9. 9. 1843.
1843年土地登記法．Gesetz, die Grund- und Hypothekenbücher und das Hypothekenwesen betr., vom 6. 11. 1843.
1846年償却法補充法．Gesetz, einige nachträgliche Bestimmungen zum Ablösungsgesetze betr., vom 21. 7. 1846.
1846年地代銀行閉鎖法．Gesetz, den Schluß der Landrentenbank betr., vom 21. 7. 1846.
1846年償却法補充法施行令．Verordnung zu Ausführung der Gesetze, einige nachträgliche Bestimmungen zum Ablösungsgesetze, die Schützunterthänigkeit und den Schluß der Landrentenbank betr., vom 30. 9. 1846.
1849年「ドイツ国民の基本権」公布令．Verordnung, die Publication des Reichsgesetzes über die Grundrechte des deutschen Volks betr., vom 2. 3. 1949.
1850年償却法補充法．Gesetz, einige veränderte Bestimmungen über die Ablösung der Lehngeldverbindlichkeit betr., vom 11. 11. 1850.
1850年地代銀行証券受領義務法．Gesetz über die Verbindlichkeit der Berechtigten zur Annahme von Landrentenbriefen für die von den Verpflichteten an die Landrentenbank überwiesenen Ablösungsrenten, vom 24. 1. 1850.
1851年地代銀行閉鎖令．Verordnung, den Schluß der Landrentenbank betr., vom 20. 3. 1851.
1851年償却法補充法．Gesetz, Nachträge zu den bisherigen Ablösungsgesetzen betr., vom 15. 5. 1851.
1851年償却提議報告義務令．Verordnung, die von den Gerichtsbehörden über die bei ihnen angebrachten Anträge auf Vermittelung von Ablösungen, Gemeinheitstheilungen und Grungstückenzusammenlegungen zur Generalcommission zu erstattenden Anzeigen betr., vom 9. 7. 1851.
1851年国庫補償令．Verordnung, die Feststellung der für weggefallene gutsherrliche Rechte aus der Staatscasse zu gewährenden Entschädigungen betr., vom 29. 10. 1851.
1852年補償額決定告示．Bekanntmachung über das Quotalverhältniß, nach welchem für jetzt Abschlagszahlungen auf festgestellte Entschädigungsansprüche für weggefallene gutsherrliche Rechte zu leisten sind, vom 28. 02. 1852.
1855年下級官庁組織法．Gesetz, die künftige Einrichtung der Behörden erster Instanz für Rechtspflege und Verwaltung betr., vom 11. 8. 1855.

1855年地代銀行閉鎖法. Gesetz, den Schluß der Landrentenbank betr., vom 20. 9. 1855.

1858年狩猟権法. Gesetz, das Jagdrecht auf fremden Grund und Boden betr., vom 25. 11. 1858.

引用文献

Blaschke 1965＝Karlheinz Blaschke, "Grundzüge und Probleme einer sächsischen Agrarverfassungsgeschichte", in: *Zeitschrift der Savigny-Stiftung für Rechtsgeschichte, Germanistische Abteilung,* Bd. 82.

Blaschke 1967＝Karlheinz Blaschke, *Bevölkerungsgeschichte von Sachsen bis zur industriellen Revolution,* Weimar.

Ehrenstein 1852＝H. W. von Ehrenstein, *Das Königreich Sachsen nach den neuesten amtlichen Unterlagen,* Dresden.

Gotha, Adel 1901, 1904＝*Gothaisches genealogisches Taschenbuch der adeligen Häuser,* Jg. 1; Jg. 5.

Gotha, Freiherr 1934＝*Gothaisches genealogisches Taschenbuch der freiherrlichen Häuser,* Jg. 84.

Gotha, Graf 1924＝*Gothaisches genealogisches Taschenbuch der gräflichen Häuser,* Jg. 97.

Gotha, Uradel 1915, 1941＝*Gothaisches genealogisches Taschenbuch der uradeligen Häuser,* Jg. 14, Jg. 40.

Groß 1967＝Reiner Groß, "Zur sozialökonomischen Lage der Cainsdorfer Bauern vom 16. bis 19. Jahrhundert", in: *Pulsschlag. Kulturspiegel mit vollständigem Veransnstaltungsplan für Stadt und Kreis Zwickau,* Bd. 12, H. 7.

Groß 1968＝Reiner Groß, *Die bürgerliche Agrarreform in Sachsen in der ersten Hälfte des 19. Jahrhunderts,* Weimar.

Groß 2001＝Reiner Groß, *Geschichte Sachsens,* Leipzig.

GS＝*Gesetzsammlung für das Königreich Sachsen 1818－1831*; *Sammlung der Gesetze und Verordnungen für das Königreich Sachsen 1832－1834*; *Gesetz- und Verordnungsblatt für das Königreich Sachsen 1835－1918.*

Haun 1892＝Friedrich Johannes Haun, *Bauer und Gutsherr in Kursachsen,* Straßburg.

HOS＝*Historisches Ortsverzeichnis von Sachsen,* hrsg. von Karlheinz Blaschke, Leipzig 1957.

Instruction 1833＝*Instruction für Special-Commissare zu Ablösungen und Gemeinheitstheilungen,* hrsg. von der Königl. Sächs. General-Commission für Ablösungen und Gemeinheitstheilungen, Dresden.

Jahrbuch-D 1912＝*Statistisches Jahrbuch für das Deutsche Reich 1912.*

Jahrbuch-D 2002＝*Statistisches Jahrbuch für die Bundesrepublik Deutschland 2002.*

Jahrbuch-S 1912＝*Statitisches Jahrbuch für das Königreich Sachsen 1912*.
Judeich 1863＝Albert Judeich, *Die Grundentlastung in Deutschlamd*, Leipzig.
Lütge 1957＝Friedrich Lütge, *Die mitteldeutsche Grundherrschaft und seine Auflösung*, Stuttgart.
Römer 1788, 1792＝Carl Heinrich von Römer, *Staatsrecht und Statistik des Churfürstenthums Sachsen und der dabey befindlichen Lande*, Zweyter Theil, Halle 1788, Dritter Theil, Wittenberg 1792.
Schiffner 1839, 1840＝Albert Schiffner, *Handbuch der Geographie, Statistik und Topographie des Königreichs Sachsen*, Bd. 1, Bd. 2, Leipzig.
Schmidt 1966＝Gerhard Schmidt, *Die Staarsreform in Sachsen in der ersten Hälfte des 19. Jahrhunderts*, Weimar.
Schumann 1821, 1830＝August Schumann/Albert Schiffner, *Vollständiges Staats-Post- und Zeitungslexikon von Sachsen*, Bd. 8, Bd. 17, Zwickau.
Seydel 1908＝Paul Seydel, *Geschichte des Rittergutes und Dorfes Limbach in Sachsen*, Dresden.
SHB＝*Staatshandbuch für das Königreich Sachsen*〔『ザクセン王国国政便覧』〕). 1837, 1839, 1841, 1843, 1845, 1847, 1850, 1854, 1857, 1863, 1865/66, 1870, 1873, 1878.
Strohbach 1936＝Horst Strohbach, *Eyne Chronik der Doerffer tzur Niedern-Frohna und tzum Gannßhorn*, Bd. 1, Oberfrohna.
Teuthorn 1904＝Karl Georg Immanuel Teuthorn, *Das sächsische Gesetz über Ablösungen und Gemeinheitsteilungen vom 17. 3. 1832 in seiner Entstehung und in seinen Folgen, besonders in Betreff der auf Grund des Gesetzes vorgenommenen Gemeinheihtsteilungen*, Leipzig.
Verlohren 1910＝Heinrich August Verlohren (Hrsg.), *Stammregister und Chronik der Kur- und Königlich Sächsischen Armee von 1670 bis zum Beginn des 20. Jahrhunderts*, Leipzig.
Weiss 1993＝Volkmar Weiss, *Bevölkerung und soziale Mobilität. Sachsen 1550-1880*, Berlin.
Zeise 1965＝Roland Zeise, *Die antifeudale Bewegung der Volksmassen auf dem Lande in der Revolution 1848/49 in Sachsen*, Diss. Potsdam.

『岡大雑誌』＝『岡山大学経済学会雑誌』.
川上 1977＝川上俊之, 「『文づかひ』紀行」, 『鴎外』, 20号.
川上 2007＝川上俊之, 「ザクセンの鴎外特別展と記念銘板」, 『森鴎外記念会通信』, 157号.
シュミット 1995＝ゲーアハルト・シュミット (松尾展成・編訳), 『近代ザクセン国制史』, 九州大学出版会.
高田 2007＝高田篤・初宿正典 (訳), 「フランクフルト憲法」, 高田敏・初宿正典 (編訳),

『ドイツ憲法集』，第5版，信山社．
武智 1998＝武智秀夫，「ライプチッヒ時代の軍事研修」，『鷗外』，62号．
松尾 1971＝松尾展成，「ザクセンにおける牧羊業の興隆と衰退」，『岡大雑誌』，3巻2号．
松尾 1972＝松尾展成，「ザクセン牧羊業の発展と農民経済」，大野英二・住谷一彦・諸田實（編），『ドイツ資本主義の史的構造』，有斐閣．
松尾 1978＝松尾展成，「ザクセンにおける地代償却の実施」，(2)，『岡大雑誌』，10巻2号．
松尾 1980，1981＝松尾展成，「九月騒乱期における騎士領プルシェンシュタイン所属集落（南ザクセン）からの請願書」，(1)，(3)，『岡大雑誌』，12巻2号，12巻4号．
松尾 1988 (2)，1988 (3)，「三月革命期における騎士領プルシェンシュタイン所属村落（南ザクセン）からの請願書」，(2)，(3)，『岡大雑誌』，20巻2号，20巻3号．
松尾 1990＝松尾展成，『ザクセン農民解放史研究序論』，御茶の水書房．
松尾 1993-1994＝松尾展成，「市民的改革以前のザクセンにおける都市制度」，(1)-(4)，『岡大雑誌』，24巻4号-25巻4号．
松尾 2001＝松尾展成，『ザクセン農民解放運動史研究』，御茶の水書房．
松尾 2002＝松尾展成，「日独戦争，青島捕虜と板東俘虜収容所」，『岡大雑誌』，34巻2号．
松尾 2004＝松尾展成，「青島捕虜に関するいくつかの問題」，『岡大雑誌』，36巻1号．
松尾 2005＝松尾展成，『日本＝ザクセン文化交流史研究』，大学教育出版．
松尾 2005-2007＝松尾展成，「騎士領リンバッハ（西ザクセン）における領主制地代の償却」（本書では松尾，「リンバッハ」と略記），(1)-(7)，『岡大雑誌』，37巻3号-39巻2号．
松尾 2006＝松尾展成，「習志野収容士官フォン・シェーンベルクと森鷗外との微かな縁」，『チンタオ・ドイツ兵俘虜研究会メール会報』，(http://homepage3.nifty.com/akagaki/) 231号（2006/7/24）．
松尾 2007-2008＝松尾展成，「騎士領プルシェンシュタイン（南ザクセン）における封建的諸義務の償却」（本書では松尾，「プルシェンシュタイン」と略記），(1)-(3)，『岡大雑誌』，39巻3号-40巻2号．
松尾 2008＝松尾展成，「騎士領ヴィーデローダ（北ザクセン）における封建的諸義務の償却」（本書では松尾，「ヴィーデローダ」と略記），『岡大雑誌』，40巻3号．

関連術語一覧

本書第2–第4章が検討した償却協定の転写文は、紙幅の関係から『岡大雑誌』に掲載できなかった。協定には、さまざまな名称の義務的不動産とその所有者の階層が記録されているが、そのうち主要なものの原語と私訳を以下に掲げる。(A) は原語のアルファベット順、(B) は私訳の五十音順である。一方で、一つの原語に複数の訳語を当てた場合があり、他方で、複数の原語に同一の訳語を当てた場合もある。(A) の表記は現代ドイツ語にした。例えば、c を k に換え、無音の h を取り去った。なお、史料の地名も現代の表記法に従って訳した。例えば、Kottensdorf はケーテンスドルフ村、Oberfrohne はオーバーフローナ村とした。ただし、ケマースドルフ村とクラウスニッツ村は現代でも C で始まる。

(A) アルファベット順

Acker＝耕地
Althäusler＝旧家屋小屋住農
Althäuslernahrung＝旧家屋
Angesessener＝土地所有者
Avulso＝耕地片
Bauerngut＝農民地
Begüterter＝土地所有者（フーフェ農を指すが、場合によっては園地農を含む）
Dorfhäusler＝村有地小屋住農
Feld＝①土地、②耕地片
Feldbegüterter, -besitzer＝①耕地所有者、②耕地片所有者
Feldgrundstück＝①土地、②耕地、③耕地片
Feldstück＝①耕地、②耕地片
Feldwirtschaft＝耕地片
Flur＝領域
Flurstück＝耕地片
Forst＝林地

Garten, -grundstück, -gut, -nahrung, Gärtnergut＝園地
Gärtner＝園地農
Gemeindegrundstück, -gut＝村有地
Gemeindehäusler＝村有地小屋住農
Gewende＝耕地
Grund＝土地
Grundstück＝①土地、②耕地片
Grundstücksbesitzer, -eigentümer＝土地所有者
Grundstückswirtschaft＝耕地片
Grund und Boden＝土地
Gut＝①[農民] 地（園地を含む場合もある）、②[騎士] 領（この場合には、その後に騎士領の名前がしばしば続く）
Gutsbesitzer＝[農民] 地所有者
Gutsparzelle＝①耕地、②耕地片
Hain, Haingut＝林地
Handbauer, -fröner＝手賦役農

関連術語一覧

Handgut＝手賦役農地
Hausgenosse＝借家人
Hausgenossenhaus＝借家人家屋
Hausgenossenhäusler＝借家人家屋小屋住農
Häusler＝小屋住農
Häuslerhaus, -nahrung＝小屋住農家屋
Haus- und Feldgrundstück, Haus- und Feldwirtschaft＝家屋・耕地片
Hufe, Hufeland, Hufengrundstück, Hufengut＝フーフェ農地
Hüfner＝フーフェ農
Inwohner＝借家人
Kuhhäusler＝雌牛所有小屋住農
Kuhhaus, Kuhhäuslernahrung＝雌牛所有家屋
Land＝土地
Mühlengut, -grundstück＝水車の土地
Neuhäusler＝新家屋小屋住農
Neuhäuslernahrung＝新家屋
Oberhaus＝オーバー［ハウス小屋住農の］家屋
Oberhäusler＝オーバーハウス小屋住農
Parzelle, Pertinenzstück＝耕地片
Pferdefröner＝馬賦役農
Pferdefrongut＝馬賦役農地
Pferdner＝馬所有農

Pferdnergut＝馬所有農地
Rittergut＝①騎士領（騎士領権限を含む），②騎士農場
Rittergutsfeld, -parzelle, -stück（gekaufte）＝［騎士領から領民に売却された］耕地片
Rustikalgrundstück＝農村土地
Schaftreibe＝羊道
Spannfröner＝連畜賦役農
Spanngut＝連畜［所有］農地
Stück, Stück Feld＝耕地片
Teilstück＝分割地片
Treibe, Triebe＝家畜道
Trennstück＝分離地片
Trift, Triftstück, -zug＝家畜道
Uebertrift＝家畜通行権
Unangesessener＝土地非所有者
Unterhaus＝ウンター［ハウス小屋住農の］家屋
Unterhäusler＝ウンターハウス小屋住農
Wald, Waldung＝林地
walzendes Grundstück＝踊る土地
Weiderecht＝放牧権
Wirtschaft＝耕地片（Grundstückswirtschaftを参照）
Wirtschaftsbesitzer＝耕地片所有者
Zubehör＝付属地

(B) 五十音順

馬所有農＝Pferdner
馬所有農地＝Pferdnergut
馬賦役農＝Pferdefröner
馬賦役農地＝Pferdefrongut
ウンターハウス小屋住農＝Unterhäusler
ウンター［ハウス小屋住農の］家屋＝Unterhaus
園地＝Garten, -grundstück, -gut, -nahrung, Gärtnergut
園地農＝Gärtner
踊る土地＝walzendes Grundstück
オーバーハウス小屋住農＝Oberhäusler
オーバー［ハウス小屋住農の］家屋＝Oberhaus
家屋・耕地片＝Haus- und Feldgrundstück, Haus- und Feldwirtschaft

家畜通行権＝Uebertrift
家畜道＝Treibe, Triebe, Trift, Triftstück, -zug
［騎士］領（この場合には，その後に騎士領の名前がしばしば続く）＝Gut
騎士領（騎士領権限を含む）＝Rittergut
騎士農場＝Rittergut
旧家屋小屋住農＝Althäusler
旧家屋＝Althäuslernahrung
耕地＝Acker, Feld, Feldgrundstück, -stück, Gewende, Gutsparzelle
耕地所有者＝Feldbegüterter, -besitzer
耕地片＝Avulso, Feld, Feldgrundstück, Feldstück, -wirtschaft, Flurstück, Grundstück, Grundstückswirtschaft, Gutsparzelle, Parzelle, Pertinenzstück, Stück, Stück Feld, Wirtschaft
耕地片［騎士領から領民に売却された］＝Rittergutsfeld, -parzelle, -stück (gekaufte)
耕地片所有者＝Feldbegüterter, -besitzer, Wirtschaftsbesitzer
小屋住農＝Häusler
小屋住農家屋＝Häuslerhaus, -nahrung
借家人＝Hausgenosse, Inwohner
借家人家屋＝Hausgenossenhaus
借家人家屋小屋住農＝Hausgenossenhäusler
新家屋＝Neuhäuslernahrung
新家屋小屋住農＝Neuhäusler
水車の土地＝Mühlengut, -grundstück
村有地＝Gemeindegrundstück, -gut
村有地小屋住農＝Dorfhäusler, Gemeindehäusler
手賦役農＝Handbauer, -fröner
手賦役農地＝Handgut
耕地片所有者＝Feldbegüterter, -besitzer, Wirtschaftsbesitzer
土地＝Feld, Feldgrundstück, Grund, Grundstück, Grund und Boden, Land
土地所有者（フーフェ農を指すが，場合によっては園地農を含む）＝Begüterter
土地所有者＝Angesessener, Grundstücksbesitzer, -eigentümer
土地非所有者＝Unangesessener
農村土地＝Rustikalgrundstück
農民地＝Bauerngut
［農民］地（園地を含む場合もある）＝Gut
［農民］地所有者＝Gutsbesitzer
羊道＝Schaftreibe
付属地＝Zubehör
フーフェ農＝Hüfner
フーフェ農地＝Hufe, Hufeland, Hufengrundstück, Hufengut
分割地片＝Teilstück
分離地片＝Trennstück
放牧権＝Weiderecht
雌牛所有家屋＝Kuhhaus, Kuhhäuslernahrung
雌牛所有小屋住農＝Kuhhäusler
領域＝Flur
林地＝Forst, Hain, Haingut, -stück, Wald, Waldung
連畜賦役農＝Spannfröner
連畜［所有］農地＝Spanngut

あ と が き

　私は2001年に岡山大学を定年退職したが，岡山大学経済学会が私を同学会特別会員に推薦して，『岡山大学経済学会雑誌』(以下では『岡大雑誌』と略記)に業績発表の機会を与えられたことに，私は深謝している．
　その『岡大雑誌』に私は2005年から2009年にかけて以下の表題の論説，研究ノートと「資料」を発表した．発表の順に記せば，
(1)「騎士領リンバッハ(西ザクセン)における領主制地代の償却」(1)−(7)
　　(37巻3号，38巻1号−39巻2号，2005年−2007年，「資料」)——本書第2章
(2)「ザクセンにおける封建的諸義務の償却に関する法的諸規定」(39巻2号，2007年，研究ノート)——本書第1章
(3)「騎士領プルシェンシュタイン(南ザクセン)における封建的諸義務の償却」(1)−(3)(39巻3号，40巻1号−40巻2号，2007年−2008年，「資料」)——本書第3章
(4)「騎士領ヴィーデローダ(北ザクセン)における封建的諸義務の償却」(40巻3号，2008年，「資料」)——本書第4章
(5)「ザクセン全国償却委員会文書の問題点」(40巻4号，2009年，論説)——本書第5章

　本書は，以上の5編を全面的に書き改めたものである．私は，本書所収の原論文を書き終えると，それらすべてを，特に第2〜第4章の史料を，再検討し，多くの誤りを発見した．それらを訂正したにも拘わらず，私の理解の足りない部分が本書にはなお数多くあるであろう．それらを含めて，本書への忌憚なき批判を切望する．
　本書の第2〜第4章は，ザクセン州立中央文書館所蔵の全国委員会地代償却文書に基づいている．第2章の史料の一部を私は1973年夏に同文書館(当時の名称は国立ドレースデン文書館)でノートに書き写した．同年春に日本とドイツ民主共和国との国交が樹立され，国立大学に勤務する私にも，同国への旅行が可能

となったからである．私は急いで準備をして，私費でドレースデンに飛び，同文書館とザクセン州立図書館に日参した．私は手書き文書解読の基礎的訓練を全く受けていないので，同文書館の館員が償却協定の解読を援助してくれた．しかし，作業は3か月間では遅々として進まなかったから，かなりの枚数の史料をマイクロフィルムにしてもらって，帰国した．その後，騎士領プルシェンシュタインとヴィーデローダの償却協定を検討対象に追加したので，関連償却協定のフィルムあるいはコピーの送付を数回に亘って，同文書館に依頼した．比較的最近になって，73年の書写部分について疑問を感じて，発注した場合もある．

　帰国してから，史料を本格的に読み始めると，難読文字の頻出に悩まされた（私は病気などのためにドレースデンを再訪できないで，今日に至っている）．そのために，史料解読に際して，1つの文字の確定にしばしば大変長い時間を費やさねばならなかった．ザクセン農業史の知識にもドイツ語の読解力にも乏しいことが，調査を一層困難にした．史料の解読に苦吟しつつ，延々と書き連ねた「資料」が，上記の (1), (3) と (4) である．

　文書解読に当たってさまざまに教示された，1973年当時と，その後のザクセン州立中央文書館，および，ザクセン州立ライプツィヒ文書館の館員諸氏に深謝する．テュービンゲン大学図書館は書誌上の細々した疑問に迅速に回答してくれた．もちろん，本書に含まれるであろう，数多の誤りについて，一切の責任は私にある．

　本書刊行遅延の今ひとつの理由は，シャックリが，突然に始まって，延々と続き，数日後にやむけれども，暫くして再び始まる，という奇病に2009年秋から取りつかれたためである．発作の頻度は次第に増加し，その期間も長期化したので，もともとすぐれなかった体調は更に悪化し，体重は激減した．医師に勧告されて，2010年夏には執筆を休止せざるをえず，その後も1日に数時間しか執筆できない状態が続いたのであった．ともかくも，本書原稿の完成は私の大きな喜びである．ただし，早期刊行を優先したために，本書には誤記・誤植が多いのではないか，と私は恐れている．

　本書と旧著の主題のために私は科学研究費を何度も申請した．しかし，それらは採択されなかった．それにも拘わらず，私がこれらの特殊問題の調査を曲がりなりにも続行できたのは，岡山大学法文学部経済学科，後に，経済学部が，共通雑誌購入費などの費用を差し引いた学部研究費を，教員全員にほぼ均等に割

あとがき 365

り当ててくれたためである．このようにして私に37年間，配分された研究費によって，岡山大学図書館は，ザクセン近代史関係図書を収蔵する，日本で有数の図書館となったのである．この研究費配分方式に関して岡山大学法文学部経済学科，後に，経済学部に対する感謝の念は深い．さらに，主としてドイツの，一部は国内の図書館から，古い図書のコピーを一部分ずつ入手し，私の定年前後にそれを私費でそれぞれ1冊の書物に製本して，岡山大学図書館に寄贈したことも，同図書館のザクセン関係図書の収集に役立ったはずである．

　本書が日の目を見るに当たっては，多くの方々の好意に依存している．国内，とりわけドイツの図書館・文書館との電子メールをやり取りする際に，機械音痴の私を手厚く助けてくださったのは，岡山大学経済学部資料室（現・研究教育支援室）の職員の方々であった．一本指でしかワープロを叩けない私が，何かキーを押し間違えて，ワープロが機能しなくなったとき，復旧してくださったのは，國米充之氏と村井浄信氏であった．田口雅弘氏はスラヴ系諸語の発音を教示された．とりわけ大きな便宜を与えられたのは，黒川勝利氏であった．これらの人々に私は深い謝意を表する．

　本書は，恩師松田智雄先生が，細事にのみ拘泥して，調査がなかなか進行しない私を励まし続けてくださったおかげで，ともかくも完成できた．そのために，私の最初の著書（1990年）と同じく，今は亡き松田先生に本書を捧げたい．本書の装丁にはチェロが描かれている．これは，先生が好んで演奏された楽器に因む．

　また，愚鈍な私を長い間見守ってくださった諸田實，柳澤治，渡邉尚氏，1990年と2001年の拙著と1995年の拙訳書の書評を担当された木谷勤，加藤房雄，佐藤勝則，山崎彰，故千葉徳夫氏に，心から御礼を申し上げたい．

　さらに，岡山大学経済学部の竹下昌三先生は，私の茫漠とした調査を側面から援助された．この援助は先生の岡山大学退職後も，また，私の私生活にまで及んだ．竹下先生への感謝の念は誠に深い．最近健康を害されている先生の早期の回復を願わずにはいられない．

　学術書の出版が極めて厳しい状況の下で，本書の刊行を引き受けてくださった（株）大学教育出版・佐藤守社長に，厚く御礼を申し上げる．本書の校正を担当された同社編集部にも深謝する．

私は旅行などによって家族を慰安したことがない．このような耐乏生活に長期間耐えてくれた家族には，深く感謝するばかりである．

2011年3月10日

松尾展成

Nobushige Matsuo, *Studium über die Geschichte der Ablösungen der feudalen Renten in Sachsen*

Inhaltverzeichnis

Kapitel 1. Gesetzliche Bestimmungen über die Ablösungen der feudalen Renten in Sachsen und ihre Ausführungen *1*
(1) Einleitung *1*
(2) Gesetzliche Bestimmungen über die Ablösungen der feudalen Renten und ihre Ausführungen *6*
(i) Gesetzliche Bestimmungen über die Ablösungen der feudalen Renten *6*
(ii) Ihre Ausführungen *17*
(3) Gesetzliche Bestimmungen über die Landrentenbank und ihre Ausführungen *23*
(4) Ergänzungen *27*
(i) Kommissaren der Generalkommission für Ablösungen und Gemeinheitsteilungen sowie dieses Buch betreffende Spezialkommissaren *28*
(ii) Besitzer der 3 Rittergüter Limbach, Purschenstein und Wiederoda in der Zeit der Bauernbefreiung *31*
(iii) Lage der in den Ablösungsrezessen verzeichneten Orte *34*
(iv) Laufende Nummern, Namen und Immobilien der Ablösungsverpflichteten *38*
(v) Darlegungsmethoden der verschiedenen in den Ablösungsrezessen verzeichneten Verpflichtungen *47*
(vi) Inhalte und Klassifikationen der verschiedenen in den Ablösungsrezessen verzeichneten Frondienste *49*
(vii) Schätzungsmethode der Ablösungskapitalien und Umrechnungsmethode der Ablösungskapitalien vor und nach der Veränderung des Münzwesens 1841 *51*
(viii) Abkürzungen der verschiedenen Geldabgaben *53*
(ix) "Gutsherr" *53*
(x) "Feudale Renten" *54*

Kapitel 2. Ablösungen der feudalen Renten auf den westsächsischen Rittergut Limbach *56*
(1) Nachdruck der Rentenablösungsrezessen von Paul Seydel *56*
(i) Vorgeschichte der Ablösungen der feudalen Renten *56*
(ii) Der erste Rezeß der Rentenablösung *64*

(iii) Der zweite Rezeß der Rentenablösung   68
(iv) Der dritte Rezeß der Rentenablösung   70
(2) Rezeß der Generalkommission Nr. 1659   72
(i) Namen und Immobilien aller Verpflichteten   72
(ii) Frondinste und Ablösungsrenten jeder Verpflichteten   77
(iii) Verbesserungen der Wörter von der Spezialkommission   83
(iv) Bestätigung der Generalkommission   84
(v) Summe der Frondienstablösungskapitalien   86
(3) Rezeß der Generalkommission Nr. 1660   88
(i) Namen und Immobilien aller Verpflichteten   88
(ii) Verpflichtungen und Ablösungsrenten und -kapitalien jeder Verpflichteten   91
(iii) Summe der Frondienst- und Naturalabgabenablösungskapitalien   93
(4) Rezeß der Generalkommission Nr. 8173   95
(i) Namen und Immobilien aller Verpflichteten   95
(ii) Lehngelderablösungsrenten und -kapitalien jeder Verpflichteten   96
(iii) Summe der Lehngelderablösungskapitalien   97
(5) Rezeß der Generalkommission Nr. 902   99
(i) Frondienstablösungsrezeß   99
(ii) Summe der Ablösungskapitalien   102
(6) Rezeß der Generalkommission Nr. 1163   106
(i) Frondienstablösungsrezeß   106
(ii) Summe der Ablösungskapitalien   115
(7) Rezeß der Generalkommission Nr. 6470   122
(i) Lehngelderablösungsrezeß   122
(ii) Summe der Ablösungskapitalien   124
(8) Rezeß der Generalkommission Nr. 6834   136
(i) Hutungsrechtsablösungsrezeß und Summe der Alösungskapitalien   136
(9) Rezeß der Generalkommission Nr. 10677   139
(i) Geldabgebenablösungsrezeß   139
(ii) Summe der Ablösungskapitalien   141
(10) Prozentuale Zusammensetzung der Ablösungskapitalien nach den Arten und den Orten und zeitliche Abfolge der Ablösungen   156
(i) Prozentuale Zusammensetzung der Ablösungskapitalien nach den Arten und den Rezessen   156
(ii) Zeitliche Abfolge der Rentenablösungen   159
(iii) Prozentuale Zusammensetzung der Ablösungskapitalien nach den Arten und den Orten   160

Kapitel 3. Ablösungen der feudalen Renten auf den südsächsischen Rittergut Purschenstein *166*
(1) Rezeß der Generalkommission Nr. 1852 *166*
(i) Abgabenablösungsrezeß *166*
(ii) Summe der Ablösungskapitalien *169*
(2) Rezeß der Generalkommission Nr. 1853 *174*
(i) Frondienst- und Abgabenablösungsrezeß und Summe der Ablösungskapitalien *174*
(3) Rezeß der Generalkommission Nr. 1892 *176*
(i) Frondienst- und Abgabenablösungsrezeß *176*
(ii) Summe der Ablösungskapitalien *179*
(4) Rezeß der Generalkommission Nr. 2023 *186*
(i) Frondienst- und Abgabenablösungsrezeß *186*
(ii) Summe der Ablösungskapitalien *188*
(5) Rezeß der Generalkommission Nr. 2024 *192*
(i) Frondienst- und Abgabenablösungsrezeß *192*
(ii) Summe der Ablösungskapitalien *195*
(6) Rezeß der Generalkommission Nr. 2025 *200*
(i) Frondienstablösungsrezeß *200*
(ii) Summe der Ablösungskapitalien *209*
(7) Rezeß der Generalkommission Nr. 2026 *222*
(i) Frondienst- und Abgabenablösungsrezeß und Summe der Ablösungskapitalien *222*
(8) Rezeß der Generalkommission Nr. 2027 *225*
(i) Frondienstablösungsrezeß *225*
(ii) Summe der Ablösungskapitalien *229*
(9) Rezeß der Generalkommission Nr. 3700 *235*
(i) Frondienst- und Abgabenablösungsrezeß *235*
(ii) Summe der Ablösungskapitalien *242*
(10) Rezeß der Generalkommission Nr. 4601 *250*
(i) Abgabenablösungsrezeß und Summe der Ablösungskapitalien *250*
(11) Rezeß der Generalkommission Nr. 5777 *253*
(i) Frondienst- und Abgabenablösungsrezeß *253*
(ii) Summe der Ablösungskapitalien *254*
(12) Rezeß der Generalkommission Nr. 5778 *256*
(i) Frondienstablösungsrezeß und Summe der Ablösungskapitalien *256*
(13) Rezeß der Generalkommission Nr. 6308 *259*

(i) Frondienst-, Hutungsrechts- und Abgabenablösungsrezeß 259
(ii) Summe der Ablösungskapitalien 261
(14) Rezeß der Generalkommission Nr. 6476 268
(i) Hutungsrechtsablösungsrezeß 268
(ii) Summe der Ablösungskapitalien 269
(15) Rezeß der Generalkommission Nr. 6827 271
(i) Frondienst- und Abgabenablösungsrezeß und Summe der Ablösungskapitalien 271
(16) Rezeß der Generalkommission Nr. 15558 275
(i) Abgabenablösungsrezeß und Summe der Ablösungskapitalien 275
(17) Rezeß der Generalkommission Nr. 16103 276
(i) Gunstgelderablösungsrezeß 276
(ii) Summe der Ablösungskapitalien 284
(18) Prozentuale Zusammensetzung der Ablösungskapitalien nach den Arten und den Orten und zeitliche Abfolge der Ablösungen 286
(i) Prozentuale Zusammensetzung der Ablösungskapitalien nach den Arten und den Rezessen 286
(ii) Zeitliche Abfolge der Rentenablösungen 291
(iii) Prozentuale Zusammensetzung der Ablösungskapitalien nach den Arten und den Orten 292

Kapitel 4. Ablösungen der feudalen Renten auf den nordsächsischen Rittergut Wiederoda 300
(1) Rezeß der Generalkommission Nr. 1020 300
(i) Gemeinheitsteilungs- und Hutungsrechtsablösungsrezeß und Summe der Ablösungskapitalien 300
(2) Rezeß der Generalkommission Nr. 1389 309
(i) Frondienst-, Abgaben- und Hutungsrechtsablösungsrezeß 309
(ii) Summe der Ablösungskapitalien 315
(3) Rezeß der Generalkommission Nr. 8137 323
(i) Lehngelderablösungsrezeß 323
(ii) Summe der Ablösungskapitalien 325
(4) Prozentuale Zusammensetzung der Ablösungskapitalien nach den Arten und den Orten und zeitliche Abfolge der Ablösungen 328
(i) Prozentuale Zusammensetzung der Ablösungskapitalien nach den Arten und den Rezessen 328
(ii) Zeitliche Abfolge der Rentenablösungen 330

(iii) Prozentuale Zusammensetzung der Ablösungskapitalien nach den Arten und den Orten *331*

Kapitel 5. Einige Probleme der Generalkommissionsakten *334*
(1) Zeitliche Abfolge der Ablösungen der feudalen Renten und prozentuale Zusammensetzung aller Ablösungskapitalien nach den Arten auf den 3 Rittergütern *334*
(2) Um die mit dem Rittergut Wiederoda zusammenhängenden Akten der Generalkommission *339*
(3) Einige Probleme der Generalkommissionsakten *347*

Quelle *351*
Zitierte Gesetze und Verordnungen *354*
Literatur *357*
Übersicht der betreffenden Wörter *360*
Nachwort *363*

Inhaltsverzeichnis im Deutschen *367*

■著者紹介

松尾　展成　（まつお　のぶしげ）

1935 年　長崎県生まれ
1958 年　東京大学経済学部卒業，64 年　東京大学大学院経済学研究科退学
1964 年　岡山大学助手（法文学部），76 年教授（法文学部，80 年から経済学部）
現　在　岡山大学名誉教授，経済学博士

著作

『ザクセン農民解放史研究序論』，御茶ノ水書房，1990 年
『ザクセン農民解放運動史研究』，御茶ノ水書房，2001 年
『日本＝ザクセン文化交流史研究』，（株）大学教育出版，2005 年
ゲーアハルト・シュミット（松尾・編訳），『近代ザクセン国制史』，九州大学出版会，1995 年
「肥前磁器と初期マイセン磁器」，(1)-(4)（未完），『岡山大学経済学会雑誌』，30 巻 3 号-31 巻 3 号，1999 年
「経済史家ヨーゼフ・クーリッシェル―業績，生涯，家族―」，同上誌，37 巻 1 号，2005 年

ザクセン封建地代償却史研究

2011 年 4 月 20 日　初版第 1 刷発行

■著　者────松尾展成
■発　行　者────佐藤　守
■発　行　所────株式会社　大学教育出版
　　　　　　〒700-0953　岡山市南区西市 855-4
　　　　　　電話 (086) 244-1268　FAX (086) 246-0294
■印刷製本────サンコー印刷㈱

© Nobushige Matsuo 2011, Printed in Japan
検印省略　　落丁・乱丁本はお取り替えいたします。
無断で本書の一部または全部を複写・複製することは禁じられています。
ISBN978-4-86429-055-5